电线电缆技术丛书

电缆制造技术基础

主　编　王卫东

副主编　陈永军　郑先锋

机械工业出版社

本书以电线电缆制造技术的基础知识为主线,介绍了电线电缆的发展历史、产品分类及不同类型电缆产品的结构、用途、型号编制和技术标准;电线电缆的相关认证;对电线电缆生产中使用的材料、机械设备、工艺过程、结构计算、过程检验及质量控制分别进行了介绍;还对电缆盘具的使用和选择、包装储运、电缆载流量及电缆选型进行了分析。

本书集多位一线资深技术专家之智,以应用技术为本,以实用、适用原则选择内容、掌握深度,既保留了传统、实用的内容,又拓展了新成果、新技术、新材料、新工艺。内容全面、层次清晰、案例具体、贴近实际、可操作性强。

本书可作为大学相关专业教材使用,亦可供从事电线电缆制造以及电力、通信行业从事电缆运行的工程技术人员和技术工人参考和培训之用。

图书在版编目(CIP)数据

电缆制造技术基础/王卫东主编. —北京:机械工业出版社,2017.1
(2024.7重印)
(电线电缆技术丛书)
ISBN 978-7-111-55956-6

Ⅰ.①电… Ⅱ.①王… Ⅲ.①电缆-质量管理②电缆-质量控制
Ⅳ.①TM246

中国版本图书馆 CIP 数据核字 (2017) 第 013115 号

机械工业出版社(北京市百万庄大街 22 号 邮政编码 100037)
策划编辑:林春泉 责任编辑:林春泉 责任校对:张晓蓉
责任印制:单爱军
北京虎彩文化传播有限公司印刷
2024 年 7 月第 1 版第 7 次印刷
184mm×260mm · 23.75 印张 · 580 千字
标准书号:ISBN 978-7-111-55956-6
定价:69.00 元

前　言

　　"电缆电缆技术丛书"的出版，为电线电缆职业教育和行业从业人员的在职学习带来很大帮助。但在电缆生产制造、产品检验、材料选择、技术服务等方面总有一些细枝末节的内容没有被覆盖到，由于这些内容较少，不适合单独编辑成书；或者不够系统，不适合收入丛书的任一分册中，总有遗珠之憾。作者曾在电线电缆生产企业长期从事技术、管理工作，经常会遇到一些问题，虽然不大但却棘手，而后从事电线电缆的教学工作，一直抱有编写一本解决类似问题的实用书籍的想法。

　　2014 年安徽华星电缆集团有限公司委托我对公司员工进行全面的培训，所提要求与我的想法不谋而合。在安徽华星电缆集团有限公司的大力协助下，结合作者对实际工作经验、教学体会的提炼，对电线电缆制造企业的生产、技术、质检、销售等部门经常遇到问题进行了总结，对分散在电气类、机械类、材料类书籍和标准中那些零散、模糊的内容进行了系统的整理，使之清晰明了，便于使用。作者旨在通过这本《电缆制造技术基础》让读者领略电缆制造工业的概貌，同时也将作为"电线电缆技术丛书"的导论。

　　本书力争做到内容贴近实际，突出实用。例如在电线电缆的发展历史部分，着重讲述了发展史上具有革命性的结构、材料的变革，以期对现实的电缆设计、制造带来启迪；在电缆订货中，绝大多数用户为要求电缆定长、大长度生产，常用的电缆盘装线长度计算公式余量较大，为此介绍了计算更加准确的公式，避免盘具选择不当造成成本增加；电缆生产设备多具有专用性，因此本书对主要电缆设备的特点、生产范围、工艺原理进行了较系统的论述，为设备选择、使用和生产安排提供一定的依据。同时，对近年电线电缆制造中的新技术、新产品及热点问题都进行了论述，在涉及具体产品的内容均采用新的产品标准作为论述依据。

　　本书是校企联合编写的一本应用型技术书籍，内容实用、篇幅适当，同时又有较大的覆盖面，经过企业培训的实际应用，反映良好，根据培训过程中反映出的共性问题进行了修订。本书王卫东为主编，陈永军、郑先锋为副主编，河南工学院王卫东高级工程师编写了第一、第三、第四和附录并统稿全书，张营堂副教授编写了第二章，郑先锋教授编写了第五章，赵源高级工程师编写了第六章，安徽华星电缆集团有限公司总工程师/高级工程师陈永军编写了第七章，昆明电缆集团有限公司技术中心主任/高级工程师习有建编写了第八章，河南乐山电缆有限公司总工程师/高级工程师李磊编写了第九章。

　　多位技术专家对本书的编写提出宝贵意见，我们在编写时也参考和借鉴了许多专家的相关著述，在此向他们一并表示真诚的感谢！

　　由于本书涉及面广而作者水平所限，书中一定存在不少错误和不当之处，敬请广大读者予以批评指正。

编著者

目　录

第一章 概　述

电线电缆是用以传输电能、传递信息和实现电磁能转换的线材产品。广泛应用于工业、农业、国防、科研等经济建设和日常生活的方方面面，被称为国民经济的"血管和神经"。电线电缆用途广泛，门类众多，品种繁杂，大约统计有1200多个品种，20000多个规格，是机电行业中品种和门类最多的大类产品。为便于科学研究和统计管理，按电线电缆的性能、用途及结构将其分为裸电线及裸导体制品、电力电缆、通信电缆和光缆、电气装备用电线电缆和绕组线五个大类。本章我们对五个大类及代表性产品的结构、用途、特征、表示方法及发展史进行介绍，徐徐拉开了解电线电缆的序幕。

第一节　裸电线及裸导体制品

裸电线及裸导体制品是仅有导体而无绝缘层的电缆产品。主要用于架空输配电线路和电气设备中的导电元件，使用时，一般以空气或导线结构外的其他介质作为绝缘。根据结构和用途的不同又分为裸单线、裸绞线、软接线、型线与型材4个系列。与其他电线电缆相比具有结构简单、制造方便、施工容易和便于检修等优点。

一、裸单线

裸单线是不同材料和尺寸的有色金属单线，按形状可分为圆线、扁线等；按材料可分为铜、铜合金、铝和铝合金，有镀层（镀锡、银、镍）线，双金属线（铝包钢、铜包钢、铜包铝等）等。

此类产品主要作为制造绞线的半成品使用。按照状态的不同，圆单线又分为硬线、软线和半硬线。硬单线有较高的强度，能承受一定的拉力，适合制造架空敷设的绞线，也有少量用于小容量、短距离供电、通信。软单线和半硬单线柔软性好，能经受安装和使用时的弯曲和扭转，常用于电线电缆导体、软接线与编织线的制造。铜、铝扁线主要用于制造电机电器的绕组线和电工装备的连接线。

二、裸绞线

裸绞线是本大类产品的主导产品，由于总是架设在电杆上，习惯上称为架空导线。架空导线本身不分电压等级，即从低压、中压到高压乃至超高压原则上都可以用同一系列的导线。但330kV以上电压等级输电线路用的导线，对导线外径大小及表面的光洁度有特殊要求，以减少因导线表面局部空气电离形成电晕而产生的线路损耗。在输配电网络中，架空导线占线路总长度的90%以上，特别是智能电网建设和西电东送工程实施，为裸绞线打开了广阔的市场。

裸绞线中，通常所用的导体材料除铝、铜以外还有铝合金，增强材料采用镀锌钢、铝包钢、铜包钢、铝合金单线和绞线，不同材料的组合使得用户的选择余地进一步扩大。根据使用材料及结构组成，将裸绞线分为三种。一是以单一金属材料单线绞合而成的简单绞线，如铝绞线、铜绞线、铝合金绞线等；二是组合绞线，以导电线材和增强线材组合绞制而成，如钢芯铝绞线、钢芯铝合金绞线、铝包钢芯铝绞线、铝合金芯铝绞线等；三是特种绞线，由不同材质、不同外形的线材用特殊的绞合方式绞制而成，如扩径导线、光纤复合架空地线等。

1. 常用绞线

铝绞线、铝合金绞线、铜绞线一般用于短距离、小容量线路。增加了增强线材的裸绞线如钢芯铝绞线、铝包钢芯铝绞线等，由于有抗拉元件承受拉力，可以增大杆塔间距以减少投资、延长导线寿命、增强安全性。其中应用最为广泛的是钢芯铝绞线。常用导线的每个导体截面积都有几个派生规格，即配合几种截面积的钢芯线，如 500/35、500/65 等，以适应不同抗拉力要求的线路段选用。常用架空裸导线的结构如图 1-1 所示，型号、规格及适用范围见表 1-1。

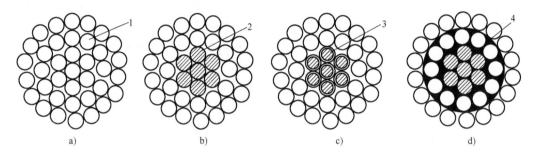

图 1-1　圆线同心绞架空导线

a）铝（或铝合金）绞线　b）钢芯铝（或铝合金）绞线　c）铝包钢芯铝绞线　d）中防腐钢芯铝绞线

1—铝（或铝合金）线　2—镀锌钢线　3—铝包钢线　4—防腐油脂

由圆单线绞合而成的同心绞架空导线应用最广，但在长期使用中，也暴露出它的一些缺点，例如导线间隙大，使导线的外径增大，而大直径增大了风载，使作为支撑的杆塔必须加强；各圆形单线间是线接触，导线吸收风振的能力较低；单线间的空隙会积存水和有害物质，容易腐蚀导线，降低导线的使用寿命。

以异形单线代替圆单线绞制而成的型线同心绞架空导线，大大提高了导线的综合性能。常用的型单线有"S"形、"Z"形、梯形等，型单线绞合成圆形后，由于各单线之间的相互挤压支撑作用，提高了绞线的结构稳定性；外径减小，降低了风载；单线间形成面接触，具有良好的抗风振能力；单线间隙减小，减轻了腐蚀，延长了使用寿命；由于导线的外表面光滑，表面电场更加均匀，可减少电晕损耗，而且冰雪也难以附着。型线同心绞架空导线主要结构型式如图 1-2 所示，型号、规格及适用范围见表 1-1。

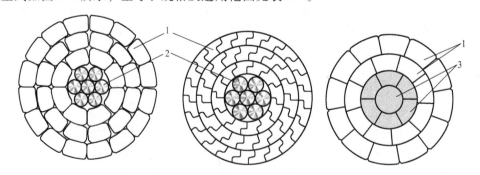

图 1-2　型线同心绞架空导线

1—铝（或铝合金）线　2—镀锌钢（或铝包钢或铝合金）线　3—铝合金线

在钢芯或整个导线间隙填充防腐涂料制成防腐绞线，供海边盐雾、化工厂附近等有腐蚀气体的恶劣环境使用。以铝包钢线代替镀锌钢线，将原来的铝-锌、铝-钢接触变为铝-铝接触，避免电化学腐蚀的发生，也提高了导线的耐腐蚀能力。

表 1-1　常用架空裸导线的型号、规格及适用范围

品种		型号	规格范围[①] /mm²	技术标准	适用范围
圆线同心绞架空导线	铝绞线	JL	10~1500	GB/T 1179 —2008 圆线同心绞架空导线	小档距的一般配电线路
	铝合金绞线	JLHA2、JLHA1	20~1450		
	铝合金芯铝绞线	JL/LHA2、JL/LHA1	10~1145		
	钢芯铝绞线	JL/G1A、JL/G1B、JL/G2A、JL/G2B、JL/G3A	16~1250		一般输、配电线路
	钢芯铝合金绞线	JLHA2/G1A、JLHA2/G1B、JLHA2/G3A、JL-HA1/G1A、JLHA1/G1B、JLHA1/G3A	18~1300		一般输、配电线路
	铝包钢芯铝绞线	JL/LB1A	15~1235		一般输、配电线路对钢线有严重腐蚀场合
	铝包钢芯铝合金绞线	JLHA2/LB1A、JLHA1/LB1A	15~1420		
	防腐钢芯铝绞线	JL/G1AF、JL/G2AF、JL/G3AF	16~1250		有腐蚀性气雾场合的一般输、配电线路
	钢绞线	JG1A、JG1B、JG2A、JG3A	30~400		一般场合承力索
	铝包钢绞线	JLB1A、JLB1B、JLB2	15~600		腐蚀性气雾场合承力索
	硬铜绞线	TJ	10~500	企标	对铝有严重腐蚀的环境
型线同心绞架空导线	成型铝绞线	JLX	100~1000	GB/T 20141 —2006 型线同心绞架空导线	小档距的一般配电线路
	铝芯成型铝绞线	JLX/L	100~1000		
	铝合金芯成型铝绞线	JLX/LHA2、JLX/LHA1	100~1000		
	成型铝合金绞线	JLHA2X、JLHA1X	100~1000		
	钢芯成型铝绞线	JLX/G1A、JLX/G1B、JLX/G2A、JLX/G2B	100~1092		一般输、配电线路
	钢芯成型铝合金绞线	JLHA2X/G1A、JLHA2X/G1B、JLHA2X/G2A、JLHA2X/G2B、JLHA1X/G1A、JLHA1X/G1B、JLHA1X/G2A、JLHA1X/G2B	100~1000		
	铝包钢芯成型铝绞线	JLX/LB	100~1000		一般输、配电线路，对钢线有严重腐蚀的场合
	铝包钢芯成型铝合金绞线	JLHA2X/LB、JLHA1X/LB	100~1000		

① 规格号表示相当于硬铝线（61%IACS 的 LY9 铝线）的导电线芯截面积。规格范围仅写导体规格范围。

2. 特种绞线

我国地域辽阔，输电线路往往要跨越多气候带和大海拔落差，地理环境复杂多变，能满足特殊条件下使用的架空导线统称特种架空导线。特种架空导线的发展趋势：①在原有路线和杆塔基础上，提高导线传输容量，主要是采取提高导线的长期工作温度或导电率，如软铝导线、倍容量导线等；②满足特殊气候和环境条件下使用，如大跨越使用的高强度碳纤维复合导线，能减小风振影响的自阻尼导线等；③将多种功能集中于一条导线，降低线路造价，如光纤复合架空地线、光纤复合架空相线等。

1) 软铝绞线：软铝绞线的结构与普通钢芯铝绞线完全相同，但其通过特殊加工，将钢芯的迁移点由110℃移至40~20℃，则导线在工作温度时全部机械荷载将由钢芯承载，铝线只承载电流而不承载机械负荷，弧垂完全取决于钢芯。导线的工作温度不会由于铝线的软化特性而受限制，因此可采用导电率为（62.5%~63%）IACS的软铝制造，允许的运行温度达150℃，比普通钢芯铝绞线高很多，输电时的损耗可比导电率为61%IACS的硬铝减少约2.5%~3%。

2）耐热铝合金导线：铝锆合金制成的导线，在高温下强度损失很少，其软化起始温度大于200℃，比硬铝线要高出100℃。长期工作温度提高到150℃，输电载流量比相同规格铝线提高60%。不足之处是导电率稍有下降，线损也随工作温度升高而增大，约增加19%。超耐热铝合金导线允许温度可达230℃，载流量提高约2倍，被称为倍容量导线，承力元件采用铝包殷钢线，弧垂很小，缺点是价格高昂。

耐热铝合金导线特别适用于增扩容输变电场合，利用原有杆塔、走廊架设，使线路扩容的投资大幅降低；小截面积导线传输大容量电流，因此在线路的瓶颈段、城市或山岳架线走廊狭窄地区使用更能显出优势。

3）扩径导线：用支撑法或填充法降低导线填充系数，扩大导线外径的一类导线。达到降低导线表面电场强度，减轻甚至避免电晕放电，减小电晕损失和无线电干扰的目的。用于低气压地区以及超高压、特高压输电，也用高压、超高压、特高压变电所的软母线。扩径的方法是采用将某一层或几层铝线根数减少，线间留有较大间隙，从而使导线外径显著增大，此为填充法。支撑法在导线中心采用镀锌软管、螺旋管等进行支撑，做成空心导线，如图1-3a所示为填充式扩径导线结构。

4）自阻尼导线：在铝线与钢芯的层与层间，均留有一定间隙，使导线在受力状态下风激振动时，由于钢芯和各层铝线的固有振动频率不同而相互干扰碰撞，能够自身消耗风激振动的能量，达到阻尼减振效果。特别适合用于南方台风地区、北方大风和沙尘暴地区。为使层与层间形成间隙，一般采用铝型线，其结构形式如图1-3b所示。

5）防冰雪导线：输电线路覆冰引发故障，影响电力系统正常运行的事故每年都有发生，防冰雪导线可有效降低甚至消除冰雪带来的危害。按工作原理可将其采用的技术分为防冰和除冰两类。防冰雪是使导线表面难以覆冰，除冰雪技术能自动除或融冰雪。根据这两类技术设计的防冰雪导线主要有涂料防冰式、阻雪环式、带翼状股线、切换电流式、居里合金式等。涂料防冰是在导线表面涂覆具有强增水性能的涂料，降低冰与导线表面的附着力达到减少覆冰的目的。阻雪环式是在导线上夹装由聚碳酸酯制成的塑料环，起到阻滞积雪在导线绞合方向转动，使雪只在迎风侧堆积，当堆积到一定厚度时，在自重或风等自然力的作用下自行脱落。带翼状股线的难积雪导线见图1-3c所示，它可使积雪在沿导线弧线向低处滑动时受阻而脱落。

6）光纤复合架空地线（OPGW）和架空相线（OPPC）：OPGW（Optical Fiber Composite Overbead Ground Wire）是通信光缆和架空地线的复合体，既具有普通架空地线的电气和机械物理特性，同时又具有光纤的通信传输特性。起到线路防雷保护和通信的双重作用，节省了光缆的购置和敷设费用。用于110kV及以上架空输电线路。

OPGW的结构主要由光单元和地线组成，光纤提供了通信信号的传输通道，光纤单元可置于中心管中或绞于铝包钢绞线中，结构可采用层绞式、骨架式、中心管式等结构，如图1-3d所示OPGW采用中心管式光单元结构。地线部分通常为铝包钢线和铝合金线的组合，钢成分主要提供了机械强度，铝成分则主要承载短路电流。结构设计中除导线强度应满足承受拉力要求外，还要考虑导线蠕变对光纤余长的要求、短路电流造成的导线温升影响等问题。

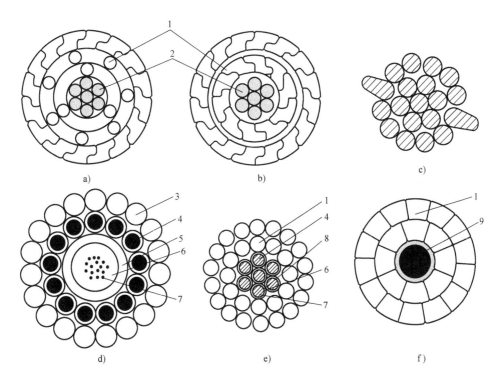

图 1-3　特种导线

a）扩径导线　b）自阻尼导线　c）抗冰雪导线　d）OPGW　e）OPPC　f）碳纤维复合导线

1—铝线　2—钢芯　3—铝合金线　4—铝包钢线　5—铝管

6—填充油膏　7—光纤　8—不锈钢管　9—碳纤维复合芯

　　110kV 以下线路只在部分长度上架设地线，为起到与 OPGW 相似的作用，可将光单元与相线复合，形成了具有输电和通信双重功能的光纤复合架空相线（OPPC，Optical Phase Conductor）。OPPC 适用于 10～110kV 架空输配电线路。不锈钢管光纤单元与铝包钢线绞合，构成架空导线的通信和加强芯，外层再绞合铝线起到输电作用，结构如图 1-3e 所示。

　　7）高强度复合芯导线：这类产品的代表是碳纤维复合导线、铝基陶瓷纤维芯导线。以高强度、低密度复合材料作为抗拉承力元件，导线重量完全由抗拉元件承受，这样就可选用软铝线作为导电材料，从而使导线具有强度高、电阻低、载流量大、弧垂小、重量轻等优点，可降低线路造价和运行损耗，提高传输容量。典型结构如图 1-3f 所示。

　　三、软接线

　　这类导线多采用 0.5mm 以下软铜线制造，采用束线、复绞或编织工艺，以保证线材的柔软性。该类导线用量少、用途特殊，主要用于电气装备及电子元器件连接用的软铜绞线；电机的电刷连接线；通信用的架空天线；蓄电池的并联线（俗称辫子线）、接地线和屏蔽网套的编织线，如图 1-4 所示。

　　四、型线和型材

　　主要包括铜杆、铝杆、电力机车接触线、铜铝母线、铜带、空心铜导线、异形铜排等品种，下面择要加以介绍。

1. 电力机车接触线

随着我国高速铁路建设的飞速发展，电力机车接触线也成为电缆行业的热点。接触线用于电气化铁路、城市轨道交通、矿山等采用电力机车牵引的运输、起重设备。接触线除要求具有良好的导电性和足够的抗拉强度和耐气候腐蚀性外，更主要是耐磨性要好，这直接关系到导线的使用寿命。其主要品种有圆形、双沟型的铜和铜合金接触线、钢铝复合接触线等，如图1-5所示。

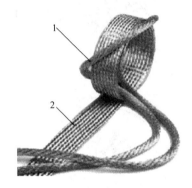

图1-4 软接线

1—软铜绞线 2—编织线

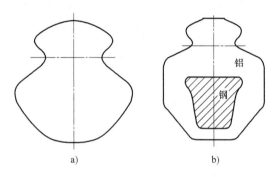

图1-5 电力机车接触线

a）双沟型接触线 b）内包梯形钢铝接触线

高速、重载、高安全性铁路建设，对接触线提出优良的导电性、抗拉强度和耐磨性要求，纯铜、钢铝复合接触线已不能满足要求，主要使用强度更高的铜银、铜镁、铜锡以及铜锆铬三元合金接触线。

2. 铜母线

作为大电流母线（又称汇流排）用的铜、铝排材，多为扁平状，也有空心矩形和半工字形。用于电厂、变电站及其他工业装备传输大电流用，以及在开关柜中使用。矩形空心导线用于制造水内冷电机、变压器及感应电炉线圈的绕组线。

3. 异形排材

异形排材形状多样，如梯形、哑铃形等，主要用于发电机、电动机中换向器的构件，以及各种刀开关的刀头电极等，材质为铜或铜合金。

第二节 电 力 电 缆

电力电缆是在电力系统的输配电线路中用以传输和分配大功率电能的电缆产品。其功能与架空导线一样，但结构要复杂得多：导体外包覆有绝缘材料，并有各种护层结构，这就使电缆线路的造价要比架空线路高出很多。但电力电缆能够完成架空线无法完成的任务，两者相比，电力电缆输电具有以下特点：

1）一般埋设于土壤中或敷设于室内、沟道、隧道中，线间距离小，占用空间少。基本不占用地面空间，节约土地。

2）受气候条件和周围环境影响小，传输性能稳定，可靠性高。

3）具有向超高压、大容量发展的有利条件，如低温电缆、超导电缆等。

因此，电力电缆常用于城市的地下电网、发电站和变电站的引出和引入线路、工矿企业的内部供电，以及过江河、跨海峡等的水下输电线。随着国家城镇化建设的加速，城市电网由架空逐步改为地下敷设，市郊、城镇将架空裸线改为架空绝缘电缆。

因其担负的功能决定了电力电缆应具有以下特性：

1）能够长期承受高电压作用，具有优良的电气绝缘性能。

2）能传输很大的电流，应具有良好的热老化和散热性能。

3）能适应各种不同的敷设环境要求，应具有多种结构的护层以保护绝缘和导体。

4）电力系统和用电设备不同，电缆要有各种电压等级、芯数、截面积组合以适应传输容量、相数和电压要求。

电力电缆承受的工作电压，按导体间的额定工频电压（U）大致分为 1、3、6、10、15、20、30、35、66、110、220、330、500、750、1000kV 等。1kV 及以下为低压，3～35kV 称为中压，66～330kV 称为高压，500kV 为超高压，1000kV 及以上为特高压。电压等级不同，绝缘材料选用、绝缘厚度、结构设计都有不同要求。如电力电缆主要结构部件为导体、绝缘和护层，为改善电场分布，3kV 以上产品应增加屏蔽层，为防止水分对高压电缆的侵害，110kV 及以上电缆均有严格的防水措施，如导体间隙填充阻水纱（或带），金属护套和绝缘线芯间绕包阻水带。

电力电缆的芯数为 1～5 芯。交流电力系统为三相交流电，因此产品主要是 3 芯。低压电力电缆才采用 4 芯、5 芯电缆，4 芯中有 3 芯是相线芯（又称主线芯），1 芯为中性线（供三相电流不平衡时回流用）；5 芯电缆中则又增加了一根直接接地的接地保护线芯。因低压电网是用户网，经常会有三相分为三个单相的供电方式，每相都需要有中性线，即一芯相线、一芯中性线，这就是 2 芯电缆的适用场合。低压用电装置与人们直接接触机会很多，特别是民用建筑和家庭用电，为了人身和设备的电气安全，有很多会在 2 芯电缆基础上增加 1 根接地线，成为 3 芯电缆。

按照传输电流的大小（额定电流）应采用不同截面积的导电线芯，为了生产管理和设计选用的规范化，对导电线芯的截面积等级进行了统一规定。

电力电缆是按照绝缘材料来分类的，每种绝缘材料所适用的电压等级范围，取决于该绝缘材料的性能和制造工艺。在 1～35kV 的中低压领域，早期多使用橡皮绝缘、油浸纸绝缘电缆，后来又发展了结构、制造和敷设更简单的聚氯乙烯绝缘、聚乙烯绝缘和交联聚乙烯绝缘电缆。110kV 及以上的高压超高压领域，主要使用充油电缆、聚乙烯绝缘和交联聚乙烯绝缘电缆等。现代电力工业的发展，要求电缆的工作电压越来越高，传输容量日益增大。在500kV 及以上的超高压领域，电缆的结构形式有自容式充油电缆、钢管充油电缆、交联聚乙烯绝缘电缆和压缩气体绝缘电缆。为进一步提高传输容量，采用人工冷却方式的低温电缆和超导电缆技术也日益成熟。电力电缆主要品种、工作电压及型号见表 1-2。

一、塑料绝缘电力电缆

塑料绝缘电缆的发展，以其结构简单、重量轻、敷设方便等优点，很快淘汰了中低电压领域的油浸纸绝缘电缆。在 6kV 以下的中低压领域，发展较早的是聚氯乙烯绝缘电缆，6kV 及以上主要发展了过氧化物交联聚乙烯绝缘电缆。随着硅烷交联技术的成熟，特别是环保风的劲吹，聚氯乙烯绝缘电缆的应用越来越少，在电力电缆领域仅留的 0.6/1kV 的"领地"

也岌岌可危，在 1~500kV 这一广阔的电压领域，几乎都成为交联聚乙烯绝缘电缆的市场。聚氯乙烯和聚乙烯只是在电缆护层上还有较多应用。

表 1-2　电力电缆的品种及型号

绝缘类型	电缆名称	电压等级 /kV	允许长期工作温度/℃	代表型号
塑料绝缘	聚氯乙烯绝缘电缆	1~6	70	VV、VV22、JKV、JKLHV
	聚乙烯绝缘电缆	1~400	70	YV、YV22、JKLY、JKLHY
	交联聚乙烯绝缘电缆	1~750	90	YJV、YJV22、JKLYJ、JKLYJ/Q
橡皮绝缘	天然-丁苯橡皮绝缘电缆	1~6	65	XQ、XV、XLHF
	乙丙橡皮绝缘电缆	1~138	90	EF、EY、EYF
	丁基橡皮绝缘电缆	1~35	80	—
油浸纸绝缘	普通黏性浸渍电缆	1~35	1~6kV　80	—
	统包型		10kV　65~70	ZL、ZLQ
	分相铅(铝)包型		20~35kV 60~65	ZLLF、ZQF、ZLQF
	不滴流电缆	1~35	1~6kV　80	
	统包型		10kV　65~70	ZQD、ZLD
	分相铅(铝)包型		20~35kV　65	ZLLDF、ZQDF
	自容式充油电缆	110~750	80~85	CYZQ
	钢管充油电缆	110~750	80~85	
	钢管压气电缆	110~220	80	
	充气电缆	35~110	75	
气体绝缘	压缩气体绝缘电缆	220~500	90	—
新型电缆	低温电缆	—	—	—
	超导电缆	—	—	—

作为绝缘材料，聚氯乙烯具有较好的物理机械性能和耐气候性，价格低廉，因此得到大量应用。但其绝缘性能一般，介质损耗和介电常数大，因此只适用于 6kV 及以下中低压电缆；特别是结构中含有氯原子，虽然赋予良好的阻燃性能，但一旦发生火灾，燃烧过程会产生大量有毒气体和烟雾，而且组成中含铅元素，在提倡绿色环保的今天，其市场日渐萎缩。

聚乙烯具有近乎理想的电性能，介质损耗和介电常数仅是聚氯乙烯的几分之一，适合用作高、中、低压电缆绝缘材料。但聚乙烯物理机械性能差，有冷流性，耐热性也不好。特别是交联技术的发展，聚乙烯已很少用于电力电缆绝缘。交联聚乙烯继承了聚乙烯优异的电性能，通过大分子间的交联，材料由热塑性改性为热固性，提高了物理机械性能，耐热性也大大提高。在不同交联技术支持下，广泛用于低、中、高、超高电压领域，国外已有 750kV 的交联绝缘特高压电缆面世。

无论是交联聚乙烯还是聚乙烯、聚氯乙烯绝缘电缆，结构都十分相似，包括导体、绝缘、护层及填充，3kV 以上产品增加了屏蔽层，塑料绝缘电力电缆的几种典型结构如图 1-6 所示。

护层结构为：①单一的塑料护套，可敷设在不承受机械外力的室内、隧道及沟管内；②钢带铠装加塑料护套，能承受一定的压力，但不能承受大的拉力，适合直埋敷设；③钢丝铠装加塑料护套，能承受一定的压力和较大拉力，适合矿井、水中等敷设环境。

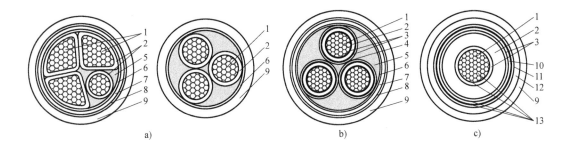

图 1-6 典型塑料绝缘电力电缆结构示意图

a) 1~3kV b) 6~35kV c) 110~220kV

1—导体 2—绝缘 3—半导电屏蔽 4—铜带屏蔽 5—填充 6—包带 7—内衬层

8—钢带铠装 9—外护套 10—阻水层 11—间隙 12—金属护套 13—阻水纱（或带）

二、橡皮绝缘电力电缆

橡皮绝缘电力电缆是历史上最早的电力电缆，因柔软性好，适合安装于弯曲半径小或需要定期变换敷设位置的场合，多用于设备之间的连接线。总体用量较少。

橡皮绝缘主要有乙丙橡胶绝缘，用于 35kV 及以下电压等级；也有采用天然-丁苯胶绝缘，适用电压等级在 6kV 以下。乙丙橡皮绝缘具有电性能优良，特别具有突出的耐电晕性能，另外抗老化性和耐水性均很好，在国外已将其用于 110kV 电压等级。

三、油浸纸绝缘电力电缆

油浸纸绝缘电缆是电力电缆的经典结构，在 1990 年以前是我国中低压电力电缆的主导产品，在设计和制造方法上有其独到之处，在这里作一简单介绍，以资借鉴。

其结构特征是在导体上多层绕包绝缘纸带，然后经真空干燥、浸渍绝缘油，为防止油的流失，再挤包金属护套（铝或铅）进行封闭，再在其外增加加强层（如铠装）或外护套而成。

这种电缆的油和纸绝缘结构是互补性的合理组合，电缆电性能、热性能裕度大，使用寿命长（可达 70、80 年）。但工序多、生产周期长、接头复杂、重量大（有金属护套）、工作温度低（油的热胀冷缩和流淌影响）、允许敷设位差低（油的流淌影响）等原因，1960 年以后逐渐被塑料绝缘电缆取代，到 21 世纪已完全停产。

10kV 及以下的多芯电缆常采用扇形导体，多芯共用一个金属护套，称统包结构，如图 1-7a 所示。20~35kV 电缆，若每个绝缘线芯都有单独的金属护套，称为分相铅（铝）包型，如图 1-7b 所示。

统包结构采用相绝缘和带绝缘结合的绝缘结构，带绝缘是在绝缘线芯成缆后统包于几相绝缘线芯外的结构。两相导体间由两层相绝缘承受线电压。一层相绝缘单独承受相电压，厚度就不足，绕包带绝缘可弥补相绝缘厚度的不足，同时也起到成缆扎紧作用。

四、充油电缆

充油电缆由油纸电缆发展而来，采用聚丙烯-木纤维复合纸（PPLP）绕包绝缘，浸渍低黏度的高压绝缘油，采用金属内护套（铅、铝或钢管）封闭。该类型电缆实际是纸绝缘金属套充油高压电力电缆。

自容式充油电缆的导体采用中空形式，作为绝缘油流动的油道，如图1-8所示。钢管充油电缆没有中心油道，一般为三芯结构，导体绕包屏蔽及绝缘纸带后，在绝缘屏蔽外再扎铜带并缠半圆形铜丝，然后将三根一起拖入钢管内，再行充入高压绝缘油。为对电缆油施加一定压力，并作为热胀冷缩时的油量调节，电缆线路中应配有压力供油箱。

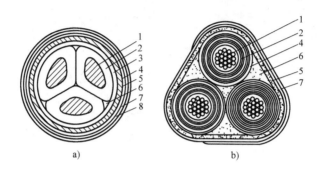

图1-7　油浸纸绝缘电力电缆结构图

a）统包结构　b）分相铅（铝）包型

1—导体　2—相绝缘　3—带绝缘　4—金属护套　5—内衬层　6—填充　7—铠装层　8—外护套

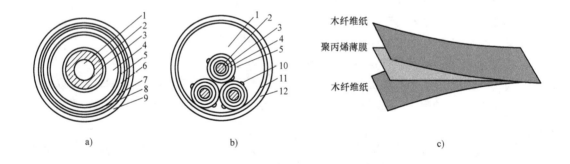

图1-8　充油电缆及PPLP结构

a）自容式充油电缆　b）钢管充油电缆　c）聚丙烯-木纤维复合纸（PPLP）

1—油道　2—导体　3—导体屏蔽　4—绝缘　5—绝缘屏蔽　6—金属套　7—内衬层

8—加强层　9—外护套　10—半圆形滑丝　11—钢管　12—防腐层

充油电缆采用电绝缘性能非常优异的绝缘纸和油，绝缘油在压力下自动流动，可随时补充因负荷变化而在油纸绝缘层中形成的气隙，提高了电缆的工作场强，延长了使用寿命。可用于生产66~750kV级高压和超高压电缆，国外最高达到1100kV。现在，因交联聚乙烯绝缘电缆安装、敷设、接头和维护便利，在500kV及以下电压等级已基本取代充油电缆，充油电缆主要用于超高及以上电压等级。

五、架空绝缘电缆

架空绝缘电缆是带有绝缘层的架空导线，10kV级还有屏蔽结构，但没有护层。其采用架空敷设，绝缘裕度可小于电力电缆，绝缘厚度可比同电压等级电力电缆薄一些。根据绝缘厚度不同、有无屏蔽层，10kV架空绝缘电缆又分为轻型和普通型。该类电缆以单芯为主，也有多根绞合的集束结构和线芯间用筋带连接的平行集束结构。在线芯绞合时绞入一根钢绞线，即成为自承式结构。

电压等级主要有0.6/1kV和10kV，铜、铝导体都有采用，铜导体有铜绞线、软铜绞线；铝导体有铝绞线、铝合金绞线及钢芯铝导体、钢芯铝合金导体结构。绝缘为混有炭黑的耐候聚氯乙烯、聚乙烯或交联聚乙烯。有外屏蔽层的10kV电缆采用本色绝缘。

架空绝缘电缆适用于市郊、城镇、公共活动场所的配电网络以及森林及有安全防火要求的区域。其造价低于电力电缆，安全性又高于架空裸导线。比如其用于林区，可防止树枝造成的电网短路和火灾的发生。0.6/1kV架空绝缘电缆也常被用作进户线。

六、直流电缆

直流电缆与交流电缆的结构十分相似，但绝缘长期承受直流电压，相同绝缘厚度，直流电压可比交流电压高5、6倍。直流电缆的绝缘还必须能够承受快速的极性转换，这会引起绝缘内部电场强度的增加，通常可达50%~70%。由于在金属护套和铠装层上不会有感应电压，所以直流电缆不存在护套损耗问题。

直流电缆多采用油浸纸绝缘或充油电缆，随着直流输电工程应用越来越多，在解决聚乙烯绝缘空间电荷问题上也取得了很大进展，现在交联聚乙烯绝缘直流电缆应用正在迅猛发展。

大长度的交流电缆线路有很大的电容电流，需要进行电抗补偿，而在一些系统中很难做到，因此存在临界长度（电缆电容随长度成正比增加，当传输电流等于电缆的电容电流时，相当于只能对电缆这个大电容充电，在负荷端电流为零的电缆长度）问题。直流电缆没有这个问题，而且线路损耗也较小，除应用于陆地直流输电线路外，用于跨越海峡的大长度输电线路更为合适。现在，随直流输电技术的日益成熟，线路建设越来越多，直流电缆的市场正在逐步扩大。

七、海底电缆

海底电缆主要用于大陆与海岛、石油平台、海岸风能发电场间的电力传输，跨越海峡、河流，长度大、接头少、承受大的拉力和压力、容易受到外界损伤、防水要求高等是其不同于其他电缆的典型特征。为降低工程费用，采用光电复合结构也是海底电缆的特点之一。

敷设环境要求海底电缆在结构设计时，必须有良好的阻水、承力、防腐蚀设计：①阻水方面为避免电缆损伤后海水在电缆中长距离扩散，导体绞合时在每层单线间嵌入阻水带（或纱）、阻水膨胀粉或采用阻水胶隔断工艺，导体外绕包半导电阻水膨胀带。每相绝缘线芯挤包单独的金属护套。②采用单层或双层粗钢丝铠装，承受敷设及海底运行过程中大的拉力和压力。③金属护套外挤包聚乙烯增强保护层，电缆内衬层和外被层采用聚丙烯绳缠绕+沥青浸渍混合结构，达到防腐蚀目的。如图1-9所示为三芯交联聚乙烯绝缘海底光电复合缆和自容式充油海底电缆结构图。

从减少接头、增加长度角度，电缆应首选单芯结构。单芯交流电缆的钢丝铠装层会使损耗增加很多，从降低损耗角度，电缆应首选三芯结构或选用非磁性铠装材料，如图1-9所示充油电缆即采用了铜丝铠装。既能采用单芯、钢丝铠装结构，又不增加损耗的输电方式是直流输电。因此，海底电缆采用直流输电是优选，随着直流输电工程换流站无功补偿装置价格昂贵和功率消耗较大问题的逐步改进，长距离交流输电将逐渐减少。

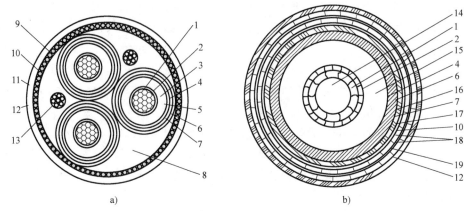

图 1-9   海底电缆结构图

a）三芯交联聚乙烯绝缘海底光电复合缆   b）自容式海底充油电缆

1—导体   2—导体屏蔽   3—XLPE 绝缘   4—绝缘屏蔽   5—半导电阻水层   6—铅套

7—塑料保护层   8—填充条   9—成缆包带   10—内衬层   11—钢丝铠装   12—外被层

13—光单元   14—油道   15—油纸绝缘   16—青铜带加强层   17—铜带   18—扁铜丝铠装   19—垫层

八、低温电缆和超导电缆

1. 低温电缆

高纯铜和铝的电阻在低温下会大幅降低，采用液氢（20K）或液氮（77K）冷却，不仅降低了电阻，电缆的散热能力也大大提高，传输容量大幅提高，可达 5000MVA 以上。一般低温电缆会采用真空作为绝缘，或采用液氮（或液氢）浸渍非极性合成纤维纸作为绝缘。

2. 超导电缆

超导电缆是利用超导材料在临界温度（T_c）以下成为超导态，电阻消失、损耗极微、电流密度高、能进行大容量传输的特点而设计制造的。传输容量可达 10000MVA 以上。高温超导体的发现和制备工艺的完善，高温超导体如 Bi2212（$T_c = 85K$）、Bi2223（$T_c = 110K$）成为高温超导电缆导体首选。

高温超导电缆主要组成包括超导体、电绝缘层和热绝缘层。导体采用常规的铜或铝导体为骨架，在其上缠绕超导金属带，构成复合超导体。热绝缘层采用双层结构的不锈钢皱纹管，在两层皱纹管之间充以绝热材料并抽真空，获得很高的绝热效能。

电绝缘有室温绝缘（WD）和低温绝缘（CD）两种形式。CD 高温超导电缆的绝缘在液氮温度或浸入液氮运行，采用在超导体外缠绕半合成纸 PPLP 带，由液氮浸渍形成复合绝缘。WD 高温超导电缆的绝缘在绝热管外，处于室温，采用普通电缆的绝缘（如 XLPE）、护套即可。WD 高温超导电缆宜采用单芯形式，结构如图 1-10 所示。

CD 高温超导电缆的屏蔽层与导体层一样，将两层超导金属带螺旋状无间隙地缠绕在绝缘

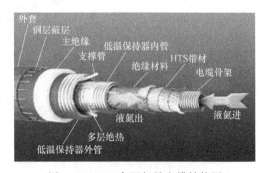

图 1-10   WD 高温超导电缆结构图

层上而形成，在电缆端部将三相屏蔽层短接，就能使屏蔽层构成一个闭合回路。当导体通过

电流时会产生一个电磁场，而导致在屏蔽层上产生一个与导体电流相位相反、大小相等的感应电流，因此，它可抵消因导体电流而产生的磁场，同时也可屏蔽外磁场的干扰，因此超导电缆的电抗非常小，而且能抑制因泄漏磁场产生的涡流损耗和铠装损耗，具有明显的降损效果。CD 高温超导电缆可制成三芯结构。

第三节　通信电缆

通信电缆和通信光缆都是用于有线传输电话、电报、电视、广播、传真、数据和其他电信信息的电缆产品，相比于无线通信，通信电缆和光缆通信多采用埋地敷设，占用地上空间少，保密性好，受大气和自然灾害影响小，传输质量高，性能稳定。近年来，光缆已在很大程度上取代通信电缆，如长途通信电缆已完全被淘汰，但通信电缆以其便利的使用性，在短距离传输方面仍有不可替代的优势。

通信电缆的传输信号功率小、频率高甚至极高（从音频直至 GHz），要求衰减小、失真低，则电缆必须具有优良的技术特性：导体电阻小，绝缘材料介电常数小（线芯电容小）、介质损耗小、绝缘电阻高；而且整个长度上各结构元件性能、尺寸均匀稳定（减小信号波的反射、折射和驻波的形成）。这不仅要求有精确的设计、优质的材料，还必须有精良的设备、严格的工艺来保证。通信电缆用途广，种类多，下面选择具有代表性的产品加以介绍。

一、市内通信电缆

市内通信电缆也称市话电缆，是随着电话机的应用而诞生的最早的电线电缆产品种类之一。早期采用未经硫化的天然橡胶绝缘，后发展为纸带、纸浆绝缘，现在都采用性能更优、更便于加工的塑料绝缘。

顾名思义，该类电缆适用于市内、近郊和局部地区的短距离通信用途，用于传输音频及 10^5kHz 及以下的模拟信号，一定条件下也可传输低于 2Mbit/s 的数字信号。市内通信电缆连接的是用户到电话交换站的"最后一百米"，更远距离传输都已采用光缆，随着光缆入户工程的实施，该类电缆市场萎缩很快，用量和线芯对数都呈减少趋势。

该类电缆采用对称结构，对称是指将来去的一对线芯绞合在一起，使高频电性能均衡、对称之意，结构形式有绝缘线芯两根绞合称对绞，四根绞合称星绞，如图 1-11 所示。其规格以线芯对数表示，有 10~3600 对的不同结构，现在常用的是 800 对以下产品。根据线对数量不同，缆芯绞合采用束绞式、同心式和单位式。束绞的多个线对可单独用作缆芯，也可当作单位式缆芯的一个单位。同心式绞合可用于线对绞合，如图 1-12a 所示，也可用于单位

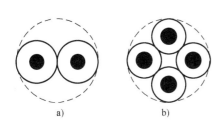

图 1-11　对绞和星绞结构图
a）对绞组　b）星绞组

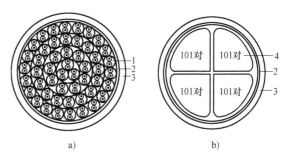

图 1-12　市内通信电缆结构图
a）50 对同心层绞式　b）400 对单位绞

1—线对　2—缆芯包层　3—护层　4—线对的单位

绞合。单位式是将若干线对绞成一个单位，然后再绞合成缆芯的方式，一般 200 对以上时采用这种绞合方式，如图 1-12b 所示。为减小串音干扰影响，同一单位中各线对的节距应各不相同。

导体采用软圆铜线，绝缘材料为高频下 tanδ 和 ε_r 都很小的聚乙烯，以减小传输损耗。绝缘可采用实心结构，如图 1-13a 所示；为进一步减小绝缘层的 tanδ 和 ε_r，提高传输性能，普遍应用泡沫聚乙烯，如图 1-13b 所示，发泡工艺要求气泡沿圆周分布均匀，气泡间互不连通。在泡沫的外层或内外包覆一个很薄的非发泡皮层，形成泡沫-皮或皮-泡-皮结构，是目前常用的结构形式，如图 1-13c、d 所示。内皮层挤包在导体上，增加了导体和绝缘层的附着性。作为通信电缆的绝缘介质，发泡层的发泡度要尽量高，以降低信号的传输衰减，发泡度一般在 60%~70%。外皮层可增加绝缘层的机械强度和保证良好的表面质量。

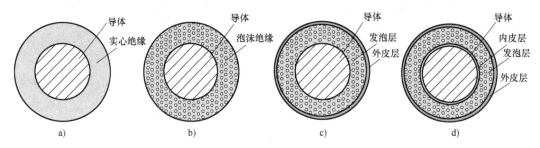

图 1-13　通信电缆绝缘结构的形式
a）实心绝缘　b）泡沫绝缘　c）泡沫-皮绝缘　d）皮-泡-皮绝缘

该类电缆要有挡潮层结构，避免潮气渗入或吸附到绝缘上，水会大大增加绝缘的相对介电常数（$\varepsilon_{r水}=81$）。常用的结构有纵包铝/塑复合带+聚乙烯护套的综合护套形式，也有采用在线芯间填充防水油膏，进一步提高防水、阻水效果。外护层结构有双钢带、钢带纵包轧纹、钢丝等铠装结构，铠装层外再挤包聚乙烯或聚氯乙烯外护套。

二、电信设备用通信电缆

电信设备用通信电缆包括各种电信设备内部或设备之间相互连接用的局用电缆，还有通信线路的始、终端至分线箱或配线架的配线电缆，如电话局、中继站等各种电信服务中心用的局用电缆、配线电缆，以及交换机内部安装线、外部连接线，用户电话引入线、耳机线等很多品种。该类电缆用于低频、短距离传输，多采用聚氯乙烯绝缘。缆芯结构为多线组绞合，线组可为 2~6 芯。

三、数字通信用对称电缆

传统高频传输采用同轴电缆和光缆，制造技术的进步使对称结构的对绞电缆也进入了高速数据传输领域，即为数字通信用对称电缆。相比于前两者，对绞电缆结构简单、连接方便、成本低，从而成为局域网（LAN）、综合业务数字网（ISDN）和数据通信系统短距离传输的主力。

按工作条件，该类电缆分为设备电缆、工作区电缆、水平层布线电缆和垂直布线电缆。按线对数来分，可分为 2 对、4 对、25 对以至更多。按防护要求可分为非屏蔽（UTP）、线对屏蔽（STP）、总屏蔽（FTP）以及线对分屏蔽、缆芯总屏蔽双重屏蔽（SSTP）等类型，结构如图 1-14 所示。按传输频率和信噪比分：根据 IEC61156：2002 标准，该类数据对绞电缆分为 3 类、4 类、5 类、5e 类、6 类、6e 类、7 类、8 类等；与 IEC 标准对应，我国制订了 GB/T 18015—2007 数字通信用对绞或星绞多芯对称电缆系列标准，定义该类电缆为数字通信用对绞或星绞多芯对称电缆，在电缆的规格中用数字 3~8 与 IEC 标准的"×类"对应。1~8 类对绞电缆的最高传输频率见表 1-3。

表 1-3　数字通信用对称电缆的最高传输频率

数字电缆种类	1 类①	2 类	3 类	4 类	5 类	5e 类	6 类	6e 类	7 类	8 类
最高传输频率/MHz	0.1	1	16	20	100	100	250	300	600	1200

① 1 类缆主要用于语音传输，不适用于数据传输。

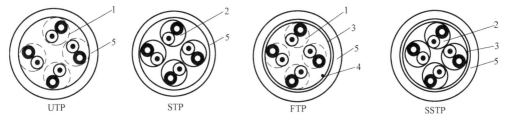

图 1-14　对称数字通信电缆的结构形式

1—非屏蔽线对　2—屏蔽线对　3—总屏蔽　4—接地线　5—护套

结构特点：对绞结构使一对电缆上同时感应到的外部干扰信号为大小相等、相位相互抵消的两个电压，从而减小相邻线对间和来自外界的串音干扰。节距对串音的影响较大，多对绞合的节距差值应尽量大。采用屏蔽结构，可进一步提高抗干扰能力，屏蔽可采用每对线单独屏蔽或四对线总屏蔽结构，其形式有铝塑复合带绕包或金属丝编织形式。由于金属屏蔽层的集肤效应及反射和吸收作用，可以更好地分隔周围的电磁场和减少单独屏蔽线组间或四对线之间的串音。通过双绞线的绞合平衡和金属屏蔽层的屏蔽作用，有效地防止外界的电磁干扰信号的侵入和来自电缆内部的电磁辐射的外泄，拥有非常好的电磁兼容特性和保密性。

该类电缆的结构及要求为：①导体：实心或绞合结构铜导体。②绝缘：实心、泡沫或带皮泡沫的聚烯烃、PVC、含氟聚合物、低烟无卤热塑性材料。绝缘层对电缆的特性阻抗和结构回波损耗影响很大，这就要求绝缘层要厚薄均匀、同心度好，直径一致、表面光滑、热回缩小。③绞合：基本单位有对绞或星绞，主要采用对绞，缆芯可采用同心层绞或单位式结构成缆。以十字架形隔离物将 4 个线组隔开的形式也常用到。④屏蔽：线对或缆芯可采用以下方式屏蔽：a. 单层铝塑复合带；b. 单层铝塑复合带和与金属带接触的铜排流线；c. 铜丝编织层；d. 单层铝塑复合带和铜丝编织结构。⑤护套：聚烯烃、聚氯乙烯、含氟聚合物、低烟无卤热塑性材料。

四、高频数据传输电缆

随着手机、数码相机、摄像机等家用音/视频设备，电脑周边设备应用的高速发展，不同标准接口所使用的高频数据传输电缆的用量也在快速增长。数据传输具有传输频率高、传输距离短、传输数据量大的特点，所传输信号有数字信号也有模拟信号。现在用于大数据量传输的各种接口形式多样，更新换代也很快。常用的接口有 USB、HDMI、DVI、S-ATA、MHL、SFP+、SAS 等，其对应的连接线即为高频数据传输电缆。

USB（Universal Serial Bus）是通用串行总线的英文缩写，由于 USB 支持热插拔和有即插即用的优点，已成为计算机的标准接口。并逐渐从计算机周边扩展到以外的诸多领域，成为应用最广泛的外部数据传输总线标准。该接口所用传输连接线即为 USB 数据电缆，USB 电缆用于计算机与外部设备如手机、数码相机、游戏机等便携设备的连接以及通信数据和视频信号传输。USB1.1 数据线的最高数据传输速率为 1.5Mbit/s，USB2.0 达到了 60 Mbit/s，USB3.0 传输速率可达 625Mbit/s。随着设备小型化，传输接口也越来越小，新一代 USB Type C（USB3.1）接口更小，传输速率最高可达 10Gbit/s，连接线中数据传输线采用同轴结构。USB2.0 电缆结构如图 1-15a 所示，共有四芯，两芯（一个线对）对应数据的输入和输出，另外两芯为电源线，分别为供电线和地线。在此基础上，USB3.0 电缆增加了两对用于数据收、发的屏蔽线对，其结构如图 1-15b 所示。USB 3.0 电缆共有 8 芯，分别是两对屏蔽线对、一对非屏蔽线对和两根电源线。其中两对屏蔽线对用于数据传输，一对非屏蔽线对用于与 USB 2.0 兼容，另外两芯提供电力。两对屏蔽线对可实现双向同时传输，解决了 USB 2.0 输入输出无法同时工作的瓶颈问题，大大提高了传输速度。

（HDMI，High-definition Digital Multimedia Interface）是一种数字化视频/音频接口技术，HDMI 即高清晰数字多媒体视频/音频接口，该类接口所用传输线即为 HDMI 线。该数据线能高品质地传输未经压缩的高清视频和多声道音频数据，最高数据传输速度为 5Gbit/s。该接口具有"即插即用"特点，非常适合电视、电脑、DVD/蓝光播放器和数字电子产品信号传输。采用 DVI 接口时 DVI 电缆长度不能超过 8m，否则会影响画面质量，而 HDMI 最远可传输 15m。HDMI 线的结构如图 1-15c 所示。目前，HDMI 正朝着连接器小型化的方向发展，以便应用于便携设备，挤占 USB 的市场。

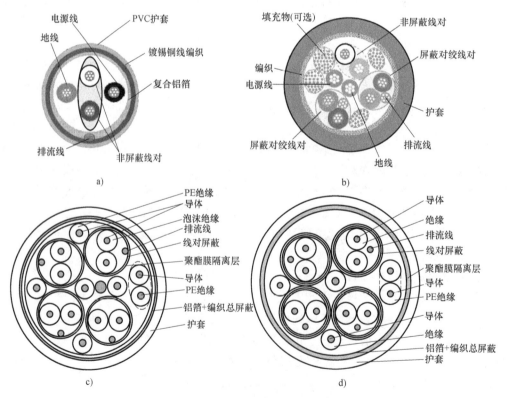

图 1-15　高频数据传输电缆的结构形式

a）USB2.0 线　b）USB3.0 线　c）HDMI 线　d）DVI 线

DVI（Digital Visual Interface）是数字视频接口的简称，其所用传输电缆即为 DVI 数据传输电缆。该类电缆是基于 TMDS 转换最小差分信号技术来传输数字信号的电缆，在计算机、DVD/蓝光播放器、高清电视、高清晰投影仪等设备上有广泛的应用，如计算机主机与显示器的连接，其结构如图 1-15d 所示。

五、射频电缆

射频电缆是用于无线电频率范围内传输信号或能量的电线电缆，使用频率范围为 15kHz~65GHz，传输功率大，可达千瓦以上。主要用作无线电发射或接收设备的天线馈电以及各种通信、电子设备的机内连线或相互连接线，用途遍及通信、广播、电视、微波中继、雷达、导航、遥控、遥测、仪表、能源等领域，是整机设备不可缺少的传输元件。

按照电缆结构，射频电缆可分为同轴电缆、对称电缆和螺旋电缆。其中以同轴电缆应用最为广泛，同轴电缆采用内外导体成同轴布置结构，内外导体间以绝缘充填，信号被完全限制在内外导体间传输，从而具有传输损耗低、屏蔽及抗干扰效果好、使用频带宽等优点。对称电缆的电磁场是开放的，因此衰减大、屏蔽性差，电性能受环境和气候条件影响大，一般用于较低的射频或者和对称天线相配合使用。

射频电缆典型的结构如图 1-16 所示。对称结构射频电缆结构特点及材料要求基本与对称数字通信电缆相同。这里着重介绍射频同轴电缆的结构特点及材料选用要求。

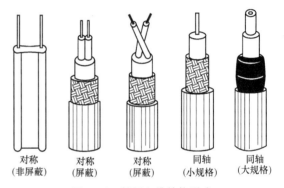

对称
（非屏蔽）　对称
（屏蔽）　对称
（屏蔽）　同轴
（小规格）　同轴
（大规格）

图 1-16　射频电缆结构形式

1）内导体：内导体与外导体是射频同轴电缆的主要结构元件，它们起着电磁波的导向作用。内导体的损耗在总的导体损耗中占有很大比重，因此对内导体提出了很高的要求。内导体一般采用有实体圆柱、绞线、空管及皱纹管等圆柱形结构形式。实体圆柱形加工方便，衰减较小，但柔软性较差。绞合内导体柔软性好，但射频电阻大，增加了损耗。在大功率射频电缆中，多采用管状内导体。在高频下，由于集肤效应，电流只是沿着内导体的外表面流动，因此管状导体的射频电阻和实体内导体一样，采用皱纹铜管可提高其柔软性。

常用铜作为内导体材料，也采用铜包钢、铜包铝等双金属线。高温条件下选用镀锡铜线、镀银铜线及镀镍铜线。

2）绝缘：同轴电缆的绝缘不只是起绝缘作用，高频磁场也是在绝缘介质中传播的，因此介质材料的选择和其结构非常重要。综合考虑衰减、传输功率、承受电压等要求，射频同轴电缆的绝缘结构可制成实体绝缘和泡沫绝缘形式。

实体绝缘的优点是耐电强度高，机械强度高，热阻小，结构稳定；缺点是材料用量大，传输衰减较大。最常用的绝缘介质是聚乙烯，在要求耐高温的情况下，应采用聚四氟乙烯及聚全氟乙丙烯。泡沫绝缘通过物理或化学发泡降低了材料用量和传输衰减，其结构有泡沫、皮-泡沫、皮-泡沫-皮结构。

3）外导体：射频同轴电缆外导体起到回路导体和屏蔽双重作用。在外导体上的能量损耗占导体损耗的三分之一左右，因此外导体可用铜也可选用电导率比铜小的铝。外导体的结构有编织、管状、绞合、镀层等形式。编织外导体柔软性好，采用软铜线、镀银铜线、镀锡铜线编织而成。管状外导体采用铜管或铝管，具有衰减低、屏蔽性好、机械强度高、防潮及密封性好等优点，但柔软性差，大直径管状外导体需要轧纹，以改善弯曲性能。绞合外导体采用多根扁铜线绞合在绝缘上而制成的外导体，再在其上重叠绕包一层铜带作为机械扎紧和附加的导电层。电镀外导体是用化学镀覆的方法在绝缘表面上镀包铜层，是微小型软射频电缆的一种理想外导体结构。

4）护套：常用聚氯乙烯、聚乙烯、聚四氟乙烯或聚全氟乙丙烯等橡塑护套。

5）铠装：根据使用要求，可以在橡塑护套外再包覆以金属铠装层。常用的铠装形式是镀锌钢丝或高强度铝合金线编织铠装，对柔软性较差的管状外导体的电缆，可采用钢带或钢丝铠装。

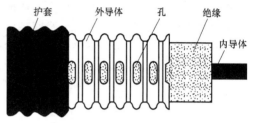

图 1-17　漏泄同轴电缆结构

漏泄同轴电缆是射频同轴电缆的特殊形式，是在同轴电缆外导体上周期性开槽，并能沿电缆辐射电磁波或按相反方向进行耦合的同轴电缆。它兼有传输线和辐射场天线的双重功能，其用于无线电波不能直接传播或传播不良的建筑物内部、隧道、坑道、地铁、矿井巷道及其他大型地下设施。使用频率为 1GHz 以下，适用于无线电移动通信系统、无线电遥控系统、无线电报警系统等。其典型的结构形式如图 1-17 所示。

第四节　光 纤 光 缆

光纤是光导纤维的简称，光纤通信是以激光作为载体，以光纤作为传输媒介的通信方式。相比于电缆通信，具有传输衰减小、传输频带宽、传输频率高（可达 $10^{14} \sim 10^{15}\,Hz$）、信号串扰弱、不受电磁场干扰、保密性好等优点，由光纤制成的光缆相比于通信电缆重量轻、外径小。因此，光缆一经诞生就得到迅速发展，当今世界已构成一个以光纤通信为主，微波、卫星通信为辅，通信电缆作为末梢的通信网络。

一、光纤

1. 光纤结构

光通信使用的光纤是由高纯度二氧化硅拉制成的细丝，由中心的纤芯和外围的包层同轴组成，结构如图 1-18 所示。纤芯折射率 n_1 略大于包层折射率 n_2。光信号主要经纤芯传输，包层为光信号提供反射边界和光隔离。具体为光线由纤芯射向包层，当入射角大于 $\arcsin n_2/n_1$ 时，在界面上发生全反射，折射光消失，光线不能进入包层，只能在纤芯内向前传播。光纤通信就是以此为基础的而形成的。

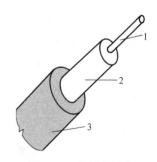

图 1-18　光纤的结构
1—纤芯　2—包层　3—涂覆层

包层外有高分子涂覆层，保护光纤表面的微裂纹不受潮气的侵蚀和机械应力作用，避免微裂纹扩张，提高光纤强度，增加光纤柔韧性。

2. 光纤类型

（1）按折射率分布情况分类

按截面积的折射率分布情况，光纤可分为以下两种类型：

1）突变型（阶跃型）光纤：纤芯和包层内的折射率分布各自都是均匀的，但包层的折射率低于纤芯，从而在两者的界面上产生突变，如图1-19a、c所示。这种光纤的模间色散高，传输频带不宽，传输速率也不能太高，只适用于短途低速通信，应用逐渐减少。

2）渐变型光纤：折射率在光纤轴心处最大，然后沿横截面积径向逐渐减小，其变化一般符合抛物线规律，到与包层交界处则降到和包层折射率相同，包层折射率是均匀的。如图1-19b所示。渐变光纤能减少模间色散，提高光纤带宽，增加传输距离，但制造成本较高。现在的多模光纤多为渐变型。

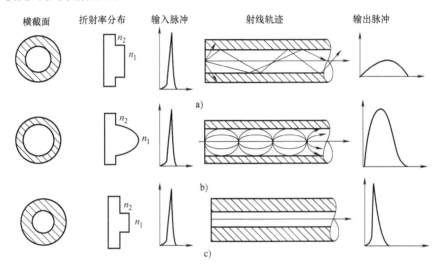

图1-19 不同光纤的折射率分布及射线传播

a）多模突变型 b）多模渐变型 c）单模突变型

（2）按光在光纤中的传输模式分类

电磁场在介质波导中传播时，会构成一定的分布形式，通常把电磁场的各种不同分布形式称为"模式"。光波在光纤中的传播就是电磁波在介质波导中的传播，对光纤而言，所谓"模式"就是光线的入射角。在光纤的受光角内，以某一角度射入光纤端面，并能在光纤的纤芯至包层交界面上产生全反射的传播光线，就是光的一个传输模式。

1）多模光纤：当光纤的纤芯直径较大时，在光纤的受光角内，可允许光波以多个特定的角度射入光纤端面，并能在光纤中传播，就称光纤中有多个模式，这种光纤就是多模光纤。多模光纤的纤芯外径为$50\mu m$或$62.5\mu m$，使用850nm和1300nm的波长。多模光纤传输模式多，允许光线多角度入射，制造成本比单模光纤低，但模间色散大，传输距离近。

2）单模光纤：只允许传输一个基模的光纤称为单模光纤。单模光纤的纤芯外径为$8\sim10\mu m$，使用1310nm和1550nm的波长。单模光纤制造工艺要求高，传输模式单一，但模间色散小，适合远程通信。

当前，在光纤通信系统应用较多的是图1-19所示的三种光纤。突变多模光纤的带宽较窄，适用于小容量短距离通信。渐变多模光纤带宽较宽，适用于中等容量的中距离通信。单模光纤为阶跃型，其带宽很宽，适用于大容量远距离传输。

3. 光纤特性

光纤的特性主要包括传输特性和机械性能。传输特性主要是衰减特性和色散（带宽）特性，传输特性直接影响中继距离和传输容量，光纤寿命则与其机械性能密切相关。

（1）光纤的衰减特性

光纤衰减是由吸收损耗、散射损耗和弯曲损耗、微弯损耗等引起的。

吸收损耗主要来源于光纤材料的本征吸收、材料中的杂质吸收和结构中的原子缺陷吸收。散射损耗包括光波照射到比光波波长还要小的随机不均匀微粒时，光波向四面八方散射的瑞利散射损耗；还有因光纤结构缺陷引起的散射损耗。弯曲损耗是因为光纤弯曲的曲率半径小到一定程度时，纤芯内光线不满足全内反射条件而产生的损耗。微弯损耗是成缆过程中光纤的轴线发生随机的微小变化而引起的损耗。光纤通信使用 850nm、1310nm 和 1550nm 三个波长区域，就是因为在这三个"窗口"吸收衰减小。

（2）光纤的色散（带宽）特性

光纤色散是由于传输信号中的不同模式或不同频率成分因传输速度的不同而引起传输信号发生畸变的现象。形象的说就是因群速不同，输入信号到达终端有先有后（时延不同）。数字脉冲信号调制的光载波在光纤中传输一段距离后，会产生脉冲展宽和幅度降低（如图1-19所示），这就限制了通信容量及信号在光纤中的一次传输距离。光纤中的色散主要有模式色散、材料色散和波导色散三种。

在多模光纤中存在多种模式，不同传输模式的传播速度不同而引起的光脉冲展宽叫模式色散。单模光纤只有一个传输模式，故不存在模式色散。因光纤材料的折射指数随传输的光波长而变化，光波长增大，材料折射指数变小，从而引起传输速度不同，脉冲展宽的色散称为材料色散。对光纤的某一传输模式，即使材料折射率不随频率变化，但由于相移常数仍将随频率而变化，造成脉冲展宽，这样的色散称为波导色散。

（3）光纤的力学特性

制造过程中光纤表面会产生微裂纹，当光纤受到拉力时，在微裂纹的尖端产生应力集中，使裂纹进一步扩大，当深度足够大时，光纤即会断裂。因此，在光纤拉制时，要及时加上涂覆层，将光纤表面与环境中的水分、化学气氛隔离，防止表面微裂纹进一步扩展，提高光纤强度。

实际使用的光纤要求在整个制造长度上具有允许的最低抗拉强度，因此涂覆后的光纤都必须在适当的应变下经受短时的全长强度筛选试验，以去除裂纹较深的低强度点。

二、光缆的设计原则

1. 选用合适的光纤

根据使用功能要求，如传输光波的频带宽度、线路长度、色散状态及衰减等，设计合理的光缆结构，选用合适的光纤及其他材料；其次要与光缆整体结构统筹，并尽量避免由机械力和温度变化引起的微弯损耗及由材料析氢引起的氢损等。

2. 光缆结构中应有足够的机械保护

因光纤不能承受任何稍大的机械外力，因此应予光纤足够的机械保护。除像其他电线电缆产品一样要有内、外护层外，还应采取如下措施：

一是在光缆内加入抗张元件，使其承受绝大部分张力。光缆中各元件承受的张力是与元件弹性模量和截面积的乘积成正比的，因此必须选用高弹性模量的材料。高强度磷化钢丝是理想而又经济的材料。在有强电干扰的场合或对重量有限制时，可采用芳纶纱或纤维增强塑料。

二是进一步保护光纤，使其尽量与外界压力隔离。成缆前一般均需对光纤加上二次被覆层（套管）。常用尼龙、聚对苯二甲酸丁二醇酯（PBT）、聚丙烯、聚乙烯或氟塑料等挤制而成。被覆层弹性模量和截面积积的乘积高于光纤，因此其不仅提高了光纤的抗侧压能力，而且还改善了抗拉性能。

若二次被覆层与一次涂覆层之间无间隙，称为紧套结构，如图 1-20a、图 1-20b、图 1-20c 所示。多数紧套结构只含一根光纤。光纤一次涂覆层外径一般为 400μm，紧套外径 0.8~0.9mm。若二者之间存在间隙或充填有胶状物，称为松套结构。松套结构内可只有一根光纤，也可有多根光纤或光纤带，如图 1-20d、图 1-20e 所示。光纤一次涂覆层外径一般为 250μm，松套外径 1.5~10.0mm。松套结构中，光纤超长于套管的部分叫光纤余长，通常控制在 0.05%~6%。适当的余长可使光纤免受过大机械应力，保持良好的衰减温度特性。

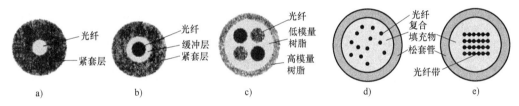

图 1-20　紧套光纤与松套光纤结构

若采用骨架式结构，可将一次涂覆的光纤直接放在骨架的开槽中。

外护层结构中通过钢带或钢丝装铠提高机械防护作用。

3. 识别标示

光纤和二次被覆应具有符合规定的识别色标。

4. 应考虑对弯曲半径和柔软性的要求

光纤伸长能力差，设计时最好把光纤安排在轴线附近，或者能提供一定的自由活动空间，使光缆弯曲时光纤能自动调整到受力最小的位置。

多数光缆是采用单向绞合或左右绞形式成缆，应根据要求选择合理绞合节距，既保证光缆的柔软和抗拉伸性能，又不使光纤过度弯曲引起附加损耗。

5. 确保光缆的防潮能力，保证光缆的使用寿命

光缆的缆芯应用阻水纱、阻水带、阻水环等形式防止水分渗入整根光缆。在护层结构上设置防潮层，起到径向防水作用，一般采用纵包铝/塑或钢/塑复合带，并通过挤包聚乙烯或聚氯乙烯护套使两者黏结在一起。

6. 提高光纤密度，降低生产成本

光纤带的应用大大提高了光缆结构的空间利用率，光纤带是紧套光纤、松套光纤外的第三种光纤单元形式。其把多根光纤平行排列，涂黏结剂黏结而成。有 2~24 纤等多种扁带规格。带中光纤以全色谱或领示色谱来识别，光纤带结构又分为边缘黏结型和整体包封型，整体包封型具有更好的抗侧压能力，适用于要密集放入骨架槽中的骨架式光缆，边缘黏结型适用于几乎不受侧压力的松套管式光缆。带状形式光纤密度大，可减小光缆尺寸，其应用将更

加普遍。

三、光缆的分类

1．按缆芯结构分

（1）层绞式光缆　如图1-21a所示，是在中心抗张元件周围绞合数根二次被覆的松套或紧套光纤构成，一般为单层结构，采用螺旋绞合或SZ绞合。缆内光纤芯数一般为4～144芯，是我国目前主要的光缆结构形式。

（2）骨架式光缆　如图1-21b所示，骨架是用聚乙烯或聚丙烯挤制在加强元件外而成，骨架槽为螺旋形或SZ型，每槽放入一根或几根光纤或光纤带，槽内可填充胶状物或阻水带起到阻水作用。采用带状光纤时纤芯数可达上千芯。该结构最大优点是抗侧压的机械性能优于其他结构光缆。但对骨架的形状、表面质量、尺寸等有较高要求。

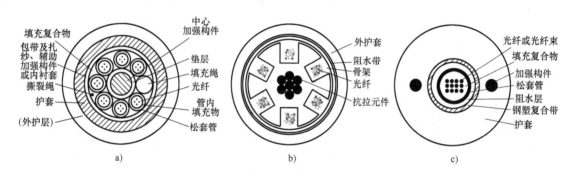

图1-21　光缆的基本结构

a）层绞式光缆　b）骨架式光缆　c）中心管式光缆

（3）中心管式光缆　如图1-21c所示，在一根HDPE或PBT管内充填胶状物，放入光纤或光纤带。塑料管外加阻水带和铠装层，两根承力磷化钢丝在缆芯轴线两侧对称纵放，或者在套管外同心绕包磷化钢丝，然后挤包HDPE护套。该结构光缆结构简单，成本和价格低，但光纤芯数少，多数在48芯以下，最多达96芯。因光纤余长难控制，使其使用受到限制，主要用于较短距离的地区级线路。

当要求大芯数光缆时，还会采用一种衍生结构——单位式光缆，如图1-22所示。这种结构是先把若干根光纤以层绞或骨架式制成光纤单位，然后再将若干这样的单位绞合成缆。这种结构类似电缆导体制造的复绞结构，其使得光缆中的光纤芯数大大增加，可达到几百以至几千芯。

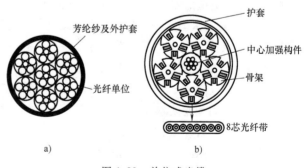

图1-22　单位式光缆

a）层绞单位式光缆　b）骨架单位式光缆

2．按使用环境分

1）直埋光缆：主要应用于长途通信线路，光缆直埋地下，必须有防水层和铠装层。

2）管道光缆：主要应用于市内中继线路，敷设在管道或隧道内，采用金属和聚乙烯复合护层。

3）架空光缆：主要应用于省内干线或区域通信线路，安装敷设费用较低，施工速度快，但受环境影响大，为防止鸟啄和其他损伤，往往采用轻型金属铠装。

4）室内光缆：主要用于住所、商业楼宇或工业建筑的局域网或作为室外光缆的室内引入缆。因用于室内，往往对光缆提出阻燃、耐火、低烟无卤等安全性能要求。

室内光缆可分为紧套结构和松套结构；按芯数可分为单芯、双芯、多芯和扁平型单光纤带光缆，如图 1-23 所示。室内光缆多采用紧套光纤。加强件多采用非金属材料，如芳纶纱，以保证光缆的柔软性。护层结构也比室外光缆要简单得多。

单芯光缆采用紧套光纤加非金属加强层，挤包阻燃护套而成。主要用于电信局机房内设备间连接；双芯光缆有"8"字结构和圆形结构，亦使用紧套光纤，一般用于光端设备之间以及主干光缆的连接，是局域网或机舱内设备、仪表的理想连接线。多芯光缆在各种商用大楼、办公大楼和综合性大楼通信综合布线系统中用于连接楼层间配线架、通信引出端与终端设备，主要由非金属中心加强件（FRP）、紧套光纤、芳纶纱、阻燃护套组成。扁平型单光纤带光缆适用于室内传输设备、语音数据处理光接口设备之间传输用以及室内综合布线用。

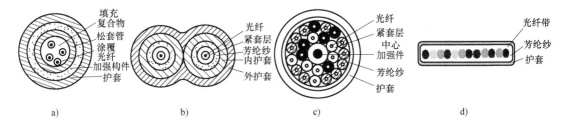

图 1-23　室内光缆结构图

a）多芯松套光缆　b）8 字双芯紧套光缆　c）多芯配线光缆　d）扁平型单光纤带光缆

随着物联网建设、"三网融合"、光纤到大楼（FTTB）、光纤到户（FTTH）的建设，室内光缆的应用已进入综合布线时代，室内光缆愈来愈成为我们身边的光缆。一些特殊品种规格的专用室内光缆也越来越多：金属铠装室内软光缆是采用不锈钢丝编织或联锁钢带铠装在紧套光纤外面形成不锈钢保护软管，主要适应竖井敷设。领结形室内光缆比"8"字室内光缆尺寸更小，可有效利用楼内现有穿线管的空间；有足够的抗张强度，能用人工牵拉安装。气吹敷设技术促进了气吹微型光缆的发展，敷设时以压缩空气将微管吹入母管内，然后再将微型光缆分批吹入微管内，该技术提高了光纤组装密度，节省管道资源，方便后续扩容。

5）水下光缆：应用于通信线路的过河区段，要求光缆具有良好的径向和纵向密封性能，为提高抗拉力和防止外界机械损伤，在缆芯外采用钢丝铠装。

6）海底光缆：海底光缆敷设在极其复杂的海洋环境中，可靠性要求更高。敷设、打捞时光缆要承受很大的张力，敷设和运行时会有巨大的外界压力和水下压力，并要具有优良的防水、阻水性能。采用单或双层钢丝铠装承受张力，以油膏、密封金属管和塑料护套起到径向、纵向防水，金属管还起到抵御压力作用。外护层采用沥青涂覆的铠装或铠装加塑料护套起到防腐蚀作用。

3. 按通信网类别分

1）干线光缆：用于通信系统的主干线路，一般采用直埋、管道或海底敷设，少量架空敷设，海底光缆是典型的国际间干线光缆。由于传输容量大，传输距离长，多采用 B1.1 类单模光纤，对衰减要求、防护结构要求极高。

2）接入网光缆：是将众多用户接入公用通信网络的光缆，包括交换局与用户之间所有的机线设备。按使用线路不同又分主干光缆、配线光缆和用户光缆。光缆长度不是很长，如主干光缆也只有几到几十千米，但光纤芯数极多。

对接入网光缆中的配线盒用户光缆。要具有适应各种现场条件的可操作性，如柔软、易接续、易分支、装拆方便。对光纤的衰减要求可宽松些，一般敷设后的衰减不大于 0.5dB/km 即可。入室光缆还应具有阻燃性。

四、专用光缆

1. 全介质自承式光缆

ADSS（All Dielectric Self Supart）是全介质自承式光缆的英文简称，因全部使用非金属材料，故名。适用于 35~110kV 输电线路的通信光缆，其可以利用原有电力线路的杆塔资源，在电力线附近靠自身支承沿杆塔架设，因此具有投资小、施工周期短的优点。

ADSS 光缆有中心管式和层绞式两种，都是圆形结构，结构如图 1-24 所示。中心管式结构较为简单，但在芯数较多时，做到较大光纤余长有困难，因此只能用于荷载较小、芯数较少的场合。层绞式结构较复杂，但可获得较大的光纤余长，可用于荷载较大、光纤芯数较多的场合。

由于高压线路杆塔之间距离达数百以至上千米，光缆的悬垂度又受到严格限制，因此对光缆的拉伸模量和强度提出了很高要求。除在中心有纤维增强塑料（FRP）加强外，还在外护套内放置芳纶纱作为主要增强材料。

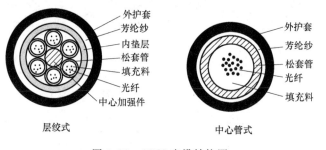

图 1-24　ADSS 光缆结构图

光缆架设在高压线路的强大电场环境中，当护套上的电势达到一定数值时，因为表面电流和飞弧的作用而使护套受到侵蚀。外护套材料要根据线路安装点的空间电位决定：当空间电位小于 12kV 时，可用一般 HDPE；当空间电位介于 12kV 和 20kV 之间时，要使用耐电痕聚烯烃护套材料。不推荐将该光缆挂在空间电位大于 20kV 的场合。

2. 光纤复合架空地线（OPGW）和光纤复合架空相线（OPPC）

两种导线均用于架空输配电线路，OPGW（Optical Fiber Composite Overhead Ground Wire，光纤复合架空地线）是具有保护地线和通信双重作用的导线，OPPC（Optical Phase Conductor，光纤复合架空相线）是具有输电和通信双重作用的导线。

3. 光电复合电力电缆

将光纤或光纤带放入金属管中，并填充油膏，制成光纤单元，置于电力电缆的缆芯或护层间隙，使电力电缆在输送能量的同时实现无干扰的数据通信，与 OPGW 相似，实现一缆多用，降低工程造价、缩短施工周期。这种结构多用于海底电缆，实现陆地向海岛、石油平台的供电、遥控、报警、音视频通信等用途。

近年，网络建设的飞速发展，带动了低压光电复合缆的兴起。OPLC（Optical Fiber

Composite Low-voltage Cable）为光纤复合低压电缆的英文简称，该产品就是将光单元复合在低压电力电缆内，适用于额定电压 0.6/1kV 及以下电压等级线路，具有低压电力传输和光通信传输功能的低压光电复合缆，主要结构形式如图 1-25 所示。其能够在布放入户电源线的同时构建覆盖商用办公、居民用户的高速通信网络平台，综合考虑设备、施工、管道资源等因素，降低了建设成本，是低压通信接入网集成度高、节省资源的优选技术。其平均接入能力达 32Mbit/s，能满足智能家庭、智能楼宇、智能小区建设的基本需要，是综合布线的新产品。

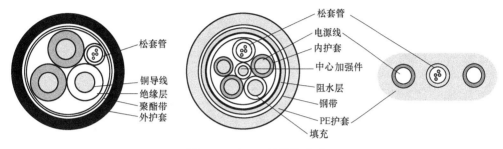

图 1-25　OPLC 的结构形式

第五节　电气装备用电线电缆

电气装备用电线电缆包括从电力系统的配电点把电能直接输送到用电设备、器具作为连接线路的电线电缆，主要涉及供电、配电和用电所需各种通用或专用的电线电缆，以及控制、信号、仪表、测温等弱电系统使用的电线电缆。该类产品对于国民经济的作用，就相当于人体的微血管和末梢神经，是使用范围较广、品种系列较多、工艺技术门类复杂的一类产品，品种约占电线电缆总量的 60%。按照使用范围的不同，该类产品大致包括表 1-4 所列种类。

表 1-4　电气装备用电线电缆的主要种类

类别	系列	备注
通用绝缘电线和软线	塑料绝缘电线、软线;橡皮绝缘电线、软线;屏蔽型绝缘电线、软线	包括 70℃、90℃、105℃级
通用橡套电缆	通用橡套软电线电缆;电焊机电缆、潜水泵电缆	—
电机、电器、仪表用电线电缆	电机电器引接线;防水橡套电缆;电光源用电线电缆;摄影光源软电缆;电工、电子仪器仪表用电线电缆;热工仪表、热电偶用电线电缆	—
	无机绝缘高温电缆	可达 350℃、500℃、1000℃
	医疗设备用电线电缆	包括心电图仪用、心脏起搏器用
交通运输设备用电线电缆	公路车辆用绝缘电线	包括电线束
	机车车辆用电线电缆	—
	航空导线	包括宇宙飞行器用
	船用电线电缆	包括船用力缆、控缆、通信、射频电缆等

（续）

类别	系列	备注
地质勘探和采掘工业用电线电缆	地质勘探用电线电缆	包括陆地、海上和航空普查用
	钻探采测井用电缆	包括煤矿、金属矿、非金属矿、油井用
	矿用电缆；油井生产用电缆；石油平台用电线电缆	包括各种地下矿、露天矿用
直流高压软电缆	X 射线机、CT 机用电缆	—
	工业装备用高压直流软电缆	包括静电喷漆、滤尘器用
计测、控制电线电缆	通用信号、控制电缆；电梯电缆；耐高温计测电线电缆；高屏蔽性计测电线电缆；本质安全电路用线缆；铁路信号电缆	—

此类产品中除了少部分产品工作电压较高，如矿用电缆、机车车辆用电缆、医疗设备用直流高压电缆等之外，绝大多数产品的工作电压不高。但由于工作环境和使用要求多样，因此对各种产品的性能要求比较特殊而且差异很大。总体上来说，产品的柔软性、耐热性、耐气候性以及抗各种电磁波干扰的屏蔽性是本类产品技术特性的体现。另外，结构的微细化如导体的微细化、薄绝缘化等也是该类产品的一大特点。因产品种类太多，无法一一列举，下面仅就具有代表性的几种产品加以介绍。

一、通用绝缘电线和软线

通用绝缘电线又被称为布电线，包括户外低压架空绝缘电线、用户引入线、户内配线、低压电器连接线等。除广泛用于 450/750V 及以下动力、照明线路外，还大量应用于电气装置、仪器仪表、电信设备之间的连接线以及控制柜中的安装线，是我们身边最近的一类产品。该类产品适用于固定敷设，如室内沿墙或嵌入墙内、楼板内敷设，以及穿电线管，也可沿墙架设于户外电杆上。软线主要用于狭窄空间的小弯曲半径、要求柔软性好的固定或较少移动场合使用。

软线类产品采用第五或第六类软铜导体，其他产品采用第一或第二类铜、铝导体。早期都采用橡皮绝缘，塑料主要采用普通聚氯乙烯、耐热聚氯乙烯，橡胶有天然-丁苯橡皮、氯丁橡皮、乙烯-乙酸乙烯酯橡皮等。护套材料主要有聚氯乙烯、尼龙、氯丁橡皮和耐候聚乙烯等。

通用橡皮绝缘电线用于固定敷设，主要有 BX、BLX、BXF、BLXF 等型号，可用于室内、室外及设备内安装线，其中 BXF 和 BLXF 采用氯丁橡皮绝缘，具有更好的耐候性，更适合室外、特别是寒冷地区使用。BXR 具有更好的柔软性，多用于设备内的安装线。从 1950 年代末聚氯乙烯绝缘产品开始迅速发展，橡皮绝缘应用逐渐减少。

该类产品的塑料绝缘电线主要种类及用途见表 1-5。

该类产品种类多，而且不同类别的结构、用途区别不是很大，为便于区分，如图 1-26 所示列出了容易造成结构混淆的几种产品结构示意图。

该类产品与日常工作、生活关系密切，涉及人身生命安全，其中一些产品被列入国家强制性产品认证目录，必须通过国家质量认证中心的强制性"3C"（或简写为"CCC"，China Compulsory Certification 的简称）认证，方能销售、使用。

表1-5 塑料绝缘电线的种类及用途

型号	名称	额定电压/V	芯数	导体截面积/mm²	执行标准	用途
60227 IEC 01(BV)	铜芯聚氯乙烯绝缘电线	450/750	1	1.5~400	GB/T 5023—2008	固定敷设，可用于室内明敷或穿管等场合
60227 IEC 05(BV)	铜芯聚氯乙烯绝缘电线	300/500	1	0.5~1	GB/T 5023—2008	
BLV	铝芯聚氯乙烯绝缘电线	450/750	1	2.5~400	JB/T 8734—2012	
60227 IEC 07(BV-90)	铜芯耐热90℃聚氯乙烯绝缘电线	300/500	1	0.5~2.5	GB/T 5023—2008	固定敷设于耐热环境，其余同BV
BVR	铜芯聚氯乙烯绝缘软线	450/750	1	2.5~70	JB/T 8734—2012	固定敷设，要求柔软的场合
60227 IEC 10(BVV)	铜芯聚氯乙烯绝缘聚氯乙烯护套圆形电线	300/500	2~5	1.5~35	GB/T 5023—2008	固定敷设，要求机械防护较高和潮湿等场合，可明敷，暗敷
BVV	铜芯聚氯乙烯绝缘聚氯乙烯护套圆形电线	300/500	1	0.75~10	JB/T 8734—2012	
BLVV	铝芯聚氯乙烯绝缘聚氯乙烯护套圆形电线	300/500	1	2.5~10	JB/T 8734—2012	
BVVB	铜芯聚氯乙烯绝缘聚氯乙烯护套扁形电线	300/500	2,3	0.75~10	JB/T 8734—2012	
BLVVB	铝芯聚氯乙烯绝缘聚氯乙烯护套扁形电线	300/500	2,3	2.5~10	JB/T 8734—2012	
60227 IEC 02(RV)	铜芯聚氯乙烯绝缘连接软电线	450/750	1	1.5~240	GB/T 5023—2008	使用时要求软的中轻型移动电器，家用电器，仪器，动力照明等场合
60227 IEC 06(RV)	铜芯聚氯乙烯绝缘连接软电线	300/500	1	0.5~1	GB/T 5023—2008	
60227 IEC 42(RVB)	铜芯聚氯乙烯绝缘扁形连接软电线	300/300	2	0.5~0.75	GB/T 5023—2008	
RVS	铜芯聚氯乙烯绝缘绞型连接软电线	300/300	2	0.5~0.75	JB/T 8734—2012	
60227 IEC 52(RVV)	铜芯聚氯乙烯绝缘聚氯乙烯护套圆形连接软电线（52-轻型、53-普通）	300/300	2,3	0.5~0.75	GB/T 5023—2008	
60227 IEC 53(RVV)		300/500	2~5	0.75~2.5	GB/T 5023—2008	
60227 IEC 08(RV-90)	铜芯耐热90℃聚氯乙烯绝缘连接软电线	300/500	1	0.5~2.5	GB/T 5023—2008	要求耐热场合，其余同上
60227 IEC 74(RVVYP)	耐油聚氯乙烯护套屏蔽软电缆	300/500	2~60	0.5~2.5	GB/T 5023—2008	用于制造加工用机器各部件间的内部连接
60227 IEC 75(RVVY)	耐油聚氯乙烯护套非屏蔽软电缆	300/500				
AV、AV-90	铜芯聚氯乙烯绝缘安装电线	300/300	1	0.08~0.4	JB/T 8734—2012	仪器仪表，电子设备等内部用连接，90℃线敷设于耐热环境
AVR、AVR-90	铜芯聚氯乙烯绝缘安装软电线	300/300	1	0.08~0.4	JB/T 8734—2012	
AVRB	铜芯聚氯乙烯绝缘扁形安装软电线	300/300	2	0.12~0.4	JB/T 8734—2012	轻型电气设备，控制系统等柔软场合使用的电源或控制信号用连接线
AVRS	铜芯聚氯乙烯绝缘绞型安装软电线	300/300	2	0.12~0.4	JB/T 8734—2012	
AVVR	铜芯聚氯乙烯绝缘聚氯乙烯护套安装软电缆	300/300	2	0.08~0.4	JB/T 8734—2012	
			3~30	0.12~0.4		
60227 IEC 43(SVR)	户内装饰照明用软线	300/300	1	0.5~0.75	GB/T 5023—2008	户内装饰照明回路

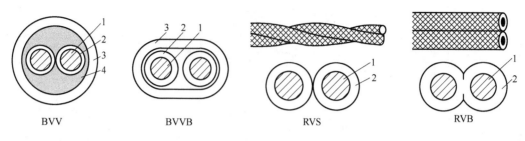

图 1-26　几种产品的结构示意图

1—导体　2—绝缘　3—护套　4—内护套

二、橡套软电缆

1. 通用橡套软电缆

该类产品广泛用于各种电气装备、电动机械、电工装置和器具的移动式电源线，可在室内或户外环境条件下使用。它用细直径铜单线经绞合或束合或复绞制成导体，以橡皮作为绝缘、护套，具有柔软性好、耐弯折，能承受一定的机械外力等特点。适用于户外的产品还应有良好的耐候性和一定的耐油性。成缆时允许在几根线芯中心加以填充，其边缘部分依靠护套生产时挤压充填来保证电缆外形圆整，如图 1-27 所示。这种结构对提高电缆承受外力冲击能力亦有裨益。

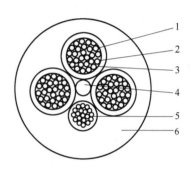

图 1-27　通用橡套软电缆的结构示意图

1—导体　2—隔离膜　3—绝缘
4—填充　5—地线芯　6—护套

按承受机械外力的能力，该类产品又分为轻、中、重三种形式，三类产品在截面积上也有适当的衔接，便于选用。每一形式又分为一般型和户外型（W），绝缘线芯多采用成缆绞合方式，外形为圆形；少量线芯平行排列，外形为扁形（B）。轻型护套厚度最小，用于要求柔软、轻巧、弯曲性能好，对耐磨和机械冲击性能要求不高的产品，如日用电器、小型电动设备等。中型护套厚度中等，用于要求有一定柔软性，同时要求有一定的抗机械应力、耐候等机械特性的产品，除工业应用外，广泛应用于农业电气化中。重型护套厚度最大，要有高的强度和弹性，仍要求具有适应经常移动的柔软性，但具有较强的承受机械外力如严重的摩擦、冲击、挤压及撕裂性外力能力的产品上，如港口机械、林业机械、大型农业排灌站等场合。详见表 1-6。

该类产品中也有部分必须通过"3C"认证，方允许销售、使用。

表 1-6　通用橡套软电缆的种类及用途

名称	型号[①]	额定电压/V	芯数	标称截面积/mm²
轻型橡套软电缆	YQ,YQW	300/300	2,3	0.3~0.5
中型橡套软电缆	60245 IEC 53(YZ) YZ,YZW	300/500	2~5 2~5,3+1,3+2,4+1	0.75~2.5 1.5~6
	60245 IEC 57(YZW) YZB,YZWB	300/500	2~5 2~6	0.75~2.5 0.75~6

（续）

名称	型号[①]	额定电压/V	芯数	标称截面积/mm²
重型橡套软电缆	YC	450/750	1~5,3+1,3+2,4+1	1.0~400
	60245 IEC 66(YCW) YCW	450/750	1~5 2,3,5,3+1,3+2,4+1	1.5~400 2.5~150

① 采用 IEC 型号电缆执行 GB/T 5013—2008，其他电缆执行 JB/T 8735—2011。

2. 电焊机电缆

电焊机电缆是电焊机与电焊把的连接线，均为单芯结构。其工作特点是低电压（最高 220V）、大电流，要求电缆具有一定的耐热性；工作过程中频繁移动、扭绕、施放，对柔软性、可弯曲性要求高；易受到尖锐钢铁构件的刮、擦等作用，对绝缘抗撕、耐磨、机械性能要求高；使用环境条件复杂：日晒、雨淋，接触泥水、机油、酸碱液体等，要求有一定的耐气候性和耐油、耐溶剂性。故此电缆导体采用细软铜丝束绞的柔软型结构；在导体外绕包聚酯带，弯曲时增大导体与绝缘间滑动量，提高柔软性，同时在绝缘刺破时保持一定的绝缘性。采用性能优良、厚度较大的绝缘橡皮，既做绝缘又做护套 [60245 IEC 81（YH）]，常用氯丁橡皮；或者选用普通橡皮绝缘，再挤包氯丁橡皮护套 [60245 IEC 82（YHF）]。

三、矿用电缆

矿用电线电缆是指各种矿藏开采专用的地面和地下设备使用的一类电线电缆产品。包括采煤机、运输机、通信、照明与信号设备用电缆，以及电钻电缆、帽灯电线和井下移动变电站的电源电缆等。也包括适用于各种气候环境的挖掘机、斗轮机和排土机用的 6kV 软电缆。煤矿的工作环境最为复杂，对电缆性能要求最高，所以该类产品性能要求以煤矿的条件为主，执行 GB/T 12972—2008《矿用橡套软电缆》标准。使用于煤矿的各类电缆产品，都必须经过强制性的煤矿矿用产品安全认证，该认证执行强制性标准 MT 818—2009《煤矿用电缆》。

因矿用电缆的环境条件复杂，工作条件严酷，对电缆各方面性能要求很高：

1）安全、阻燃性能要求高。井下瓦斯和煤尘聚集，易燃易爆。要求电缆绝缘受损后不易引起火花；至少要求起火时电缆不延燃，避免事故扩大。

2）工作过程中电缆移动频繁，要求护套有较好的耐磨性。电钻电缆除经常移动外，还要被拖拽移动，还要求有一定的抗拉力。采掘机电缆在工作中不断在机组上卷放、收绕并在地面上拖动。

3）弯曲性能良好。电缆经常弯曲和扭转，尤以电钻电缆和采掘机电缆最甚，特别是电缆与设备的连接处，受力最为严重。

4）要有足够的抗冲击、抗挤压能力。电缆易被掉下的矿石冲砸，或被矿石、矿车等挤压而变形、压扁，受机械外力破坏作用严重。

5）有较好的电气性能和安全保护系统。电缆工作在井下极为潮湿、有流水的环境，又与操作人员紧密接触，因此要有足够的电气强度和良好的绝缘性能。电缆结构中应有与继电保护相连的保护结构，当发生电器短路事故时，能及时切断电源，避免引起燃烧、瓦斯爆炸等事故，因此多数矿缆需设计为屏蔽型。

6）要求电缆轻、小。井下空间狭小，轻、小的电缆使用方便，便于检修。

7）露天使用的电缆要求耐大气老化。

基于以上工作条件，通过合理设计结构、选择材料、控制工艺来满足使用要求：

1）导体：采用细直径软铜丝小节距束绞、复绞而成。为增大导体和绝缘层的相对滑动量，提高柔软性，便于导体剥离，可选用镀锡铜丝或在导体外增加隔离包带。

2）绝缘层：要采用含胶量高的绝缘橡皮，绝缘厚度高于通用橡套电缆，以严格的挤橡、硫化工艺条件保证制造质量。

3）屏蔽层：用过渡电阻符合标准要求的半导电橡皮制造屏蔽层，以灵敏显示绝缘状态，减少触电危险。绝缘层表面到处与导电屏蔽层的电位相等，通过监视导体与屏蔽层之间绝缘电阻的方法，显示绝缘状态。当任一处绝缘电阻低于规定值时，保护装置动作，切断电源，防止触电事故发生。

4）监视线（层）：监视线起到监视地线连续性的作用，监视线均匀分布在围绕电缆轴心的同心圆周上，又兼有监视外界破坏物体侵入的作用。

5）地线芯：煤矿的供电系统不是中性点直接接地的，电缆单相接地后，往往不能及时处理，会引起另一相在不同区域对地击穿，造成两相通过地线短路。因此地线芯应大于通用电缆地线芯截面积，工作时保证良好接地。

6）成缆：合理设计垫芯形状，将绝缘线芯间的间隙填充饱满，又不使电缆外径过大，使垫芯充分起到缓冲重砸、挤压作用。以较小的节距改善电缆的柔软性。控制线芯先单独绞合成缆，再与主线芯一起成缆。

7）护层：选用具有足够机械强度、耐磨性好、阻燃的橡皮作为护套材料，常采用含胶量不小于50%的氯丁橡皮或氯化聚乙烯。为便于电缆区分，规定了井下使用电缆外护套的颜色：3.6/6kV 及以上-红色，1.9/3.3kV-黑色，0.66/1.14kV-黄色，0.38/0.66kV 及以下-黑色。露天矿电缆外护套仍以黑色为主。

8）电缆整体结构密实、紧凑，各元件间有一定的相对滑动量。一些产品对外径要求严格，因为在电缆槽中每隔一段要进行隔断封闭，以避免瓦斯泄漏、电缆故障引发火势蔓延。隔断处预留一定尺寸的电缆孔，电缆外径过大、过小会影响敷设或使用安全。

下面以煤矿用电缆为例进行介绍，电缆种类见表 1-7，主要类型产品结构示意图如图 1-28～图 1-33 所示。

表 1-7　矿用橡套电缆的主要种类

型号[①]	名称	生产范围	用途
MC-0.38/0.66	采煤机橡套软电缆	动力芯 3，地线芯 1	采煤机及类似设备的电源连接，JB 型可直接拖曳使用，JR 型必须在保护链板内使用
MCP-0.38/0.66,0.66/1.14,1.9/3.3	采煤机屏蔽橡套软电缆		
MCPJB-0.66/1.14,[1.9/3.3]	采煤机屏蔽监视编织加强型橡套软电缆	动力芯 3，地线芯 1，控制芯 2	
MCPJR-0.66/1.14,[1.9/3.3]	采煤机屏蔽监视绕包加强型橡套软电缆		
MCPT-0.66/1.14,1.9/3.3	采煤机金属屏蔽橡套软电缆	动力芯 3，地线芯 1，控制芯 3	采煤机及类似设备的电源连接
MCPTJ-0.66/1.14,1.9/3.3		动力芯 3，地线芯 1，监视芯 1	

（续）

型号[①]	名称	生产范围	用途
MY-0.38/0.66	矿用移动橡套软电缆	动力芯1； 动力芯3，地线芯1	各种井下移动采煤设备的电源连接
MYP-0.38/0.66，0.66/1.14[MYPT-1.9/3.3]	矿用移动屏蔽橡套软电缆[矿用移动金属屏蔽橡套软电缆]		
MYPTJ-3.6/6，6/10，[8.7/10]	矿用移动屏蔽监视型橡套软电缆	动力芯3，地线芯3×1/3，监视芯1	井下移动变压器及类似设备的电源连接
MYP-3.6/6 MYPT-3.6/6，6/10（UYDP-3.6/6）（UYDPT-3.6/6，6/10）	矿用移动屏蔽橡套软电缆 矿用移动金属屏蔽橡套软电缆（矿用移动屏蔽橡套电缆）（矿用移动金属屏蔽橡套软电缆）	动力芯3，地线芯1或3×1/3	移动式地面矿山机械电源连接（D型环境温度下限为-40℃，其余为-20℃）
MZ-0.3/0.5 MZP-0.3/0.5	矿用电钻电缆 矿用屏蔽电钻电缆	动力芯3，地线芯1，控制芯1	煤矿井下电钻电源连接
MYQ-0.3/0.5	矿用移动轻型橡套软电缆	动力芯2，3，4，7，12	煤矿井下巷道照明，输送机联锁和控制与信号设备电源连接
MM、（UM-1）	矿工帽灯线	动力芯2	各种酸、碱性矿灯
[MVV、MVV22-0.6/1、1.8/3]	煤矿用聚氯乙烯绝缘聚氯乙烯护套电力电缆	动力芯3，地线芯1	固定敷设连接电源用
[MYJV、MYJV22 MYJV32、MYJV42-0.6/1、1.8/3、3.6/6、6/6、6/10、8.7/10]	煤矿用交联聚乙烯绝缘聚氯乙烯护套电力电缆	动力芯3，地线芯1；动力芯3	

① 表中所列型号按 MT 818—2009 规定，以 M 作为煤矿电缆系列代号，GB/T 12972—2008 矿用橡套软电缆以 U 作为矿缆系列代号，如 MCP、MYPTJ 对应的国标型号分别为 UCP、UYPTJ。两标准的型号及电压稍有不同，小括号（）中型号及电压为国标独有，中括号［］中型号及电压等级为煤炭行标独有。

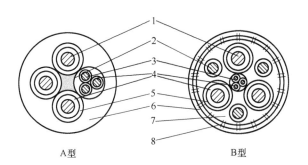

A型　　　　　B型

图 1-28　MC、MCP 结构示意图
1—动力线芯导体　2—地线芯导体及半导电层
3—控制线芯导体　4—绝缘　5—动力线芯半
导电屏蔽层（MC 型无）　6—外护套
7—内护套　8—加强层

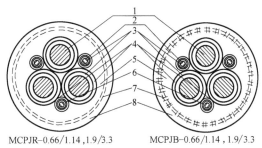

MCPJR-0.66/1.14，1.9/3.3　　　MCPJB-0.66/1.14，1.9/3.3

图 1-29　MCPJR、MCPJB 结构示意图
1—动力线芯导体　2—控制线芯导体　3—绝缘
4—半导电屏蔽层　5—内护套　6—监视线芯导体
7—加强层（兼做地线）　8—外护套

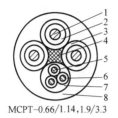

MCPT-0.66/1.14,1.9/3.3

图 1-30　MCPT 结构图

1—动力线芯导体　2—动力线芯绝缘　3—金属/纤维编
织屏蔽　4—地线芯导体　5—控制线芯导体　6—控制
线芯绝缘　7—控制线芯包覆层　8—外护套

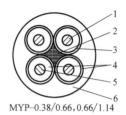

MYP-0.38/0.66,0.66/1.14

图 1-31　MYP 结构图

1—动力线芯导体　2—填充　3—绝缘
4—半导电屏蔽　5—地线芯导体　6—护套

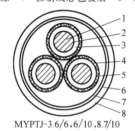

MYPTJ-3.6/6,6/10,8.7/10

图 1-32　MYPTJ 结构图

1—动力线芯导体　2—导体屏蔽　3—绝缘
4—金属屏蔽（兼做地线芯）　5—内护套
6—监视线芯及半导电包带层　7—绝缘包带　8—外护套

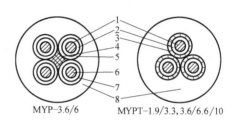

MYP-3.6/6　　MYPT-1.9/3.3,3.6/6.6/10

图 1-33　MYP、MYPT 结构图

1—动力线芯导体　2—绝缘　3—金属屏蔽
（兼做地线芯）　4—填芯　5—半导
电屏蔽　6—地线芯　7—半导电层　8—护套

四、船用电缆

　　船用电缆是各类船舶、海上石油平台及水上建筑的电力、照明、通信、控制、数据网络等系统专用的电线电缆。此类电缆必须严格满足联合国通过的《国际海上人命安全公约》（SOLAS）有关要求。国际电工委员会（IEC）有专门的技术委员会（JC18 和 SC18A）制订船用电缆标准，各国都对船舶和海上石油平台建造有严格规范。我国等效采用 IEC 标准，制订了 GB/T 9331—2008 ~ GB/T 9334—2008 等船用电力、控制、对称通信和射频电缆国家标准。各国设有船检局（或船级社），负责对船用电缆生产企业和造船厂进行监督。

　　船用电缆使用条件严酷，各方面要求较高。①船舶航行于世界各地，电缆也应能满足严寒、高温、湿热等各种气候条件的要求。②船舶和石油平台远离陆地，对电缆的安全可靠性要求高，如电性能良好、稳定、不延燃，某些仓位敷设的电缆要有耐油性。③船内空间狭小，对电缆外径尺寸及公差要求严格。为便于安装，要求电缆柔软。某些仓位温度高，有的湿度高达 95% 以上，要求电缆耐热、防潮、防霉性好。④电缆安装或移动时，拉力一般比陆地上大，且易受刮、擦等外力，要求有良好的机械性能。敷设于船甲板、桅杆，石油平台表面的电缆要求耐日光、大气和海水的侵蚀。⑤部分电缆要求有防干扰能力。⑥对船用电缆的阻燃、耐火要求特别严格。

　　船用电缆按使用范围可分为船用电力电缆（包括工频交流 1kV 及以下低压力缆和工频交流 3~15kV 中压力缆）、船用控制电缆、船用通信电缆、船用信号电缆和船用射频电缆。按绝缘材料分为乙丙橡胶、聚氯乙烯、交联聚乙烯、聚乙烯、无卤聚烯烃、聚四氟乙烯、硅橡胶、天然-丁苯橡皮、氧化镁绝缘电缆。铠装结构采用柔软性较好的铜丝编织或钢丝编织铠装。根据不同使用要求会采用氯丁橡皮、氯磺化聚乙烯、无卤聚烯烃、铜、不锈钢等护套。船用电缆共有一百多个型号、几千个规格。如图 1-34 所示为船用电力电缆结构。

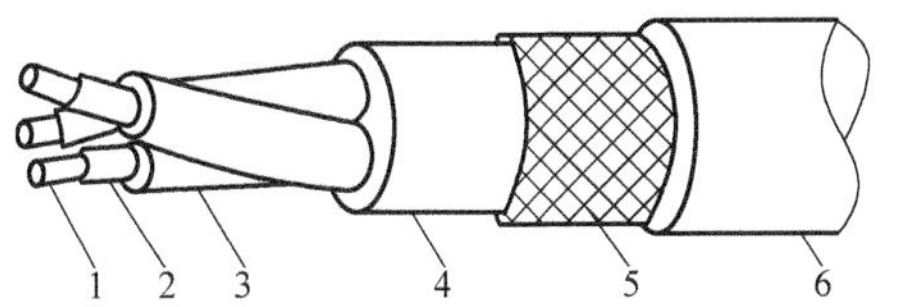

图 1-34　船用电力电缆的结构示意图
1—导体　2—隔离膜　3—绝缘　4—内护套　5—编织铠装　6—外护套

五、控制、信号电缆

控制、信号电缆是作为各类电器、仪表及自动装置之间的连接线，用于控制、监控联锁回路及保护线路等场合，起着传递各种信号、启动操作控制、报警、测量等各种作用。广泛用于工矿企业、交通运输、科技、国防等部门和领域。

该类电缆以铜导体为主，控制电缆均为 750V 及以下，导体截面积较大，可通过较大的动力控制电流。信号电缆多是 250V 级，导体截面积较小，以至到 0.1mm^2 以下，主要用于传输信号或测量用弱电流。绝缘层以塑料为主，当有其他有如柔软、低温、野外等使用要求时，才选用橡皮绝缘。

控制、信号电缆除采用正规绞合成缆外，为提高电缆防内、外干扰的能力，还采用对绞、线对不等节距的节距配合措施，并设置屏蔽层，如线对屏蔽，有些在多线对成缆后再加总屏蔽。屏蔽结构有铜带绕包、铜丝编织和铝（铜）/塑复合带绕包等多种形式。

1. 控制电缆和信号电缆

控制电缆执行 GB/T 9330—2008《塑料绝缘控制电缆》，该类电缆是通用的，主要用于工矿企业电气设备的操作、控制，由于操作启动电流较大，一般要采用截面积为 1~4mm^2 个别大型设备甚至要采用 10 mm^2 的铜导体，电缆固定敷设采用第 1 或第 2 种导体，移动敷设的软控缆采用第 5 种导体。绝缘材料为聚氯乙烯或交联聚乙烯，2~61 芯，采用正规绞合方式成缆，屏蔽结构如上所述，护层结构采用聚氯乙烯外护套或钢带、钢丝装铠加聚氯乙烯外护套结构。

无铠装结构电缆如 KVV、KYJV 适合敷设在室内、电缆沟、管道等固定场合。钢带铠装、钢丝铠装如 KVV22、KVVP2-22、KYJV32 类电缆适合须承受一定机械外力的固定场合。KVVR、KYJVRP 这样的软结构电缆适合室内要求柔软或移动敷设场合。

信号电缆与控制电缆结构与用途相似，只是额定工作电压更低。

2. 电梯电缆

电梯电缆是适应于自由悬吊，多次弯扭场合使用的专用信号、控制电缆。除用于电梯设备之外，也用于起重运输等其他装备。以前电梯电缆采用橡皮绝缘、橡皮护套、圆形结构。现在，发展了材料为柔软型聚氯乙烯、热塑性弹性体等，外形为扁平结构的电缆，使电缆更适合频繁弯曲，扁形电缆结构如图 1-35 所示。其中线芯或线芯组中的线芯可以为控制信号线、光缆、同轴电缆、对绞线组等。为进一步提高电缆的柔软性，导体采用细圆铜线束绞，绝缘与导体间绕包隔离层。电缆垂直敷设，在电缆中增加尼龙绳、钢丝绳等材料制成的加强芯，提高电缆的抗拉强度。外护层采用编织或挤包，因工作环境有油污及防火要求，电缆外护套采用聚氯乙烯、氯丁橡胶为主的具一定耐油性、不延燃的材料。电梯电缆的主要类型见表 1-8。

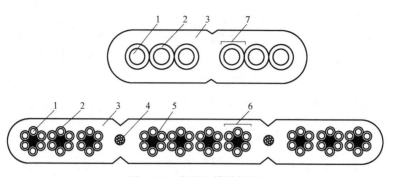

图 1-35　扁形电缆结构图

1—导体　2—绝缘　3—护套　4—承力元件　5—填充　6—线芯组　7—线芯

表 1-8　电梯电缆的种类

型号	名称	芯数	额定电压/V	形状	执行标准
60245 IEC 70(YTB)	编织电梯电缆	6、9、12、18、24、30	300/500	圆形	GB/T 5013—2008
60245 IEC 74(YT)	橡套电梯电缆				
60245 IEC 75(YTF)	氯丁橡皮橡套电梯电缆				
60227 IEC 71f(TVVB)	扁形聚氯乙烯护套电梯电缆和挠性连接用电缆	3~6、9、12、16、18、20、24	300/500 或 450/750	扁形	GB/T 5023—2008
60227 IEC 71c(TVV)	圆形聚氯乙烯护套电梯电缆和挠性连接用电缆			圆形	
TVVB	铜芯聚氯乙烯绝缘护套扁形电梯电缆	3~60	300/500	扁形	JB/T 8734—2012

3. 铁路数字信号电缆

铁路数字信号电缆具有传输模拟信号（1MHz）、数字信号（2Mbit/s）、额定电压交流 750V 或直流 1100V 及以下系统控制信息及电能的功能。适用于铁路信号自动闭塞系统、计轴、车站电码化、计算机联锁、微机监测、调度集中、调度监督、大功率电动转辙机等有关信号设备和控制装置之间传输控制信息、监测信息和电能，结构如图 1-36 所示。

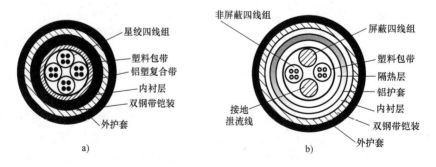

图 1-36　铁路数字信号电缆结构示意图

a）综合护套铁路数字信号电缆　b）铝护套内屏蔽铁路数字信号电缆

由于铁路数字信号电缆在铁路信号系统中既要传输高频信息，又要传输高压电能（220V~440V），因此采用皮-泡-皮物理发泡绝缘结构，内皮层选用线性聚乙烯，可使绝缘层与导体更好地黏结在一起，以保证绝缘结构的电气稳定性和防潮性。外皮层选用具有优异耐老化性能和机械强度的高密度聚乙烯，其透潮性、机械强度、耐磨损性及抗老化性能均明显高于其他类型聚乙烯。绝缘材料采用发泡聚乙烯，有效降低线路的传输衰减。聚乙烯良好的介电性能和很小的介质损耗及介电常数，保证电缆既有良好的信号传输性能又具有较高的绝缘强度。

为保证电缆的传输性能，铁路数字信号电缆线组采用星绞四线组，通过精确的扎纱张力控制，保证四线组结构的对称稳定性，又不使绝缘层变形。对于屏蔽线组，可采用纵包轧纹铜/塑复合带屏蔽，轧纹的金属带弯曲性能更好，可确保屏蔽层在敷设后及长期使用中保持优异的电屏蔽性。在屏蔽带金属侧表面纵向放置接地泄（排）流线，以确保屏蔽层具有稳定可靠的屏蔽性能。成缆工序中通过线组绞合节距配合和退扭措施，最大限度地减小组间的直接系统性耦合，以减小串音。护层可采用综合护套、铝护套及塑料护套等不同结构及组合形式。由于铁路数字信号电缆多用于电气化区段，干扰强烈，且多直埋，要求电缆具有较高的屏蔽性能及抗压机械性能，因此铁路数字信号电缆的铠装方式多为双钢带绕包。

第六节 绕 组 线

绕组线是一种具有绝缘层的导电金属电线，用以绕制电机、电器、仪表、变压器以及电极磁场发生器等各种电工产品的线圈或绕组，起到在磁场中切割磁力线产生感应电流或通过电流产生磁场，实现电磁能量相互转换的作用，故又称电磁线。

绕组线的导电线芯多采用铜线，也有铝线和铝合金线，高温绕组线须采用复合金属如镍包铜线等。形状有圆线、扁线、带、箔等。绝缘层主要采用有机合成高分子化合物（如聚酯、缩醛、聚氨酯、聚酯亚胺、聚酰胺酰亚胺树脂等）和无机材料（如玻璃丝、氧化铝膜等），也有少量采用天然材料（如绝缘纸、植物油、天然丝等）。由于单一材料绝缘层的局限性，有采用复合绝缘或组合绝缘，以提高绝缘层的综合性能。如聚酯亚胺漆包线表面再加尼龙外涂层的复合绝缘，显著提高其耐刮性和耐化学性能。玻璃丝包线由玻璃丝和胶黏绝缘漆组成组合绝缘。

电磁线的技术特性除导电和绝缘性能外，还要适应安装的要求，即所属电机、电器、仪表的耐温等级、工作电压和频率，与周围的材料的化学相容性（高温、高湿、接触水油或制冷剂等物质、电磁辐射），绕制工艺（快速绕线、自动绕线、嵌线等）要求的柔软性和耐刮性等。因此，绕组线虽然结构简单，但种类很多。

绕组线的分类方式很多，按照温度指数划分是最常用的分类方式，温度指数是指绕组线允许的长期最高工作温度（过去称耐温等级），如 120、130、155、180、200、220 等，此数字即为允许的长期工作温度，但数字后不加"℃"。按照绝缘层的特点和用途，绕组线又分为漆包线、绕包线、特种绕组线和无机绝缘线四大类。

一、漆包线

漆包线的绝缘层是漆膜，漆膜是在导体表面涂覆绝缘漆－烘干固化，多次反复而成，按漆膜厚度，漆包线又分为薄、厚、特厚漆膜三种。按形状有圆形和扁形，圆形导体直径为0.018～5.0mm。还有中空矩形漆包线供水内冷、氢内冷电机用。按用途漆包线又可分为一般用途、耐热和特殊用途漆包线，漆包线的特殊用途是指其具有如自黏性、直焊性、自润滑性、耐冷冻剂、无磁性等性质的漆包线以及漆包绞线、变频电机用抗电晕漆包线等。漆包线的产量占绕组线总产量的 85% 以上，其主要品种见表 1-9。

表 1-9　主要漆包线品种表

类别	代号	温度指数	名称	执行标准/—2008	特点	用途
聚酯漆包线	QZ	130 L 155	聚酯漆包铜圆线	GB/T 6109.2 GB/T 6109.7	1. 漆膜机械强度高,具有良好的弹性、耐刮、附着性、电气性能和耐溶剂性能 2. 耐热冲击性、耐潮性差,高温、高湿、高压的耐水解性不好	通用中小电机的绕组,干式变压器和电器仪表的线圈
	QZB	130 155	聚酯漆包铜扁线	GB/T 7095.3 GB/T 7095.7		
缩醛漆包线	QQ	120	缩醛漆包铜圆线	GB/T 6109.3	1. 机械强度、附着性、耐变压器油及耐冷媒性能良好 2. 耐潮性差,热软化击穿温度低	通用中小电机、微电机绕组和油浸变压器和电器仪表的线圈
	QQB	120	缩醛漆包铜扁线	GB/T 7095.2		
聚氨酯漆包线	QA	130 155 180	直焊聚氨酯漆包铜圆线	GB/T 6109.4 GB/T 6109.10 GB/T 6109.23	1. 在高频条件下 $\tan\delta$ 小,具有直焊性,着色性好易区分,耐潮性好 2. 漆膜机械强度稍差,耐热性不高,过负荷性差	要求 Q 值稳定的高频线圈、电视线圈和仪表用的微细线
	QAN	155	自黏性直焊聚氨酯漆包铜圆线	GB/T 6109.16		
聚酯亚胺漆包线	QZY	180	聚酯亚胺漆包铜圆线	GB/T 6109.5	1. 耐热冲击性好,软化击穿温度高,机械强度良,耐溶剂、耐冷冻剂性能好 2. 密封条件下易水解,与含氯高分子化合物不相容	高温电机和制冷装置中的电机绕组,干式变压器和电器仪表的线圈
	QZYH	180	直焊性聚酯亚胺漆包铜圆线	GB/T 6109.13		
	QZYN	180	自黏性聚酯亚胺漆包铜圆线	GB/T 6109.18		
	QZYHN	180	自黏性直焊聚酯亚胺漆包铜圆线	GB/T 6109.17		
	QZYB	180	聚酯亚胺漆包铜扁线	GB/T 7095.4		
聚酰亚胺漆包线	QY	220	聚酰亚胺漆包铜圆线	GB/T 6109.6	1. 软化击穿及热冲性、耐低温性、耐辐射性、耐溶剂及化学药品腐蚀性优良 2. 耐碱性差,价格昂贵,漆的储存期短	耐高温电机绕组,干式变压器、密封式继电器及电子元件线圈
	QY(F)	240	芳族聚酰亚胺漆包铜圆线	GB/T 6109.22		
	QYB	220	聚酰亚胺漆包铜扁线	GB/T 7095.5		
复合漆层漆包线	Q(A/X)	130	聚酰胺复合直焊聚氨酯漆包铜圆线	GB/T 6109.9	1. 在干燥和潮湿条件下,耐电压击穿性优 2. 热冲击性优 3. 软化击穿性优 4. 耐冷冻剂和化学药品腐蚀性优	用于制冷装置的电机和高温电机的绕组,干式变压器和电器仪表的线圈
	Q(Λ/X)	155	聚酰胺复合直焊聚氨酯漆包铜圆线	GB/T 6109.11		
	Q(Z/X) Q(ZY/X)	180	聚酰胺复合聚酯或聚酯亚胺漆包铜圆线	GB/T 6109.12		
	Q(Z/XY)N Q(ZY/XY)N	200	自黏性聚酰胺复合聚酯或聚酯亚胺漆包铜圆线	GB/T 6109.19		

（续）

类别	代号	温度指数	名称	执行标准/—2008	特点	用途
复合漆层漆包线	Q（Z/XY）Q（ZY/XY）	200	聚酰胺酰亚胺复合聚酯或聚酯亚胺漆包铜圆线	GB/T 6109.20	1. 在干燥和潮湿条件下，耐电压击穿性优 2. 热冲击性优 3. 软化击穿性优 4. 耐冷冻剂和化学药品腐蚀性优	用于制冷装置的电机和高温电机的绕组，干式变压器和电器仪表的线圈
	Q（ZY/XY）B	200	聚酰胺酰亚胺复合聚酯亚胺漆包铜扁线	GB/T 7095.6		

特殊用途漆包线：

1）自黏性漆包线：是在一般漆包线外涂有黏合剂涂层，在线圈绕制成型后不必经过浸渍漆处理，直接通过加热或溶剂使黏合剂熔融，将漆包线黏结在一起，形成线圈。多采用复合涂层，采用单一涂层时，要比普通漆膜厚度更厚。漆包线的温度指数确定不仅视内漆层的热级，还要视外层自粘材料的再软化温度而定。

2）直焊性漆包线：该类漆包线在焊接时，不须刮去漆膜，可直接带漆膜焊锡接头。如聚氨酯漆包线，在300℃以上温度时，漆膜分解为CO_2、NH_3、N_2、H_2及低级烷烃、氢氧化合物等挥发性气体，漆膜消失，铜线裸露，与焊锡直接结合。

3）自润滑漆包线：漆包线表面有良好的机械强度和润滑性能，可在高速自动绕制线圈时降低表面摩擦系数，减小漆包线的张力，防止漆膜受损和线芯拉细。为此，在漆包线面层涂覆具有良好自润滑性能的面漆或尼龙漆，满足高速绕线要求。

4）无磁性漆包线：在磁性金属材料含量极微的高纯度裸铜线上涂以相应的漆包线漆而制成，由于漆包线中的磁性材料含量极低，从而避免了线圈内部产生涡流干扰线圈的感应磁场，保证了精密仪表的高灵敏度和高精确度。以无磁性聚氨酯漆包线最为常见。

5）漆包绞线：随着线圈中通过电流的频率不断向高频化发展，集肤效应和邻近效应导致线圈交流阻抗的增大。采用将多根漆包线绞合成漆包绞线再绕制线圈，可增大导体表面积，减小高频交流阻抗。广泛应用于如高频开关电源变压器、微波炉变压器、电磁炉等高频率电子设备的线圈。

6）变频电机用抗电晕漆包线：普通漆包线应用于变频电机，由于线圈的局部放电和空间电荷造成绝缘系统损坏。采用复合涂层漆包线，涂覆掺有固态金属氧化物的漆层，形成屏蔽层，起到抗电晕作用，大大提高了变频电机线圈的使用寿命。

二、绕包线

绕包线是用天然丝、涤纶丝、玻璃丝、绝缘纸或树脂薄膜等紧密绕包在导电线芯或漆包线上，形成绝缘层的一种绕组线。除薄膜绝缘层外，其他如玻璃丝等须经胶黏绝缘漆的浸渍处理，以提高其电性能、机械性能和防潮性能，实际上形成组合绝缘。一般绕包线的特点是：绝缘层较漆包线厚，是组合绝缘，电性能较高，能较好地承受过电压及过载负荷。用于大中型电工产品中。绕包线的主要品种、特点及主要用途见表1-10。

三、特种绕组线

特种绕组线是指适用于特殊场合或具有特殊性能要求的绕组线。如纸绝缘漆包换位导线、耐水绕组线、300MW发电机组用绝缘空心扁铜线。

表 1-10 绕包线的主要品种、特点及主要用途

类别	代号	温度指数	名称	执行标准/—2008	特点	用途
纸包线	Z ZL ZB ZLB	105	纸包圆铜线 纸包圆铝线 纸包扁铜线 纸包扁铝线	GB/T 7673.2	1. 用作油浸变压器线圈，耐电压击穿性优 2. 绝缘纸易破裂	油浸变压器及其他类似电气设备
玻璃丝包线	SBE SBEL	130 155 180	双玻璃丝包圆铜线 双玻璃丝包圆铝线	GB/T 7672.2	1. 过负荷性、耐电晕性优 2. 耐潮性较差，弯曲性差	大中型电机绕组
	SBEB SBELB		双玻璃丝包扁铜线 双玻璃丝包扁铝线	GB/T 7672.4		
	SBQ		单玻璃丝包漆包圆铜线	GB/T 7672.3	过负荷性、耐电压、耐电晕性优	中型电机的绕组
	SBQB SBQLB SBEQB SBEQLB		单玻璃丝包漆包扁铜线 单玻璃丝包漆包扁铝线 双玻璃丝包漆包扁铜线 双玻璃丝包漆包扁铝线	GB/T 7672.5	1. 过负荷性、耐电压、耐电晕性优 2. 弯曲性较差	大中型电机的绕组
	SBMB SBEMB		单玻璃丝包薄膜绕包扁铜线 双玻璃丝包薄膜绕包扁铜线	GB/T 7672.6	1. 过负荷性、耐电压性优 2. 绝缘层较厚	可用于较严酷工艺条件下，大中型电机的绕组
薄膜绕包线	MYFE	200	双层聚酰亚胺-氟46复合薄膜绕包圆铜线	JB/T 5331	1. 耐电压性、耐油性、耐高低温性、耐辐射性、耐拖磨性、在密封条件下耐油水性优 2. 耐碱性差	1. 潜油泵电机及油型电机特殊绕组 2. 高温轧机，牵引电机 3. 耐辐射特种电机 4. 干式变压器
	MYFS		三层聚酰亚胺-氟46复合薄膜绕包圆铜线			
	MYFB		单聚酰亚胺-氟46复合薄膜绕包扁铜线	JB/T 6757		
	MYFEB		双聚酰亚胺-氟46复合薄膜绕包扁铜线			
丝包线	S(E)QZ S(E)DQZ S(E)QQ S(E)QA S(E)DQA	—	单（双）天然丝包聚酯漆包圆铜单线 单（双）涤纶丝包聚酯漆包圆铜单线 单（双）天然丝包缩醛漆包圆铜单线 单（双）天然丝包聚氨酯漆包圆铜单线 单（双）涤纶丝包聚氨酯漆包圆铜单线	GB/T 11018.1	1. 品质因数 Q 值大 2. 耐潮性差	各种频率下的电子仪表及电器设备的线圈
	S(E)J S(E)DJ	—	单（双）天然丝包漆包圆铜束线 单（双）涤纶丝包漆包圆铜束线	GB/T 11018.2	1. 品质因数 Q 值大； 2. 由多根漆包线束绞而成，柔软性好，降低了集肤效应	用于中频、变频电机的绕组线

1. 纸绝缘漆包换位导线

纸绝缘漆包换位导线是以双列并列的多根漆包扁铜线按一定规则，循环往复不断交换其

所在位置的一种导体组合，经换位后外层绕包绝缘纸总包而成，简称换位导线。结构如图 1-37 所示。换位导线用于绕制大容量变压器的线圈，其主要特性为：

1）每根漆包扁线长度相同（其磁链也相同），因而消除了循环电流所产生的损耗。

2）由多根漆包扁线组合而成，单根漆包线尺寸小，可降低涡流损耗，提高电流密度，增加容量。

3）采用绝缘纸总包，与多根纸包线相比，可提高绕制线圈时的槽满率，减小变压器体积。

采用缩醛漆包扁线的 HZQQ 换位导线的耐热性为 105℃，规格：漆包扁线绞合后的线芯高度不超过 65mm，宽度不超过 28mm。

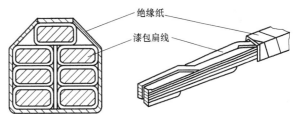

图 1-37 换位导线的外形及截面图

2. 耐水绕组线

各种充水式电机的线圈要采用耐水绕组线，要求绕组线防水性能好，在长期浸水加压条件下，绝缘电阻稳定，耐电压性能好，耐化学腐蚀性、机械性能优良。

耐水绕组线适用于额定电压 450/750V、600/1000V 的充水式潜水电机的线圈绕制，水的 pH 值为 6.5~8.5，水压不超过 1 或 1.5MPa。导体采用漆包线或铜单线或铜绞线。绝缘为耐水性好的绝缘材料，如聚乙烯、交联聚乙烯、改性聚氯乙烯等。绝缘外挤包尼龙护套，起到对绝缘层的机械防护作用。

低密度聚乙烯的防水性良好，但与铜离子扩散进绝缘层中会引起电场集中，形成"水树枝"，以致绝缘损坏击穿。故采用漆包线，可有效降低铜离子在绝缘层的扩散。

3. 300MW 发电机组用绝缘空心扁铜线

该绝缘空心扁铜线用于 300MW 发电机组定子的绕组。其采用玻璃丝、涤纶丝混合绕包在空心矩形高导电导线上，再经 F 级（温度指数 155）环氧型漆黏结，经热熔处理形成紧密绝缘层而成，温度指数为 155。

空心扁线是作为高压下氢冷却用的导线，故对空心铜扁线质量要求高。除要求铜的电导率为 100%IACS 外，在制造工艺方面要求空心铜扁线内外表面光滑、平整，同时进行严格的水压试验、探伤，便于发现内部缺陷。在绝缘层和铜线黏合强度方面，采取了在玻璃丝中掺和一定数量的涤纶丝，经热熔后形成紧密的绝缘层。

四、无机绝缘绕组线

无机绝缘绕组线的绝缘层是用氧化铝膜、陶瓷、玻璃膜等无机材料组成，因单一的无机绝缘层常有微孔存在，一般需用有机绝缘漆浸渍后烘干填充。制成的绕组线具有耐高温、耐辐射特点，主要用于高温、辐射场合。

氧化膜铝线（带、箔）是用阳极氧化法在铝线（带、箔）表面生成一层致密的氧化铝膜而成。按形状有圆铝线、扁铝线、铝带（箔）；按是否用绝缘漆封闭有氧化膜铝线（带、箔）和用绝缘漆封闭的氧化膜铝线（带、箔）。绝缘层的耐电压性能取决于氧化铝膜的厚度，要求耐电压击穿值要高于 250V/0.01mm。用氧化膜铝线（带、箔）绕制线圈可提高空间因数和线圈的热传导性能，简化绝缘结构。

陶瓷绝缘线系在导线上浸涂玻璃瓷浆后经烘炉烧结而成。长期使用温度可达 500℃，一一般采用镀镍铜线、镍包铜线或不锈钢包铜线为导体。

玻璃膜绝缘微细线是在锰铜或镍铬导电线芯上浸涂玻璃瓷浆，经烘炉烧结而成。

第七节　电缆产品表示方法

任何一种电线电缆产品都有完整的名称，以避免与其他品种混淆。如一根外形、结构完全相似的铝绞线就可能是纯铝、某种铝合金或稀土铝制成；而几根外观完全相同的漆包线所采用的绝缘层就可能采用了多种漆层材料。这使得电缆在性能和适用范围等方面有着很大的差异。因此，不同品种电缆要有不同的名称，相同品种电缆也要再细分，保证名称的唯一性。

一、产品命名规则

1. 产品名称包含内容

电线电缆产品名称中应包括以下内容，以区别于其他电线电缆产品。

1）主要应用场合或所属大类、小类名称。

2）主要结构材料或结构型式，结构愈复杂，名称愈长。

3）重要的附加特性或特征。

4）电线和电缆并无严格的概念区别，产品命名时按约定俗成的习惯来进行。

2. 排列顺序

产品名称通常的排列顺序是：从内到外说明导体、绝缘、内护套、铠装层、外护套的材料，然后是附加特征或类别名称，如：铜芯泡沫聚烯烃绝缘填充式挡潮层聚乙烯内护套钢带铠装聚乙烯外护套市内通信电缆。

也有将附加特征或其他需强调的特性、用途放在最前面的表达方式，如：铜芯耐热105℃聚氯乙烯绝缘阻燃电线，也称为阻燃型铜芯耐热105℃聚氯乙烯绝缘电线。

3. 省略原则

产品名称中在不会发生混淆的前提下可以适当省略或简化。某些产品不允许采用铝线芯，如矿用电缆、橡塑软线、汽车线、航空导线等，产品名称中就可以省去导体材料的名称；又如乙丙橡皮绝缘可以简写成乙丙绝缘等。

二、型号规格表示规则

产品用型号、规格（额定电压、芯数、标称截面积）及执行标准编号表示。

1. 产品型号

型号是名称的简便表达，是产品品种的代号。一个品种有一个产品名称和一个型号。电线电缆型号的组成与顺序如下：

1-类别用途	2-导体	3-绝缘	4-内护层	5-特征	6-外护层或派生	—	7-使用特征

（1）汉语拼音字母大写表示内容

1~5项和第7项以汉语拼音字母大写表示

每一项可以是1到2个字母。第6项一般以阿拉伯数字表示，可用1~3个数字。

字母的选择：所表示词语的首字母为首选，如控制-K，铝-L，交联-J。为避免一个字母代表过多意义造成混淆，会选择首字的首字母以外的字母，如U-矿用；还会选择取自词语中第二或其他有代表意义汉字的拼音字母，如 Y-聚乙烯，X-镀锡线。很多时候还会用到汉字的另外读音，如 YZ 和 YC 分别表示中型和重型移动橡套电缆，因"中"、"重"同音，"C"取自"重"的另一个读音"chong"。随着技术进步，产品的应用范围变的广泛，原词语的意义已不能涵盖现产品的范围，于是改变了产品名称，但还沿用原来的字母，如 H-通信电缆（原意为电话电缆），F-航空电线（原意为飞机电线）。有时借助词语的英文意义，如 E-乙丙橡胶，HE-硬乙丙橡胶，V-聚氯乙烯（聚氯乙烯早期的商品名为"维尼纶"，代号 VJC。现在将"V"理解为"氯"的汉语拼音"lü"中的"V"更便于记忆）。

即使如此，一个字母依然会代表多重意义，要根据字母的意义和在型号中的排列位置加以仔细辨别区分，如 RVV 和 VVR，R 表示柔软，但在 RVV 中 R 处于表示该产品类别的位置，表示柔软型布电线；VVR 中电缆系列是空缺，接下来是表示绝缘的"V"，这种表示只出现在电力电缆中，所以该型号代表柔软型电力电缆。

（2）省略原则

型号编制要尽量简单明了，因此省略原则是非常重要的，特别是量大面广的常用品种。否则 8~9 个汉语拼音连在一起很难记忆和应用，失去方便使用的作用。省略的原则是制订出来的型号应具有单一性和不混淆性。省略主要在第 1、2 两项。

1）电线电缆产品的导体以铜为主，只采用铜导体的品种占总数的 70% 以上；铝导体的用量虽然不小，但集中在电力系统用的少数品种（如架空线、母线、电力电缆、电力用绝缘电线）。因此，除了裸电线及裸导体制品大类以外，所有线缆产品型号都不标明铜导体的代号"T"，只有用铝导体的品种在型号中必须加上铝的代号"L"，以资区别。

2）有三个大类产品不标明大类代号，即裸导线及裸导体制品、电力电缆和电磁线。

① 裸电线及裸导体制品大类产品型号的首位字母是导体代号。

② 电力电缆类和电磁线类产品型号的首位字母是绝缘层代号。

③ 电气装备用电线电缆类和通信电缆类因下面的小类、系列分类较多，因此也不列大类代号，而以代表用途的小类或系列代号放在首位（如船用、矿用、移动式使用、电话线路用等）。

3）电力电缆、通信电缆、控制电缆以及一些干线光缆等，由于其线路的重要性，敷设场合的复杂性（如地下直埋、水下敷设），不少产品均有防止各种外力损伤的金属铠装（钢带、钢丝等）结构，并与外护层一起组合。为此，对铠装层和其外护层规定以 2 位阿拉伯数字表示，第一位数字表示铠装结构材料，第二位数字表示外被层或外护套。

（3）第 5 项的结构特征

通常是指特殊的结构形状，如电力机车接触线的圆形（Y）、沟形（G）；市话电缆的自承式（C），某些产品带有屏蔽结构（P）等。

（4）第 6 项中的派生

是指同一品种、同一规格的产品中有部分变化。如铝包钢线中铝层厚度不同；石油探测电缆规定不同的拉断力；漆包线的不同漆层厚度等。该项以数字表示。注意：有外护层的产品一般没有派生品种，反之也是。因此，在型号后的阿拉伯数字不会重叠。

（5）第 7 项的使用特征

是各种特殊使用场合或附加特殊使用要求的标记，是在型号后加半划线后以汉语拼音字母标清。如湿热带地区用（-TH）。

阻燃、耐火及无卤低烟型电线电缆发展很快，为突出功能，都把这些特性代号加在品种型号之前，如阻燃（Z）、耐火（N）、无卤低烟（WD）等。

（6）使用英文缩写的电缆型号

光纤复合架空地线（OPGW）、全介质自承式光缆（ADSS）的型号为英文缩写，在制订标准时考虑到该缩写已被制造厂商和用户广泛接受，故不再按中文规则制订型号。

2. 产品规格

产品规格由额定电压、芯数和标称截面积组成。

（1）额定电压

电缆的额定电压以 U_0/U（U_m）表示。U_0 表示设计时采用的导体对地或金属屏蔽或金属套之间的额定工作电压，即每相绝缘应能承受的电压；U 表示设计时采用的线电压即任何两导体间的额定工作电压；U_m 表示设计时采用的任意两相导体之间的运行最高电压，但不包括故障条件下和大负荷突然切断而造成电压的暂态变化。

由于中低压电力系统（1~35kV）采用了两种接地方式，即中性点直接接地（包括中性点直接接地和经小电阻接地）和非有效接地（包括经消弧线圈间接接地和中性点不接地）。在三相系统中，一相事故接地时，另二相的瞬时电压会因接地方式不同而不同。对直接接地系统，$U = \sqrt{3}\,U_0$，对中性点间接接地系统，U_0 要提高一个系数。因此，规定中低压电力电缆的电压等级为 0.6/1、1.8/3、3.6/6、6/6、6/10、8.7/10、8.7/15、12/20、18/30、21/35、26/35kV。高压、超高压为 64/110、127/220、190/330、290/500kV。

工作电压低于 0.6/1kV 的电气装备用电线电缆等产品的额定电压有：300/300、300/500、450/750V 等。

有些产品不标注额定电压，如裸电线类、绝大多数的绕组线、部分通信电缆、光电复合以外的光纤光缆产品等。

（2）芯数和标称截面积

电线电缆的芯数从 1 芯到几芯以至几十芯不等，市内通信电缆甚至达到上千对（每对 2 芯）。成缆在一起的线芯，每芯的作用可相同也可不同，截面积可相等也可不等，如一般电力电缆主线芯用于三相电流传输，采用 3 芯大截面，中性线芯用于传输三相不平衡电流，截面积只需达到主线芯一半左右即可；矿用电缆往往将起到功率输送、控制信号传输、安全监控的线芯成于一缆，不同功用的线芯，截面积相差很大。

电缆的标称截面积有采用导体截面积和直径两种表示方法，其系列规定是以最少的规格满足用户最大需求为原则，采用优先数系作为优先尺寸。

标称截面积的单位是 mm^2，常用等级分为 0.08、0.12、0.2、0.3、0.4、0.5、0.75、1.0、1.5、2.5、4、6、10、16、25、35、50、70、95、120、150、185、240、300、400、500、630、800、1000、1200、1400、1600、2000、2500 等。

绕组线的规格不采用导体的截面积表示，圆线以标称直径表示，范围为 0.018~5.000mm；扁线以"宽×厚"表示，范围为 2.0×0.80 mm~16.0×5.60mm。

芯数与标称截面积之间以"×"连接，即以"芯数×标称截面积"表示，多芯的标称截面积不相等时再增加"+"将不等截面积连接。如：三等芯标称截面积 120 mm^2，其规格表示为 3×120；三主线芯标称截面积 120mm^2，中性线芯标称截面积 70 mm^2 的四芯电缆，其规格表示为 3×120+1×70。某矿用电缆：动力线芯 3×35，地线芯 3×16/3（将 16mm^2

导体均分为 3 部分，每部分截面积积为 16/3mm²），监视线芯 3×2.5，表示为 3×35+3×16/3+3×2.5。

应注意的是：导体截面积不是导体的几何截面积，而是电气有效截面积，不能通过测量几何尺寸判断其是否合格，必须测量导体的直流电阻，对照相应标准要求判断其是否合格。因此，许多采用特殊导体材料的电缆产品，会将其截面积按导电率换算成常用导体材料的截面积来表示规格，比如当裸导线采用铝合金线为导体时，其标称截面积以与其导电能力（直流电阻）相同的硬铝线的标称截面积表示，故铝合金线的实际截面积大于其标称数值；铜包铝导体的电力电缆，其标称截面积以相同导电能力的铜导体截面积积表示。

3. 执行标准编号

产品的生产执行某标准，应将标准编号写到规格后面。标准编号要完整，应包括标准代号、发布顺序号和四位的发布年号三部分。

三、产品表示方法

1. 裸电线及裸导体制品

（1）代号的意义

裸电线及裸导体制品型号中各符号表示的意义见表 1-11。

表 1-11　裸电线及裸导体制品型号表示中各符号的意义

名称	系列	导体及承力元件	特征
单线	—	T-铜线　　TX-镀锡铜线 TY-镀银铜线　　TN-镀镍铜线 L-铝线	R-柔软　　　　　Y-硬 YT-特硬　　　　B-扁线 4、6、8、9-硬铝线的状态
架空导线	J-同心绞合 F-防腐 X-型单线 圆单线省略	L-硬铝线　　LH-铝合金线 LB-铝包线　　G-镀锌钢线 K-扩径	1、2、3-铝包钢的导电性；镀锌钢线强度；铝合金线的性能 A、B-铝包钢的机械性能；镀锌钢线锌层厚度；铝合金线的强度
软铜绞线	T-天线 S-电刷线	T-铜线 X-镀锡铜线	J-绞线 R-柔软 1、2、3-软铜绞线的柔软程度
铜编织线	TZ-铜编织线 Q-扬声器音圈用 P-屏蔽保护用	T-铜（省略） X-镀锡铜线	X-斜纹（省略） Z-直纹
接触线	C-接触线	TA-铜银合金　　TM-铜镁合金 TS-铜锡合金　　L-铝 G-钢	Y-圆形　　　G-双沟形（省略） H-高强度　　N-内包 W-外露
母线、铜排、 空心线、铜带	M-母线 P-排线 K-空心线	T-铜　　　　TH-铜合金 L-铝　　　　LH-铝合金 TBL-铜包铝	R-软态　Y-硬态或哑铃形　T-梯形 A-凹形　Q-七边形　　D-带状 略-圆角　B-圆边　　　Q-全圆边

（2）表示方法及示例

1）由 45 根硬铝线和 7 根 A 级镀层普通强度镀锌钢线绞制成的钢芯铝绞线，硬铝线的标称截面积为 500mm²，钢的标称截面积为 35mm²，表示为 JL/G1A-500/35-45/7 GB/T 1179—2008。标准名为《圆线铜心绞架空导线》。

2）由 54 根硬铝线和 7 根 20.3%IACS 导电率的 A 型铝包钢绞线绞制成的铝包钢芯铝绞

线，硬铝线的标称截面积为 485mm²，铝包钢的标称截面积为 60mm²，表示为 JL/LB1A-485/60-54/7 GB/T 1179—2008。标准名为《圆线铜心绞架空导线》。

3）由成型 1 型高强度铝合金线和 A 级镀层特高强度镀锌钢线绞制成的导线，铝合金线的导电面积相当于 500mm² 硬铝线（铝合金线的实际截面积为 581mm²），钢芯截面积为 40mm²，导线外径 32.4mm，表示为 JLHA1X/G3A-500/40-324 GB/T 20141—2006。标准名为《型线铜心绞架空导线》。

4）标称截面积为 400mm² 的 1 型软铜绞线，表示为 TJR1-400 GB/T 12970.2—2009。标准名为《电工软铜绞线　第 2 部分：软铜绞线》。

5）标称截面积为 10mm² 的软铜天线，表示为 TTR-10 GB/T 12970.3—2009。标准名为《电工软铜绞线　第 3 部分：软铜天线》。

6）标称截面积 120mm² 的双沟形铜银合金接触线，表示为 CTA120GB/T 12971.1—2008。标准名为《电力牵引用接触线　第 1 部分：铜及铜合金接触线/K》。

7）标称截面积为 250mm² 的内包梯形钢，双沟形钢铝复合接触线，表示为 CGLN250 GB/T 12971.2—2008。标准名为《电力牵引用接触线　第 2 部分：钢、铝复合接触线》。

8）套径范围为 16～24mm 的屏蔽保护用镀锡铜编织套，表示为 TZXP-16～24 JB/T 6313.2—2011。标准名为《电工铜编织线斜绞编织线》。

9）圆边铜母线，厚度 10.00mm，宽度 100.00mm，软态，表示为 TMBR 10×100　GB/T 5585.1—2005。标准名为《电工用铜、铝及其合金母线　第 1 部分：铜和铜合金母线》。

2. 电力电缆

（1）代号的意义

电力电缆是用途广、产量大的一类产品，在型号表示中省略了表示大类——电力电缆的符号，其系列以所用绝缘材料来划分，所以电力电缆型号中字母的排列与其他产品不同：首字母不是导体符号，而是代表绝缘材料的符号。电力电缆型号中各符号表示的意义见表 1-12。

表 1-12　电力电缆型号中各符号的意义

系列（绝缘）	导体	内护套	铠装层	外护套	特征③
V-聚氯乙烯	T-铜（省略）	V-聚氯乙烯	0-无铠装	0-无外护套的裸铠装	Z-阻燃
YJ-交联聚乙烯	L-铝	Y-聚乙烯	2-双钢带	1-纤维外被层	A、B、C、D-阻燃等级
Y-聚乙烯	R-软铜导体	F-弹性体②	3-细钢丝	2-聚氯乙烯	W-无卤
E-乙丙橡皮	LH-铝合金	A-金属箔复合护套	4-粗钢丝	3-聚乙烯或聚烯烃	D-低烟
EY-硬乙丙橡皮		Q-铅护套	6-双非磁性金属带	4-弹性体②	U-低毒
CY-充油电缆①		L-铝护套	7-非磁性金属丝		N-耐火
Z-纸绝缘		LW-皱纹铝护套			NJ-耐火加冲击
D-不滴流		P-屏蔽			NS-耐火加喷水
JK-架空电缆		S-铜丝屏蔽			FZ-预分支
B-本色绝缘		D-铜带屏蔽（略）			Q-轻型
					F-分相
					Z-纵向阻水结构

① 自容式充油电缆在铅套与铠装层之间增加了加强层结构，其表示为：1—铜带径向加强，2—不锈钢带径向加强，3—铜带径向窄铜带纵向加强，4—不锈钢带径向窄不锈钢带纵向加强。

② 弹性体护套包括氯丁橡胶、氯磺化聚乙烯或类似高聚物为基的护套混合料。

③ 电缆的燃烧特性代号由 GB/T 19666—2005 阻燃和耐火电线电缆通则规定，适用于电力电缆、电气装备用电线电缆、通信电缆和光缆，后续不再列出。

（2）表示方法及示例

1）铝芯聚氯乙烯绝缘钢带铠装聚氯乙烯护套电力电缆，额定电压为 0.6/1kV，3+2 芯，主线芯标称截面积为 240mm^2，中性线标称截面积为 120mm^2，表示为 VLV$_{22}$-0.6/1 3×240+2×120 GB/T 12706.1—2008。标准名为《额定电压 1kV（U_m=1.2kV）到 35kV（U_m=40.5kV）挤包绝缘电力电缆及附件　第 1 部分：额定电压 1kV（U_m=1.2kV）和 3kV（U_m=3.6kV）电缆》。

2）铜芯交联聚乙烯绝缘钢带铠装聚烯烃护套无卤低烟阻燃 A 类电力电缆，额定电压：0.6/1kV，3+1 芯，主线芯标称截面积为 95mm^2，中性线标称截面积为 50mm^2，表示为 WDZA-YJY$_{23}$-0.6/1 3×95+1×50 GB/T 19666—2005/GB/T 12706.1—2008。标准名为《额定电压 1kV（U_m=1.2kV）到 35kV（U_m=40.5kV）挤包绝缘电力电缆及附件　第 1 部分：额定电压 1kV（U_m=1.2kV）和 3kV（U_m=3.6kV）电缆》。

3）铜芯交联聚乙烯绝缘细钢丝铠装聚乙烯护套电力电缆，额定电压为 8.7/10kV，3 芯，标称截面积为 120mm^2，表示为 YJV$_{33}$-8.7/10 3×120 GB/T 12706.2—2008。标准名为《额定电压 1kV（U_m=1.2kV）到 35kV（U_m=40.5kV）挤包绝缘电力电缆及附件　第 2 部分：额定电压 6kV（U_m=7.2kV）到 30kV（U_m=36kV）电缆》。

4）铜芯交联聚乙烯绝缘铜丝屏蔽聚氯乙烯内护套钢带铠装聚氯乙烯护套电力电缆，额定电压 26/35kV，单芯，标称截面积为 240mm^2，表示为 YJSV$_{22}$-26/35 1×240/25 GB/T 12706.3—2008。标准名为《额定电压 1kV（U_m=1.2kV）到 35kV（U_m=40.5kV）挤包绝缘电力电缆及附件　第 3 部分：额定电压 35kV（U_m=40.5kV）电缆》。

5）铝芯交联聚乙烯绝缘皱纹铝套聚氯乙烯护套电力电缆，额定电压 64/110kV，单芯，标称截面积为 1200mm^2，表示为 YJLLW$_{02}$-64/110 1×1200 GB/T 11017.2—2014。标准名为《额定电压 110kV U_m 126kV 交联聚乙烯绝缘电力电缆及其附件　第 2 部分：电缆》。

该电缆皱纹铝套采用挤包方式加工，若采用焊接皱纹铝套，应在名称中说明，电缆名称为：铝芯交联聚乙烯绝缘焊接皱纹铝套聚氯乙烯护套电力电缆，两者型号表示相同。

6）铜芯交联聚乙烯绝缘铅套聚乙烯护套纵向阻水电力电缆，额定电压为 127/220kV，单芯，标称截面积为 2000mm^2，表示为 YJQ$_{03}$-Z-127/220 1×2000 GB/Z 18890.2—2002。标准名为《额定电压 220kV（U_m=252kV）交联聚乙烯绝缘电力电缆及其附件　第 2 部分：额定电压 220kV（U_m=252kV）交联聚乙烯绝缘电力电缆》。

7）铜芯纸绝缘铅套不锈钢带径向加强聚乙烯护套自容式充油电缆，额定电压为 290/500kV，单芯，标称截面积为 2500mm^2，表示为 CYZQ$_{203}$-290/500 1×2500 GB/T 9326.2—2008。

8）铝芯不滴流油浸纸绝缘分相铅包钢带铠装聚氯乙烯护套电力电缆，额定电压为 8.7/15kV，三芯，标称截面积积为 150mm^2，表示为 ZLQFD$_{22}$-8.7/15 3×150 GB/T 12976.1—2008。标准名为《额定电压 35kV 纸绝缘电力电缆及其附件　第 1 部分　额定电压 30kV 及以下电缆一般规定和结构要求》。

9）铝芯交联聚乙烯绝缘架空电缆，额定电压 1kV，4 芯，其中 3 主线芯标称截面积为 35mm^2，承载中性导体为铝合金芯，其标称截面积为 50mm^2，表示为 JKLYJ-1 3×35+1×50（B）GB/T 12527—2008。标准名为《额定电压 1kV 及以下架空绝缘电缆》。

架空绝缘电缆中 A-钢承载绞线，B-铝合金承载绞线。

10）铝芯交联聚乙烯轻型薄绝缘架空电缆，额定电压 10kV，单芯，标称截面积为 120mm²，表示为 JKLYJ/Q-10　1×120　GB/T 14049—2008。标准名为《额定电压 10kV 架空绝缘电缆》。

11）软铜芯聚乙烯绝缘架空电缆，额定电压为 10kV，单芯，标称截面积为 35mm²，表示为 JKTRY-10　1×35　GB/T 14049—2008。标准名为《额定电压 10kV 架空绝缘电缆》。

3. 通信电缆

随着通信技术和电子技术的发展，通信电缆的系列越来越多，不同系列之间差别也越来越大，结构形式、所用材料的差异导致其命名方式、型号规则产生很大的不同，下面就根据不同系列的通信电缆的命名及代号分别加以介绍。

（1）市内通信和电信设备用通信电缆

1）代号的意义：市内通信和电信设备用通信电缆都用于低频短距离型通信，电缆结构相对简单，型号也不复杂，型号中各符号的排列顺序及意义见表 1-13。

表 1-13　市内通信和电信设备用通信电缆型号中符号的排列顺序及意义

系列	导体	绝缘	护套	特征	外护层
H-市内通信（电话）电缆 J-局用 P-终端（配线）用	略-铜 CA-铜包铝	Y-实心聚烯烃 YF-泡沫（发泡）聚烯烃 YP-带皮泡沫聚烯烃 V-聚氯乙烯	A-挡潮层聚乙烯护套（铝-塑黏结综合护套） V-聚氯乙烯	缆芯结构特征：略-非填充式　T-填充式 G-隔离式（内屏蔽）C-自承式　P-屏蔽 燃烧特性代号见表 1-12	5-单层纵包皱纹钢带铠装 55-双层纵包皱纹钢带铠装 其余同电力电缆，见表 1-12
HR-电话软线	略-铜 YH-铜合金	V-聚氯乙烯 B-聚丙烯 略-橡皮	H-橡皮 略-聚氯乙烯	B-扁形　T-弹簧形 E-耳机连接用 J-交换机插塞连接用	—

2）表示方法及示例：电缆用型号、规格和标准编号表示，规格包括标称对数和导体标称直径。示例如下：

① 铜芯实心聚烯烃绝缘非填充式挡潮层聚乙烯护套市内通信电缆，200 对，导体标称直径为 0.6mm，表示为 HYA　200×2×0.6　GB/T 13849.1—2013。标准名为《聚烯烃绝缘聚烯烃护套市内通信电缆　第 1 部分：总则》。

② 铜芯泡沫聚烯烃绝缘填充式挡潮层聚乙烯护套单层纵包轧纹钢带铠装聚乙烯护套市内通信电缆，200 对，导体标称直径为 0.4mm，表示为 HYAT53　200×2×0.4　GB/T 13849.1—2013。标准名为《聚烯烃绝缘聚烯烃护套市内通信电缆　第 1 部分：总则》。

③ 铜包铝芯实心聚烯烃绝缘铝-塑黏结综合护套市内通信电缆，50 对，导体标称直径为 0.62mm，表示为 HCAYA　50×2×0.62　YD/T 2162—2010。

④ 铜芯聚氯乙烯绝缘聚氯乙烯护套屏蔽型数字交换用局用通信电缆，64 个成缆元件，对线组，导体标称直径为 0.5mm，表示为 HJVVP 64×2×0.5　GB/T 11327.2—1999。标准名为《聚氯乙烯绝缘聚氯乙烯护套低频通信电缆电线　第 2 部分》。

⑤ 铜芯聚氯乙烯绝缘聚氯乙烯护套模拟交换用局用通信电缆，100 个成缆元件，五线组，导体标称直径为 0.5mm，表示为 HJVVP 100×5×0.5　GB/T 11327.2—1999。标准名为《聚氯乙烯绝缘聚氯乙烯护套低频通信电缆电线　第 2 部分》。

⑥ 铜芯聚氯乙烯绝缘聚氯乙烯护套终端通信电缆，200 个对线组，导体标称直径 0.5mm，表示为 HPVV 200×2×0.5 GB/T 11327.3—1999。标准名为《聚氯乙烯绝缘聚氯乙烯护套低频通信电缆电线 第 3 部分 终端电缆（对线组的）》。

电话软线用于连接电话机机座与电话机手柄或接线盒，或者用于连接交换机与插塞用。导体采用铜皮线，是将薄铜带螺旋绕包在纤维芯上组成元件，再由一个或若干个元件绞合成导体。采用橡皮或塑料绝缘、护套，为进一步提高软线的柔软性和便于使用，会将电话机机座与手柄连接线加工为弹簧形。

⑦ 聚氯乙烯绝缘聚氯乙烯护套电话软线，3 芯，成圈交货，表示为 HRV-3 GB/T 11016.2—2009；按相关产品标准附录标称长度为 1500mm 装配线交货，表示为 HRV-315 GB/T11016.2—2009。标准名为《塑料绝缘和橡皮绝缘电话软线 第 2 部分：聚氯乙烯电话软线》。

⑧ 聚丙烯绝缘聚氯乙烯护套扁形电话软线，2 芯，成圈交货，表示为 HRBB-2 GB/T 11016.3—2009；按相关产品标准附录标称长度为 2200mm 装配线交货，表示为 HRBB-222 GB/T11016.3—2009。标准名为《塑料绝缘和橡皮绝缘电话软线 第 3 部分：聚丙烯绝缘电话软线》。

⑨ 橡皮绝缘纤维编织耳机软线，4 芯，成圈交货，表示为 HRE-4 GB/T 11016.4—2009；按相关产品标准附录标称长度为 1600mm 装配线交货，表示为 HRE-416 GB/T 11016.4—2009。标准名为《塑料绝缘和橡皮绝缘电话软线（第 4 部分）：橡皮绝缘电话软线》。

（2）数字通信用对称电缆

1）代号的意义：数字通信用对称电缆全称为数字通信用对绞或星绞多芯对称电缆，型号中各符号的排列顺序及表示的意义见表 1-14。

表 1-14 数字通信用对称电缆型号中符号的排列顺序及意义

系列及环境特征[①]	导体	绝缘	护套	屏蔽	最高传输频率	特性阻抗
HS-数字通信用 使用环境： S-水平层布线 G-工作区布线 C-垂直布线	略-铜 略-实芯 R-绞合（软） TR-铜皮	材料： V-聚氯乙烯 Y-聚烯烃 F-氟塑料 Z-低烟无卤热塑性料 型式： 略-实芯 P-泡沫-皮或皮-泡-皮	同绝缘材料	略-非屏蔽 P1-线对屏蔽 P-总屏蔽	3-16MHz 4-20MHz 5-100MHz 5e-100MHz 6-250MHz 7-600MHz 8-1200MHz	略-100Ω 120-120Ω 150-150Ω

① 燃烧特性代号应放在系列代号之前为，代号见表 1-12。

2）表示方法及示例：数字通信用对绞或星绞多芯对称电缆的表示用型号、缆芯对（组）数、导体标称直径和标准编号表示。示例如下：

① 标称直径为 0.5mm 实心导体、缆芯 4 对、特性阻抗 100Ω、实心聚烯烃绝缘、聚烯烃外护套无卤低烟 B 类阻燃的 5 类数字通信用多芯对称水平层布线非屏蔽电缆，表示为 WDZB-HSSYY-5/100 4×2×0.5 GB/T 18015.2—2007/GB/T 19666—2005。标准名为《阻燃和耐火电线电缆通则》。

② 标称直径为 0.5mm 绞合导体、缆芯 2 对、特性阻抗 150Ω、实心聚烯烃绝缘、低烟无卤塑料护套的 5 类数字通信用多芯对称工作区布线屏蔽电缆，表示为 HSGRYZP-5/150 2×2×0.5 GB/T18015.3—2007。标准名为《数字通信用对绞或星绞多芯对称电缆 第 3 部分工作区布线电缆分规范》。

（3）射频电缆

1）代号的意义：射频电缆型号表示中各符号的意义见表 1-15。

表 1-15 射频电缆型号中各符号的意义

类别用途	内导体	绝缘	护套	派生特征
S-射频同轴电缆 SE-射频对称电缆 ST-特种射频电缆 SJ-局域网用射频电缆	略-实心铜线 SC-镀银铜线 TC-镀锡铜线	Y-实心聚乙烯 YF-发泡聚乙烯 YK-纵孔聚乙烯 YS-绳管聚乙烯 YD-垫片小管聚乙烯 D-聚乙烯空气 F-实心氟塑料 FF-发泡氟塑料 U-氟塑料空气	V-聚氯乙烯 Y-聚乙烯 F-氟塑料 B-玻璃丝编织浸有机硅漆 VZ-阻燃聚氯乙烯 YZ-低烟无卤阻燃聚烯烃	P-金属丝编织或屏蔽 Z-综合式

2）表示方法及示例：除型号外，射频电缆还包括电缆的特性阻抗、芯线绝缘外径及结构序号，后三项均用数字表示，排列方式及表示为：

分类代号	导体	绝缘	护套	派生	-	特性阻抗	-	芯线绝缘外径	-	结构序号

① 特性阻抗 50Ω，绝缘外径 7.25mm 的实心聚乙烯绝缘聚氯乙烯护套，单层铜线编织外导体射频同轴电缆，表示为 SYV-50-7-1 GB/T14864—2013。标准名为《实心聚乙烯绝缘柔软射频电缆》。

② 特性阻抗 50Ω，绝缘外径 4.80mm 的实心聚乙烯绝缘聚氯乙烯护套，单层铜线编织外导体局域网用射频同轴电缆，表示为 SJYV-50-5-1 GB/T 17737.3—2001。标准名为《射频电缆 第 3 部分：局域网用同轴电缆分规范》。

（4）漏泄同轴电缆和局用同轴电缆

漏泄同轴电缆兼有传输线和辐射场天线的双重功能，工作频率为 1GHz 以下。局用同轴通信电缆适用于通信系统机房内通信设备内部、通信设备之间、通信设备与配线架之间的连接电缆，工作频率范围为 1~200MHz，两者工作频率相差不太大，结构相似。

1）代号的意义：电缆型号中各符号的意义见表 1-16。

表 1-16 局用同轴通信电缆型号中各符号的意义

类别	内导体	绝缘	外导体	护套
HJ-局用同轴电缆 HL-漏泄同轴电缆	略-实心铜线 SC-镀银铜线 TC-镀锡铜线 CA-铜包铝线 CT-光滑铜管 HT-螺旋皱纹铜管	Y-实心聚乙烯 YF-发泡聚乙烯 FY-内层氟塑料+外层聚乙烯 略-发泡聚乙烯，仅对 HL 型	略-铝塑复合带+金属编织 1-单层金属编织 2-双层金属编织 A-环形皱纹铜管	V-聚氯乙烯 YZ-低烟无卤阻燃聚烯烃 Y-聚乙烯

2）表示方法及示例：该电缆代号的排列顺序为产品类型、内导体、绝缘、护套、特性阻抗、规格、外导体，后四项均用数字表示：

① 铜线内导体直径为 0.25mm、泡沫绝缘直径为 1.20mm、外导体为铝塑复合带+金属编织、聚氯乙烯护套、标称特性阻抗为 75Ω 的局用同轴电缆，表示为 HJYFV-75-1.2 YD/T1174—2008。标准名为《通信电缆—局用同轴电缆》。

② 镀银铜线内导体直径为 0.34mm、内层氟塑料+外层聚乙烯绝缘直径为 2.00mm、外导体为单层金属编织、聚氯乙烯护套、标称特性阻抗为 75Ω 的局用同轴电缆，表示为 HJSC-FYV-75-2.0-1 YD/T1174—2008 通信电缆一局用同轴电缆。

③ 光滑铜管内导体、泡沫聚乙烯绝缘标称外径为 32mm、环形皱纹开槽铜管外导体、聚乙烯外护套、标称特性阻抗为 50Ω 的漏泄同轴电缆，表示为 HLCTAY-50-32 YD/T1120—2007 通信电缆——物理发泡聚乙烯绝缘皱纹铜管外导体漏泄同轴电缆。

（5）同轴综合通信电缆

同轴综合通信电缆的组成中既有同轴对也有对称结构线对和信号线。同轴对可用于模拟通信，如几十 MHz 以下的模拟干线或模拟宽带通信；亦可用于数字通信，如几十 Mbit/s 以下数字通信或高速数据、图像传真、电视等数字信息传输。对称结构的高频线组用于几百 kHz 以下模拟通信；对称结构的低频线组用于音频通信。

1）代号的意义：型号中各符号的意义见表 1-17。

表 1-17　同轴综合通信电缆型号中各符号的意义

系列	护层		
	金属套	铠装	外护套
HO-同轴综合通信电缆	L-铝 Q-铅	0-无　2-双钢带 3-细圆钢丝　4-粗圆钢丝	1-纤维外被　2-聚氯乙烯 3-聚乙烯

2）表示方法及示例：用型号、规格和执行标准编号表示。规格按照同轴对、高频线组、低频线组、信号线顺序排列。示例如下：

① 铝护套聚乙烯护套小同轴综合通信电缆，包含有 4 个同轴对、4 个高频四线组、9 个低频四线组、4 个信号四线组和 5 根信号线，表示为 HOL03 4×1.2/4.4+4×4×0.9（高）+9×4×0.9（低）+4×4×0.6（信）+5×1×0.9（信）　GB/T 4011—2013。

② 铝护套细圆钢丝铠装聚氯乙烯护套同轴综合通信电缆，包含有 4 个同轴对、4 个高/低频四线组、1 个低频四线组、4 根信号线，表示为 HOL32 4×2.6/9.5+4×4×0.9（高/低）+1×4×0.9（低）+4×1×0.6（信）　GB/T 4012—2013。

4. 光纤光缆

（1）代号的意义

1）光纤的代号：光纤的代号见表 1-18、表 1-19。

表 1-18　多模光纤的代号

类型代号	材料	折射率分布	直径（纤芯/包层）/μm
A1a	玻璃纤芯/玻璃包层	渐变型	a-50/125，b-62.5/125，c-85/125，d-100/140
A2.1	玻璃纤芯/玻璃包层	准突变型	a-100/140，b-200/240，c-200/280
A2.2	玻璃纤芯/玻璃包层	突变型	
A3	玻璃纤芯/塑料包层	突变型	a-200/300，b-200/380，c-200/230
A4	塑料光纤		a-980~990/1000，b-730~740/750， c-480~490/5000

注：A1a 可简化为 A1。

表 1-19　玻璃纤芯/玻璃包层单模光纤的代号

类型 代号		名称	标称零色散波长/nm	标称工作波长/nm
IEC	ITU-T			
B1.1	G.652	非色散位移单模光纤	1310	1310,1550
B1.2	G.654	截止波长位移单模光纤	1310	1550
B2	G.653	色散位移单模光纤	1550	1550
B3	—	色散平坦单模光纤	在宽波长范围低色散	1310 和 1550
B4	G.655	非零色散位移单模光纤	工作波长色散低,但零色散不在工作波长	1540~1565

注: B1.1 可简化为 B1。

2) 光缆的代号: 光缆型号中符号的意义及排列顺序见表 1-20。

表 1-20　光缆的型号表示中各符号的意义

类别系列	加强构件	结构特征	护套	外护层	
				铠装	外护套
G-通信用光缆 Y-室(野)外 D-光电综合 M-移动式 J-室(局)内 S-设备内 H-海底 T-特殊	略-金属 F-非金属	D-光纤带 J-紧套光纤 略-松套光纤 略-层绞结构 G-骨架槽结构 X-缆中心管(被覆)结构 T-油膏填充结构 略-干式和半干式 R-充气式结构 C-自承式结构 B-扁平形状 E-椭圆结构 Z-阻燃结构	Y-聚乙烯 V-聚氯乙烯 U-聚氨酯 A-铝-聚乙烯粘结护套 S-钢-聚乙烯粘结护套 W-夹带钢丝的钢-聚乙烯粘结护套 L-铝护套 G-钢护套 Q-铅护套	0-无铠装 2-双钢带 3-单细圆钢丝 4-单粗圆钢丝 5-皱纹钢带 6-非金属加强材料 33-双细圆钢丝 44-双粗圆钢丝	1-纤维外被 2-聚氯乙烯 3-聚乙烯 4-聚乙烯加覆尼龙套

（2）表示方法及示例

光缆的规格由光纤数量和光纤类别组成,若同一根光缆中含有两种或以上规格的光纤时,中间以"+"连接。若为光电复合结构,导电线芯部分按相关产品要求的规格构成形式。两部分之间亦用"+"连接。

1) 金属加强构件、松套层绞填充式、铝-聚乙烯粘结护套、皱纹钢带铠装、聚乙烯外护套通信用室外光缆,包含 12 根 A1a 类多模光纤和 5 个用于远供电及监测的铜线径为 0.90mm 的 4 线组,表示为 GYTA53 12A1a+5×4×0.90。

2) 金属加强构件、松套层绞填充式、钢-聚乙烯粘结护套、双细圆钢丝铠装、聚乙烯外护套通信用室外光缆,表示为 GYTS333。

3) 非金属加强构件、松套层绞填充式、聚乙烯护套通信用室外光缆,表示为 GYFTY。

4) 金属加强构件、光纤带松套层绞填充式、铝-聚乙烯粘结护套、单细圆钢丝铠装、聚乙烯外护套通信用室外光缆,表示为 GYDTA33。

5) 非金属加强构件、光纤带松套层绞填充式、聚乙烯护套通信用室外光缆,表示为

GYFDTY。

6）金属加强构件、光纤束中心管填充式、夹带平行钢丝的钢-聚乙烯粘结护套通信用室外光缆，表示为 GYXTW。

7）金属加强构件、光纤带中心管填充式、夹带平行钢丝的钢-聚乙烯粘结护套、单细圆钢丝铠装、聚乙烯护套通信用室外光缆，表示为 GYDXTW33。

8）金属加强构件、光纤束骨架填充式、钢-聚乙烯粘结护套通信用室外光缆，表示为 GYGTS。

9）非金属加强构件、光纤带骨架填充式、聚乙烯护套通信用室外光缆，表示为 GYFDGTY。

10）非金属加强构件、紧套光纤、阻燃式、聚乙烯护套室（局）内光缆，表示为 GJFSZY。

11）非金属加强构件、紧套光纤、扁形、聚氨酯护套室（局）内光缆，表示为 GJFJ-BU。

12）非金属加强构件、中心管光纤、阻燃式、聚氨酯护套室（局）内光缆，表示为 GJFXZY。

13）非金属加强构件、紧套光纤、聚氯乙烯护套室（局）内光缆，包含 4 根 B1.1 类单模光纤，表示为 GJFJV 4B1.1。

14）非金属加强构件、紧套光纤、聚氯乙烯护套室（局）内光缆，包含 4 根单芯光缆，表示为 GJFJV 4×1B1.1。

15）16 根 B1.1 类和 8 根 B4 类单模光纤、金属标称截面积为 103.9mm^2、额定拉断力为 69.82kN、20℃至 200℃时短路电流容量为 93.47kA^2·s 的光纤复合架空地线，表示为 OPGW-16 B1.1+8B4-105［70；93.5］GB/T 7424.4—2003。标准名为《光纤复合架空地线》。

16）松套层绞填充式、聚乙烯护套、全介质自承式通信用室外光缆，表示为 ADSS-PE。

17）中心管填充式、耐电痕护套、全介质自承式通信用室外光缆，表示为 ADSS-XAT。

18）松套层绞填充式、聚乙烯护套、"8"形全介质自承式通信用室外光缆，表示为 GYFTC8Y。

5. 电气装备用电线电缆

电气装备用电线电缆的门类、品种众多，而且有些品种结构特别复杂，代号组成难以一一列举。在此仅以常用类别产品的代号及意义加以分析，以期对代号编制有所启迪。

（1）通用绝缘电线、软线和通用橡套软线

1）代号的意义：这两类产品的部分型号、规格等同采用 IEC 标准，其代号表示也采用 IEC 规则，为照顾使用习惯，同时保留了我国传统规则代号。按 IEC 规则，型号采用两位数字，第一位数字表示电缆的基本分类，第二位数字表示在基本分类中的特定型式。代号第一部分为 IEC 标准号，第二部分为型号。这两类电缆 IEC 代号的意义见表 1-21。

表 1-21 通用绝缘电线、软线和通用橡套软电缆的 IEC 代号及习惯代号的意义

首位数字	国际标准编号		IEC 型号与习惯型号对照
	IEC 60227	IEC 60245	
0	固定布线用无护套电缆		60227 IEC 01,05（BV）　60227 IEC 02,06（RV） 60227 IEC 07（BV-90）　　60227 IEC 08（RV-90） 60245 IEC 03（YG）　60245IEC 04,06（YYY） 60245 IEC 05,07（YRYY）

（续）

首位数字	国际标准编号		IEC 型号与习惯型号对照
	IEC 60227	IEC 60245	
1	固定布线用护套电缆	—	60227 IEC 10（BVV）
4	轻型无护套软电缆	—	60227 IEC 41（RTPVR）　60227 IEC 42（RVB） 60227 IEC 43（SVR）
5	一般用途护套软电缆		60227 IEC 52,53（RVV） 60227 IEC 56,57（RVV-90） 60245 IEC 53（YZ）　60245 IEC 57（YZW） 60245 IEC 58（YS）　60245 IEC 58f（YSB）
6	—	重型软电缆	60245 IEC 66（YCW）
7	特殊用途护套软电缆		60227 IEC 71f（TVVB）　60227 IEC 71c（TVV） 60227 IEC 74（RVVYP）　60227 IEC 75（RVVY） 60245 IEC 70（YTB）　60245 IEC 74（YT） 60245 IEC 75（YTF）
8	—	特殊用途软电缆	60245 IEC 81（YH）　　60245 IEC 82（YHF） 60245 IEC 89（RQB）

　　以上两类产品中，产品型号甚至部分产品的规格对我国习惯使用产品的型号或规格覆盖不全，又特地制订了行业标准 JB/T 8734—2012《额定电压 450/750V 及以下聚氯乙烯绝缘电缆电线和软线》和 JB/T 8735—2011《额定电压 450/750V 及以下橡皮绝缘软线和软电缆》加以补充，行业标准和表 1-21 中习惯表示方法中各字母的意义见表 1-22。

表 1-22　通用绝缘电线、软线和通用橡套软电缆型号中代号的意义

系列和用途	导体	绝缘	护套	特征
B-固定布线用 R-连接用软线 A-安装线 Y-移动用 T-电梯用 H-电焊机用 S-装饰照明用	T-铜芯（略） TP-铜皮铜芯 R-软铜芯 L-铝芯	V-聚氯乙烯 VJ-交联聚氯乙烯 E-乙丙橡皮 G-硅橡胶 YY-乙烯-乙酸乙烯酯橡皮	V-聚氯乙烯 VY-耐油聚氯乙烯 VJ-交联聚氯乙烯 F-氯丁橡胶 B-编织护套 略-天然丁苯胶 H-橡皮保护层	略-圆形　B-扁形（平形） S-双绞型　P-编织屏蔽 P1-缠绕屏蔽　P2-铜带屏蔽 P3-铝带或铝塑复合带屏蔽 P4-半导电屏蔽　R-软结构 W-户外耐候使用　Q-轻型 Z-中型　C-重型 略-耐热 70℃　90-耐热 90℃

　　2）表示方法及示例

　　① 铜芯聚氯乙烯绝缘固定布线用电线，额定电压为 450/750V，1 芯，标称截面积为 1.5mm²，表示为 60227 IEC 01（BV）-450/750　1×1.5　GB/T 5023.3—2008。标准名为《额定电压 450/750V 及以下聚氯乙烯绝缘电缆　第 3 部分：固定布线用无护套电缆》。

　　② 铜芯聚氯乙烯绝缘固定布线用电线，额定电压为 300/500V，1 芯，标称截面积为 1.0mm²，表示为 60227 IEC05（BV）　300/500　1×1.0　GB/T 5023.3—2008。标准名为《额定电压 450/750V 及以下聚氯乙烯绝缘电缆　第 3 部分：固定布线用无护套电缆》。

　　③ 铜芯聚氯乙烯绝缘固定布线用电线，额定电压为 300/500V，1 芯，标称截面积为 1.0mm²，表示为 BV-300/500 1×1.0　JB/T 8734.2—2012。标准名为《额定电压 450/750V 及以下聚氯乙烯绝缘电缆电线和软件固定布线用电缆电线》。

以上②和③中两种 BV 线的区别在导体，60227 IEC 05（BV）采用实心导体（第 1 种导体），BV 采用绞合结构（第 2 种导体）。

④ 铜芯聚氯乙烯绝缘聚氯乙烯护套固定布线用电缆，额定电压为 300/500V，3 芯，标称截面积为 4mm²，表示为 60227 IEC 10（BVV）-300/500　3×4　GB/T 5023.4—2008。标准名为《额定电压 450 750V 及以下聚氯乙烯绝缘电缆　第 4 部分　固定布线用护套电缆》。

⑤ 铜芯聚氯乙烯绝缘护套扁形固定布线用电缆，额定电压为 300/500V，3 芯，标称截面积为 6mm²，较硬导体（第 1 类）表示为 BVVB-300/500 2×6（A）　JB/T 8734.2—2012。标准名为《额定电压 450/750V 及以下聚氯乙烯绝缘电缆电线和软线固定布线用电缆电线》。

规格后的 A 表示对导体类别的区分，采用较软导体（第 2 类）代号为 B。

⑥ 带加强芯聚氯乙烯绝缘护套扁形电梯电缆，额定电压为 300/500V，44 芯标称截面积为 0.5mm²控制绝缘线芯，2 对标称截面积为 0.75mm²半导电屏蔽线电缆，1 芯标称截面积为 2.0mm²接地线，1 根 75Ω 同轴电缆其内导体标称直径为 0.24mm、绝缘外径为 4.2mm，表示为 TVVB-300/500 44×0.5+（2×P4）×0.75+1×2.0+1×0.24/4.2　JB/T 8734.6—2012。标准名为《额定电压 450/750V 及以下聚氯乙烯绝缘电缆电线和软线》。

⑦ 户外用轻型通用橡套软电缆，额定电压为 300/300V，3 芯，标称截面积为 0.5mm²，表示为 YQW-300/300　3×0.5　JB/T 8735.2—2011。标准名为《额定电压 450/750V 及以下橡皮绝缘软线和软电缆　第 2 部分：橡套软电缆》。

⑧ 重型通用橡套软电缆，额定电压为 450/750V，3+1 芯，主线芯标称截面积为 50mm²，中性线芯标称截面积为 16mm²，表示为 YC-450/750　3×50+1×16　JB/T 8735.2—2011。标准名为《额定电压 450/750V 及以下橡皮绝缘软线和软电缆　第 2 部分：橡套软电缆》。

⑨ 中型通用橡套软电缆，额定电压为 300/500V，4+1 芯，主线芯标称截面积为 4mm²，中性线芯标称截面积为 2.5mm²，表示为 YZ-300/500　4×4+1×2.5　JB/T 8735.2—2011。标准名为《额定电压 450/750V 及以下橡皮绝缘软线和软电缆　第 2 部分：橡套软电缆》。

⑩ 中型通用橡套软电缆，额定电压为 300/500V，5 芯，标称截面积为 2.5mm²，表示为 60245IEC53（YZ）-300/500　5×2.5　GB/T 5013.4—2008　GB/T 5013.4—2008。标准名为《额定电压 450/750V 及以下橡皮绝缘电缆　第 4 部分：软线和软电缆》。

以上⑨和⑩中两种 YZ 线的区别主要芯数和导体截面积的范围，注意加以区别。

（2）矿用电缆

1）代号的意义：煤矿安全认证执行 MT 818—2009《煤矿用电缆》行业标准，故煤矿电缆采用行业标准，其他矿山电缆多采用 GB/T 12972—2008《矿用橡套软电缆》，所以矿用电缆型号有采用国标和煤炭行业标准两种形式。另外，MT 标准的范围电缆包括了移动使用（橡皮绝缘）和固定敷设（塑料绝缘）电力电缆，而 GB 的范围只有移动使用（橡皮绝缘）电缆，MT 标准的型号更多。

GB 中矿用电缆和 MT 标准移动用电缆型号组成的区别主要是表示产品系列的首字母不同，其余部分都相同。煤矿电缆强调电缆的专用性，以 M 代表煤矿用；矿用电缆适用性更广，以代表矿山的 U 打头。型号中各字母和数字的意义见表 1-23。因更多考虑运行过程的安全问题，矿缆中要增加监视线芯；因矿井下空间狭小，矿缆会将执行不同功能的线芯集中于一缆。因此，矿用电缆的芯数多，规格较复杂。

表 1-23 矿用电缆（移动使用类）型号中各符号的意义

系列	用途	结构特征	额定电压/kV	芯数×标称截面积/mm²
U-矿用电缆（GB） M-煤矿用电缆（MT）	Y-采煤设备（移动）用 C-采煤机用 M-帽灯用 Z-电钻用 D-低温环境用	P-非金属屏蔽 PT-金属屏蔽 J-监视（或辅助）线芯 Q-轻型 B-编织加强 R-绕包加强	0.3/0.5 0.38/0.66 0.66/1.14 1.9/3.3 3.6/6 6/10 8.7/10（MT）	动力线芯+地线芯+辅助线芯

MT 标准的固定敷设（塑料绝缘）电力电缆型号，相比于普通电力电缆增加了阻燃要求，型号是在普通电力电缆型号前冠以"M"即可。

2）表示方法及示例：

① 采煤机屏蔽橡套软电缆，额定电压为 0.66/1.44kV，动力线芯为 3×50mm²，地线芯为 1×10mm²，控制线芯为 3×6mm²，带半导电屏蔽层，表示为 UCP-0.66/1.44　3×50+1×10+3×6　GB/T 12972.2—2008。标准名为《矿用橡套软电缆　第 2 部分：额定电压 1.9/3.3kV 及以下采煤机软电缆》。

② 采煤机屏蔽监视加强型橡套软电缆，额定电压为 0.66/1.44kV，动力线芯为 3×50mm²，地线芯为 1×25mm²，控制线芯为 2×2.5mm²，带半导电屏蔽层，监视线芯和编织加强层，表示为 UCPJB-0.66/1.44　3×50+1×25+3×2.5　GB/T 12972.3—2008。标准名为《矿用橡套软电缆　第 3 部分：额定电压 0.66/1.14》。

③ 采煤机金属屏蔽橡套软电缆，额定电压为 0.66/1.44kV，动力线芯为 3×70mm²，地线芯为 1×35mm²，监视线芯为（或辅助线芯）1×35mm²，带金属屏蔽层，表示为 UCPTJ-0.66/1.44　3×70+1×35+1×35　GB/T 12972.4—2008。标准名为《矿用橡套软电缆　第 4 部分：额定电压 1.9/3.3kV 及以下采煤机金属屏蔽软电缆》。

④ 煤矿用移动金属屏蔽监视型橡套软电缆，额定电压为 3.6/6kV，动力线芯为 3×35mm²，地线芯为 3×16/3mm²，监视线芯为 3×2.5mm²，带金属屏蔽层，表示为 MYPTJ-3.6/6　3×35+3×16/3+3×2.5　MT 818.6—2009。标准名为《煤矿用电缆　第 6 部分：额定电压 8.7~10kV 及以下移动金属屏蔽监视型软电缆》。

⑤ 煤矿用移动屏蔽橡套软电缆，额定电压为 3.6/6kV，动力线芯为 3×25mm²，地线芯为 1×16mm²，带半导电屏蔽层，表示为 MYP-3.6/6　3×25+1×16　MT 818.7—2009。标准名为《煤矿用电缆　第 7 部分：额定电压 6/10kV 及以下移动屏蔽软电》。

⑥ 煤矿用聚氯乙烯绝缘聚氯乙烯护套电力电缆，额定电压为 0.6/1kV，3+1 芯，主线芯标称截面积为 240mm²，第 4 芯标称截面积为 120mm²，表示为 MVV-0.6/1　3×240+1×120　MT 818.12—2009。标准名为《煤矿用电缆　第 12 部分：额定电压 1.8/3kV 煤矿用聚氯乙烯绝》。

⑦ 煤矿用交联聚乙烯绝缘钢带铠装聚氯乙烯护套电力电缆，额定电压为 6/10kV，3 芯，标称截面积为 150mm²，表示为 MYJV-6/10　3×150　MT818.13—2009。标准名为《煤矿用电缆　第 13 部分：额定电压 8.7~10kV 煤矿用交联聚乙烯绝缘电力电缆》。

（3）船用电缆

1）代号的意义：船用电缆包括了布电线、电力电缆、控制电缆、通信电缆等系列，其型号表示也相对复杂，为提高工作的可靠性，电缆均采用铜导体，导体代号省略。船用电缆型号中各字母的意义见表 1-24。

表 1-24 船用电缆型号中各符号的意义

系列代号	绝缘	屏蔽	护层			特性代号
			内护套	铠装	外护套	
C-船用电缆 略-电力电缆 K-控制和仪器回路用 H-对称通信电缆 S-同轴射频电缆	E-乙丙橡胶 EY-硬乙丙橡胶 YJ-交联聚乙烯 OJ-交联聚烯烃 V-聚氯乙烯 G-硅橡胶 F-聚四氟乙烯	P-铜丝单独屏蔽 P2-铜带单独屏蔽 P3-铝箔单独屏蔽 Z-整体屏蔽	V-聚氯乙烯 F-氯丁橡胶 H-氯磺化聚乙烯或氯化聚乙烯 Y-聚乙烯或聚烯烃 YJ-交联聚乙烯或交联聚烯烃 OJ-交联聚烯烃 F-聚四氟乙烯	0-无铠装 3-细圆钢丝 7-非磁性金属丝 8-铜丝编织 9-钢丝编织	0-无护套 2-聚氯乙烯 3-聚乙烯或聚烯烃 4-交联聚乙烯或弹性体护套 5-交联聚烯烃	R-柔软 M-水密式 燃烧特性代号见本节表 1-12

2）表示方法及示例：船用电缆代号的排列顺序：

| 燃烧特性 | - | 系列 | 绝缘 | 内套或裸外套 | 其他特性 | 外护层 | 额定电压 | 芯数×截面积 | 标准号 |

① 乙丙绝缘氯磺化聚乙烯内套裸铜丝编织铠装船用电力电缆 ZA 型，额定电压为 0.6/1kV，2 芯，标称截面积为 35mm²，表示为 ZA-CEH80 0.6/1 2×35 GB/T 9331—2008/GB/T 19666—2005。标准名为《船舶电气装置 额定电压 1kV 和 3kV 挤包绝缘非径向电场单芯和多芯电力电缆》、GB/T 19666—2005。标准名为《阻燃和耐火电线电缆通则》。

② 乙丙绝缘氯磺化聚乙烯护套船用电力软电缆 ZA 型，额定电压为 0.6/1kV，3 芯，标称截面积为 70mm²，表示为 ZA-CEHR 0.6/1 3×70 GB/T 9331—2008。标准名为《船舶电气装置 额定电压 1kV 和 3kV 挤包绝缘非径向电场单芯和多芯电力电缆》、GB/T 19666—2005。标准名为《阻燃和耐火电线电缆通则》。

③ 交联聚乙烯绝缘聚氯乙烯内套钢丝编织铠装聚氯乙烯外套船用电力电缆 ZA 型，额定电压为 1.8/3kV，3+1 芯，标称截面积分别为 70mm²、35mm²，表示为 ZA-CYJV92 1.8/3 3×70+1×35 GB/T 9331—2008。标准名为《船舶电气装置 额定电压 1kV 和 3kV 挤包绝缘非径向电场单芯和多芯电力电缆》、GB/T 19666—2005。标准名为《阻燃和耐火电线电缆通则》。

④ 交联聚乙烯绝缘聚氯乙烯内套裸钢丝编织铠装船用控制电缆 ZA 型，额定电压为 150/250V，14 芯，标称截面积为 0.75mm²，表示为 ZA-CKYJV90 14×0.75 GB/T 9332—2008。标准名为《船舶电气装置》，控制和仪器回路用 150-250V（300V）电缆，GB/T 19666—2005。标准名为《阻燃和耐火电线电缆通则》。

⑤ 乙丙绝缘铜丝编织铠装聚氯乙烯外套对称式船用通信电缆 ZA 型，19 对，标称直径为 0.75mm，表示为 CHE82 19×2×0.75 GB/T 9333—2009。标准名为《船舶电气设备 船用通信电缆和射频电缆一般仪表、控制和通信电缆》，GB/T 19666—2005。标准名为《阻燃和耐火电线电缆通则》。

⑥ 铜导体实心聚乙烯绝缘聚氯乙烯内套裸钢丝编织铠装船用同轴射频电缆，阻抗 50Ω，绝缘标称外径为 7.25mm，外导体为单层铜线编织套，表示为 CSYV90 50-7-2 GB/T 9334—2009。标准名为《船舶电气设备 船用通信电缆和射频电缆 船用同轴软电缆》。

⑦ 镀银铜包钢导体聚四氟乙烯绝缘聚四氟乙烯套玻璃丝编织浸硅漆船用同轴射频电缆，阻抗为 75Ω，绝缘标称外径为 7.25mm，外导体为单层镀银铜丝编织套，表示为 CSFF 75-7-11　GB/T 9334—2009。标准名为《船舶电气设备　船用通信电缆和射频电缆　船用同轴软电缆》。

（4）控制电缆及信号电缆

1）代号的意义：控制电缆和信号电缆的型号表示与电力电缆较接近，两者的差别主要表现在控制电缆只采用铜导体，导体代号省略；另外控制电缆的屏蔽结构更复杂些。控制电缆型号的表示见表 1-25。

表 1-25　控制电缆和信号电缆型号中各符号的意义

系列	导体和绝缘	屏蔽	铠装层	护套	特征
K-控制电缆 P-信号电缆	T-铜（省略） YJ-交联聚乙烯或交联聚烯烃 Y-聚乙烯	P-编织屏蔽 P2-铜带屏蔽 P3-铝塑复合膜屏蔽	2-双钢带 3-钢丝	无铠装时： V-聚氯乙烯 Y-聚乙烯或聚烯烃 有铠装时： 2-聚氯乙烯 3-聚乙烯或聚烯烃	R-软结构 燃烧特性代号见本节表 1-12

2）表示方法及示例：同一品种、规格控缆，不同的导体结构时也要标明，采用第 1 种导体用 A 表示，省略。第 2 种导体用 B 表示，在规格后标明。有黄/绿双色线芯时，要在规格表示上与普通线芯分开。

① 交联聚乙烯绝缘聚氯乙烯护套铜带屏蔽钢带铠装控制电缆，固定敷设用，额定电压为 450/750 V，19 芯，标称截面积为 2.5mm^2，铜带屏蔽，有绿/黄双色绝缘线芯，表示为

第 1 种导体：KYJVP2-22-450/750　18×2.5+1×2.5　GB/T 9330.3—2008。标准名为《塑料绝缘控制电缆　第 3 部分：交联聚乙烯绝缘控制电缆》。

第 2 种导体：KYJVP2-22-450/750　18×2.5（B）+1×2.5　GB/T 9330.3—2008。标准名为《塑料绝缘控制电缆　第 3 部分：交联聚乙烯绝缘控制电缆》。

② 聚氯乙烯绝缘聚氯乙烯护套编织屏蔽阻燃控制软电缆，阻燃 B 类，移动敷设用，额定电压为 450/750 V，24 芯，标称截面积为 1.5mm^2，编织屏蔽，黄双/无绿色绝缘线芯，表示为 ZB-KVVRP-450/750　24×1.5　GB/T 19666—2005。标准名为《阻燃和耐火电线电缆通则》、GB/T 9330.2—2008。标准名为《塑料绝缘控制电缆　第 2 部分：聚氯乙烯绝缘和护套控制电缆》。

（5）航空电线

航空用电线包括飞机、火箭、卫星、飞船等航空航天飞行器上使用的各种电线电缆。飞机上用量最大的是在常温区使用的电线，工作温度在 105℃ 以下，采用耐热聚氯乙烯绝缘尼龙护套、辐照交联聚乙烯绝缘聚偏氟乙烯护套电线。随着飞行速度的提高，常温区用的电线温度等级也在提高，采用镀锡铜芯聚全氟丙烯/聚偏氟乙烯绝缘电线和镀锡铜芯聚酰亚胺电线。对温度更高区域的电线以含氟聚合物和聚酰亚胺绝缘为主，还有硅橡胶、氟硅橡胶绝缘等。导体也常采用铜芯镀层材料，150℃ 镀锡，200℃ 镀银，260℃ 镀镍等几种。300℃ 以上的安装电线全部采用无机材料绝缘。

航空电线采用特殊的绝缘材料，受工艺性能限制，绝缘护套生产也要采用非常规的加工形式，如：薄膜绕包、绕包烧结、推挤包覆、绕包纤维后涂乳液再进行绕结等。因此在型号表示上除表示采用材料外，还要表示出加工方式。

航空电线型号的编排顺序为：

| 系列 | 绝缘 | 屏蔽 | 护层 | - | 导体 | 特征 |

绝缘、护层代号由拼音和数字组成：一种材料往往采用不同的加工方法、不同的材料组合而有不同的字母数字组合。该类产品多采用军用标准，国家军用标准代号"GJB"。型号中各符号的意义见表1-26。

表 1-26 航空电线型号中各符号的意义

系列	绝缘①	屏蔽	护层	导体	特征
F-航空航天(飞机)A-安装线	F4-PTFE 挤出 F41-耐磨 PTFE F42-PTFE 薄膜绕包 F43-PTFE 生料带 F40-ETFE 挤出 F46-FEP 挤制 F44-PTFE 带/玻璃丝编织涂 PTFE 液(或包 PTFE 带)组合 F45-FEP/PVDF 组合 F47-PFA F30-ECTFE 挤出 F26-PVDF 挤出 N-PVC+尼龙 N1-PVC+玻璃丝+尼龙 N2-PVC+玻璃丝+PVC+尼龙 N3-PVC+PVDF Y1-PI/ FEP 膜+聚酰亚胺涂漆层 Y2-PI/ FEP 膜+ PTFE 生带 Y3-PI/ FEP 膜+FEP 乳液涂层 Y4-PI/ FEP 膜+聚氨酯漆涂层 Y5-PI/ PTFE 复合薄膜 G1-耐油硅橡胶 G2-硅橡胶+玻璃丝编织涂硅脂	P1-镀锡铜线 P2-镀银铜线 P3-镀镍铜线 P4-不锈钢丝 第 2 位数字： 1-圆线编织 2-扁线编织 3-圆线绕包 4-扁线绕包	H1-挤出尼龙 H2-尼龙丝编织涂尼龙清漆 H3-挤出 FEP H4-挤出 PTFE H5-PTFE 带绕包烧结 H6-PI/PTFE 复合膜绕包烧结 H7-玻璃丝编织涂 PTFE 乳液(或包生带)烧结 H8-挤出 PVDF H9-挤出 PFA H10-ETFE	1-镀锡铜 2-镀银铜 3-镀镍铜 6-镀锡铜合金 7-镀银铜合金 8-镀镍铜合金 11-铝 12-铝合金	B-双芯平行(扁) 略-双芯对绞 Q-轻型电线

① PTFE、TFE-聚四氟乙烯；ETFE-四氟乙烯-乙烯共聚物；FEP-聚全氟乙丙烯；PVDF-聚偏氟乙烯；PFA-四氟乙烯-全氟烷基乙烯基醚共聚物；ECTFE-聚三氟氯乙烯；PI-聚酰亚胺

（6）公路车辆用绝缘电线

1）代号的意义：按公路车辆用绝缘电线的用途分为两大类，一是低压电线电缆，有单芯绝缘电线和七芯护套电缆。这类电缆结构与普通绝缘软线相似，但要求有良好的耐热、耐寒、耐磨和耐油性能。绝缘护套多采用聚氯乙烯、丁腈-聚氯乙烯复合物。另一类是公路车辆用高压点火线，供连接车辆发动机的点火装置用。要求具有良好的电气绝缘性能和耐热性能，多采用塑料和橡皮作绝缘和护套材料。公路车辆用电线电缆型号中各符号的意义见表1-27。

表 1-27 公路车辆用电线电缆型号中各符号的意义

系列用途	导体	绝缘	护层	特征
Q-公路车辆用(汽车)	略-铜	V-聚氯乙烯 F-聚氯乙烯-丁腈复合物	V-聚氯乙烯	R-软结构 略-耐热 70℃ 105-耐热 105℃

（续）

系列用途	导体	绝缘	护层	特征
QG-（汽车）高压点火线	1-绞合铜导体 2-其他绞合金属导体 3A、3B-电阻型 4-电抗型	—	—	A、B、C、D、E、F-热过载试验温度等级 5、7、8-以 mm 为单位的电线外径

2）表示方法及示例：

① 公路车辆用铜芯聚氯乙烯绝缘低压电线，单芯为 1.5mm²，红色，表示为 QVR 1×1.5R JB 8139—1999 公路车辆用低压电缆。

② 公路车辆用铜芯聚氯乙烯-丁腈复合物绝缘低压电线，单芯为 1.5mm²，红（主色）白（辅色）双色，表示为 QFR 1×1.5R-W JB 8139—1999。标准名为《公路车辆用低压电缆》。

③ 公路车辆用铜芯聚氯乙烯绝缘聚氯乙烯护套低压电缆，1 芯 2.5mm² +6 芯 1.5mm²，表示为 QVVR 1×2.5+6×1.5 JB 8139—1999。标准名为《公路车辆用低压电缆》。

④ 公路车辆用铜芯高压点火线，等级为 A，外径为 7mm，表示为 QG1A7 GB/T 14820—2009。标准名为《公路车辆用高压点火电线》。

（7）轨道交通车辆用电缆

1）代号的意义：轨道交通车辆用电缆有交流额定电压为 500、750、1000 和 1500V，直流额定电压为交流额定电压的 1.5 倍。对电缆耐热、耐寒性要求：电缆长期工作温度：乙丙橡胶绝缘最高为 100℃，最低为-25℃；交联聚烯烃最高为 125℃，最低为-40℃；薄壁型聚烯烃绝缘最高使用温度有 125℃、150℃两种，最低均为-60℃。受机车车辆内部环境的影响及安全性考虑，电缆还要有良好的不延燃性，要求无卤低烟，具有足够的耐臭氧性，并具有耐燃料油、润滑油等的侵蚀及化学稳定性。该类产品型号中各符号的意义见表 1-28。

表 1-28 轨道交通车辆用电缆型号中各符号的意义

燃烧特性	系列	导体	绝缘和护套	特征
Z-含卤阻燃省略 WDZ-无卤低烟阻燃	DC-轨道交通车辆用	略-铜	H-氯磺化聚乙烯 E-乙丙橡胶 YJ-交联聚烯烃 YJB-薄壁型电缆用聚烯烃	100、125、150-耐热温度，℃ 1-不耐油，可省略 2-耐矿物油 3-耐矿物油和燃料油

2）表示方法：轨道交通车辆用电缆的规格中还应表示出所用导体类型：除专用结构外，第 5、6、2 类导体分别用 A、B、C 表示。表示举例如下：

① 耐矿物油和燃料油，耐温 100℃等级，交流额定电压为 1500V，第 6 类导体，95mm²，乙丙橡胶混合物绝缘氯磺化聚乙烯橡胶混合物或其他相当的合成弹性体护套电缆，表示为 DCEH/3-100 1500V 95（B） GB/T 12528—2008。标准名为《交流额定电压 3kV 及以下轨道交通车辆用电缆》。

② 耐温为 125℃等级，交流额定电压为 750V，第 2 类导体，4mm²，无卤低烟阻燃薄壁型电缆用聚烯烃绝缘电缆，表示为 WDZ-DCYJB/1-125 750V 4（C） GB/T 12528—2008。标准名为《交流额定电压 3kV 及以下轨道交通车辆用电缆》。

③ 耐矿物油和燃料油，耐温为 125℃等级，交流额定电压为 1500V，第 5 类导体，

50mm^2，无卤低烟阻燃交联聚烯烃绝缘电缆，表示为 WDZ-DCYJ/3-125 1500V 50（A）GB/T 12528—2008。标准名为《交流额定电压 3kV 及以下轨道交通车辆用电缆》。

（8）电机绕组引接软电缆和软线

1）代号的意义：电机绕组引接软电缆是电机绝缘结构的主要部件之一，是直接永久地与电机绕组连接，并引出至机壳或绕组与电机壳体上的接线柱相连接的绝缘电线。由于引接线应具有良好的耐热、耐溶剂、耐浸渍剂和电气性能，同时要求柔软。绝缘采用挤包、绕包或编织等形式。引接线的工作温度分别为 90℃（B 级电机）、125℃（F 级电机）、150℃（H 级电机）和 200℃（R 级电机）。额定电压用 U_0 表示，分别为 500、1000、3000、6000 和 10000V，适用于相同额定电压的交流电机。产品型号中各符号的意义见表 1-29。

表 1-29 电机绕组引接软电缆和软线型号中各符号的意义

系列	导体	绝缘		护套
J-电机绕组引接电缆	略-铜	V-聚氯乙烯　　　　F-丁腈聚氯乙烯复合物 H-氯磺化聚乙烯　　E-乙丙橡胶 YJ-交联聚烯烃　　　G-硅橡胶 Z-聚酯　　　　　　F46-聚全氟乙丙烯		H-氯磺化聚乙烯 M-氯醚橡胶

2）表示方法：在引接线的型号规格中，还应把电缆的颜色标注出来。

① 电机用额定电压为 6000V、35mm^2，乙丙橡胶绝缘氯磺化聚乙烯护套（黑色）引接电缆，表示为 JEH 6000 35 黑　JB/T 6213.3—2006。标准名为《电机绕组引接软电缆和软线 第 3 部分：连续运行导体最高温度为 90℃ 的软电缆和软线》。

② 电机用额定电压为 500V、1mm^2，125℃交联聚烯烃绝缘（蓝色）引接电线，表示为 JYJ125 500 1 蓝　JB/T 6213.6—2006。标准名为《电机绕组引接软电缆和软线 第 6 部分：连续运行导体最高温度》。

③ 电机用额定电压为 500V、1mm^2，聚酯薄膜（纤维）绝缘耐氟利昂电机引接电线，表示为 JZ 500 1　JB/T 6213.5—2006。标准名为《电机绕组引接软电缆和软线 第 5 部分：耐氟利昂软线》。

6．绕组线

（1）代号的意义

绕组线代号中没有大类代号，首位即为小类代号，排列顺序如下：

小类	绝缘	导体及特征	温度指数	特征	标称直径	标准编号

绕组线的型号、规格中各符号的意义见表 1-30。

表 1-30 绕组线的型号、规格中各符号的意义

系列	绝缘	导体材料 及特征	温度指数	特征
Q-漆包线	Y-油性漆（省略）　　Q-缩醛漆 A-聚氨酯　　　　　　Z-聚酯漆 Y-聚酰亚胺　　　　　ZY-聚酯亚胺 X-聚酰胺　　　　　　XY-聚酰胺酰亚胺 Y（F）-芳香聚酰亚胺 ZXY-聚酯-酰胺-亚胺	导体材料： 略-铜　L-铝 导体特征： 略-圆　B-扁线	120 130 155 180 200 220	1、2、3-漆包圆线的薄、厚、特厚漆膜 1、2-漆包扁线的普通、加厚漆膜 1B、2B-自黏性漆包线的 1 级漆膜、 2 级漆膜 N-自黏性　H-直焊性

（续）

系列	绝缘	导体材料及特征	温度指数	特征
绕包线	GL-玻璃丝包线（取自 IEC） 略-浸漆单玻璃丝包层 E-浸漆双玻璃丝包层 D-聚酯纤维和玻璃丝绕包一层 DE-聚酯纤维和玻璃丝绕包二层 M-薄膜绕包层　Y-薄膜烧结绕包层 F-云母绕包层 Z-纸包线 D-高伸率纤维或皱纹纸 X-芳香族聚酰胺纸 M-匝间绝缘高密度纸 S-丝包线　E-双丝绕包 略-天然丝　D-涤纶丝	绕包线芯： 略-裸导体 Q-漆包线 导体材料： 略-铜 导体特征： 略-圆线 B-扁线 Z-组合导线 J-多股绞合（束线）	120 130 155 180 200 220	N-自黏性 Q1-1级漆膜漆包线 Q2-2级漆膜漆包线 C1、C2、C3-半硬铜线 Ⅰ、Ⅱ-软铜绞线序号
特种绕组线	S-耐水绕组线 Y-聚乙烯绝缘　V-聚氯乙烯绝缘 YJ-交联聚乙烯绝缘　N-尼龙护套 H-换位导线	导体材料： 略-铜导体 Q-漆包铜导体 导体特征： J-绞线		—

（2）表示举例

1）温度指数为 155 的聚酯漆包圆铜绕组线，厚漆膜，标称直径为 0.16mm，表示为 QZ-2/155　0.16　GB/T 6109.2—2008。标准名为《绕组线　第 2 部分：155 级聚酯漆包铜圆线》。

2）温度指数为 200 的热黏合或溶剂黏合直焊性聚酯/聚酰胺酰亚胺复合漆包圆铜绕组线，厚漆膜，温度指数为 200，标称直径为 0.500mm，表示为 Q（Z/XY）N-2B/200　0.500 GB/T 6109.19—2008。标准名为《漆包圆绕组线　第 19 部分：200 级自粘性聚酰胺酰亚胺复合聚酯或聚酯亚胺漆包铜圆线》。

3）温度指数为 180 的聚酯亚胺漆包圆铝绕组线，厚漆膜，标称直径为 0.500mm，表示为 QZYL-2/180　0.500　GB/T 23312.5—2009。标准名为《漆包铝圆绕组线　第 5 部分：180 级聚酯亚胺漆包铝圆线》。

4）温度指数为 120 的缩醛漆包扁铜绕组线，加厚漆膜，窄边标称尺寸为 1.00mm，宽边标称尺寸为 4.00mm，表示为 QQB-2/120　1.00×4.00　GB/T 7095.2—2008。标准名为《漆包铜扁绕组线　第 2 部分：120 级缩醛漆包铜扁线》。

对于浸漆玻璃丝包、漆包铜扁线，产品代号由产品型号、导体尺寸和标准编号组成；对玻璃丝包薄膜或带绕包铜扁线，产品代号由产品型号、温度指数、绝缘标称厚度、导体尺寸和标准编号组成。

5）温度指数为 155 的双玻璃丝包漆包铜扁线，窄边标称尺寸为 2.00 mm，宽边标称尺寸为 5.00 mm，表示为 GLEQB 2.00×5.00　GB/T 7672.3—2008。标准名为《玻璃丝包绕组线　第 3 部分：155 级浸漆玻璃丝包铜扁线和玻璃丝包漆包铜扁线》。

6）温度指数为 155 的双玻璃丝包薄膜绕包铜扁线，绝缘标称厚度为 0.50mm，窄边标称尺寸为 2.00 mm，宽边标称尺寸为 5.00mm，表示为 GLEMB-155/0.50 2.00×5.00　GB/T 7672.6—2008。标准名为《玻璃丝包绕组线　第 6 部分　玻璃丝包薄膜绕包铜扁线》。

7）温度指数为 155 的双玻璃丝包 2 级漆膜厚度漆包铜圆线，导体标称直径为 1.000mm，表示为 GLEQ2 1.000　GB/T 7672.22—2008。标准名为《玻璃丝包绕组线　第 22 部分：155 级浸漆玻璃丝包铜圆线和玻璃丝包漆包铜圆线》。

8）匝间绝缘高密度纸包铜圆线，绝缘厚度为 0.45mm，导体标称直径为 1.50mm，表示为 ZM-0.45 1.50 GB/T 7673.2—2008。标准名为《纸包绕组线　第 2 部分：纸包圆线》。

9）电缆纸包半硬铜扁线（C2 级），绝缘厚度为 0.60mm，导体标称尺寸为 2.24×10.00mm，表示为 ZBC2-0.60-2.24×10.00 GB/T 7673.3—2008。标准名为《纸包绕组线第 3 部：纸包铜扁线》。

10）单涤纶丝包、聚氨酯漆包圆铜线，导体标称直径为 0.25mm，表示为 SDQA 0.25 GB/T 11018.1—2008。标准名为《丝包铜绕组线　第 1 部分：丝包单线》。

11）双天然丝包聚氨酯漆包铜束线，导体标称直径为 0.100mm，根数为 40，表示为 SEJ 0.100×40 GB/T 11018.2—2008。标准名为《丝包铜绕组线第 2 部分：130 级丝包直焊聚氨酯漆包束线》。

12）绞合导体结构为 19/0.80 的绞合铜导体聚乙烯绝缘尼龙护套耐水绕组线，表示为 SJYN 19/0.80 JB/T 4014.2—1996。标准名为《潜水电机绕组线　第 2 部分：额定电压 450/750V 及以下聚乙烯绝缘尼龙护套耐水绕组线》。

第八节　电线电缆的发展历程

历史，不仅仅是一种追忆，重要的是以史鉴今，启迪未来。遵从社会发展的普遍规律，电线电缆产品的发展同样与社会进步紧密相连。随着人们对电现象的逐步认识，电线电缆开始萌芽，随着电在社会文明中的推广应用而逐渐发展。最先使用的电线电缆产品是无绝缘的铜线，继之又使用了带绝缘的铜线，为了保护这种电线不受损坏，又发展了各种结构的护层，并将电线电缆细分为电力用、通信用、电磁能转换用、控制用、矿山用等各种不同门类的专门产品。发展到现在，电线电缆已成为沟通整个世界，人们时时不能离开、极其重要的工业产品。

一、电线电缆发展简史

1. 启蒙阶段

早在公元前 585 年，古希腊的政治家、科学家泰勒斯（Thales）就发现摩擦生电现象，我国汉代杰出的思想家、哲学家王充在《论衡·乱龙》中记载了"顿牟掇芥，磁石引针"的事实。这是人类早先对电的感性认识。

公元 1600 年，英国医生威廉·吉尔伯特（William Gilbert）根据希腊语"琥珀"创立了"电"（electricity）这个名词，最先使用了"电力、电吸引"等专用术语，开创了电气用语的起源。吉尔伯特提出的概念，说明电是物质，这在物理学发展史上有着特殊的意义，因此许多人称他是电学研究之父。

1729 年，英国电学家格雷（Stepen Gray）发现"电"可以沿金属导线传输，而不能沿丝线传输，于是将物质分为电的导体与非导体两大类。1740 年法国哲学家、数学家德扎古里埃（J·T·Desaguliers）规定了导体和绝缘的概念。

1744 年德国科学家 J·H 温克勒用金属线把放电火花传输到了远距离点，宣告了电线的诞生，并证明电击与火花的本质与闪电是相同的。1752 年，美国政治家、科学家本杰明·富兰克林（Benjamin Franklin）做了著名的"风筝实验"，并在一年后发明了避雷针并用导线接地，使电线第一次实用化。通过一系列的实验，富兰克林还首先提出了电流、正电、负电的概念。1785 年法国物理学家库仑（C·A·Coulomb）提出了库仑定律，这是电学史上第一个定量的定律。1790 年，法国工程师劳德·查佩兄弟成功地研制出了一个实用的电报通信系统，能将报文发送到全法国。1799 年，意大利物理学家伏特（A·Volta）发明了电池，获得了持续的电流，为电线电缆的应用打开了大门。

19 世纪是电磁学大发展的一个时期，奥斯特、安培、欧姆、法拉第、楞次、亨利、麦克斯韦等大批欧美物理学家不断发现和创立了现代电学、电磁学的基础理论。在实践方面：1833 年，高斯和韦伯制成了第一部电磁指针电报机，并使用了 9000 英尺的有线传输线路。1835 年莫尔斯制成了有线电磁电报机样机，1938 年，发明"莫尔斯电码"，使电报机进入真正实用阶段；1844 年，楞次的同事雅可比制造出第一台电动机，证实了实际应用电能的可能性；随后，多里沃-多勃罗沃尔斯基创始了三相系统，发明了三相异步电动机和三相变压器，并采用了三相输电线；1876 年，贝尔发明了电话；1879 年，爱迪生（T·A·Edison）点燃了第一盏真正有广泛实用价值的电灯；1888 年，赫兹通过实验获得了电磁波，证明了麦克斯韦理论的正确，也成为从"有线电通信"向"无线电通信"的转折标志。

电磁理论和工业技术的发展，为电力、信息传输打开了闸门。1838 年，英国科学家库克（W·F·Cooke）和惠斯通（C·Wheatstone）在伦敦建成了 21 公里长的电报线路。1841 年美国在纽约港敷设了橡皮绝缘的海底电报电缆。1851 年，在英法之间成功敷设了穿越英吉利海峡、采用橡胶绝缘的海底电报电缆。此后二三十年间，电报电缆几乎遍连各国的主要大城市。至 1920 年，英国建成了连接英联邦各国、环绕世界的电报电缆网。1871 年，英国大东公司在中国上海与日本长崎之间敷设了橡皮绝缘海底电报电缆。电话比电报的发明约晚 30 年，电话用电线电缆的出现比电报用电线电缆迟了大约 35 年。1876~1882 年的电话都采用明线电路，直到 19 世纪末，架空线才改为架空电缆和地下敷设。1878 年，美国在纽约与波士顿之间开通了第一条长途话缆线路。1891 年英法在英吉利海峡敷设最早的海底话缆，依然选用天然橡胶作为绝缘材料。

在材料方面：1744 年以后的一段时间内所用电线不过是裸铜线，或者在铜线上绕以棉纱、丝、纸的绝缘电线。1812 年，俄国学者西林（Schilling）用未经硫化的天然橡胶包覆在铜线上，制成了第一根橡胶绝缘电线，揭开了橡皮电线使用史的第一页，1932 年，西林在彼得堡实验他发明的单针电报机时，也使用了他自己发明的橡胶绝缘电线。

早期的电报电缆不大考虑电气性能，采用铁丝作为导体，有的用沥青有的用橡胶做绝缘，再用麻绳绕包、涂上沥青做护层。1838 年，美国的古德意（C·N·Goodyear）发明了以硫黄为硫化剂的橡胶硫化方法，为进一步提高橡皮绝缘电线的性能和扩大应用领域提供了可能。1859 年，美国的福伯（Forber）发明了橡胶包覆机。1880 年，美国的约翰·罗伊尔公司（John·Royle）发明了连续硫化生产，为橡皮绝缘电缆在随后百年里的辉煌打下了坚实基础。也就在同一年，英国邮局计划用电解铜来提高导体质量，1882 年，电解铜在托马斯·博尔顿父子公司（Thomas Bolton and Sons）开始大量生产。

电缆结构的改进：电话用电线电缆由明线改为地下电缆的过程中，遇到的主要问题是电缆护层问题。1870 年，英国采用将缠绕棉纱或丝的导体浸入熔融石蜡中浸渍，然后再拖入预先成型的铅管里的方法制造电缆护套。1879 年，瑞士的博雷尔（Borel）发明了压铅工艺，1883 年，美国采用油浸丝绝缘、铅包护层结构制造了最早的电话电缆。1885 年，美国西部电气公司（WE）研制成功纸带绕包绝缘、铅护套电话电缆，这项技术迅速被推广，1940 年以前，该结构一直是市内电话电缆的标准结构。为提高铅包层的机械强度，从 1900 年起，开始采用沥青麻被外护层。1930 年，WE 公司发明了纸浆绝缘市内电话电缆。

图 1-38　爱迪生发明的"马路管道"电缆

与电报、电话推动电报、电话电缆的发展相似，1879 年爱迪生发明电灯，带动了布电线和电力电缆的发展。早期的布电线主要以棉纱、纤维、黄蜡布和天然橡胶做绝缘。1880 年，爱迪生发明的直流 110V 电缆即为典型代表。爱迪生需要将他先前发明的发电机和白炽灯连接起来，就在铜棒上绕上电缆麻，并插入铁管当中，中间的空隙用沥青/蜡混合物填充，制成"马路管道"（Street Pipes）电缆，如图 1-38 所示。1880 年英国实业家卡伦德（Callender）发明了黄麻沥青绝缘电力电缆，1889 年卡伦德公司的费伦蒂（Farranti）制造成功第一根 10kV 油浸纸铅包电力电缆，长 43.45km。1890 年，美国制造成功油浸纸带绝缘三芯电缆，结构为三根导体分别用油浸纸绝缘，成缆、填充后再次绕包纸带绝缘，外面加护层。这种结构电缆绝缘表面切向场强大，耐电强度不高，没有得到大力发展。1912 年，德国的霍赫斯塔特（M·Hochstadter）将每根线芯绝缘层外都分别用金属箔或金属化纸包起来，形成屏蔽结构，然后再用铅包将三相线芯统包在一起，这样，每根线芯中的电场均呈径向辐射状分布，这种电缆称为径向电场电缆，耐电强度大大提高，这是电力电缆制造史上的一次重要技术革新，其设计思想沿用至今。为纪念发明者，将这种电缆称为"H"型油浸纸绝缘电缆。1914 年，英国的邓希斯（Dunsheath）发明了分相铅包电力电缆，即将三根绝缘线芯分别包上铅套，然后再成缆，称为 SL 型油浸纸绝缘电缆。H 型和 SL 型电缆的耐电强度都比带绝缘电缆高很多，可用于 20～35kV 电压等级。油浸纸绝缘电缆敷设落差只允许 5～10m，落差稍大，浸渍剂向下流动，就会出现上部绝缘干枯，下部铅包胀破，即使采用铠装加固铅套，也不能解决上部绝缘干枯而导致的绝缘性能下降问题；另外，随电缆负荷的变化，电缆温度产生波动，热胀使铅套产生不可逆膨胀，降温冷缩后，纸绝缘内也会形成气隙。1917 年，意大利比瑞利（Pirelli，也译作匹勒利）公司的伊曼努里（L·Emanueli）发明了自容式充油电缆，其发现在高电压下，油浸纸电缆绝缘内气隙的游离放电是绝缘击穿的主要原因。于是提出在电缆导体内设置油道与外部供油箱连接，保持电缆内部的压力，油道与浸渍纸联通，从而避免绝缘内部气隙产生的设计方案，奠定了充油电缆的设计基础。这个发明大大提高了电力电缆的耐压等级，至今仍是 500kV 及以上电缆的主要形式，这个发明也被誉为继"H"型电缆后电力电缆发展史上的第二个里程碑。1922 年，Pirelli 公司生产了 60kV 单芯充油电缆，敷设于巴黎；翌年，66kV 单芯充油电缆敷设于美国克利夫兰。

电机出现以后，绕组线便迅速发展起来。早期的绕组线主要以棉纱、绝缘纸、丝和蜡布条等做绝缘，1875 年间美国人亨利·斯普林特道夫（Henry·Splitdorf）取得了第一个用漆和纤维作为绕组线绝缘的专利。其方法是在裸线上涂虫胶漆，然后绕包丝或纤维，再对导线加热，使漆与丝黏结在一起形成一体的绝缘。1878 年，日本发明涂漆线技术。美国通用电气（GE）公司在 1902 年制成醋酸纤维绕组线；1900 年，GE 公司发明了将裸线通过由树胶、亚麻油和松节油制成的油漆，再在高温炉中烘干的漆包线制造工艺，其比日本的发明更为完善，成为漆包线制造的先进技术。1909 年 GE 公司开始生产油性漆包线。

1895 年，美国和法国首次制造了铝架空输电线。1908 年，美国铝业公司技师胡普斯

（W·Hoopes）发明了镀锌钢芯铝绞线，并于 1909 年架设于尼亚加拉大瀑布上空。

1913 年，IEC 制订了国际退火铜标准（IACS），要求电工铜退火后的导电率应达到 100% IACS。

截至 20 世纪 20 年代，英、美、德、意、日等国都相继生产出了油纸绝缘电缆，各类电线电缆的雏形都已诞生，但以低电压、低频率、近距离、天然材料绝缘为特点，设备与工艺简单，处于电线电缆的启蒙阶段。

2. 技术发展

在电力传输电缆方面，因为油浸纸绝缘电缆的不足，20 世纪 20 年代开始研究不滴流浸渍剂，但成果寥寥。于是意大利、美国等国制造的三芯充油、充气中压电缆行销世界各地，但其复杂的接头和附件、麻烦的维护而限制了它们进一步的推广应用。到 40 年代，人们又重新继续了以前的不滴流浸渍剂的研究。1946 年，英国绝缘电缆公司（British Insulated Cable Ltd，即现在的 BICC 公司）制造出了 10kV 及以下不滴流电缆，1952 到 1953 年，不滴流电缆的电压等级升高到 10~15kV 和 33kV。1965 年，IEC 制订了 10~33kV 不滴流电缆标准。不滴流浸渍剂主要有两类：一是由矿物油、微晶蜡、低分量子聚合物及精制松香组成；另一类是由油脂状聚乙烯或液体聚异丁烯加入适当固体配合剂配制而成。应用于中高压领域的这类电缆在 20 世纪 50 年代达到了发展的顶峰，合成材料特别是塑料，如聚氯乙烯、交联聚乙烯应用于电缆绝缘制造，简化了电缆结构、缩短了生产周期、降低了电缆重量和价格，对油纸绝缘电缆形成巨大冲击，到 20 世纪 80、90 年代逐渐淡出了电线电缆市场。

在高压、超高压领域的充油电缆因其科学合理的结构而得到稳步发展，作为该电缆的发祥地，意大利 Pirelli 公司一直在自容式充油电缆技术上处于领先地位。1924 年制造了 132kV 电缆，分别敷设于本国的米兰和美国；1932 年，220kV 电缆敷设于米兰。1951 年制造成功 400kV 电缆，1977 年为美国大古力电站制造了 525kV 电缆。1973 年完成了 750~1100kV 电缆的技术论证，1976 年试制了 1100kV 电缆，并在 1979 年完成了运行试验，达到了世界同类电缆的最高电压等级。自容式充油电缆技术被其他国家引进后，也得到不同程度的发展。1967 年和 1977 年，英国 BICC 公司制造的 400kV 和 525kV 自容式充油电缆分别敷设运行，电缆导体采用了康西（Conci）和米里肯（Milliken）首创的分裂导体结构来降低集肤效应。美国在引进自容式充油电缆技术后，1931 年开始开发钢管充油电缆技术，并在 1938 年敷设了世界首条 138kV 钢管充油电缆。因钢管充油电缆比自容式充油电缆油压更大（相差 10 倍），且坚固、安全，传输容量更大，美国更倾心于该电缆。1964 年 345kV 钢管充油电缆投运，1976 年完成 550kV 钢管充油电缆的试验。日本的充油电缆制造技术在二次后发展迅猛，1977 年美国大古力电站使用的 525kV 电缆中，就有一根是由日本住友公司制造的，另外两根分别由 Pirelli 和 BICC 公司制造。1982 年日本藤仓公司开始采用导体表面氧化铜膜表面钝化技术来降低集肤效应的影响。受充油电缆影响，1933 年英国研制成功 132kV 充入氮气的油浸纸充气电缆。60 年代前苏联开发了以 SF_6 作为绝缘气体的管道充气电缆，随后在美国、日本得到迅速发展，美国在 20 世纪 70 年代初开发 SF_6 充气电缆的电压等级达到了 765~1200kV。

随着合成材料技术的发展，电线电缆技术出现了重大变革。20 世纪初，美国将聚硫橡胶用于细软线的护套，1934 年德国合成了丁苯橡胶和丁腈橡胶，美国合成了丁基橡胶，1939 年美国合成了氯丁橡胶。乙丙橡胶由意大利首先合成，大规模应用于电线电缆是在

1962 年之后，在欧美和日本应用较多，但发展最快、用量最大的还是在意大利。1970 年美国制造了 138kV 乙丙绝缘电力电缆，1976 年意大利制造了 150kV 乙丙绝缘电力电缆。随着材料发展，橡皮绝缘电缆制造工艺也得到快速发展，比较重要的有，1929 年美国罗伊尔公司和 WE 公司合作发明了高压蒸汽硫化悬链式硫化设备；20 世纪 60 年代末，意大利卡莱罗（Carlleo）公司发明了熔盐连续硫化设备。

聚氯乙烯是最早大规模用于电线电缆制造的塑料材料。1937 年德国的蒂马米德公司（Dymamid）成功制造了聚氯乙烯绝缘被覆线，从此拉开了聚氯乙烯在电线电缆工业中应用的序幕，这其中尤以英国、德国、美国发展最快。1941 年英国就将聚氯乙烯绝缘电线电缆列入标准，1961 年制订了 600~1100V 聚氯乙烯绝缘铠装电缆标准。1953 年当时的西德开始用聚氯乙烯绝缘代替纸绝缘低压电缆，20 世纪 60 年代又制造出了 36kV 聚氯乙烯绝缘电缆。美国、加拿大等国家重点发展 1kV 聚氯乙烯绝缘电缆，中压电缆不采用聚氯乙烯绝缘。日本从 1950 年开始生产聚氯乙烯绝缘电线电缆。因聚氯乙烯 $\tan\delta$ 大，用于中压及以上电缆绝缘经济性差。1935 年英国合成了聚乙烯，1938 年英国格林威治工厂（Greenwich）制造了第一根聚乙烯绝缘海底通信电缆线芯，聚乙烯绝缘首先在英国被迅速用于通信电缆制造，1972 年美国开始试生产泡沫聚乙烯绝缘，同年瑞典迈勒风公司（Maillefer）发明了泡沫-皮绝缘结构，并于 1976 年开始在美国开始批量用于市话电缆生产。相比于实心聚乙烯，泡沫聚乙烯绝缘 ε_r 小，可减小通信线芯绝缘厚度、降低生产成本，约省料 50%~60%，现在已成为通信电缆的主要绝缘形式。

凭借优异的电气性能，聚乙烯逐渐进入电力电缆领域，应用电压等级也不断升高。1943 年英国制订了聚乙烯绝缘低压电力电缆标准，1946 年美国制造了第一根 15kV 聚乙烯绝缘电缆，1970 年 115kV 和 138kV 聚乙烯绝缘电缆开始在美国应用。1952 年德国将聚乙烯绝缘用于 30kV 电缆制造，1968 年用于 110kV 电缆，1975 年又用于 220kV 电缆。法国在聚乙烯绝缘电缆制造上，1960 年以前已生产出中低压系列，1961 年达到 45kV，1962 年达到 63kV，1968 年达到 90kV，1969 年 SILEC 公司制造出举世瞩目的 225kV 高压电缆，达到聚乙烯绝缘电力电缆的最高电压等级。1972 年美国在运行了 5~8 年的聚乙烯电缆绝缘中发现了水树枝放电，经解剖研究发现主要由半导电带屏蔽和绝缘内部的微孔和杂质引起，于是将绕包半导电屏蔽改为挤出半导电屏蔽，减轻了水树枝放电的危害，这些经验为以后交联聚乙烯绝缘的发展提供了重要依据。

1952 年美国的查尔斯（Charlesy）在核试验研究中制成了交联聚乙烯，交联聚乙烯继承了聚乙烯优异的电性能，改进了其耐热性低、强度低的不足，成为综合性能非常优良的绝缘材料。1954 年美国 GE 公司开始用辐照法生产交联聚乙烯绝缘，1958 年 GE 公司又发明了化学交联法。由于油纸绝缘和充油电缆已有成熟的制造经验，妨碍了交联聚乙烯在美国的快速发展，到 1966 年 GE 公司才制造了 138kV 交联电缆样品。交联电缆的出现，迅速引起全世界的瞩目，在欧洲交联电缆进展最快的国家是瑞典，1960 年西沃兹公司（Sieverts）从美国引进交联制造技术，1964 年就制造出了 10~50kV 交联电缆，1972 年在斯德哥尔摩敷设了 245kV 交联电缆试验线路。在 20 世纪 60、70 年代，德国、挪威、芬兰诺基亚公司（Nokia）、英国等都已经开始交联电缆生产。

嗅觉敏锐的日本人也立即发现交联聚乙烯技术蕴藏的巨大经济和技术价值，1959 年住友公司开始引进该技术，并在短短 20 年内跃居交联聚乙烯绝缘电缆制造的世界之首，为世界交联聚乙烯电缆的发展做出了重要贡献。日本交联电缆的历史，也可以说成是世界交联电缆的历史。日本的住友、古河、日立、藤仓、昭和及大日六大电缆公司几乎同时开展交联技术研究：1960 年制造出了 6kV 交联电缆，1962 年完成 66、77kV 交联电缆试制，1965 年开发了三层共挤工艺，1967 年发明了红外线交联法，1970 年研制了可剥离型半导电屏蔽料，1974 年开发了超声波交联法，1979 年制造的世界第一根 275kV 交联电缆敷设运行，同年藤仓公司发明了硅油交联法，1982 年 500kV 交联电缆在东京敷设。

在以上辐照交联和化学交联之外还有硅烷交联聚乙烯绝缘技术，该技术是英国道康宁公司（Dow Corning）于 1967 年开发的，因接枝和绝缘挤出分别在两道工序完成，故称为两步法。1977 年，瑞典迈勒风公司和英国 BICC 公司合作，在两步法的基础上，发明了一步法硅烷交联工艺。

绕组线的发展：20 世纪前期，漆包线一直使用由天然绝缘材料制成的油性漆，1938 年 GE 公司研制了缩醛漆包线，这是第一种合成高性能绝缘漆，此后各种温度指数更高、性能更好的合成绝缘漆不断出现：1949 年德国拜耳公司（Baer）发明了聚氨酯漆包线，1951 年美国道奇公司发明自黏性漆包线，1954 年德国贝克公司（Dr·Beck）发明聚酯漆包线，美国杜邦公司（Dupont）于 1957 年发明了丙烯酸漆包线，1960 年杜邦公司制成了聚酯亚胺和聚酰亚胺漆包线，时隔两年贝克公司也制成了聚酯亚胺漆包线，1961 年道奇公司发明了复合漆包线，1964 年制成了聚酰胺酰亚胺漆包线，1965 年美国阿莫科公司（Amoco）发明聚酰胺酰亚胺漆包线。1966 年日本昭和公司制成了耐温高达 400~500℃ 的聚苯并咪唑吡纶漆包线。20 世纪 80 年代日本推出了自润滑漆包线，20 世纪 90 年代的新型漆包线主要有可减小高频下工作时集肤效应和邻近效应影响的漆包绞线，还有 1995 年美国 Phelps Dodge 公司首先推出的抗电晕漆包线等。在工艺方面，1950 年美国米奇干电炉公司发明了催化燃烧技术，20 世纪 60、70 年代美、日、奥地利等国在涂漆技术上取得了很大进展，如电泳涂漆法、紫外线固化树脂法、熔融涂漆法、粉末涂漆法、静电喷涂法等。1977 年英国 BICC 公司采用拉线-涂漆连续生产线，进一步提高了漆包线的生产效率。

随着聚乙烯在市话电缆绝缘上的应用，纸带、纸浆绝缘逐渐减少。市话电缆防水密封护层结构的技术的进步：最早的电话电缆采用铅护套，1946 年美国开始使用铝-塑复合护层，1969 年日本将该技术改进为铝带双面涂塑结构，进一步提高了电缆的密封性，1964 年开始采用石油膏填充电缆，现在也采用阻水纱、粉等阻水结构。长途通信最早采用架空明线，到 20 世纪 20 年代开始生产对绞或星绞的对称通信电缆，但对称结构线路衰减、串音干扰大，特别是高频通信更甚，不是长途通信的理想电缆结构。适合高频通信的同轴电缆理论最早是原苏联的沃纳洛夫斯基于 1912 年提出的，但当时没有适合高频通信的绝缘材料。直到 1934 年，美国开发了聚苯乙烯绝缘同轴电缆，1936 年德国和日本也分别研制成功。到 20 世纪 60 年代，长途通信领域的对称电缆比例急剧下降。同轴电缆绝缘结构采用垫片式、鱼泡式、竹节式等空气/塑料组合结构，塑料采用聚苯乙烯或聚乙烯。起到减小传输衰减的作用。1972 年以后随着泡沫聚乙烯、皮-泡、皮-泡-皮绝缘形式的出现，逐渐替代空气/塑料组合绝缘，成为通信电缆的典型绝缘结构形式。从最早的电报电缆到对称结构，再到同轴电缆，各国致力于通过快捷的信息传递将整个世界连成一体，在此过程中，除前面提到的首条跨越英吉利海峡的电报电缆，还应记得 1885 年 8 月 5 日，全长 3750km 的跨越大西洋连接欧美大陆的海底电报电缆敷设完成，成为世界首条跨越大洋的海底电缆；1956 年 9 月，英美间建成了第一条跨越大西洋的电话电缆；最早完成的太平洋底电话电缆是美国-夏威夷间全长 4077km 的电话电缆；1964 年敷设了夏威夷-日本全长 10433km 的同轴电缆；1976 年敷设了全长 916km 的中-日海底电话电缆。

随着光纤光缆的迅速崛起，铜芯通信电缆的黄金时期很快就成为过眼烟云。1966 年 7 月英籍华裔物理学家高锟（CharlesKKao）与英国人霍克曼（G. A. Hockham）在 PIEE 杂志发表题为《Dielectric-fiber surface waveguides for optical frequencies》的论文，首次提出用玻璃光纤远距离传输信号的可能性，从此揭开了光纤通信的序幕。由于高锟在光纤领域的特殊贡献，被誉为"光纤之父"，并获 2009 年诺贝尔物理学奖。从 1966 年以后的 10 年间，美国康宁公司始终在研究进一步降低光纤衰减的工作：1970 年 9 月，宣布成功制造了损耗小于 20dB/km（当时铜缆的损耗）的低损耗石英光纤，验证了高锟的预言；1972 年降到 7dB/km；1976 年降到 0.5dB/km。1973 年美国贝尔实验室开发了 MCVD 制棒方法，使光纤的损耗降到 2.5dB/km；1976 年，美国在华盛顿到亚特兰大间开通了世界第一条民用光纤通信线路，速率为 45Mbit/s；1979 年，又研制成功单模光纤。1978 年美国杜邦公司研制成功塑料光纤。光纤通信商用化以来，经历了三个重要发展阶段：①1972～1981 年是多模光纤研发和应用期，使用 850nm 和 1300nm 窗口，衰减为 3～3.5dB/km。②1982～1992 年是 G. 652、G. 653 和 G. 654 单模光纤大规模应用期，打开了 1300nm、1550nm 两个窗口。这期间各大光纤制造商开发的先进预制棒技术：康宁的 OVD 技术，日本的 NTT、住友、古河、藤仓联合开发的 VAD 技术，朗讯改善了 MCVD 技术，荷兰飞利浦的 PCVD 技术，法国阿尔卡特的 APVD 技术，不断把光纤技术推向更高的高度，光纤损耗降低到 0.21dB/km。③1993 年以后，光纤通信窗口全部打开，并出现了零色散位移单模光纤、低水峰单模光纤、万兆位以太网用激光器优化多模光纤等新型光纤，传输速率达到了 10Gb/s。

20 世纪 60 年代开始，各国开始大力采用铝芯电线电缆。1958 年，IEC 决定制订电工铝标准，1966 年正式发布，规定标准电工铝的 20℃ 的电阻率应为 $0.028264\Omega \cdot mm^2/m$。

二、我国电缆工业的发展

1. 1949 年前的电缆工业

中国电线电缆制造行业起步于抗日战争爆发前夕的西南大后方，地处偏远，战乱频仍，发展经过了曲折、艰苦的历程。1936 年，当时的国民政府成立了"电工厂筹委会"，由张承祐具体负责"中央电工器材厂昆明第一厂"的筹建。引进英国 BICC 公司技术，购买英、法、德、美的生产设备，1938 年在昆明马街子试车，1939 年 7 月 1 日正式投产。中国制造的第一根导线如图 1-39 所示。昆明电线厂现已发展为大型电缆制造企业——昆明电缆集团股份有限公司。该厂的诞生奠定了中国电线电缆行业的基础，并培养了第一批工程技术人员和管理人员。

图 1-39　中国制造的第一根导线

在沦陷区，日本建立的"满洲电线株式会社"于 1938 年 5 月在沈阳投产。同时在上海、天津也有几家规模很小的电缆生产厂。1945 年 8 月抗战胜利后，国民党政府接收了沈阳、上海、天津的日伪电工产业。当时的产品只有裸铜单线、铜绞线、花线、橡皮线、铅包橡皮线、丝包线、橡套软线、风雨线、军用被覆线等，直至 1948 年昆明电线厂才生产出 6.6kV 橡皮绝缘铅包电缆。中华人民共和国成立以前，中国电线厂只有：中央电工器材厂昆明分厂、上海分厂、天津分厂、沈阳分厂以及上海、天津、北平、成都、广州的民族资本企业共 30 家，全行业职工约 2000 人，设备 500 台，年用导体总量 6500t。

1949 年以后，我国电线电缆工业进入了良好的发展时期，但也经历一些波折和磨难。与国民经济的方针政策以及各个时期的政治形势密切相关。

2. 从建国到第一个"五年计划"时期

建国伊始，上海电线厂发展油浸纸绝缘电力电缆和纸绝缘市话电缆，取得重大成绩。1951 年开始筹建中南电线厂，1953 年改名为湘潭电线厂。抗美援朝期间，沈阳电线厂奉命在哈尔滨建立沈阳电线厂分厂。国民经济恢复时期，电线电缆行业职工热情高涨，积极恢复发展，生产蒸蒸日上。1952 年导体用量增至 1.53 万 t，为 1949 年的 2.63 倍。

1953 年，中国第一个五年计划开始，中央人民政府实行有计划的经济建设，将昆明电线厂、沈阳电线厂、天津电线厂、上海电线厂、湘潭电线厂和哈尔滨电线厂作为直属厂。并采取重点建设方针：沈阳电线厂作为国家重点建设项目之一，由原苏联援助扩建，1956 年 9 月顺利投产，改名为沈阳电缆厂。上海电线厂扩建了裸线车间、绝缘线车间，筹建电缆车间，并于 1957 年改名为上海电缆厂。两厂在当时都是规模大，生产门类齐全，与当时世界先进水平差距不大的电缆厂。天津电线厂（后为电子工业部 609 厂）进口了匈牙利设备，建成新的漆包线车间。

与此同时，对私营电线厂进行社会主义改造，如北京将 17 个厂合并成北京电线厂；广州将 18 个厂合并成广州电线厂；武汉将 3 个厂合并成武汉电线厂；福州将 10 个厂合并成福州橡胶电线厂。通过合营改组，理顺了关系，提高了技术管理水平，促进了生产。

通过公私合营在上海建立专门制造电线电缆专用设备的"新业电工机械厂"，1957 年 10 月又创建了"上海电缆研究设计室"。这样，形成了制造、研究、设备"三结合"的完整的电线电缆行业体系。这一阶段，可以认为是电线电缆行业稳步持续发展的"黄金时期"。

3. "大跃进"及国民经济调整时期

1958 年开始了"大跃进"，国家制订了宏大的建设计划，各地电线电缆厂如雨后春笋般竞相发展。但此时出现了生产高指标、浮夸风，产品质量严重下降，生产大起大落，导体用量 1958 年为 13.12 万 t，1960 年剧升至 21.98 万 t，1962 年又剧降至 5.51 万 t。

大型电缆厂建设：1958 年筹建郑州电缆厂，1959 年动工，由于规划过于宏大，1961 年下马缓建，1963 年修改规模后又继续兴建。西安电缆厂在 1958 年由哈尔滨电缆厂抽调人员参加建设，1959 年完成通信电缆、电磁线车间并投产；1965 年从沈阳电缆厂迁来通信电缆车间，并明确通信电缆为该厂产品发展方向。上海电缆厂、昆明电线厂、湘潭电线厂都进行了扩建。

一批中小型电线厂在"大跃进"期间有所扩大，如无锡电线厂、武汉电线厂、天津市电线厂、天津市漆包线厂、天津市电磁线厂、北京电线厂、青岛电线厂等迁址建厂。上海市各电线厂在 1954~1965 年期间逐步进行调整改组，为专业化打下了基础。有些厂内迁合肥、南昌，成为合肥电线厂、南昌电线厂的基础。天津市各电线厂也进行了调整，天津市电缆厂部分内迁到内蒙古，成为内蒙古电线厂的基础。

"大跃进"期间各地也新建了大批工厂，如无锡、武汉、天津、北京、青岛等地的电线厂，有的进行扩建，有的迁址建厂。此外，重庆、衡阳、佛山、南宁、开封、苏州、杭州、西安、芜湖、北京、邢台、榆次、辽源、哈尔滨等地又兴办了不少电线或电磁线厂。邮电部及铁道部，也建立了许多电线电缆厂。

上海新业电工机械厂在1960年迁址扩建，改称上海电工机械厂；由上海电工机械厂内迁部分设备和人员，于1966年7月1日在四川德阳建立东方电工机械厂；郑州电缆厂建成专用设备制造部分。1961年，国家提出"调整、巩固、充实、提高"方针，各厂进行了整顿和并转，由1958年的136个电线电缆厂并为1965年的44个。

4. 20 世纪 60 年代中期

20世纪60年代中期，部分工厂处于停工或半停工状态，生产下降，拉大了国内外技术水平的差距。

根据国家建设大、小三线"备战"指示，1965年开始，又有新建迁建厂。湖北红旗电缆厂为大三线建设重点厂，1966年选址宜昌，主要产品为超高压电缆、海底通信电缆、船用电缆、交联聚乙烯电缆，1971年11月开始生产钢芯铝绞线。1962年上海大来电业厂迁兰州与白银电缆厂合并成长通电线厂。1967年，上海多厂联合，将部分设备和人员内迁，建成贵阳电线厂，于1970年正式投产。上海中国电工厂于1969年内迁部分设备和人员到四川，建成西南电工厂，于次年正式投产。

小三线建设主要有：青岛电线厂部分内迁，建成新泰电线厂；福州电线厂部分内迁，建成南平电线厂；哈尔滨电线厂部分内迁，建成牡丹江电线厂；杭州电缆厂和温州电线厂部分内迁，建成江山电工器材厂；沈阳电缆厂部分内迁抚顺，建成8290电线厂。

20世纪60年代中期，又新建了一批厂：如长春、吉林、阜新、离石、西宁、新疆、郑州、济南、黄石、武汉二厂、常德、长沙、广州二厂、南海等电线或电磁线厂。邮电部建立了侯马电缆厂。铁道部建立了焦作铁路电务器材厂和天水铁路信号厂等。

我国光纤光缆技术发轫于这一时期，1972年底，武汉邮电科学研究院开始着手光纤制造研究；1976年，我国自主研究生产的首根通信光纤在武汉院诞生，并开通了首条通信试验线路。而光纤通信的实用化就到"文革"以后了。

5. 改革开放的新时期

十一届三中全会根据中国几十年来经济发展的经验，决定由原来的计划经济逐步转向商品经济的重大决策，提出对内搞活、对外开放的方针。这一时期技术改造、技术引进成为电线电缆行业的主要工作内容，电缆企业也由国资一统天下，变为股份制、私有、外资、合资同生并存，争相发展的局面。

技术引进主要有：1980年天津市漆包线厂从意大利进口卧式漆包机和测试仪器；哈尔滨电缆厂从美、日引进浸涂法无氧铜杆生产线；沈阳电缆厂从瑞典引进交联聚乙烯电缆及附件制造技术；上海电缆厂从英国BICC公司引进氟塑料航空导线制造技术及部分检测设备；南平电线电缆厂从联邦德国、瑞士、日本引进插头线、电气安装线制造技术及生产设备。1984年以后出现了技术引进的高潮。从美国、芬兰、联邦德国、瑞士、英国、日本、意大利等12个国家引进引进设备主要有：铜杆生产线、交联聚乙烯绝缘生产线、橡胶挤出连续硫化机组、全塑市话电缆生产线以及拉线机、漆包机、绞线机、束线机、成缆机、挤塑机、挤橡机等。

1981 年 12 月 28 日，中国第一条实用化光纤通信线路开通，线路连通武汉三镇，全长 13.3km，采用多模光纤，传输速率 8.448Mbit/s。1988 年，国家规定长途通信线路全部采用光缆，不再使用电缆。1988 年 5 月，邮电部和荷兰飞利浦合作成立长飞光纤光缆有限公司在武汉成立，1999 年烽火通信股份有限公司成立，2001 年，国家批准武汉东湖高新区为国家光电子产业基地，形成"武汉·中国光谷"。

通过改革开放后 30 余年的技术引进、消化吸收，伴随我国经济的高速发展，电线电缆工业的技术水平、生产规模重新跻身于世界先进水平，现在成为行业企业 6000 余家，从业人员 72 万余人的国民经济支柱产业。导体用量超过美国而成为世界第一大电线电缆生产国，2011 年行业总产值 11438 亿元，首次跨过万亿元大关。但多年的高速发展也积累和掩盖了许多问题，如产品以中低端为主，竞争力差；缺乏统一规划，重复建设导致产能严重过剩；对引进技术的消化、吸收、创新工作进展缓慢，研发投入不足，技术开发能力落后于国外线缆巨头；综合素质人才严重缺失，管理理念和手段落后等，未来的发展还需克服不足，健康前行。

三、科研与教育

第一篇关于电缆的文献，大致发表于 1812 年，当时俄罗斯人西林将橡胶、漆绝缘的电线用于矿山爆破。

1922 年，英国一些工业技术院校已开设电缆工程专业，这一年，英国的电缆工程师梅因（F·W·Main）出版了世界第一本电缆教科书《电缆》（Electric Cables），该书于 1930 年和 1949 年两次再版。

1952 年，我国在上海交通大学设立电气绝缘专业，为我国培养了最早的电线电缆专业技术人才，1956 年设立电缆与绝缘技术专业，同年遵照国家战备安排，开始西迁西安，为西安交通大学之肇始，电气绝缘学科也成为西交大的重点学科。绝缘技术专家陈季丹、刘子玉等为我国电气绝缘学科的创建、发展和人才培养打下坚实基础。

1950 年 2 月，东北电器工业管理局在辽宁省抚顺市设立东北电器工业高级职业学校，设置电缆等 7 个专业。1952 年 10 月，迁址哈尔滨，改名哈尔滨电机工业学校，设电缆电线制造专业。1958 年，改建为哈尔滨电工学院，设电气绝缘与电缆专业。1995 年与哈尔滨科技大学等学校合并为哈尔滨理工大学。历经 60 多年辛勤耕耘，为哈尔滨理工大学赢得电线电缆行业"黄埔军校"的赞誉。

1998 年，河南工学院（原河南机电高等专科学校）开设电线电缆制造技术专业，近 20 年间，为电线电缆行业培养了大批高素质技能型专门人才，赢得了行业好评，推动了我国电线电缆制造技术专业职业教育的发展。

郑州电缆技工学校原是是与郑州电缆厂一起发展起来的一所技工培养学校，半个多世纪以来，为行业输送了大批优秀技工人才，深受行业企业欢迎。

在宝岛台湾，电线电缆工业先驱孙法民先生于 1969 年创办了龙华工业专科学校，2001 年改制为龙华科技大学，致力电线电缆专业人才的培养。

1957 年 10 月，经第一机械工业部的批准，在上海建立了"上海电缆研究设计室"，从事电线电缆产品研究设计、新材料新工艺研究、电缆工厂工艺设计、电缆专用设备设计及成套设备选型定型工作，并作为电缆工业的技术情报资料中心。由沈康任所长，葛和林任总工程师。1958 年 5 月，改名为上海电缆研究所。多年以来攻克了多项技术难题，有代表性的如电工铝和电工稀土铝导体的研究、电缆用橡塑材料阻燃技术、光纤带及其光缆技术研究、三峡输电工程用大截面积大跨越导线研制等。现已拥有包括工程院院士黄崇祺在内的强大科研队伍，发展成为一个集电线电缆科研、设计、标准、检测、认证、信息和贸易于一体的综合性机构。

1959 年开始，由上海电缆研究所牵头，集中全国行业企业、院校专家，开展电线电缆行业的产品型号、型谱以及技术标准制订为主要任务的基础技术体系建立工作。在此后近 20 年间，逐步建立起一套适合我国国情、完善的电线电缆基础技术体系，为我国电线电缆制造提供了指导，推动了产品质量的提高。在此基础上，于 1978 年 5 月出版了大型技术书刊《电线电缆手册》第 1 册（产品分册），1980 年 9 月出版《电线电缆手册》第 2 册（材料分册）。这是我国也是世界第一部全面综合的电线电缆专业技术书籍。2001 年出版了第 1、2 册的修订版，并出版了第 3 册——电线电缆的应用与维护。形成了电线电缆从设计、制造、检验、材料到应用的完整体系，完成了几代电缆人的心愿。

电线电缆的行业期刊主要有《电线电缆》和《光纤与电缆及其应用技术》杂志。《电线电缆》是电线电缆行业影响最大的杂志，由上海电缆研究所主办，创刊于 1958 年 10 月，主要报道涉及电线电缆产品制造与设计、电线电缆专用设备和测试设备的金属加工、有机化学合成、绝缘材料、高电压工程、弱电通信、机械制造、电气自动化、仪器仪表等学科与专业方面的论文和技术动态。《光纤与电缆及其应用技术》杂志由中国电子科技集团公司第 23 研究所主办，主要报道有关光纤、光缆、光源器件、光通信系统、通信电缆、射频电缆、特种成缆和微波传输及其连接器等研究应用方面的论文和技术动态。

第九节　技术标准概述

随着科学技术的发展和生产的社会化、现代化，生产规模越来越大，分工越来越细，生产协作越来越广泛，许多产品和工程建设，往往涉及几十个、几百个甚至上千个企业，协作点遍布在全国各地甚至跨几个国家。这样广泛、复杂的生产组合，需要在技术上保持高度的统一和协作一致。要达到这一点，就必须制定和执行一系列的统一标准，使得各个生产部门和生产环节在技术上有机地联系起来，保证生产有序进行。

一、概念

1. 标准

标准是对重复性事物和概念所做的统一规定，它以科学、技术和实践经验的综合成果为基础，经有关方面协商一致，由主管机构批准，以特定形式发布，作为共同遵守的准则和依据。该定义包含以下几个方面的含义：

（1）标准的本质属性是一种"统一规定"

这种统一规定是作为有关各方"共同遵守的准则和依据"。我国标准分为强制性标准和推荐性标准两类。强制性标准必须严格执行，做到全国统一。推荐性标准国家鼓励企业自愿采用。但推荐性标准如经协商，并计入经济合同或企业向用户做出明示担保，有关各方则必须执行，做到统一。

保障人体健康，人身、财产安全的标准和法律，行政法规规定强制执行的标准是强制性标准，其他标准是推荐性标准。强制性标准包括：①药品标准，食品卫生标准，兽药标准；

②产品及产品生产、储运和使用中的安全、卫生标准，劳动安全、卫生标准，运输安全标准；③工程建设的质量、安全、卫生标准及国家需要控制的其他工程建设标准；④环境保护的污染物排放标准和环境质量标准等。根据中华人民共和国标准化法和产品质量法规定，不符合强制性标准的产品应责令停止生产、销售，并处以罚款，情节严重可追究刑事责任。

（2）标准制定的对象是重复性事物和概念

"重复性"指的是同一事物或概念反复多次出现的性质。例如批量生产的产品在生产过程中的重复投入、重复加工、重复检验等；同一类技术管理活动中反复出现同一概念的术语、符号、代号等被反复利用等等。只有当事物或概念具有重复出现的特性并处于相对稳定时才有制定标准的必要，以最大限度地减少不必要的重复劳动。

（3）标准产生的客观基础是"科学、技术和实践经验的综合成果"

标准既是科学技术成果，又是实践经验的总结，并且这些成果和经验都是经过分析、比较、综合和验证基础上，加之规范化，只有这样制定出来的标准才能具有科学性。

（4）制定标准过程要"经有关方面协商一致"

就是制定标准要发扬技术民主，与有关方面协商一致，做到"三稿定标"即征求意见稿-送审稿-报批稿。制定产品标准不仅要有生产部门参加，还应当有用户、科研、检验等部门参加共同讨论研究，协商一致，这样制定出来的标准才具有权威性、科学性和适用性。

（5）标准文件有其自己一套特定格式和制定颁布的程序

标准的编写、印刷、幅面格式和编号、发布的统一，既可保证标准的质量，又便于资料管理，体现了标准文件的严肃性。所以，标准必须"由主管机构批准，以特定形式发布"。标准从制定到批准发布的一整套工作程序和审批制度，是使标准本身具有法规特性的表现。这些在 GB/T 1.1《标准化工作导则 第 1 部分：标准的结构和编写》和 GB/T 1.2《标准化工作导则 第 2 部分：标准制定程序》中都有明确规定。

2. 标准化

标准化是指在经济、技术、科学及管理等社会实践中，对重复性事物和概念通过制定、发布和实施标准，达到统一，以获得最佳秩序和社会效益的活动。含义如下：

1）标准化是一项活动过程，这个过程由制定、发布和实施标准 3 个关联的环节组成。《标准化法》规定："标准化工作的任务是制定标准、组织实施标准和对标准的实施进行监督。"这是对标准化定义内涵的全面清晰的概括。

2）这个活动过程在深度上是一个永无止境的循环上升过程。即制定标准，实施标准，在实施中随着科学技术进步对原标准适时进行总结、修订、再实施。每循环一个周期，标准就上升到一个新的水平，充实新的内容，产生新的效果。

3）这个活动过程在广度上是一个不断扩展的过程。如过去只制定产品标准、技术标准，现在又要制定管理标准、工作标准；过去标准化工作主要在工农业生产领域，现在已扩展到安全、卫生、环保、交通运输、行政管理、信息代码等。标准化正随着社会科学技术进步而不断地扩展和深化工作领域。

4）标准化的目的是获得最佳秩序和社会效益。最佳秩序和社会效益可以体现在多方面，如在生产技术管理和各项管理工作中，按照 GB/T 19001 建立质量保证体系，可保证和提高产品质量，保护消费者和社会公共利益；简化设计，完善工艺，提高生产效率；扩大通用化程度，方便使用维修；消除贸易壁垒，扩大国际贸易和交流等。"最佳"是从整个国家和整个社会利益来衡量，可能会遇到贯彻某标准对整个国家会产生很大的经济和社会效益，而对某一具体单位或部门在一段时间内可能会受到一定经济损失的情况。

通过标准化可以组织现代化生产手段，是合理简化品种、组织专业化生产的前提，对合理利用国家资源也具有重要的作用。

对于制造企业而言，标准化还是不断提高产品质量的重要保证：

1）产品质量合格与否，这个"格"就是标准。标准不仅对产品的性能和规格作了具体规定，而且对产品的检验方法、包装、标志、运输、储存也作了相应规定，严格按标准组织生产，按标准检验和包装，产品质量就能得到可靠的保证。

2）随着科学技术的发展，标准需要适时地进行复审和修订。特别是企业产品标准，企业应根据市场变化和用户要求及时进行修订，不断满足用户要求，才能保持自己产品在市场中的竞争力。

3）不仅产品本身要有标准，而且生产产品所用的原料、材料、零部件、半成品以及生产工艺工装等都应制定相互适应、相互配套的标准，只有这样才能保证企业有序地组织生产，保证产品质量。

4）标准不仅是生产企业组织生产的依据，也是国家及社会对产品进行监督检查的依据。国家对产品质量实行以抽查为主要方式的监督检查制度，监督检查的主要依据就是产品标准。通过国家组织的产品质量监督检查，不仅促进产品质量提高，反过来对标准本身的质量完善也是一种促进。

二、标准体制

标准体制是将实现某一特定标准化目的有关的标准，按其内在联系，根据一些要求所形成的科学的有机整体。它是有关标准分级和标准属性的总体，反映了标准之间相互连接、相互依存、相互制约的内在联系。

我国的标准体制将标准分为国家标准、行业标准、地方标准和企业标准四级。

1. 国家标准

国家标准是指对全国经济技术发展有重大意义，需要在全国范围内统一的技术要求所制定的标准。国家标准在全国范围内适用，其他各级标准不得与之相抵触。国家标准是四级标准体系中的主体。

（1）国家标准由国务院标准化行政主管部门负责组织制定和审批。

（2）国家标准制定对象：

1）通用技术术语、符号、代号（含代码）、文件格式，制图方法等通用技术语言和互换配合要求；

2）保障人体健康和人身、财产安全的技术要求，包括产品的安全、卫生要求，生产、储存、运输和使用中的安全、卫生要求，工程建设的安全、卫生要求，环境保护的技术要求；

3）基本原料、燃料、材料的技术要求；

4）通用基础件的技术要求；

5）通用的试验、检验方法；

6）工农业生产、工程建设、信息、能源、资源和交通运输等通用的管理技术要求；

7）工程建设的重要技术要求；

8）国家需要控制的其他重要产品和工程建设的通用技术要求。

另外，对于技术尚在发展中，需要有相应的标准文件引导其发展或具有标准化价值，尚不能制定为标准的项目，以及采用国际标准化组织、国际电工委员会及其他国际组织的技术报告的项目，可以制定国家标准化指导性技术文件，如 GB/Z 18890—2002《额定电压220kV（$U_\mathrm{m}=252\mathrm{kV}$）交联聚乙烯绝缘电力电缆及附件》。

2. 行业标准

行业标准是指对没有国家标准而又需要在全国某个行业范围内统一的技术要求，所制定的标准。行业标准是对国家标准的补充，是专业性、技术性较强的标准。行业标准的制定不得与国家标准相抵触，国家标准公布实施后，相应的行业标准即行废止。

（1）行业标准

由国务院有关行政主管部门负责制定和审批，并报国务院标准化行政主管部门备案。

（2）行业标准制定对象

没有国家标准又需要在行业范围内统一的下列技术要求：

1）技术术语、符号（含代码）、文件格式、制图方法等通用技术语言；

2）工农业产品的品种、规格、性能参数、质量标准、试验方法以及安全、卫生要求；

3）工农业产品的设计、生产、检验、包装、储存、运输过程中的安全、卫生要求；

4）通用零部件的技术要求；

5）产品结构要素和互换配合要求；

6）工程建设的勘察、规划、设计施工及验收的技术要求和方法；

7）信息、能源、资源、交通运输的技术要求及其管理技术要求。

3. 地方标准

地方标准是指对没有国家标准和行业标准而又需要在省、自治区、直辖市范围内统一工业产品的安全、卫生要求所制定的标准，地方标准在本行政区域内适用，不得与国家标准和行业标准相抵触。国家标准、行业标准公布实施后，相应的地方标准即行废止。

（1）地方标准

由省级政府标准化行政主管部门负责制定和审批，并报国务院标准化行政主管部门和国务院有关行政主管部门备案。一旦相应国家标准或行业标准批准实施之后，该项地方标准即行废止。

（2）地方标准制定对象

对没有国家标准和行业标准而又需要在省、自治区、直辖市范围内统一的下列技术要求：

1）工业产品的安全、卫生要求；

2）药品、兽药、食品卫生、环境保护、节约能源、种子等法律、法规规定的要求；

3）其他法律、法规规定的要求。

4. 企业标准

企业标准是指企业所制定的产品标准和在企业内需要协调、统一的技术要求和管理、工作要求所制定的标准。企业标准是企业组织生产，经营活动的依据。企业标准有以下几种：

1）企业生产的产品，没有国家标准、行业标准和地方标准的，应当制定的企业标准；

2）为提高产品质量和促进技术进步制定严于国家标准、行业标准或地方标准的企业产品标准；

3）对国家标准、行业标准的选择或补充的标准；

4）工艺、工装、半成品等方面的技术标准；

5）生产、经营活动中的管理标准和工作标准。企业产品标准应在批准发布 30 日内向当地标准化行政主管部门和有关行政主管部门备案。

对已有国家标准、行业标准或地方标准的，鼓励企业制定严于国家标准、行业标准或地方标准要求的企业标准。

三、标准的制定、发布和实施

制定标准是指标准制定部门对需要制定标准的项目，编制计划组织草拟、审批、编号、发布的活动。比如：电线电缆的国家标准由全国电线电缆标准化技术委员会归口负责，标准要经相关研究院（所）、检验机构、用户、高等院校、生产企业共同起草征求意见稿，在经协商一致形成送审稿送主管部门审核，然后再将反馈意见经讨论形成标准报批稿，最终由国家质量监督检验疫总局批准发布。

标准备案是指一项标准在其发布后，负责制定标准的部门或单位，将该项标准文本及有关材料，送标准化行政主管部门及有关行政主管部门存案以备查考的活动。

标准复审是指对使用一定时期后的标准，由其制定部门根据我国科学技术的发展和经济建设的需要，对标准的技术内容和指标水平所进行的重新审核，以确认标准有效性的活动。

标准实施是指有组织、有计划、有措施地贯彻执行标准的活动，是标准制定部门、使用部门或企业将标准规定的内容贯彻到生产、流通、使用等领域中去的过程。它是标准化工作的任务之一，也是标准化工作的目的。

标准实施监督是国家行政机关对标准贯彻执行情况进行督促、检查、处理的活动。它是政府标准化行政主管部门和其他有关行政主管部门领导和管理标准化活动的重要手段，其目的是促进标准的贯彻，监督标准贯彻执行的效果，考核标准的先进性和合理性，通过标准实施的监督，随时发现标准中存在的问题，为进一步修订标准提供依据。

四、标准的编号

标准代号由标准代号、发布顺序号和发布年号三部分构成。第一部分为标准代号，由表示标准级别的两个大写汉语拼音字母构成，若为推荐性标准，以"T"表示，如 GB/T 发布顺序号采用阿拉伯数字，若该标准由多个部分组成，将"部分"号与发布顺序号之间用"."隔开。年号采用阿拉伯数字表示的四位年号，与发布顺序号间用"—"隔开。如 GB/T 3048.4—2007《电线电缆电性能试验方法 第 4 部分：导体直流电阻试验》。常用国家标准和行业标准代号见表 1-31。

地方标准代号为"DB"后加省、直辖市、自治区代码组成。如：DB34/T 1284—2010《稀土高铁铝合金环保电力电缆》，即为安徽省地方标准，"34"为安徽省的代码。各省、直辖市、自治区代码见表 1-32。

企业标准多采用"Q"后加企业名称的代号（习惯用汉语拼音缩写）、顺序号及年份为代号。如 Q/ABC123—××××。

近年来，国家电线电缆质量监督检验中心制订的技术规范也得到业界的广泛认可，其代号为 TICW。

表 1-31　常用国家标准和行业标准代号

代号	行业类别	代号	行业类别	代号	行业类别	代号	行业类别
GB	国家	GY	广播影视	MH	民用航空	TD	土地管理
GJB	国家军用	HB	航空	MT	煤炭	TY	体育
AQ	安全生产	HG	化工	MZ	民政	WB	物资管理
BB	包装	HJ	环境保护	NY	农业	WH	文化
CB	船舶	HS	海关	QB	轻工	WJ	兵工民品
CH	测绘	HY	海洋	QC	汽车	WM	外经贸
CJ	城镇建设	JB	机械行业	QJ	航天	WS	卫生
CY	新闻出版	JC	建材	QX	气象	XB	稀土
DA	档案	JG	建筑工业	SB	商业	YB	黑色冶金
DB	地震	JT	交通	SC	水产	YC	烟草
DL	电力	JR	金融	SH	石油化工	YD	信息（邮电）
DZ	地质矿产	JY	教育	SL	水利行业	YS	有色冶金
EJ	核工业	LB	旅游	SJ	电子	YY	医药
FZ	纺织	LD	劳动和劳动安全	SN	商检	YZ	邮政
GA	公共安全	LS	粮食	SY	石油天然气	ZY	中医药
GH	供销	LY	林业	TB	铁路运输	CNS	台湾标准

表 1-32　省、直辖市、自治区地方标准代码

代码	名　称	代码	名　称	代码	名　称	代码	名　称
11	北京市	32	江苏省	44	广东省	62	甘肃省
12	天津市	33	浙江省	45	广西壮族自治区	63	青海省
13	河北省	34	安徽省	46	海南省	64	宁夏回族自治区
14	山西省	35	福建省	51	四川省	65	新疆维吾尔自治区
15	内蒙古自治区	36	江西省	52	贵州省	71	台湾省
21	辽宁省	37	山东省	53	云南省	81	香港特别行政区
22	吉林省	41	河南省	50	重庆市	82	澳门特别行政区
23	黑龙江省	42	湖北省	54	西藏自治区		
31	上海市	43	湖南省	61	陕西省		

五、国际标准和国外标准

随着全球一体化进程的加速，国际合作和对外贸易迅速增长，我国也在积极采用国际、国外先进标准。

采标情况是指我国标准对国际标准或国外标准的采用情况，我国标准采用国际标准的程度代号为：IDT：等同采用（identical）；MOD：修改采用（modified）；NEQ：非等效采用（not equivalent）。

等同采用是指我国标准与国际标准在技术内容和文本结构上相同，或者与国际标准在技术内容上相同，只存在少量编辑性修改。等同采用国际标准的我国标准采用双编号表示方法，如

GB/T 2951.11—2008 电缆和光缆绝缘和护套材料通用试验方法 第 11 部分：通用试验方法——厚度和外形尺寸测量——机械性能试验。GB/T 19001—2008/质量管理体系要求。

修改采用是指我国标准与国际标准之间存在技术性差异，并清楚标明这些差异以及解释其产生的原因，允许包含编辑性修改。修改采用国际标准的我国标准，只使用我国标准编号。

非等效采用不属于采用国际标准，只表明我国标准与国际标准的对应关系。我国标准与相应的国际标准在技术内容和文本结构上不同，它们之间的差异没有被清楚地标明。

电线电缆行业采用的主要国际标准是 ISO、IEC 和 ITU 标准。

（ISO，International Organization for Standardization）国际标准化组织，属联合国教科文组织，成立于 1947 年 2 月 23 日。ISO 的最高权力机构是每年一次的"全体大会"，日常办事机构是中央秘书处，设在瑞士的日内瓦。它是世界最大的非政府性标准化专门机构，目前有 162 个成员。其任务是促进全球范围内的标准化及其有关活动，以利于国际间产品与服务的交流，以及在知识、科学、技术和经济活动中发展国际间的相互合作，ISO 的宗旨是：发展国际标准，促进标准在全球的一致性，促进国际贸易与科学技术的合作。ISO 负责除电工、电子领域和军工、石油、船舶制造之外的很多重要领域的标准化活动。我国 1978 年加入 ISO，2008 年成为常任理事国，代表中国参加 ISO 的是国家质量技术监督检验局。

IEC（International Electro Technical Commission）：国际电工委员会，是世界上成立最早的国际性电工标准化组织，其宗旨为促进电气、电子工程领域中的国际标准化及有关问题的国际合作，增进国际间的相互了解。由 60 个成员国，技术委员会（TC）95 个，分技术委员会（SC）80 个。我国 1957 年参加 IEC，2011 年成为 IEC 常任理事国。截止 2000 年底 IEC 已制订了 4885 个国际标准。

ITU（International Telecommunication Union）：国际电信联盟，是主管信息通信技术事物的联合国机构，成员包括 191 个成员国和 700 多个部门成员及准成员。宗旨是保持和发展国际合作，促进各种电信业务的研发和合理使用，提高电信服务效率，尽可能达到大众化、普遍化。使电信和信息网络得以增长和持续发展，使世界各国人民都能参与全球信息经济和社会并从中受益。

国外一些国家和组织颁布标准的代号和组织名称见表 1-33。

表 1-33 部分国外国家和组织标准代号和组织名称

代号	国家或组织	代号	国家或组织
ANSI	美国国家标准学会	CEN/CENELEC	欧洲标准化组织
ASTM	美国材料试验协会	EN	欧洲标准
AWG	美国线规	CSA	加拿大标准协会
ICEA	绝缘电缆工程师协会	DIN	德国国家标准
IEEE	美国电工电子工程师协会	VDE	德国电器工业协会
NEMA	美国电器制造商协会	VDI	德国工程师协会
UL	美国保险商试验室	JCS	日本电线电缆行业协会
BS	英国国家标准	JEC	日本电工委员会
BSI	英国标准协会	JIS	日本工业标准
ГОСТ	俄罗斯国家标准	NF	法国国家标准

第二章 电线电缆结构及材料

电线电缆品种繁多，性能各异，所使用的电缆材料种类也非常多，而应用于不同场合、起到不同作用的电缆对材料的要求也各有不同。只有深入了解不同电缆的性能要求、不同材料的性能特点，才能在电缆设计中合理设计结构和选用材料、在生产过程中更好地控制产品质量。

第一节 电缆产品的基本结构

电线电缆产品的结构元件，总体上可分为导电线芯、绝缘层、屏蔽和护层4个主要结构组成部分以及填充元件和承力元件等，如图2-1所示。

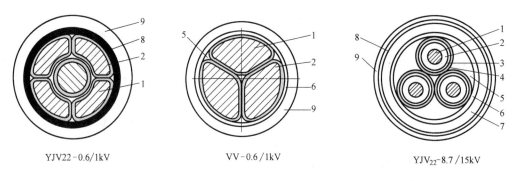

图 2-1　电线电缆结构示意图
1—导体　2—绝缘　3—半导电屏蔽　4—铜带屏蔽　5—填充　6—包带　7—内衬层　8—钢带铠装　9—外护套

一、导电线芯

导电线芯是产品实现电流或电磁波信息传输功能的最基本构件，常简称导体。作为导体材料必须具备优良的导电性能、机械性能、导热性能和耐腐蚀性能，并且加工性能良好。多选用高纯度的铜、铝及其合金作为导体材料。

根据产品的使用要求和应用场合，有的产品结构极为简单，只有导体一个结构件，如架空裸导线、电力机车接触线、铜铝汇流排（母线）等，这些产品的对外电气绝缘是依靠安装敷设时用绝缘子和空间距离（即利用空气绝缘）来确保。

导电线芯可以是单根实心，也可以是由多根单线绞合而成。形状可以是圆形、半圆形、扇形、瓦形等，大截面积导电线芯做成分割导体，自容式充油电缆导电线芯做成是圆形中空导体等。各种形式导体结构如图2-2所示。

按照 GB/T 3956—2008《电缆的导体》规定，将导体按照采用单线根数的不同，划分为第1、第2、第5、第6种4种结构。第1种导体为实心结构，如图2-2 a 和图2-2d 所示。第2种导体采用较少根数单线绞合而成，也可以采用紧压结构，如图2-2b、图2-2c、图2-2e、

图 2-2f、图 2-2h、图 2-2i、图 2-2j 所示。以上两种导体都较硬，用于固定敷设电缆。第 5 和第 6 种导体由多根数的细铜单线一次绞合或再将股线复绞而成，如图 2-2g 所示，导体柔软，主要用于弯曲半径小和经常移动、对柔软性要求高的产品，第 6 种较第 5 种导体单线根数更多，柔软性更好。为保证绞线的柔软，还同时采用减小绞线节距和束制等工艺。

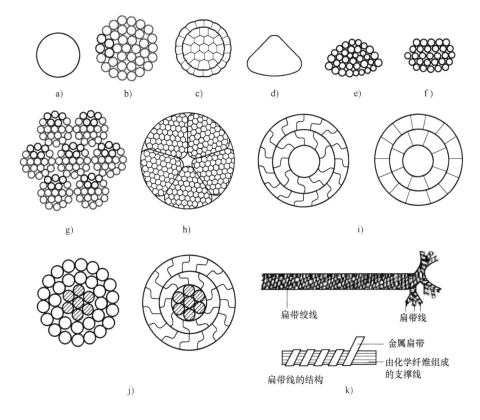

图 2-2　导体种类

a）圆形实心导体　b）普通圆绞线　c）紧压圆绞线　d）扇形实心导体　e）多股扇形紧压导体
f）椭圆绞线　g）复绞线　h）分割导体　i）空心导体　j）组合导线　k）扁带绞线

导电线芯采用实心结构较少，多采用绞合结构。绞合导体柔软性好、稳定性、可靠性高。绞合导体在弯曲时，由于每根单线是呈螺旋状绕在绞线的轴线周围，弯曲时，单根导线交替处于弯曲的外侧和内侧，每根单线同时受到拉伸和压缩，受压缩部位向拉伸部位移动，只需要克服单线移动时的摩擦力即可，弯曲阻力小，结构不容易被破坏；受制造工艺和杂质等缺陷的影响，实心导体容易在缺陷处断裂，绞线中每根单线的弱点不会集中在一处，使弱点得以分散、均化，可靠性提高；相同材料的单线，线径越细，抗拉强度越高，由多根细线绞合而成绞线的综合拉断力要高于相等截面积的单根导线强度。

二、绝缘

要保证电流（或信息）沿规定的方向（导体）传输而不是流向其他方向，就必须有一道"堤坝"来约束它，起到这个作用的构件就是绝缘层。绝缘层是包覆在导体外，起着电气绝缘作用的构件，具有隔离带电体，防止电流泄漏，确保传输的电流（或电磁波）沿着导线行进的作用。绝缘能够保持导体电位（即对周围物体形成的电位差），既要保证导线的正常传输功能，又要确保外界物体和人身的安全。导线与绝缘层是构成线缆产品（裸电线类的绝缘是敷设后的周边空气）必须具备的两个基本构件。

良好的绝缘材料要具有优良的电绝缘性能，低的介质损耗和介电常数，满足要求的机械物理性能，一定的耐热及热传导性，并便于加工。

常用的绝缘材料有：聚氯乙烯、聚乙烯、交联聚乙烯、天然橡胶、丁苯橡胶、乙丙橡胶、电缆油、SF_6气体、纤维、绝缘漆等有机材料，以及氧化镁、云母等无机材料。

三、护层

当电线电缆产品安装运行在各种不同的环境中时，必须具有对产品整体特别是对绝缘层起保护作用的构件，这就是护层。

因为要求绝缘材料具有优良的电绝缘性能，则必须要求材料高纯度、低杂质含量，往往无法兼顾其对外界的保护能力，所以对于外界（安装、使用场合和使用中的）各种机械力的承受或抵抗力、耐大气环境、耐化学药品或油类、对生物侵害的防止，以及减少火灾的危害等能力都必须由护层来承担。许多专用于良好外部环境（如清洁、干燥、无机械外力作用的室内）中的线缆产品如：塑料绝缘电线等；或者绝缘层材料本身具有一定的机械强度、耐气候性的产品如：架空绝缘电缆等，就可以没有护层这一构件。

护层结构主要取决于敷设环境，内部绝缘结构和芯数也有一定影响，与电压等级无本质的联系。各种防护功能的实现，有赖于材料和结构的改变及组合。电缆的通用外护层可分为三大类：金属护层（包括外护层）、橡塑护层和组合护层。

1）金属护层由金属护套和外护层组成，金属护套常用的材料是铝或铅，按其加工工艺可分为挤压加工和焊接加工两种，具有防止水及其他有害物质进入到电缆内部和机械防护作用。其外护层为橡塑护套，主要保护金属护套避免受到机械损伤和腐蚀的作用。

2）橡塑护层的特点是柔软、轻便，加工方便，并且防水性、耐化学性能好。为增加护层强度，常在橡塑护层内引入金属铠装，金属铠装分钢带铠装和钢丝铠装，钢带铠装电缆可承受一定的径向压力，用于地埋敷设环境。钢丝铠装电缆可承受一定的轴向拉力，用于竖井敷设，以及海底、河底敷设。

3）组合护层又叫综合护层或简易金属护层。由薄的金属-塑料合带包覆到电缆线芯上，经加热后塑料融化，把金属带黏结在一起，具有良好的阻水隔潮性。多用于通信电缆、光缆以及数据电缆的护层。

有些功能要求不需改变电缆结构，只改变护层材料就能达到，如：将护套改用阻燃材料即能满足一般的阻燃要求；护套改用驱避型材料可成为防鼠或防白蚁电缆。但有些功能要求的满足必须通过改变材料和结构才可以，比如：耐火电缆就增加了耐火层结构，护套采用阻燃材料，有些还在耐火层外增设隔火层。

四、屏蔽

关于电线电缆屏蔽层所起的作用，涉及两种不同的概念。

1. 电磁屏蔽作用

对用于信号传输的电线电缆如：用于高频传输的通信电缆、数据传输电缆，用于微弱电流传输的计测用线缆、信号电缆等，屏蔽层的主要功能是电磁隔离——即线缆产品中传递的信息不外泄、不对外界仪器仪表或别的线路产生干扰；外界的各种电磁波也不会通过电磁耦合进入线缆产品中。

为避免同一电缆中不同线芯之间的干扰，屏蔽层还置于每一线对或多对数的单位上，然后还要对整个绞合体整体屏蔽，即分屏蔽加总屏蔽结构。

屏蔽层有金属带绕包、金属编织、金属复合膜绕包或纵包等结构形式；在对电磁屏蔽高要求的电缆上，还会采用铜带+软钢带、铝带+软钢带的组合结构等。若仅需屏蔽电场，应选用高导电材料如铜、铝；仅屏蔽磁场须用高导磁的钢铁材料；要起到电磁屏蔽作用，应选用导电、导磁材料如钢带、钢丝，采用钢-铜、钢-铝组合结构屏蔽效果更佳。

2. 均匀电场作用

在起到能量传输作用的电力电缆结构中，金属屏蔽层一定程度上也起到电磁隔离作用，减少对外界的电磁干扰。但更主要作用是①将电场限制在绝缘层内，使电场方向与半径方向一致，不产生切向分量，防止沿轴向发生表面放电；②起到均化绝缘中径向电场作用；③正常工作时为电容电流的通道，故障时导通短路电流，起到地线的作用。

为保证对电流有良好的导通作用，对金属屏蔽层还有截面积的要求，当采用铜带绕包不能满足要求时，还会采用铜丝-铜带组合屏蔽结构。

中高压电缆，在导体与绝缘、金属屏蔽与绝缘间还有一层与绝缘层紧密结合的挤包（或绕包）半导电层，分别被称为导体屏蔽（内屏蔽）和绝缘屏蔽（外屏蔽）层。这两个屏蔽层分别起到改善导体、金属屏蔽与绝缘的接触性能，避免高电压下导体与绝缘、金属屏蔽与绝缘的界面上发生局部放电的作用。这是因为，电缆工作时，导体接高压，金属屏蔽层接地，若没有内、外屏蔽层，导体与绝缘、屏蔽铜带与绝缘界面上的气隙、杂质、毛刺等因电场集中，局部场强过大而发生局部放电，导致绝缘损伤，直至击穿。内、外屏蔽层为半导体，分别与导体、金属屏蔽等电位，气隙、毛刺等被包裹在一个等电位体内，不会发生放电。而内、外屏蔽层均为与绝缘层同性质的材料，两者之间结合紧密，不易产生气隙。但应注意，内、外屏蔽层与绝缘界面上的凸起、凹陷、杂质均为电场集中点，易引发局部放电。生产时应选用塑化质量好、炭黑分散好的材料，避免焦烧、塑化不良等现象的发生，保证界面光滑。

五、填充结构

很多电线电缆产品是多芯的，在成缆时加入填充结构，使成缆外观变得圆整，以利于包带、挤护套，也起到使电缆结构稳定，提高抗冲击能力，在使用中（制造和敷设中拉伸、压缩和弯曲时）受力均匀而不损坏电缆的内部结构，填充饱满还使电缆的热导能力增强，提高电缆的散热能力。

六、承力元件

传统的电线电缆产品是利用护层的铠装层承受压力或外界及自重引起的拉力的。典型的结构是钢带铠装和钢丝铠装（如海底电缆要用 $\phi 8.0\text{mm}$ 的粗钢丝，绞合成铠装层）。但光纤光缆为了保护光纤不受细小的拉力，以免光纤有细微的变形而影响传输性能，就在光缆结构中设置了一次、二次被覆和专用的承受拉力的元件。此外如耳机线采用细铜丝或薄铜带绕在合成纤维丝上（如图 2-2k 所示）外挤绝缘层的结构，合成纤维丝就是承力元件。总之，特种细小、柔软型、同时要求多次弯、扭曲使用的产品中，承力元件起着主要的作用。

在电线电缆的设计和制造中，必须掌握不同材料的性能和加工工艺，才能根据电缆结构和功能要求来合理选择材料，制造出适用的产品。

第二节　金属材料

绝大多数电线电缆的导电线芯由金属材料制成，铠装层、金属屏蔽层、金属护套等也采用金属材料。对于导电材料我们最关心的是它的导电性能，除此之外，材料的机械性能、热性能、耐腐蚀性、工艺性能等也是我们选择的重要依据。

一、导电性

金属晶体中存在有大量的自由电子，当有电压时，自由电子定向移动，形成电流。电子在定向移动过程中与晶体中的正离子晶格等发生碰撞，使电子的定向移动受到阻碍，就产生电阻。塑料、橡胶中能够自由移动的带电粒子数量极少，而阻碍带电粒子定向移动的能力很大，故电阻很大，成为绝缘材料。材料的导电就像水在管子中的流动一样，管子短、直径大、通畅，水流容易通过；管子细、管子长、管中有阻塞物，水流就会变小。导线的电阻 R 与导线的长度 l 成正比，与导线的截面积积 A 成反比。即

$$R = \rho \frac{l}{A} \qquad (2-1)$$

其中，比例系数 ρ 称为电阻率，由导电材料本身性质决定，与尺寸无关，而电阻 R 的大小与材料几何尺寸有关。电阻率越大，材料导电性越差；相反，电阻率越小，导电性越好，它是材料导电性的特征物理量。我们常用金属材料的电阻率是指 20℃ 时的电阻率，记作 ρ_{20}。

在电线电缆技术中，还经常用导电率来表示材料的导电能力，国际电工委员会（IEC）规定：温度 20℃，密度 8.89g/cm³，长 1m，截面积积为 1mm² 的导体，电阻为 0.017241Ω，电阻温度系数为 0.00393 软铜的相对电导率为 100%，称为 100% IACS。其他各种金属或合金的电阻率与标准铜电阻率相比较的比值即为该金属的导电率为

$$\% \text{IACS} = \frac{0.017241}{\rho_{20}} \times 100\% \qquad (2-2)$$

将纯金属按导电率从大到小排列，前四位依次为银、铜、金、铝。

导体的电阻随温度降低而减小，有些金属在接近绝对零度（-273.15℃）时电阻突然消失，这种现象称为超导现象，这种状态称为超导态，具有这种特性的物质称为超导体。已发现数千种单质、合金、化合物具有超导性，常用的铜、铝、铁等金属都不是超导体。

二、机械性能

材料在加工和使用过程中总是受外力作用，因此对材料的机械性能都有一定的要求，包括抗拉强度、伸长率、弹性、硬度、耐冲击性、蠕变性等。

1. 抗拉强度

金属材料的抗拉强度是通过拉伸试验测定的。将一定尺寸的金属棒在均匀拉力下拉伸，金属棒在断裂前承受的最大拉力 F 与拉伸前原始截面积积 A_0 的比值称为抗拉强度，常用单位为 MPa（1MPa = 1N/mm²）：

$$\sigma_b = \frac{F}{A_0} \qquad (2-3)$$

金属组成和组织结构如杂质、合金化、热处理、冷加工、试验条件等都会影响到金属的

抗拉强度。

2. 伸长率

金属材料受拉伸直至拉断时，所伸长的长度（$l_1 - l_0$）与原始长度 l_0 的比值称为伸长率，伸长率是材料塑性的量值。

$$\delta = \frac{l_1 - l_0}{l_0} \times 100\% \tag{2-4}$$

三、热性能

金属的温度升高或降低总要吸收或放出热量，热量的单位是焦耳（J）。把 1kg 物质升高（或降低）1K 所吸收（或放出）的热量，称为该物质的比热或比热容（J/kg·K）。描述物质热性能的参数很多，我们主要讨论材料的导热性和热膨胀性。

1. 导热性

金属的导热性与导电性有很大的相关性，金属的导热性比非金属要高得多，这是因为金属中电子参与传递热量的缘故，金属热导率由电子传热和原子振动传热两种机理。金属导电率越高，导热率也越高。导体的导热率高，线路运行时产生的热量容易传导到外界，从而减少了热量蓄积，降低了线路温度升高，减少了故障的发生。

2. 热膨胀性

热胀冷缩是自然界的普遍现象，金属的热膨胀是由于原子间距增大的结果。在通常情况下，金属材料的伸长与温度关系可用经验公式表示：

$$l_2 = l_1 \left[1 + \overline{\alpha}(T_2 - T_1) \right] \tag{2-5}$$

式中　l_2、l_1——温度 T_2、T_1 时金属材料的长度；

　　　$\overline{\alpha}$——在温度 $T_2 \sim T_1$ 之间平均线膨胀系数。

四、常用金属材料及性能

1. 铜及铜合金

纯铜呈玫瑰红色或淡红色，表面被氧化而生成氧化铜薄膜后呈紫红色，所以一般称工业纯铜为紫铜。铜及其合金广泛用于电缆导体和屏蔽结构，是电缆工业中用量最大的金属材料。

（1）铜

电线电缆用铜的主要性能见表 2-1。

表 2-1　电线电缆用铜的主要性能

项　目	状态	数值	项　目	状态	数值
密度（20℃）/（g/cm³）		8.89	抗拉强度/（N/mm²）	硬态	271~421
熔点/℃		1083.5		软态	206~275
线膨胀系数（20℃）/℃⁻¹		17×10⁻⁶	疲劳极限/（N/mm²）		70~120
电阻率（20℃）/（Ω·mm²/m）		0.017241~0.01777	蠕变极限/（N/mm²）20℃		70
电阻温度系数（20℃）/℃⁻¹	硬态	0.00377~0.00381	200℃		50
	软态	0.00393	400℃		1.4
弹性系数（20℃）/（N/mm²）	硬态	12000	伸长率（%）	硬态	0.7~1.4
屈服极限/（N/mm²）	硬态	300~350		软态	10~35
	软态	70	硬度 HB	硬态	65~105

与其他金属相比铜具有以下特性：

1）导电、导热性好 铜具有突出的导电性和导热性：高纯度电解铜在20℃时的电导率为 $59.5s \cdot m/mm^2$（电阻率为 $0.01681\Omega \cdot mm^2/m$）仅次于银而居第二位；热导率（0～100℃）为397W/m·K，导热性仅次于银、金居第三位。

杂质对铜导电率的影响是很大的，一切杂质元素或有意加入的合金元素都会使铜的导电率下降。磷、砷、铝、铁、氧等杂质会使铜的导电率显著下降，因此要严格限制铜的杂质含量，导体要采用铜、银总含量在99.90%以上的电工铜。有些元素如微量的银、镉、锆等对导电性影响不大，可作为铜的合金元素加入，以提高铜的机械强度和耐蚀性。

最值得注意的是氧的影响，随着含氧量增加铜的导电率下降。铜中的氧以 $Cu-Cu_2O$ 共晶体存在，其硬而脆，以粒状形态分布，存在于铜晶粒的边界上，会使冷变形产生困难。因此，铜中氧的含量要严格控制，纯铜中氧的最大含量限定为0.001%～0.05%。根据铜的含氧量和生产方法，纯铜分为工业纯铜（氧含量0.02%～0.10%），脱氧铜（氧含量0.01%以下）和无氧铜（氧含量0.003%以下），电缆工业中主要使用无氧铜。

2）化学稳定性、抗腐蚀性好 铜的电极电位较高，不易发生电化学腐蚀，此外，铜氧化后形成的氧化膜也较完整、紧密，有助于防止内部金属进一步氧化。

铜在室温干燥空气中几乎不氧化，温度达到100℃时，表面将生成黑色的CuO膜，在300℃以下时，氧化缓慢，温度继续升高，氧化速度加快，表面生成红色的 Cu_2O 膜，高于600℃铜会强烈氧化。在大气、水蒸气、热水中有良好的耐蚀性。铜在含有二氧化碳的湿空气中表面会生成一层铜绿。与碱溶液反应很慢，但在氨、氨盐、氰化物和汞盐的水溶液及潮湿的卤族元素中的耐蚀性很差。

3）机械性能较好 铜的机械性能属于中等水平，软态铜的抗拉强度在300MPa以上，伸长率约为30%，可以满足电线电缆的需要。铜中含有杂质元素时，可使铜的机械性能提高，如硼、银、镍、锌等，但也有一些杂质如氧，会使机械性能显著下降。经过冷拉伸，铜的强度可提高到450MPa，但经过退火后，又可恢复到拉伸前的水平。

4）塑性好，易加工 铜具有很高的塑性变形能力，可采用压延、挤压、拉伸、轧制等方法进行加工，制成各种形状和尺寸的成品和半成品，首次加工量可达30%～40%。

5）易焊接 作为电线电缆材料，铜可以采用电阻焊、冷压焊、钎焊、氩弧焊等方式进行焊接，满足不同加工形式下的焊接。

（2）镀金属铜线

铜线表面镀锡、银、镍等，可对铜线起到防氧化作用，主要用于电线电缆导体、金属屏蔽层、编织保护层等。铜线镀金属后，电阻会略大于同规格铜线。要求镀层表面应光滑连续，牢固地粘附在铜线的表面上，不得有影响产品性能的任何缺陷。

（3）铜合金

常用的铜合金是用于高速电气化铁路和城市轨道交通为电力牵引机车传输电力的电力机车接触线，纯铜接触线虽然导电率高，但耐磨性、高温强度稍逊，为适应不断提速的电气化铁路高速、重载的要求，将具有耐磨、耐腐蚀、高温强度好，导电率下降不多的铜银、铜锡、铜银锡、铜镁合金线应用于接触线和吊弦线。此外，还有镉铜、铬铜、锆铜等合金用于梯排、触头的生产。

（4）双金属线

采用电镀、包覆焊接、连续挤压等方式将一种金属包覆在另一种金属线的表面，再经压力加工使两种金属很好地结合在一起,成为双金属线,应用较多的有铜包钢、铜包铝以及铝包钢线等。

1)铜包钢线

内部为高强度钢丝,外部为高导电的铜。这种导线具有高于纯铜导线的强度;用于高频传输时,由于集肤效应电流主要集中在导线表层传输,其具有不低于纯铜的高频导电性能;同时,铜包钢线又具有好于钢线的耐腐蚀性。

主要用于同轴电缆、射频线圈、电子器件的引接线,电气化铁路的载流和不载流承力索、接地线,山区及农村的架空电力传输和电话线路等。

2)铜包铝线

铜包铝线内部为密度小、价格低的铝线,外部为高导电的铜层。这种导线具有类似铜包钢线的高频传输性能,同时具有重量轻,价格低的优点。

铜包铝线可用于同轴电缆、电磁线、射频线圈、电子器件的引接线,电缆的编织屏蔽层等。

2. 铝及铝合金

铝是银白色轻金属,在有色金属中,铝和铝合金的产量占第一位,是应用最广的金属材料之一。在电缆工业中广泛用于架空导线、导电线芯、金属屏蔽层、金属护套等。

(1)铝

铝的主要性能指标见表 2-2。

表 2-2 铝的主要性能

项　目	状态	数值	项　目	状态	数值
密度(20℃)/(g/cm^3)		2.70	抗拉强度/(N/mm^2)		150~180
熔点/℃		658		软态	95~140
电阻率(20℃)/(Ω·mm^2/m)		0.0280~0.028264			70~95
电阻温度系数(20℃)/℃$^{-1}$	软态	0.00407	伸长率(%)	软态	20~40
	其他	0.00403		硬态	>0.5
弹性系数(20℃,拉伸)/(N/mm^2)		60000~70000	线膨胀系数(20~100℃)/℃$^{-1}$	硬态	23.0×10^{-6}

用作电线电缆导体,铝具有下列特点。

1)导电性、导热性良好:导电性和导热性仅次于银、铜、金居第四位。铝的导电率为(60%~62%)IACS,按体积计算约为铜的 60%~65%,而按重量计算约为铜的 200%。

铝的纯度对导电率的影响较为显著,如:99.996%高纯铝的导电率 65%IACS,而 99.5%铝的导电率就降低为 61%IACS。为保证具有良好导电性,导体用铝都采用含铝量 99.95%以上的电工铝,

2)耐腐蚀性良好:铝虽然化学活泼性高,标准电极电位低,但在大气中铝表面极易氧化生成致密的 Al$_2$O$_3$ 膜,可防止铝继续氧化,因此铝在大气中具有较好的耐腐蚀性。但如果大气中含有较大量 SO$_2$、H$_2$S 或酸、碱等气体,或在潮湿的气候条件下,铝表面形成电解液会引起电化学腐蚀,另外,大气中尘埃及非金属夹杂物沉积在铝的表面,也易引起腐蚀。

3)塑性好:可用压力加工方法,如轧制、拉伸等,制成形状复杂的产品。

4)密度小、价格低:铝的密度约为铜的三分之一,相同重量铝的导电率约是铜的 2 倍。铝价格便宜、来源可靠,同样导电性能的铝导体电缆价格要比铜导体电缆低得多。

5)纯铝的机械强度一般　即使是硬态铝,其抗拉强度仅达到 150~180MPa,软态铝的

抗拉强度还不到 100MPa。另外，铝的焊接性能也不如铜好，使铝导体的应用受到一定影响。

（2）铝合金线

在铝中加入合金元素的主要目的是提高线材的抗拉强度或耐热性，多用于架空裸导线的制造。

高强度铝镁硅合金导线的突出特点是导线强度大幅提高，对拉制的线材经淬火和时效处理得到高强度。处理后其抗拉强度可达 295MPa 以上，20℃时直流电阻率不大于 0.0328Ω·mm²/m。

铝镁合金加工工艺与一般铝线相同。合金中含有 0.5%~1.1% 的镁，抗拉强度可达 206~245MPa 以上，伸长率为 1.5%~2.0%，20℃时直流电阻率不大于 0.033Ω·mm²/m。

在铝中添加约 0.1% 的锆形成的铝锆合金具有很好的耐热性，用这种合金制成的导线工作温度可比钢芯铝绞线提高 60℃，达到 150℃，从而使合金导线的输电能力大大提高，而导电率为 58 或 60%IACS。

（3）双金属线

铝包钢线是一种性能很好，应用广泛的双金属线。铝包钢线内部为高强度钢丝，外部用铝包覆，既具有钢的高强度，还保留了铝高导电性、耐腐蚀性强等优点。这种导线特别适合用于大跨越导线、避雷通信线、架空地线等。

根据铝层厚度，铝包钢线分为 LB1、LB2、LB3、LB4 四级，相应的导电率分别为 20.3%、27%、30%、40%IACS，铝包层最薄的 LB1 型的最小抗拉强度达 1070~1340MPa。

第三节 高聚物的性能

通常将相对分子质量高于 1 万的分子称为高分子，高分子化合物又称高聚物。高聚物容易成型，机械性能、电性能和耐热性均较好，广泛用作电缆的绝缘和护套材料。

一、高聚物的聚集态与加工性

1. 高聚物的类型

组成高聚物的高分子呈链状，按链状结构可将高聚物分为以下三种类型：

1）线型高分子：整条高分子链像一条长链，在主链上基本没有分支，具有这样结构的高分子称为线型高分子，如图 2-3a 所示。由线型高分子构成的高聚物称为线型高聚物或热塑性高聚物。这种高聚物受热时可以熔化、成型，具有热塑性，在适当的溶剂中可溶胀或溶解，能循环利用。

2）支链型高分子：高分子主链上带有长短不一支链结构的高分子称为支链型高分子，如图 2-3b 所示，由支链型高分子构成的高聚物称为支链型高聚物。这种高聚物性能与线型高分子相似，一般具有热塑性，可溶可熔，能循环利用。

3）体型高分子（网状高分子）：多条高分子链之间通过物理或化学反应，使它们彼此互相连接，形成立体空间网状结构，具有这种结构的高分子称为体型或网状高分子，如图 2-3c 所示。这种高聚物只能在交联前加热成型，交联之后便被永远固化，在高温下不会熔化，在溶剂中也不能溶解，不能再次成型，具有热固性。硫化橡胶、交联聚乙烯都属于体型高分子。

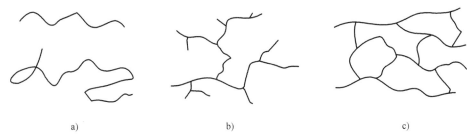

图 2-3　高分子链状结构类型

a）线型高分子　b）支链型高分子　c）体型高分子

2. 高聚物的聚集态结构

在不同温度下，低分材料分别以气态、液态和固态存在。高聚物由于分子间力较大，容易聚集为液态或固态，而不形成气态。固体聚合物的结构按照分子排列的几何特点，可分为结晶型和无定形两种。

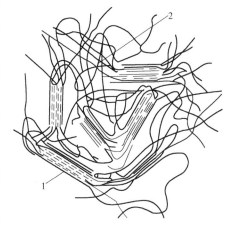

结晶型聚合物由晶区和非晶区组成，如图 2-4 所示。晶区为分子做有规则紧密排列的区域，晶区占总重量的百分数称为结晶度，例如低压聚乙烯在室温时的结晶度为 85%～90%。结晶只发生在线型聚合物和含交联键不多的体型聚合物中。

结晶对聚合物的性能影响很大，由于结晶造成了分子的紧密聚集状态，增强了分子间作用力，使聚合物的强度、刚度及熔点、耐热性和耐化学性能等都有所提高。而与链运动有关的性能如弹性、伸长率和冲击强度等则降低。

图 2-4　结晶型聚合物结构示意图

1—晶区　2—非晶区

可以认为无定形聚合物的分子链呈无序排列，其实其分子排列是大距离范围内无序，小距离范围内有序，即"远程无序，近程有序"。体型高分子由于分子链间存在大量交联，分子链难以有序排列，所以具有无定形结构。

3. 线型无定形高聚物的热力学状态与加工性

线型无定形高聚物随温度升高，聚集态分别为玻璃态、高弹态和粘流态，在受热过程中的几个重要温度点，分别是脆化温度 T_x、玻璃化温度 T_g、粘流温度 T_f（对于线型结晶态高聚物称为熔点 T_m）以及分解温度 T_d。

（1）玻璃态

如图 2-5 中 1 所示，当 $T < T_g$ 时，高聚物所有的分子链间的运动和链段的运动都被"冻结"，分子所具有的能量小于链段转动所需要的能量，且分子内聚力大，弹性模量高，整个物质表现为非结晶相的固体，像玻璃那样，被称为玻璃态。在外力作用下，高聚物只能通过高分子主链键长、键角的微小改变来发生变形，

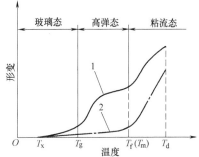

图 2-5　聚合物物理状态与温度的关系

1—线型非晶态高聚物　2—线型晶态高聚物

故变形很小，断裂伸长率一般在 0.01%～0.1%范围内。

在玻璃态下聚合物不能进行大变形量的加工，只适于进行机械加工，如车削、锉削、钻孔等，所以 T_g 是大多数高聚物成型加工的最低温度。

如果将温度降低到 T_x 时，即使分子振动也几乎被冻结，所以材料的韧性会显著降低，在受到外力作用时极易脆断，故将 T_x 称为脆化温度，它是高聚物性能的终止点，即高聚物使用的下限温度。

（2）高弹态

当温度超过 T_g 时，分子动能逐渐增加，链段开始运动，此时高聚物在外力作用下会产生变形，当除去外力后又会缓慢地回复原状，类似橡胶状态的弹性体，称为高弹态。橡胶在常温下处于高弹态，也就是橡胶的 T_g 低于室温，当高聚物的 T_g 高于室温，常温下处于玻璃态时，称之为塑料。

当温度升高时，分子动能增大，足以使大分子链段运动，但还不能使整个分子链运动，但分子链的柔性已大大增加，此时分子链呈卷曲状态，这就是高弹态，它是高聚物所独有的状态。高弹态高聚物受力时，卷曲链沿外力方向逐渐舒展拉直，产生很大的弹性变形，其宏观弹性变形量可达 100%～1000%。外力去除后分子链又逐渐地回缩到原来的卷曲状态，弹性变形逐渐消失。由于大分子链的舒展和卷曲需要时间，所以这种高弹性变形的产生和回复不是瞬时完成的，而是随时间逐渐变化。

在高弹态下，对高聚物可进行压力成型、真空成型等。进行上述成型加工时，必须在成型后快速地冷却到 T_g 温度以下，才能使制品形状固定，得到所需形状和尺寸的塑件。

（3）粘流态

当高聚物温度超过一定温度范围时，分子动能增加到使链段与整个高分子链都可移动的程度，这时即成为能流动的黏稠状液体，称为粘流态，也称熔体。此时的温度 T_f 称为粘流温度。

在粘流态下，可进行挤出、注射、吹膜、熔融纺丝等成型加工。电线电缆的挤塑加工即是把塑料加热到粘流态进行挤出成型的。

当温度继续升高到分解温度 T_d 附近时，聚合物开始分解变色，以致降低制品的物理、化学性能，或引起制品外观不良现象。

4. 线型晶态高聚物的物理状态、力学性能及加工性

线型晶态聚合物的温度—形变曲线如图 2-5 中 2 所示，与线型非晶态聚合物的温度——形变曲线有两处不同：一是 T_f 对应的温度叫熔点 T_m，是线型晶态聚合物熔融与凝固之间的临界温度；二是完全结晶的聚合物在 T_g 与 T_m 之间基本不呈现高弹态（应变量基本保持不变），这对扩大聚合物的使用温度范围非常重要。

线型晶态聚合物结晶程度高时加热过程中没有明显的高弹态，可以认为这种结晶型聚合物只有两种状态：在 T_m 以下处于晶态，与非结晶型高聚物的玻璃态相似；当温度高于 T_m 时，聚合物处于粘流态。结晶程度较低时加热过程中也有三态，也呈现出高弹态，这与线型非晶态聚合物的加工性类似。

综上所述，对于线型结构聚合物而言，玻璃态是材料的使用状态，T_g 是衡量材料使用范围的重要标志之一，T_g 越高其对环境温度的适应性越强。T_f（T_m）和 T_d 可用来衡量聚合物的成型性能，T_f（T_m）低时，有利于熔融，生产时热能消耗小；T_f（T_m）～T_d 温度区间大时，聚合物熔体的热稳定性好，可在较宽的温度范围内变形和流动而不易分解，即聚合物成型加工就越容易进行。

二、电性能

高聚物的电学性能是指聚合物在外加电场作用下所表现出来的各种物理现象。包括交变电场中的介电性质，在弱电场中的导电性质，在强电场中的击穿现象，以及发生在高聚物表面的静电现象等。对电线电缆来说电性能是绝缘材料最基本、最重要的性能。

1. 导电性—绝缘电阻

按电阻率大小，可将材料分为导体、半导体和绝缘体。电阻率低于 $10^{-2}\Omega \cdot m$ 的材料为导体，电阻率在 $10^{10}\Omega \cdot m$ 以上的材料称绝缘体，半导体电阻率介于两者之间。三类材料在电缆制造中均有应用。

（1）绝缘电阻的意义

高聚物中不可避免地会含有一定量的杂质，杂质分子的化学分解或热离解会形成极少量正、负离子，其沿电场方向移动也会产生导电现象，这种现象被称为电导。但产生的电流极微弱，称该电流为泄漏电流。在材料上所加电压与泄漏电流的比值称为绝缘电阻。

当直流电压 U 加在高聚物上时，通过高聚物的电流将随时间而衰减，最终达到某一稳定值，其电流随时间的变化曲线如图 2-6 所示。这种现象的产生是由于在加上直流电压的瞬间，有充电电流 i_c、吸收电流 i_a 和泄漏电流 I_g 三种电流流过。充电电流 i_c 开始很大，随时间很快衰减到零；吸收电流 i_a 需要几秒到几十秒衰减到零；不随时间变化的稳定电流 I_g 就是因介质电导而产生的泄漏电流。因此，开始时电流 $i_0 = i_c + i_a + I_g$，稳定后 $i_\infty = I_g$。因此，绝缘电阻测试时不能马上读数，而要在 1 分钟以后读数。读数过早，电流偏大，测得的绝缘电阻值会偏小。

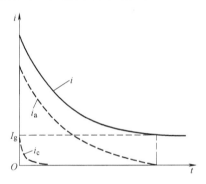

图 2-6 直流电压下流过高聚物的电流

（2）影响绝缘电阻的因素

高聚物的绝缘电阻与金属的电阻有很大不同：金属导电由自由电子定向移动形成，称为电子式电导，温度升高，自由电子定向移动受到阻碍增大，导体电阻增大；金属中杂质量增加也会使自由电子定向移动的阻碍增大，使导体电阻增大。高聚物的电导主要是离子定向移动形成，称为离子式电导，温度升高时，导电的离子数将因热离解而增加，同时分子间的作用力减小及离子的热运动改变了原有受束缚的状态，从而有利于离子的迁移，所以温度升高，高聚物的电阻率减小，泄漏电流增大；高聚物中杂质含量增加，可导电离子浓度提高，使绝缘电阻下降，尤其应注意的是，塑料、橡胶中加入的各种配合剂，与杂质一样，会或多或少地引入导电离子，引起绝缘电阻下降。

除此以外，影响高聚物导电性主要因素还有湿度，材料吸湿将使离子浓度大为增加，而且，有些本来电离度不大的杂质，在水存在时，电离度大为增加，产生更多离子载流子使高聚物导电率大大增加。高聚物的电导率受湿度影响的程度，还与高聚物本身的吸湿性有关。极性高聚物如聚酰胺等易吸湿，对电导影响非常显著；而对非极性材料，如聚乙烯、聚四氟乙烯等影响甚小。在高聚物中加入吸湿性配合剂也会增大电导。

（3）体积电阻和表面电阻

绝缘体的泄漏电流，除了通过绝缘本身体积的泄漏电流 I_V 外，还包含有沿绝缘体表面流过的泄漏电流 I_S，即 $I = I_V + I_S$，如图 2-7 所示。因此，所测绝缘体的绝缘电阻 R 实际上是体积电阻 R_V 和表面电阻 R_S 并联的等值电阻。

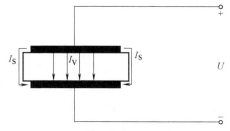

$$R = R_V // R_S = \frac{R_V R_S}{R_V + R_S} \qquad (2\text{-}6)$$

图 2-7　体积电流和表面电流的途径

体积电阻是施加的直流电压 U 与流过绝缘体内部的电流 I_V 之比；表面电阻是施加的直流电压 U 与流过绝缘表面的电流 I_S 之比，即

$$R_V = \frac{U}{I_V} \qquad R_S = \frac{U}{I_S}$$

表征绝缘电阻大小的物理量是电阻率 ρ（或电导率 γ），对应于体积电阻和表面电阻的电阻率分别为体积电阻率 ρ_V 和表面电阻率 ρ_S。

体积电阻率是绝缘体内的直流电场强度与体内泄漏电流密度之比，实际上它等于单位立方体的绝缘电阻值，单位为 $\Omega \cdot m$。其大小只与材料性质有关，与尺寸无关。表面电阻率是绝缘体表面层的直流电场强度与通过表面层的电流线密度之比，实际上它等于单位面积正方形的表面电阻值，单位为 Ω。其大小与材料尺寸无关，只与材料性质和表面状况有关。因材料表面状况受外界条件影响很大，因此，通常所说绝缘电阻和电阻率是指体积电阻和体积电阻率。

一般测量时所测得的绝缘电阻是 R_V 和 R_S 的并联值，小于 R_V 值，要测得准确的绝缘电阻值，必须采取能够将 R_V 和 R_S 分开的特殊的测量方式。

2. 介电性能—介电常数和介质损耗

（1）介电常数

在电场作用下，高聚物原子中的电子、分子中的离子或晶体点阵上的带电粒子，在电场作用下都会在原子大小的范围内移动，当达到静电平衡时，在材料的表层或体内会出现极化电荷，这种现象称为介质极化，介质极化又分为无损极化和有损极化，有损极化会引起高聚物发热产生能量损耗。

如图 2-8 所示平行板电容器，当两极板之间为真空时，在极板间施加直流电压 U，这时两极板上分别充有正、负电荷，其电容为 C_0。如果在此极板间用高聚物填充，这时在外加直流电场作用下，发生了介质极化现象，极板上的电荷量增加，电容增大为 C，C 与 C_0 的比值称为该高聚物的相对介电常数，用 ε_r 表示，即 $\varepsilon_r = C/C_0$。

相对介电常数 ε_r 越大，材料的极化特性越强，其储存电荷的能力越强，由其构成的电容器的电容量也越大，若将其用作电缆绝缘，电缆的电容也会很大，电容电流引起的损耗会增加，而且 ε_r 大极化损耗也大。因此，对电线电缆和一般的电工设备，相对介电常数小一些好，如聚乙烯塑料的 ε_r 为 2.3，而聚氯乙烯塑料的 ε_r 达 7 左右，这也是聚氯乙烯绝缘应用受限的原因之一。真空的相对介电常数 $\varepsilon_r = 1$，各种气体的 ε_r 都接近 1，而一般液体、固体的 ε_r 在 2~10 之间。

（2）介质损耗

高聚物在交变电场作用下，一部分电能转化为热能的消耗称为介质损耗。产生介质损耗的原因有：①聚合物中导电离子产生的泄漏电流流过，使部分电能转化为热能，称为电导损耗。②由于有损极化，吸收部分电能转化为热能，它是极性聚合物介质损耗的主要原因。③绝缘体中会含有杂质和气泡等缺陷，电场升高时，这些缺陷发生放电，放电产生的损耗称局部放电损耗。

在理想真空电容器里，电压升高，电容器充电，积累电能；当电压下降，电容器便将充入的电能全部释放出来，没有介电损耗。如果将这个电容器的两极板之间充入绝缘材料，就会产生能量损耗，这时，电流 I 与电压 U 之间相位差为 φ，其余角为 δ，称介质损耗角，如图 2-9 所示。

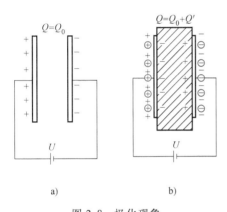

图 2-8　极化现象

a）极间为真空　b）极间充入介质

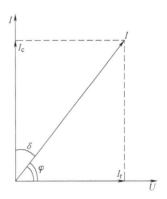

图 2-9　交变电场中电流与电压关系

我们将流过有电介质的电容电流 I 分成两部分：一部分电流与电压同相位，相当于流过纯电阻的电流，用 I_r 表示，另一部分电流比电压相位超前 90°，相当于流过纯电容的电流，用 I_c 表示。显然，电流 I_c 用于电容充电，能量储存在电容器内，I_r 用于流过电阻产生损耗。这表明有绝缘介质的电容器在电压升高时所积累的能量不能在电压降低时全部释放出来。有一部分被损耗掉了，这种损耗可用 $\tan\delta$ 来表示。$\tan\delta$ 称为介质损耗角正切，也叫介质损耗因数。

$$\tan\delta = \frac{介质损耗的能量}{介质积累的能量} = \frac{有功功率}{无功功率} \tag{2-7}$$

对高聚物来说，分子极性大、工作温度高、材料中杂质多、含水量大都会使介电损耗增大。

在电力电缆的绝缘材料中，往往要求介质损耗尽量小，否则，一方面会消耗较高的电能；另一方面还会引起材料发热，加速绝缘材料的老化，降低电缆使用寿命，所以在电力电缆中介质损耗小的聚乙烯的比介质损耗大的聚氯乙烯应用更加广泛。

三、耐电性能——击穿场强

在绝缘上施加电压，绝缘中就会有电流流过，在低电场下，电流和电压的关系符合欧姆定律。当电压升高到一定值以后，通过高聚物的电流随电场呈非线性增加，当电场继续升高时，电流剧增，这时高聚物由绝缘状态转变为非绝缘状态，这种现象称为绝缘击穿，如图 2-10所示。

高聚物抵抗电击穿的能力称为耐电性。耐电性以击穿场强和耐电强度来表示。导致绝缘击穿的最低电压称为击穿电压（U_b）。单位厚度绝缘材料上所承受的击穿电压称为耐电强度 E_b，也称击穿场强、介电强度。因此，耐电强度就是绝缘材料耐受电压作用而维持绝缘性能的能力。

$$E_b = \frac{U_b}{d} \qquad (2\text{-}8)$$

式中　E_b——耐电强度或称击穿场强、介电强度（kV/mm 或 MV/m）；

　　　U_b——击穿电压（kV 或 MV）；

　　　d——绝缘体击穿处的厚度（mm 或 m）。

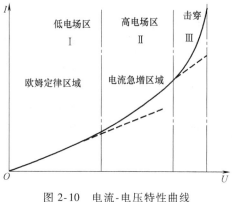

图 2-10　电流-电压特性曲线

击穿类型

高聚物击穿可分为电击穿、热击穿、电化学击穿三种基本类型：

1）热击穿：由于绝缘材料发热大于散热，致使绝缘体温度升高所致。

介质极化和泄漏电流引起的电能损耗使绝缘体发热，如果绝缘体传导热量的速度不足以及时将介质损耗的热量散发出去，其内部的温度就逐渐升高。随着温度升高，电导率迅速增加，介电损耗也更快增加（介电损耗在高温下与温度是指数关系），从而放出更多的热量，使温度进一步升高。如此恶性循环的结果致使绝缘体温度持续升高，最终以热破坏形式而丧失耐电性，发生击穿。显然，热击穿最易发生在散热最不好的地方。

外加电场频率增加，环境温度升高，试样厚度增加，散热条件恶化，都会使热击穿强度下降。

2）电击穿：在弱电场中，载流子不断与周围的其他载流子、分子、原子产生能量交换，能量处于平衡状态，高聚物具有稳定的电导。但当电场强度达到某一临界值时，载流子从外加电场获得足够的能量，它们与高分子碰撞，使高分子链发生电离，激发出新的电子或离子，这些新生的载流子又再碰撞高分子，而产生更多的载流子，这一过程反复进行，载流子雪崩似的产生，以致电流急剧上升，最终导致高聚物材料击穿，这种击穿称为电击穿。高聚物中的杂质，在高电场作用下，也会电离成离子，并撞击高分子，发生类似现象。

与热击穿不同，电击穿通常发生在温度较低条件，而且电压作用时间也较短。它受环境温度影响较少，不像热击穿会受到电压种类、频率、绝缘结构、散热条件等的影响。总之，电击穿易发生在电场集中处或较强处。在非均匀电场下，击穿点往往发生在边沿处，击穿只留下小小的斑点，一般还有辐射性的裂痕。

3）电化学击穿：电化学击穿是高聚物电介质在高压下长期作用后出现的。高电压的作用能在高聚物表面或缺陷、小孔处引起局部的空气碰撞电离，从而生成臭氧或氮的氧化物等，这些化合物都能使高聚物老化，引起电导的增加，直至击穿发生。

在高电压作用下，高聚物表面或内部气泡中的气体，因其介电强度比高聚物的介电强度低得多，首先发生击穿放电。放电时被电场加速的电子和离子轰击高聚物表面，可以直接破坏高分子结构，放电产生的热量也可能引起高分子的热降解，放电生成的臭氧和氮的氧化物将使高聚物氧化老化。特别是当高压电场是交变电场时，这种放电过程的频率成倍地随电场频率而增加，反复放电使高聚物所受的侵蚀不断加深，最后导致材料击穿。这种击穿造成的击穿通道的特征呈树枝状，又称树枝击穿。

四、力学性能

在高聚物加工和使用过程中都要受到各种力的作用，力学性能就是表征材料受到机械作用时产生可逆或不可逆形变以及抵抗破坏的性能。高聚物最大的力学性能特点是它的高弹性和粘弹性。

1. 高弹性

通常把橡胶状的弹性称为高弹性，把类橡胶状的物体称为弹性体。高弹体形变的数值要比普通固体大得多，并且这种高弹性仅在一定温度范围内才能呈现，而它的压缩性远比它的拉伸性小。高弹性是高聚物由于分子链所表现的柔性在性能上的表现，高弹体的大分子具有长链结构，分子链具有很大的活动性，以使其分子链能迅速伸长或卷曲，如图 2-11 所示，所以只有柔性链高分子在一定温度范围才具有高弹

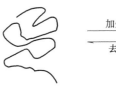 

图 2-11　高聚物分子高弹形变示意图

性。高弹体的特征表现在：①弹性形变很大，可达 1000%，而一般金属材料的弹性变形不超过 1%。②弹性模量很低，只有 10^5N/m^2，而一般金属弹性模量高达 $10^{10} \sim 10^{11}\text{N/m}^2$。③在最大拉伸时具有很高的抗拉强度，应力去除后，能迅速缩短或完全恢复到原来尺寸，即剩余变形很小。

高聚物呈现高弹性是由于高分子链运动能够比较迅速地适应所受外力，而改变分子链的构象，这就要求分子链在常温下能够充分地显示出柔性，凡是影响高分子链柔性的因素，都会影响高聚物的高弹性。①分子量：高聚物分子分子量越高，分子链越长，则分子链可能出现的构象越多，分子链越柔顺；同时分子量越高，链与链之间作用力越大，大分子间越不容易滑动，因此弹性越高，极限伸长率也越大，弹性越好。一般橡胶高聚物其分子量都比较大，顺丁橡胶的分子量在 30 万~40 万，丁苯橡胶在 50 万，弹性高。②大分子的柔顺性和极性：大分子的柔性越强，弹性越好，同时其玻璃化温度越低，橡胶的耐寒性越好。③硫化：橡胶加工中，都要经过硫化，使分子间轻度交联，形成连续的空间网状结构。适当的交联可使高弹态的温度范围加宽，强度增大，防止使用中的流动蠕变，但交联键太密，分子链的活动性就要受到阻碍，橡胶的弹性也会大大降低。

2. 黏弹性

以上讨论的高弹性，限于形变能跟上外力作用的速度，而有些高弹形变滞后于作用力。如低温下或老化了的橡胶，它们在拉伸和回缩时，当外力作用于物体上时，形变缓慢产生，撤去外力，形变也不立即消除，而是经过一定时间，逐渐回复。总之，伸长和回复都表现形变不随作用力即时建立平衡，而是有所滞后，这种形变性质介于弹性材料和黏性材料之间，这种行为组合了固体的弹性和液体的黏性两者的特征，故这种行为也称为黏弹性，在力学性质上有突出的力学松弛现象。

发生推迟高弹的原因，在于链段运动的困难。适应外力要求，其构象变化的速度缓慢，这与链的柔性、温度、力作用速度等因素有关。显然，链越僵硬，温度越低（体系黏度越大）形变推迟越严重。力作用的速度越快，即力的作用时间越短，高弹形变的推迟越严重。当力的作用速度快到链段完全来不及作出反应时，物体实际表现为玻璃态。如有些塑料破裂时显得很脆，反之，若力的作用速度很慢，作用时间很长，则塑料可能像流体，表现出较大

的缓慢变形，如聚乙烯在长期使用中表现出的冷流性。高聚物的黏弹性问题，在日常使用中表现为蠕变、应力松弛、滞后和内耗，这些都关系到材料的性能及使用。

（1）蠕变

物体在外力作用下发生形变，随着时间的增长，形变继续缓慢发展的现象称蠕变。如硬的聚氯乙烯电缆套管在架空的情况下，会越来越弯曲。蠕变的机理是高聚物分子在外力长期作用下，逐渐发生构象变化和位移，由卷曲变为伸直所致。分子链的柔性对蠕变的影响最大，交联和结晶能大大减小蠕变。蠕变轻则导致产品尺寸稳定性差，大则导致部件损坏、造成事故。

（2）应力松弛

对于一个高聚物使之迅速产生一形变，物体内则产生一应力，此应力随时间延长而逐渐衰减，这一现象称为应力松弛。如用橡皮筋箍住一物体，刚箍上时很紧，即其中张应力很大，时间越久越松，张应力逐渐衰减。应力松弛的机理与蠕变现象一样，也是在应力长时间作用下，大分子构象逐渐变化及分子位移的结果。

3. 机械强度

拉伸试验是将聚合物试样夹在拉伸机上，以均匀的速度拉伸直到断裂，可得拉伸过程试样的应力-应变曲线。

无定形态高聚物拉伸破坏行为如图 2-12 所示。

（1）皮革态

其拉伸有较大的变形，可达 100%，这时物体已有链段运动。如图 2-12 曲线①所示，像软聚氯乙烯、橡胶共混物。

（2）高弹态

如图 2-12 曲线②所示，各种橡胶在室温拉伸，大体属于这种情况，伸长率可达 1000%。

结晶型聚合物拉伸破坏行为典型曲线如图 2-13 所示。起始段试样均匀伸长，继之经过一个最高应力—屈服点 y，然后试样在某一处突然变细，出现细颈段。出现细颈的本质是分子在该处发生了取向，取向后，该处的强度增加，继续拉伸，细颈不再变细拉断，而是向两端扩展，即试样上较粗部分的分子继续取向，直至粗的部分全部变细，此后，细颈部可进一步拉细。而分子进一步取向，应力迅速提高，最后试样拉断。

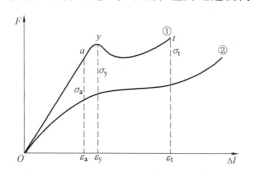

图 2-12　无定形态高聚物的拉伸曲线

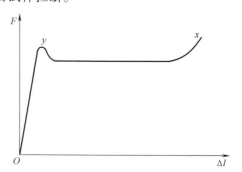

图 2-13　结晶型高聚物的拉伸曲线

与金属拉伸相似，高聚物拉伸过程的最大拉应力，即最大拉力与试样原始截面积的比值为其抗张强度，$\sigma = F/A_0$，单位为 MPa。断裂伸长率为断裂瞬间试样的伸长量与原始长度的比值，$\delta = \dfrac{l_1 - l_0}{l_0} \times 100\%$。

高聚物之所以具有抵抗外力的能力，主要靠分子内的化学键合力及分子间的范德华力和氢键。高聚物的断裂过程可归纳为如下三种：①化学键破坏。②分子间滑脱。③范德华力和氢键破坏。

影响聚合物强度的主要因素：①分子极性：高分子链极性大或能形成氢键，分子间力大，则强度高。如聚氯乙烯极性比聚乙烯极性大，聚氯乙烯强度高。②交联：当高聚物中有适当交联时，增加了分子间作用力，在外力作用下多数分子链段能取向，使材料的强度增加。例如，聚乙烯交联后拉伸强度提高，但交联过多，使大分子链不易取向，反而使强度降低，材料变脆。③取向：取向使高分子材料产生各向异性。在拉伸方向或冲击方向与分子取向方向平行时，则拉伸强度和冲击强度都比未取向的高。但如果拉伸或冲击方向与分子取向方向相垂直则其强度和韧性更低。如塑料护套多采用挤管式模具生产，高分子沿电缆轴向取向。拉伸试验时沿轴向裁取哑铃片的强度明显高于沿周向裁取试样。④温度：高聚物处于脆性状态时，其断裂强度受温度影响不大。温度下降，强度略有提高。高聚物处于其他状态时，随温度升高，抗拉强度下降，但冲击强度上升。

五、热性能

1. 耐热性

高聚物在短期或长时间承受高温或温度剧变时能保持基本性能而维持正常使用的能力称耐热性。按材料承受高温作用时间的长短分为短时耐热性和长期耐热性。

短时耐热性是指材料在高温下是否出现软化、变形、分解等现象，或者材料在热态下的性能指标的变化，即通常所说的热变形性。常以 T_g、T_f、T_d、T_x（代表意义如图 2-5 所示）等表示。长期耐热性是指高分子材料处于一定温度下，能否获得预期寿命。通常用绝缘材料的耐热等级、温度指数、长期最高工作温度来表示。它反映了高聚物的热稳定性，常指抵抗热氧老化性能。

电线电缆用橡胶和塑料的耐热性，一般是指高温下的热变形能力和抗氧化能力。

（1）高温下材料热变形能力（热变形性）

对于热塑性塑料，在软化点之前高聚物基本处于玻璃态，其受力产生很小的弹性形变和塑性形变，表现出很高的强度、硬度。随着温度升高，大分子及链段热运动加剧，表现为如塑性增大，弹性降低，硬度降低。当温度升至软化点时，很容易产生塑性变形，并很快转变为粘流态。

1）抗张强度的变化 对于橡胶，在热的作用下，机械性能的变化可大体分为三类。第一类如天然橡胶、氯丁橡胶、丁苯橡胶，它们在室温下均有较高的抗张强度，随温度升高，抗张强度随温度急剧下降。第二大类如丁基橡胶和硅橡胶，它们在室温下抗张强度不高，但是温度对其影响也不大。第三类是氟橡胶和氯磺化聚乙烯，它们的抗张强度在一定温度前急剧下降，但继续升温时变化不大。而塑料抗张强度一般是随温度升高而逐渐降低，直至熔化。

2）伸长率 随温度上升，橡胶的伸长率逐渐变小。而对于塑料，其伸长率一般先有所上升再很快下降。

3）硬度 随着温度升高，弹性材料硬度变化缓慢，但是仍然保持一定数值。对于热塑性材料，特别是结晶聚合物如聚乙烯，当温度升高到某一数值时，硬度急剧下降，以致完全软化或熔化。电线电缆在使用过程中不可避免会发生短时过载和短路的现象，使绝缘温度上升很高，为保持使其达不到软化温度，就要限制工作温度的上限。

总的来说，可以认为各种弹性材料抗高温损坏的能力优于热塑性材料，而在热塑性材料中，非结晶高聚物又优于结晶高聚物。

（2）高温下热氧化能力（热稳定性）

在热作用时间较长时，特别是高分子材料不可避免要接触到氧，在氧和热的共同作用下，高聚物的氧化反应产生两种结果，一是聚合物大分子或网状大分子断链降解，使高聚物结构松散，并降低分子量，其结果导致高聚物材料软化，发黏和产生低分子挥发物。二是被氧化的链段连接起来，联成一个网状结构，使结构结实，分子量增大，结果导致高聚物材料硬脆开裂。

根据高聚物分子的结构和化学键、基团的热稳定顺序，一般认为：

1）饱和聚合物的耐热氧化性较不饱和的二烯烃聚合物要好。如乙丙橡胶热稳定性比丁苯橡胶要好。双键数目越多热稳定性越差，如丁苯橡胶比天然橡胶热稳定性好。

2）线性聚合物比支链聚合物有更高的耐氧化能力。如高密度聚乙烯比低密度聚乙烯含有较少的支化结构，因此，热稳定性更高。

3）体型高聚物耐热性比线性、支链聚合物高。如交联聚乙烯热稳定性优于聚乙烯。

4）结晶聚合物在熔点以下比非结晶聚合物耐热氧老化。

5）取代基的存在，能改变高聚物的热稳定性，例如聚氯乙烯树脂在降解的过程中，热的作用有一个感应期，分子氧在降解过程中的某一点之前，并不起明显作用。含氟的聚合物中，聚四氟乙烯是稳定性最好的，这是由于 C—F 键的稳定性大于其他任何 C—C、C—H、C—Cl 键。

6）硅橡胶热稳定性好是因其主链是 Si—O，Si—O 键能大，稳定性高。

2. 耐寒性

材料冷却至低温时，因分子被冻结而产生较大的收缩，使内部变形，不产生松弛，伸长率降低。当电缆弯曲时，将因变形增大而导致机械开裂，给电线绝缘造成大的缺陷。特别是有机绝缘材料比金属材料的收缩大，因此它与电缆中的导体相配合是很重要的。

耐寒性是指高分子材料在低温下仍能保持电线电缆较好的物理力学性能，以满足使用要求的能力。当材料冷至低温时，其变形能力逐渐消失，变为硬脆，直至达到脆化温度 T_x，材料即使受到很小的变形也会断裂，脆化温度可以作为材料耐寒性的指标。

对无定形态高聚物来讲，从高弹态过渡到玻璃态的临界温度为 T_g，因此耐寒性的问题，就是影响高聚物 T_g 的问题。一般来讲 T_g 主要取决于大分子链段的活动性，凡是分子间力小，分子链柔性大的高聚物它的 T_g 就越低。一般来讲聚烯烃的 T_g 很低，引进极性基后，增加分子间作用力，T_g 提高；非极性的无规侧基由于阻碍了链段的活动，也会提高 T_g，但是为了满足各种要求，有时，不得不引入这些基团。一般 T_g 较低的高聚物，如聚乙烯、顺丁橡胶、硅橡胶耐寒性都比较好。

六、耐燃性

电线电缆用的橡胶、塑料多是易燃材料，如聚乙烯、聚丙烯、天然橡胶、丁苯橡胶、乙丙橡胶等。只有少数高聚物如氟塑料、氟橡胶才有较高的耐燃性。

1. 高聚物的燃烧机理

加热时，高聚物发生化学破坏并伴随产生挥发物，从而留下多孔的残渣，这将使空气中的氧容易渗入，并在固体基体中引起进一步氧化反应。残渣通常是由碳渣组成，它增加了从周围的辐射中吸收热量，进一步使材料热裂解。这样就产生累计的升温，最后挥发物起燃，形成火焰。起燃可以由外部火焰引起（骤燃），也可以自发产生。若燃烧产生的热量能连续的为基体热裂解提供必需的热量而维持燃烧，这样的材料称为可燃性材料；反之，如果燃烧产生的热量不足以提供的热量来引起材料的热裂解，并且不能以足够速率产生挥发物来起燃时，则火焰要熄灭，这样的材料称为自熄性材料。聚合物的燃烧特性由下列一些参数来表征：

1）燃烧热：它是使 1kg 聚合物充分燃烧时所产生的热量。聚合物热分解反应都是放热反应，燃烧热是维持燃烧和延燃的重要因素。

2）氧指数：在氮气和氧气（N_2+O_2）的混合物中，维持蜡烛状试样稳定燃烧所需的最低氧含量。氧指数越高，材料越不易燃烧。通常将氧指数小于 22 材料称为易燃物。

3）毒性指数：毒性指数为 1 时，人体在其内 30min 死亡。

4）透光率：透过透明或半透明体的光通量与其入射光通量的百分率。在有烟的情况下，透光率达到 60%，可视度为 5~7m。透光率低于 5%，伸手不见五指。

5）烟密度：烟密度是试样在规定的试验条件下发烟量的度量，用透过烟的光强度衰减量来描述。

2. 提高聚合物耐燃性的途径

在持续燃烧时，必须有热量、氧气和可燃物，称为燃烧三要素。材料的阻燃就是控制上述条件中的任意一个或多个，促使燃烧停止。对电缆工业而言，具有实用意义是添加阻燃剂。阻燃剂是在材料的燃烧过程中，能改变其物理或化学的变化模式，从而抑制或降低其氧化反应速度的物质。阻燃剂的阻燃效应如下：

1）吸热效应：吸收热量使高聚物材料温度上升困难。如含有结晶水的 $Al(OH)_3$、$Mg(OH)_2$ 吸热脱去结晶水，同时继续吸热生成的水蒸气，还可以稀释可燃气体，从而起到降温和隔氧两方面阻燃作用。

2）覆盖效应：在较高的温度下生成覆盖层，使材料与空气隔绝。例如锑系阻燃剂用于含卤材料，或与含卤阻燃剂共用，燃烧时生成卤化锑和水，卤化锑因密度大覆盖于材料表面。卤系、磷系等阻燃剂能促进有机化合物炭化而生成炭化层。含硼、含硅阻燃剂可促进材料表面生成陶瓷膜，也起阻燃作用。

3）稀释反应：阻燃剂受热分解时生成大量的不燃气体，使材料因燃烧生成的可燃气体稀释而达不到可燃的浓度范围。能受热分解出不燃性气体的阻燃剂如碳酸钙、磷酸铵、卤系等阻燃剂以及各种含有结合水的无机阻燃剂。

4）抑制效应：捕捉活性极大的羟基自由基，切断燃烧过程的连锁反应。例如含卤阻燃剂具有这种抑制效应：

$$HO^{\cdot}+HBr \rightarrow H_2O+Br^{\cdot} \qquad Br^{\cdot}+RH \rightarrow HBr+R^{\cdot}$$

结果活性小的 $R^{\cdot}$ 取代了活性极大的 $HO^{\cdot}$ 使燃烧的连锁反应减慢，同时卤化氢再生。

5）协同效应：有些阻燃剂单独使用效果不显著，但与合适材料并用时，则效果大大增加。例如三氧化二锑与含卤等阻燃剂并用，不但提高阻燃剂的效率，而且阻燃剂用量也减少。氢氧化铝和氢氧化镁并用也起协同效应，因其分解出结晶水的温度不同，可以在不同阶段起吸热反应，从而抑制材料热分解。

目前在电线电缆材料中，大量使用有机卤素阻燃剂，虽然达到了阻燃效果，但发烟量大，而且产生酸性气体的腐蚀性和毒性也不容忽视。所以高聚物除使用阻燃剂外，还应有发烟抑制剂和有毒气体捕捉剂，欲制得低烟低酸的产品，必须增加消烟剂和抑制剂。

七、老化性能

绝缘材料的老化是指绝缘材料在贮存及使用过程中，由于热、电、光、氧、臭氧、潮气及化学药品、高能辐射线、机械应力、高价金属离子、气候以及微生物等因素的长期作用下，在绝缘结构内部发生了不可逆的物理化学变化，使原有的性能逐渐恶化，直至破坏的全过程。

1. 绝缘材料老化的类型

通常按老化机理和老化因素的不同来划分类型，可以分为：

1）热老化：因热长期作用所引起的最基本的老化形式。对应用于真空中或充氮气或氢气中的绝缘材料的老化，单纯热老化是主要老化形式。

2）热氧化老化：是热和氧联合长期作用所引起的一种老化形式。由于绝缘材料大部分都和空气接触，因此热氧老化是绝缘材料老化最主要的形式，习惯上也称热老化。

3）光老化或光氧化老化：如果绝缘材料在户外使用，这时材料在光和氧的长期作用下发生光氧化老化。这是户外绝缘材料老化的主要形式。

4）臭氧老化：臭氧的活性大于氧，由臭氧作用引起的老化即臭氧老化。若绝缘材料中有一部分对臭氧特别敏感，这时臭氧老化将成为其主要老化形式。

5）化学老化：材料在水、溶剂、酸、碱等化学物质的长期作用下引起的老化，如水解、环境应力开裂等。

6）生物老化：使用在热带湿热带地区的电工产品常因霉菌的侵蚀而使性能变坏。

7）疲劳老化：材料在外加机械力的反复作用下逐渐破坏。引起疲劳的根源是应力作用下发生的降解。

8）高能辐射老化：高能辐射线作用于材料后，往往使原子离子化，有时进一步产生游离基离子。游离基具有强反应能力，可以引起断链反应和交联反应。若有氧存在，情况更为复杂。

9）电老化：这是绝缘材料所独具的老化形式。它是高电压或高电场强度长期作用所引起的老化。电老化中又有电晕放电、火花放电、电树枝化、电化学腐蚀等。

所谓大气老化，实际上包括户外环境中所能碰到的各种因素所引起的老化，是各种因素共同作用的结果。

2. 绝缘材料老化的一般规律

绝缘材料的老化过程很复杂，对其一般规律的概括，只能看作是一种总的倾向。

1）绝缘材料老化是一种自由基联锁反应：高分子材料的化学键，在热、光、电、力等因素的作用下断裂，形成最初的自由基，自由基是活化能力很强的活化中心，从而引起一系列自由基联锁反应。热老化、热氧老化、光老化均属此种反应。

2）在老化过程中，引起绝缘材料结构变化的两个反应是降解反应和交联反应。降解反应使分子量下降，交联反应使分子量增大，并逐渐形成网状结构。这两个反应对材料的性能变化的影响往往是不同的，甚至是相反的。

3）绝缘材料的老化通常是从表面开始，然后再深入到内部。往往内部还没有出现明显的变化以前，表面上早已出现了失去光泽、变色、龟裂、裂纹、粉化、起泡、剥落、长霉、变形、发粘等老化的迹象。也有的老化是从内部首先开始的，如电树枝化。

如果老化深入到材料内部，那就会出现机械强度下降、发脆、弹性模量增大或下降、硬度下降、伸长率提高或降低等变化。其他电性能、物理性能等也相应变化。

4) 绝缘材料老化的内在原因是绝缘材料的分子结构存在着弱点，材料中最弱的化学键往往是老化的起点，热老化往往从最弱的碳—碳键开始。氧化老化往往从最弱的碳—氢键开始；而水解往往从最弱的碳—杂键开始。

5) 聚集态和相态对老化也有重要影响：结构晶相分子敛集紧密，不容易渗透扩散。因此可以认为结晶区的老化要比非结晶区的老化程度轻。

6) 材料中的各种杂质和添加剂也可影响老化速度。

3. 绝缘的防老化措施

1) 在绝缘材料中加入防老剂。防老剂是一类能大大提高绝缘材料的热加工性能或延长材料使用寿命的化学物质，包括抗氧剂、热稳定剂、变价金属离子抑制剂、紫外线吸收剂和光屏蔽剂等。

2) 物理防护。在绝缘材料外面增加护层以阻隔日光照射和大气的直接接触。可采取不同的防护措施，如涂漆、涂胶、涂覆塑料、涂蜡、涂油、挤制黑色护套等等。

3) 提高加工工艺，确保配方及工艺的正确设计和控制，对老化性能亦有重要意义。

第四节　塑　　料

在树脂中加入一定量的配合剂（如：防老剂、增塑剂、填充剂等），在一定的条件下可塑制成型，并保持一定形状的材料称为塑料。相比其他材料，塑料比重小，重量轻，机械强度较高，电绝缘性好，此外它化学稳定性好，耐酸、耐碱、耐油，易于加工成型，材料来源广，被广泛用作各种电线电缆的绝缘和护层材料。

聚乙烯和聚氯乙烯是电缆工业中应用最早、用量最大的塑料，其他如聚丙烯、聚苯乙烯、聚乙烯共聚物、氟塑料、聚酯、聚酰胺、氯化聚醚以及塑料复合物也有广泛使用。

一、聚乙烯（PE）和交联聚乙烯（XLPE）

聚乙烯分子结构为$\left[CH_2-CH_2\right]_n$，英文缩写 PE，是分子结构最简单的一种树脂，聚乙烯具有优异的电绝缘性，化学稳定性高，易于加工成型，并且品种较多，可满足不同的性能要求，用途极为广泛，是目前产量最大树脂品种。

聚乙烯树脂主要有低密度聚乙烯（LDPE）、高密度聚乙烯（HDPE）和线性低密度聚乙烯（LLDPE）。此外，还有中密度和超高分子量聚乙烯。

1. 聚乙烯树脂的性能

低密度聚乙烯大分子链有许多支链，不能相互紧密有规则排列，因而结晶度低，熔融温度低，密度小，各项力学性能和耐热性较低，但韧性好。中密度和高密度聚乙烯结晶度高，密度大，力学强度和耐热性都较高，但韧性差些。线型低密度聚乙烯具有规整的非常短小的支链结构，结晶度和密度与 LDPE 相似，但由于分子间力较大，使其力学性能与耐热性介于 LDPE 和 HDPE 之间，某些性能，如耐环境应力开裂性、抗撕裂强度、耐刺穿性优于 LDPE 和 HDPE。聚乙烯树脂的性能见表 2-3。

表 2-3 聚乙烯树脂的性能

性能	指标		性能	指标	
	LDPE	HDPE		LDPE	HDPE
密度/(g/cm³)	0.910~0.925	0.941~0.970	耐碱性	耐	很耐
透明性	半透明	半透明~不透明	耐弱酸性	耐	很耐
吸水性(%) (质量分数,24h)	<0.015	<0.01	耐强酸性	受氧化酸侵蚀	受氧化酸侵蚀较慢
透气速率/相对值	1	1/3	耐溶剂性	常温下不受侵入	
拉伸强度/MPa	8~16	20~40	燃烧性	易燃	
断裂伸长率(%)	400~600	15~1000	耐弧性/s	135~160	>200
弹性模量/MPa	100~300	400~1200	体积电阻率/(Ω·m)	>10¹⁴	
线膨胀系数/ (m/m℃)	2.2×10⁻⁴	1.5×10⁻⁴	击穿场强/(kV/mm)	瞬间值 18~40	
弯曲模量/MPa	250	1000	相对介电常数 60~100Hz 10³Hz 10⁶Hz	2.25~2.35 2.25~2.35 2.25~2.35	2.25~2.35 2.25~2.35 2.25~2.35
冲击韧性/(J/cm²)	不断	8.6			
成形收缩率(%)	1.5~5.0	2.0~5.0			
肖氏硬度/D	41~46	60~70			
结晶熔点/℃	108~126	126~135	介质损耗因数 60~100Hz 10³Hz 10⁶Hz	<0.0005 <0.0005 <0.0005	<0.0002 <0.0003 <0.0003
热导率/(W/m℃)	0.35	0.48			
长期使用温度/℃	65~70	80			
脆化温度/℃	<-70	<-70			

应用于电线电缆,聚乙烯树脂具有以下突出特点:

1)优异的电气性能。绝缘电阻和耐电强度都很高;在较宽的频率范围内介电常数 ε_r 和介质损耗 $\tan\delta$ 都很小,且两者受频率和温度影响不大。从电性能角度看,是电力电缆和通信电缆的理想绝缘材料。

2)化学稳定性好。聚乙烯是最稳定,最惰性的聚合物之一,具有良好的化学稳定性。一般情况下耐酸、碱、盐的水溶液,但不耐氧化性酸如硝酸。聚乙烯在低于 60℃ 时不溶于一般有机溶剂。在较高温度下可溶于某些有机溶剂(如脂肪烃、芳香烃)中。

3)耐水性好,吸水率极低。在水中浸泡一个月吸水量为 0.03%,浸泡一年,吸水量仅为 0.15%。在浸水 7 天后,体积电阻率和耐电强度都没有变化。另外,极性液体的蒸汽透过聚乙烯的速率极小,而透过非极性物质蒸汽的速率则要大得多。

4)耐低温性好。聚乙烯的脆化温度为-50℃,在低温下仍具有较好的柔韧性。

5)耐热老化性。聚乙烯在接触氧气时,50℃ 就有氧化反应,无氧时,300℃ 才开始分解。配合适当抗氧剂可提高聚乙烯的热稳定性。

6)工艺性能好。易于熔融塑化,且不易分解,易成型。

7)密度小,来源广,价格低。

聚乙烯的缺点也很明显,主要有:

1)氧指数只有 18,属易燃材料。

2）耐电晕性和耐电蚀性欠佳，在高电压长期作用下，易出现水树，电树，导致绝缘破坏。

3）在受力状态或在加工成型时残留内应力，或接触某些液体（如醇类、洗涤剂、肥皂水等）、蒸汽时，常会发生环境应力开裂。分子量提高，结晶度减小或采取交联措施，可以改善耐环境应力开裂性，如 LLDPE 的耐环境应力开裂性非常优越。

4）蠕变性差。蠕变性或称冷流性，由于聚乙烯为非极性材料，分子间作用力较小，分子链之间较易相互滑动，从而产生缓慢的形变。譬如将一根聚乙烯电缆垂直放置，随着时间延长，会产生下端变厚，上端变薄的现象。使聚乙烯交联，可以显著改善冷流性。

5）耐光性较差，易于吸收 300nm 紫外光，在户外使用时应加入光稳定剂。

针对以上缺点，可以通过添加配合剂或交联改性的方法，做到扬长避短，合理使用。

2．聚乙烯塑料

（1）一般用途聚乙烯电缆料

因聚乙烯具有优异的电性能，机械性能较好，故可以直接用作绝缘或护套料。为提高其某一方面的性能，还常在聚乙烯树脂中添加少量配合剂，制成适用性更好的聚乙烯塑料，电线电缆常用的聚乙烯电缆料见表 2-4。

表 2-4　电线电缆用聚乙烯塑料的分类、组成及用途

分类	名　称	基　本　组　成	用　途
绝缘料	一般用途聚乙烯绝缘料	LDPE 树脂、抗氧剂；根据需要可能还有润滑剂	通信电缆绝缘；低压电缆绝缘
	高速挤出用聚乙烯绝缘料	高分子量 HDPE 树脂，抗氧剂	市话电缆薄绝缘
	可发泡聚乙烯绝缘料	HDPE 树脂，发泡剂（如 AC），抗氧剂	通信电缆绝缘
	海底通信电缆用聚乙烯绝缘料	MI 在 0.3 以下的 HDPE 树脂或改性的 PE，抗氧剂	海底通信电缆用聚乙烯绝缘
	耐候低密度聚乙烯绝缘料	LDPE 树脂，炭黑，抗氧剂	1kV 及以下架空电缆绝缘或其他类似的场合，最高工作温度为 70℃
	耐候线性低密度聚乙烯绝缘料	LLDPE 树脂，炭黑，抗氧剂	1kV 及以下架空电缆绝缘或其他类似的场合，最高工作温度为 70℃
	耐候高密度聚乙烯绝缘料	HDPE 树脂，炭黑，抗氧剂，光稳定剂，润滑剂	10kV 及以下架空电缆绝缘或其他类似的场合，最高工作温度为 80℃
	高电压用聚乙烯绝缘料	超净聚乙烯树脂，抗氧剂，电压稳定剂	最高可用于 220kV 电缆的绝缘
护套料	黑色低密度聚乙烯护套料	低密度聚乙烯，3% 炭黑，抗氧剂	通信电缆、控制电缆、信号电缆和电力电缆的护层，最高工作温度为 70℃
	黑色耐环境应力开裂低密度聚乙烯护套料	熔融指数 0.3 以下，分子量分布不太宽的聚乙烯；炭黑，抗氧剂	耐环境应力开裂性要求高的通信电缆、控制电缆、信号电缆和电力电缆的护层，最高工作温度为 70℃
	黑色线性低密度聚乙烯护套料	LLDPE，炭黑，抗氧剂	耐环境应力开裂性要求高的通信电缆、控制电缆、信号电缆和电力电缆的护层，最高工作温度为 70℃
	黑色高密度聚乙烯护套料	HDPE，炭黑，抗氧剂	光缆、海底电缆的护层，最高工作温度为 80℃
	黑色中密度聚乙烯护套料	MDPE，炭黑，抗氧剂	通信电缆、电力电缆和光缆、海底电缆的护层，最高工作温度为 80℃

（2）半导电聚乙烯塑料

半导电聚乙烯塑料是在聚乙烯中加入导电炭黑获得的，一般采用细粒径、高结构炭黑。炭黑用量为每 100 份聚乙烯加 40 份，该半导电塑料的体积电阻率通常在 $10 \sim 10^3 \Omega \cdot m$。大量的炭黑填充，使物料变硬，流动性变差，性能变脆，因此，应采用熔融指数较大的聚乙烯树脂。现在较多采用乙烯共聚物如乙烯-醋酸乙烯共聚物加导电炭黑等。

（3）低烟无卤阻燃聚烯烃电缆料

以聚乙烯树脂为基料，加入优质高效的无卤无毒阻燃剂、抑烟剂、热稳定剂、防霉剂、着色剂等改性添加剂，经混炼、塑化、造粒而成。

（4）交联聚乙烯（XLPE）

聚乙烯虽然有许多优良性能，但也存在像熔点低、耐热性差、存在蠕变等不足。为弥补聚乙烯性能的缺陷，交联是目前应用最普遍的一种改性方法。

在交联剂或高能射线的作用下，聚乙烯从线型结构变成体型网状结构，从而由热塑性塑料转变为热固性的交联聚乙烯。交联其耐热性、耐环境应力开裂性、蠕变性等得到大大提高，特别是聚乙烯高温下热变形大的缺陷得到显著改善，将聚乙烯绝缘电缆的长期使用温度从 70℃ 提高到交联聚乙烯绝缘电缆的 90℃，短时允许过载提高到 130℃，短路温度提高到 250℃。所以交联聚乙烯绝缘电缆的载流量大，相同载流量时，一般可比聚乙烯、聚氯乙烯绝缘电缆截面积小一档使用。交联后聚乙烯已成为目前应用最广泛、最理想的绝缘材料。使聚乙烯交联的方法有过氧化物交联、硅烷交联和辐照交联。

（1）过氧化物交联

聚乙烯树脂配合适量的过氧化物交联剂和抗氧剂，根据需要有时还要加入填充剂和软化剂，充分混合，制成可交联的聚乙烯颗粒，通过挤塑机挤压成型，在高温、高压下完成交联反应。

交联剂以有机过氧化物无以过氧化二异丙苯（DCP）应用最为广泛，交联剂的用量一般为在 100 份聚乙烯中加 2~3 份。因 DCP 在 135℃ 以上就大量分解，为避免先期交联发生，必须选择能在较低温度下挤出的聚乙烯，通常采用熔融指数为 2.0~2.2 的低密度聚乙烯。

抗氧剂能起到防止聚乙烯在加工和使用过程中氧化老化的作用，目前，常用的是抗氧剂 300、1010 和 DLTP 等。其用量一般为 0.5 份，抗氧剂用量过多，会引起交联不足。

（2）硅烷交联

硅烷交联聚乙烯料中，聚乙烯树脂除配合适量的抗氧剂、催化剂外，还加入 DCP 作为引发剂，以有机硅氧烷（乙烯基硅烷）为接枝剂。电缆中使用的有机硅氧烷通常为乙烯基三甲氧基硅烷（A171）或乙烯基三乙氧基硅烷（A151）等，一般用量为 0.5~10 份。催化剂的作用是提高反应速度，用量一般在 0.1 份左右。

反应过程中，过氧化物受热分解产生自由基活化聚乙烯大分子链，聚乙烯活性链与乙烯基硅烷反应，乙烯基硅烷接枝到聚乙烯大分子上。然后，挤出成型的电缆放入 85~95℃ 的热水中，已接枝的聚乙烯大分子链在水和催化剂的作用下，接枝侧基水解、缩合形成网状的交联结构。

硅烷交联使用的聚乙烯可以是高密度聚乙烯，也可以是低密度聚乙烯，此外，还可以使用乙烯共聚物（如 EVA、EEA），熔融指数范围较宽，只要适合加工即可。如果乙烯聚合时，将有机硅氧烷和与乙烯共聚，得到硅烷接枝的乙烯共聚物，加工更方便。

（3）辐照交联

辐照交联聚乙烯是利用高能射线，如 γ 射线、α 射线、高能电子等，使聚乙烯大分子 C—H 键断裂，形成聚乙烯活性链，从而相互交联而成。电线电缆常用的高能射线是电子加速器产生的电子射线，现在紫外光辐照的应用在逐渐增多。由于该交联是依靠物理能量进行，故属物理交联。为提高生产速度和加强对射线的吸收，常加入多功能团的交联助剂，称为敏化剂。

3. 聚乙烯塑料中常用的助剂

（1）抗氧剂

聚乙烯的氧化老化是一种自动催化的自由基联锁反应，抗氧剂可以抑制或延缓氧化反应，其原理在于抗氧剂能消除氧化反应中生成的过氧化自由基，还原烷氧基或烃基自由基，从而使氧化联锁反应终止。

（2）紫外线吸收剂

紫外线吸收剂是一种能吸收紫外线光波或减少紫外线光的透射以防止塑料的光老化的化学物质。它能有效地吸收高能量的紫外线光，并进行能量转换，以热的形式或无破坏性的其他形式把能量放出，从而保护了高分子物免受紫外线的破坏。

（3）光屏蔽剂

光屏蔽剂的作用是能吸收某些波长的光线，并将光能转变为热能散发出去，或反射光线，减少材料对光波的吸收。如氧化锌及钛白粉能提高材料对光的折射率，增大反射率，因此光屏蔽效果好，而炭黑对可见光的吸收和对紫外线的反射都很有效，可提高制品的耐光性。

（4）发泡剂

常用的发泡剂有偶氮二异丁腈（AN 型发泡剂）、偶氮二甲酰胺（AC 型发泡剂）。其混合在塑料中，受热分解产生气体，使实心塑料变为气-塑组合材料，有效降低绝缘的介电常数，在通信电缆中广泛应用。

（5）阻燃剂

阻燃剂可以保护塑料不着火或延缓火焰蔓延，为制得不含卤素的阻燃料，在聚烯烃类阻燃料中多采用无机阻燃剂。

① 氢氧化铝，白色，无毒粉末，其在 200℃ 左右开始分解，释放出水分子（每克水合氧化铝含结晶水 34.6%）而吸收热量，吸热降低了周围温度，水蒸汽又起到稀释可燃气体的效果，生成的 Al_2O_3 和燃烧塑料表面的碳化物结合，形成保护层，切断热能和氧气的侵入，此外，$Al(OH)_3$ 还有低烟和减少 CO 产生的效果。与氢氧化镁并用有协同效应。但用量较大，100 份聚烯烃基料中要加入 150 份才显示较强的阻燃效果。

$$2Al(OH)_3 = Al_2O_3 + 3H_2O - 300kJ \qquad Al(OH)_3 \text{吸热量}:1.97kJ/g$$

② 氢氧化镁，白色，无毒粉末，340℃ 分解，释放出水分子，有吸热、稀释和抑烟效应，与氢氧化铝并用有协同效应。用量较大，为 20~200 份。

$$Mg(OH)_2 = MgO + H_2O \qquad Mg(OH)_2 \text{吸热量}:0.77kJ/g$$

二、聚氯乙烯（PVC）

聚氯乙烯塑料是在聚氯乙烯树脂中加入各种配合剂混合而成。由于原料来源丰富，价格低，化学稳定性好，机械性能优越，有足够的电气绝缘性能，不延燃，被广泛用作电线电缆绝缘和护套材料。

1. 聚氯乙烯树脂的结构及性能

（1）聚氯乙烯树脂的结构

聚氯乙烯树脂是由氯乙烯单体聚合而成的线型热塑性高分子化合物，白色或淡黄色的粉末，树脂本身无毒、无臭。分子结构为 $\left[\!\!\begin{array}{c} \text{CH—CH}_2 \\ | \\ \text{Cl} \end{array}\!\!\right]_n$，其分子结构以碳链为主链，呈线型，含有 C—Cl 极性键。聚氯乙烯是无规共聚物，Cl 原子在空间随机分布，由于对称性差，难以结晶，结晶度约 5%，属无定形高聚物。

（2）聚氯乙烯树脂的性能

在树脂与增塑剂混合过程中，有时会出现若干晶点（或称"鱼眼"）。其产生原因除受塑化加工条件影响外，很大程度上由树脂颗粒的不均匀性引起。晶点在制品中呈现透明的粒子，不仅影响外观，而且由于其吸收助剂不足，容易分解变色，鱼眼脱落，会引起电击穿，电缆在低温下使用，容易在鱼眼处开裂。因此，对树脂中晶点数要严加控制。

1）电性能：聚氯乙烯树脂在分子结构中具有不对称的 C—Cl 极性键，属于极性电介质，故电性能比聚乙烯稍差，但仍属电性能较好的聚合物。相对介电常数、介质损耗因数都较大，低频下有较高的耐电强度，体积电阻率较大，大于 $10^{11}\Omega\cdot\text{m}$。PVC 的电性能受温度和频率的影响较大，一般只适用于低压、低频绝缘。耐电强度是唯一不受温度和频率变化影响的，因为击穿场强最重要条件是结构严密，高度均匀，没有杂质和气孔。

2）机械性能：由于 C—Cl 极性键的存在，PVC 具有较高的硬度和机械强度，并随分子量的增大而提高，但随温度的升高而下降。

3）良好的化学稳定性：PVC 可耐大多数无机酸、碱和多数有机溶剂和无机盐。具有很好的耐水、耐油、耐化学腐蚀性。但化学稳定性随温度的升高而降低。

4）耐燃性：分子结构中含有阻燃元素氯，树脂具有不延燃性，但燃烧时放出腐蚀性有毒气体 HCl。

5）老化性能差：PVC 对光、氧的热稳定性都不好，很容易发生降解，颜色变深。导致材料变质发脆，物理力学性能显著下降，电绝缘性能恶化。必须添加一定的稳定剂改善 PVC 的耐老化性。

6）加工性：PVC 的热稳定性差，纯 PVC 树脂 140℃ 开始分解，180℃ 迅速分解。而其熔融温度为 160℃，纯 PVC 树脂难以加工，加入热稳定剂提高分解温度才能加工，同时加入增塑剂降低熔融温度。PVC 是热敏性树脂，极易在热等因素下脱 HCl，引起降解、交联等，使树脂性能变坏。因此，除了加入稳定剂外，在成型时应避免长期或反复加热。

PVC 熔体是非牛顿流体，随剪切速率的增加，黏度下降，这对加工有利。而且 PVC 是极性高聚物，黏度随温度上升而下降很快，但由于 PVC 热分解温度低，因此应慎用提高温度来提高加工性。

2. 电线电缆用聚氯乙烯塑料

PVC 塑料是多组分塑料，改变配合剂的品种和用量，制得不同品种的电缆料。

（1）绝缘用聚氯乙烯塑料

1）绝缘级：要求电绝缘性能较好，具有一定的耐热和柔软性，长期工作温度为70℃，型号：J-70，主要用于通信、控制、信号及0.6/1kV及以下电力电缆的绝缘。

2）普通绝缘级：有一定的电绝缘性能，有较好的柔软性和耐大气性、价廉，长期工作温度为70℃，型号：JR-70，主要用于450/750V及以下室内固定敷设的电线、护套软线、仪表安装线等的绝缘。

3）耐热绝缘级：较佳的耐热老化和耐变形性，电绝缘性能较好，长期工作温度分为90℃和105℃，型号：J-90和J-105，主要用于耐热较高的船用电缆、航空导线及安装用电线的绝缘。

4）耐油耐溶剂绝缘级：较好的耐油、耐溶剂性和柔软性，电绝缘性能较好，长期工作温度为70℃，用于接触油类和化学物质的电线电缆绝缘。

5）阻燃绝缘级：较高的耐火焰燃烧性，电绝缘性和柔软性较好，长期工作温度为70℃，固定敷设的电力电缆、矿用电缆、安装用电线的绝缘。

各类绝缘料的技术指标要求见表2-5。

表2-5　聚氯乙烯电缆料的技术要求

内　　容		J-70	JR-70	H-70	HR-70	HI-90	HII-90	J-90
拉伸强度/MPa	≥	15.0	15.0	15.0	12.5	16.0	16.0	16.0
断裂伸长率（%）	≥	150	180	180	200	180	180	150
热变形（%）	≤	40	50	50	65	40	40	30
冲击脆化温度	试验温度/℃	-15	-20	-25	-30	-20	-20	-15
	冲击脆化性能	通过	通过	通过	通过	通过	通过	通过
200℃热稳定时间/min	≥	60	60	50	60	80	180	180
介电强度/（MV/m）	≥	20	20	18	18	18	18	20
20℃时体积电阻率/（Ω·m）	≥	1.0×10^{12}	1.0×10^{11}	1.0×10^{8}	1.0×10^{8}	1.0×10^{9}	1.0×10^{9}	1.0×10^{12}
工作温度时体积电阻率	试验温度/℃	70±1	70±1	—	—	—	—	95±1
	电阻率/（Ω·m）≥	1.0×10^{9}	1.0×10^{8}	—	—	—	—	5.0×10^{8}
热老化试验	试验温度/℃ 试验时间/h 老化后拉伸强度/MPa　≥ 拉伸强度最大变化率（%） 老化后断裂伸长率（%）≥ 断裂伸长率最大变化率（%）	100±2 168 15.0 ±20 150 ±20	100±2 168 15.0 ±20 180 ±20	100±2 168 15.0 ±20 180 ±20	100±2 168 12.5 ±20 200 ±20	100±2 240 16.0 ±20 180 ±20	135±2 240 16.0 ±20 180 ±20	135±2 240 16.0 ±20 150 ±20
	试验温度/℃ 试验时间/h 质量损失/（g/m²）　≤	100±2 168 20	100±2 168 20	100±2 168 23	100±2 168 25	100±2 240 15	115±2 240 20	115±2 240 20

注：PVC电缆料型号的意义：J—绝缘料；H—护套料；R—柔软型；70、90—长期工作温度，单位为℃。

（2）护层用聚氯乙烯塑料

聚氯乙烯塑料护套应具有较好的耐腐蚀性，足够的机械性能，一定的耐大气性能，柔软、耐震，加工及敷设方便等优点。不同类型聚氯乙烯塑料护套料的性能要求及用途见表2-6，技术指标要求见表2-5。

表 2-6 聚氯乙烯塑料护套料的性能要求及用途

型号	长期工作温度/℃	主要性能要求	主要用途
H-70	70	有足够的机械强度、耐热、光老化及耐寒性较好	450/750V 及以下电线电缆的护层
	80		26/35kV 及以下电力电缆的护层
HR-70	70	具有较高的柔软性,较好的耐寒性	450/750V 及以下柔软电线电缆的护层
HⅠ-90	90	有足够的机械强度,耐热性良好	26/35kV 及以下电力电缆及类似电缆的护层
HⅡ-90	90	有足够的机械强度,耐热性良好	450/750V 及以下电线电缆的护层

除此之外,还有各种特殊用途护层用的聚氯乙烯塑料如:具有较高耐寒性的耐寒级护层料;抗燃烧性能好的阻燃级护层料;具有抗白蚁、鼠等生物侵袭的防白蚁料、防鼠料;耐油、耐化学药品性好的耐油护层等。

3. 聚氯乙烯塑料的常用配合剂

聚乙烯塑料中助剂所占比例一般只有 1%~3%,而聚氯乙烯是多组分塑料,性能不仅与树脂有关,而且与助剂的品种、用量关系很大,各种配合剂所占比例甚至会超过 50%。聚氯乙烯配合剂包括增塑剂、稳定剂、填充剂、抗氧剂、阻燃剂、着色剂等。

(1) 增塑剂

由于极性,聚氯乙烯树脂分子间作用力大,在室温时处于又硬又脆的玻璃态,不能满足电缆绝缘或护层的柔软性要求。增塑剂的作用在于降低聚氯乙烯的玻璃化温度和粘流温度,玻璃化温度降低,使聚氯乙烯塑料在室温下具有良好的柔软性,满足使用要求;降低粘流温度起到改进加工性能的作用。

1) 增塑机理:增塑剂通过体积效应和极性效应起增塑作用。

① 体积效应:增塑剂钻入大分子之间,把大分子之间距离拉大,从而减弱大分子链间的相互作用,提高大分子链的活动性,玻璃化温度降低。显然,这种增塑作用与增塑剂的体积成正比。非极性增塑剂对非极性高聚物的增塑作用主要是体积效应。

② 极性效应:增塑剂的极性基团与大分子的极性基团作用,减弱大分子链之间的作用力,从而对大分子的极性产生屏蔽效应,使玻璃化温度降低。对聚氯乙烯增塑主要是极性效应,但也有一定的体积效应。

2) 常用增塑剂:大多数增塑剂是有机酯类化合物,随有机酯分子量提高,其熔点沸点提高,增塑的塑料耐热性提高。大多含苯环的酯类如邻苯二甲酸酯系列耐热性高;而脂肪族二元酸酯系列耐寒性较好;而磷酸酯类还有阻燃作用,环氧化合物有防光老化作用。不同聚氯乙烯塑料会用到:耐热为 60~70℃ 会用邻苯二甲酸二辛酯 (DOP)、癸二酸二辛酯 (DOS) 等;耐热为 80℃ 会用邻苯二甲酸二异癸酯 (DIDP)、邻苯二甲酸二壬酯 (DNP) 等;有耐燃性要求时,会用磷酸三甲苯酯 (TCP)、磷酸二甲苯酯 (TXP)、氯化石蜡等。

(2) 稳定剂

稳定剂能抑制聚氯乙烯树脂使用和加工过程中由于热、光作用引起的降解和变色。

1) 机理:聚氯乙烯在使用和加工过程中,受光、热作用,容易脱去 HCl,而 HCl 又对 PVC 脱 HCl 起到加速作用,故而必须在其初产生时尽快除去。稳定剂的作用就是通过吸收 HCl 来阻断 PVC 的继续分解,从而保持 PVC 的稳定。

2）稳定剂的类型：稳定剂的种类繁多，如铅盐、金属皂类、有机锡化合物和环氧化合物等都具有吸收 HCl 的能力。在电线电缆中常用的是铅系稳定剂和金属皂类稳定剂。

① 铅系稳定剂：铅系稳定剂价格低廉，稳定效果好，电绝缘性能优越，与氯化氢反应生成稳定的二氯化铅，吸水性小，适宜于潮湿环境下使用，因此它是电缆料绝缘配方中的主稳定剂。主要缺点是分散性不好，用量大（6～8 份），毒性较大。主要品种有：三盐基性硫酸铅（$3PbO \cdot PbSO_4 \cdot H_2O$）、二盐基亚磷酸铅（$2PbO \cdot PbHPO_3 \cdot 1/2H_2O$）、铅白 $[2PbCO_3 \cdot Pb(OH)_2]$ 等。

② 金属皂类稳定剂：这类稳定剂常具有热稳定性或光稳定性，同时具有润滑作用，所以又是电缆料配方中常用的润滑剂。常用品种有：硬脂酸铅、硬脂酸钡、硬脂酸钙等。

在实用中，为了适合各种使用场合的要求，往往采用几种稳定剂配合使用，起协同效应，增强稳定效果。聚氯乙烯电缆料一般采用铅系稳定剂辅以皂类稳定剂。

（3）润滑剂

润滑剂的作用是降低聚合物内部分子之间、聚合物与加工设备之间相互摩擦，改善塑料的加工性能，提高生产速度和加工质量。低温时，润滑剂在聚合物分子表面，使分子表面得到润滑，在加工设备的较低温度部位比较容易流动。随温度的升高，聚合物分子开始软化，润滑剂也随之熔融，并掺入到聚合物粒子之中，提高了聚合物加工流动性。

润滑剂的用量不宜多，一般为 0.5～2 份，用量过多，会使塑料表面发生喷霜现象，即损害外观又影响性能。常用的润滑剂有硬脂酸铅、二盐基性硬脂酸铅、硬脂酸钡、石蜡、硬脂酸和硬脂酸正丁酯。

（4）填充剂

目的：①降低产品成本，增加容积作用；②改善某些性能，如电气绝缘性、耐热变形性、耐光热稳定性等。填充剂的负面作用是会导致塑料抗拉强度、伸长率、耐低温性能、柔软性的不同程度下降。

种类：电线电缆工业中常用的填充剂有碳酸钙、陶土、炭黑、滑石粉、白炭黑、钛白粉等。

（5）抗氧剂

抗氧剂在聚氯乙烯塑料中有双重作用，一是防止聚氯乙烯树脂的氧化裂解，二是保护增塑剂免受氧化作用，防止塑料在使用过程中的老化。

（6）着色剂

凡是使制品具有某种颜色的配合剂，称为着色剂。着色的目的在于使电缆的绝缘线芯分色，便于使用和维修检验。这对于通信和控制用的多芯电缆尤其重要。

着色剂分为两大类，即有机颜料和无机颜料。无机颜料的分散性、覆盖力差，在聚合物中是以物理分散的固体的悬浮状存在，所以用量大，但染色牢固性好，对热、光比较稳定。如：红色—氧化铁红（Fe_2O_3），黑色—炭黑，黄色—铬黄（$PbCrO_4$），白色—钛白粉（TiO_2）、碳酸钙、锌钡白（$ZnS \cdot BaSO_4$）。

有机颜料着色力强，密度小，用量少，具有优异而鲜艳的色调和光泽，透明性好；但耐热性稍差，吸收增塑剂也大。有些颜料有迁移倾向，价格较高。电缆中常用的有机颜料用量一般不超 0.5 份，常用的有：红色—立索尔宝红、立索尔大红、大红粉、金光红，绿色—酚酞绿、颜料绿，黄色—永固黄、连本胺黄、中铬黄，蓝色—酚酞蓝。

（7）阻燃剂

聚氯乙烯虽有良好的阻燃性，但大量的增塑剂加入，也会导致耐燃性下降，有时也需加入适当的阻燃剂。常用阻燃剂有：氧化锑（Sb_2O_3）、硼酸锌、磷酸三甲苯酯、氯化石蜡、十溴二苯醚等。

（8）驱避剂

为避免生物和微生物如老鼠、白蚁、细菌等对电缆的危害，须在电缆中加入一定量的驱避剂。由于驱避剂的毒性较大，只有特殊要求时才会添加。

尽管聚氯乙烯在国内仍然是电缆用第一大塑料，但它在燃烧时会产生腐蚀性气体，而且配合剂中含铅钡等有毒金属，随着人们环保意识增强，特别是欧盟、美、日都禁止电线电缆中含有铅等有害金属，部分聚氯乙烯被聚烯烃料所取代。

三、氟塑料

氟塑料是指聚烯烃分子中的氢原子部分或全部被氟原子取代的高分子合成材料。由于大分子中，碳氟键（C—F）具有最高的键能，氟原子具有很高的电负性，使氟塑料具有优良的耐高温、低温性能，耐化学品腐蚀和优良的介电性能。特别是聚四氟乙烯，它的介电性能是现有塑料中最好的一种。采用氟塑料加工成的电线电缆能够满足现代国防、电子、电气、化学及宇航工业特殊的需要。

氟塑料的品种很多，目前在电线电缆工业中常用的氟塑料有聚四氟乙烯塑料（F-4）、聚全氟乙丙烯塑料（四氟乙烯-六氟丙烯共聚物，F-46）、聚三氟氯乙烯塑料（F-3）、聚偏二氟乙烯塑料（F-2）、四氟乙烯和乙烯的共聚物（F-40）、四氟乙烯-全氟烷基乙烯基醚共聚物（PFA）等。

1. 聚四氟乙烯（F-4）

聚四氟乙烯（TFE 或 PTFE），简称 F-4。是聚乙烯分子上 H 完全被 F 取代的产物，结构式为 $\left[\begin{array}{c} F\ F \\ | \ | \\ C—C \\ | \ | \\ F\ F \end{array}\right]_m$ 是分子结构完全对称的无枝化线性聚合物，结晶度达 93%～98%，几乎为完全结晶的聚合物。主要性能有：

1）优良的电绝缘性能：由于其结构的对称性和优异的耐高温、低温性能，决定了 F-4 具有优于各种电介质的电性能，尤其是电性能稳定，基本上不随温度、湿度、频率等的变化而改变。例如介电常数在温度由室温升到 300℃，频率由工频升到 10^9 Hz 时，基本维持在 2.0 左右；在此变化范围内，其介质损耗角正切值也基本稳定在 $2×10^{-4}$，其 20℃ 体积电阻率高达 $10^{15}～10^{18}Ω·m$，它的击穿电场强度亦高达 25～27MV/m。另一个突出特点是耐电弧性很高。因此，在高压电器设备中特别有用。

2）相当高的耐热性和足够好的耐低温性：聚四氟乙烯塑料可在 -195～+250℃ 的温度范围内使用。高温时，F-4 可在 300℃ 高温下短期工作，在 250℃ 高温下可连续使用，300℃ 以上才会发生轻微氧化，而稍有发脆。温度超过 327℃ 时，开始有轻微失重现象，并逐渐发生降解。超过 415℃ 时，发生剧烈分解。低温在 -120℃ 以上时呈高弹态，在 -120℃ 虽转为玻璃态，但仍具有一定的柔软性而不变硬变脆，只有当温度下降到 -195℃ 以下，材料才变硬。所以 F-4 是理想的耐高温高寒材料。

3）有足够的力学性能：在室温时，聚四氟乙烯的抗拉强度 19.6MPa，断裂伸长率 345%，而在 250℃，1000h 后，抗拉强度仍达 19.4MPa，断裂伸长率为 534%，即使在 300℃ 下使用一个月，抗拉强度只降低 10%～20%。同样，温度低至-90℃，力学性能几乎不发生变化，在-120℃时仍保持足够柔软性。

4）具有优异的化学稳定性：F-4 化学稳定性极为优异，不但能抵抗浓硫酸、硝酸、盐酸的作用，而且胜过金、铂、玻璃、陶瓷，并且在 300℃ 的高温条件下也不会被任何一种溶剂所溶胀，更不能被溶解，这同样是任何一种有机电介质所不能比拟的。

5）具有很好的耐湿性和耐水性：其透湿性和吸水性极微。放在水中浸泡 24h 吸水量几乎等于零。浸泡后的绝缘电阻基本不变。

6）不足：耐电晕性较差，经 γ 射线辐照会变脆；高温分解会释放有毒气体；在连续负荷下有冷流性和蠕变性。

综上所述，F-4 具有许多优异性能，是其他电介质所不能比拟的。它是迄今为止最理想的高温、高寒、高频电气绝缘材料，有"塑料王"之称。但价格高，而且熔融温度非常高，在加热到熔融温度之前就分解，造成加工困难，只能采用推挤成型或采用带材绕包再烧结的方法加工，因此限制了其应用。

2. 聚全氟乙丙烯（F-46）

聚全氟乙丙烯（FEP）是四氟乙烯和六氟丙烯的共聚物，简称 F-46，也是完全氟化的结构，结构式为

$$\left[\left(C-C\right)_n C-C\right]_m$$

F-46 的熔点在 250～270℃，是热塑性塑料，具有良好的加工性能，可以在挤出机上挤出成型，它的长期工作温度，可在-85～205℃长期使用。主要性能：

1）高低温特性：F-46 具有仅次于 F-4 的高、低温性能，F-46 制品可在-85～+205℃长期正常使用。即使在-200～+260℃温度范围内，其各项性能亦不会有很大变化，只有当温度超过 380℃时，F-46 才发生分解。

2）电气性能：F-46 同样具有优良的电性能。尤其是在高温、高湿、高频下的稳定电性能，其四项电气性能为：体积电阻率不低于 $10^{14}\Omega\cdot m$；击穿强度为 20～25MV/m；在 50Hz 到 10^6Hz 内，介电常数稳定在 2.1；在同样频率范围内，其介质损失角正切值稳定在 0.0003。

3）力学性能：F-46 突出的优点是有较高的冲击韧性，在常温下，其抗蠕变性优于 F-4，但在 100℃ 以上其变形量往往高于 F-4。F-46 的抗拉强度较高，为 20～30 MPa，断裂伸长率为 250%～330%。

4）化学稳定性：F-46 与 F-4 相似，具有较高的化学稳定性。它与各种酸、碱以及酮、醇、芳香烃、氯化烃、油脂等不起作用，仅与元素氟、某些氟化物以及碱金属能起作用。

5）其他性能：耐龟裂性、耐电晕性较差；高温分解会释放有毒气体，有较大腐蚀性。

F-46 具有与塑料王 F-4 相当的高、低温性能，电气性能，化学稳定性和力学性能，而

且还具有良好的加工工艺性能，使得 F-46 成为 F-4 的代替材料而获得广泛的应用。在电缆工业上，可用于高低频下使用的电子设备中的传输线、安装线、电子计算机内部的连接线、航空航天用导线等。

第五节　橡胶与橡皮

橡胶在很宽的温度范围内具有极其优越的弹性，此外，还有良好的抗张强度、抗撕裂性、耐疲劳性、电绝缘性等，是制造各种电线电缆绝缘和护套的重要材料。以橡胶为基础，加入各种配合剂制成多相混合的橡料，再经硫化等工艺过程制成橡皮。硫化后橡胶由线性结构的热塑性材料变为体型网状结构的热固性橡皮，橡皮的性能主要由基料橡胶决定，所用常用基材橡胶的名称命名。

一、天然橡胶（NR）

1. 组成及结构

天然橡胶是橡胶树分泌的乳液经过滤、凝胶、脱水等加工，得到的高弹性固体。天然橡胶的主要成分是橡胶烃，含有少量的蛋白质、脂肪酸、糖类和灰分。橡胶烃是由异戊二烯链

节组成的不饱和天然高分子聚合物，分子结构代表式为 $\left[\begin{array}{c} CH_3 \quad\quad H \\ C\!=\!C \\ CH_2 \quad\quad CH_2 \end{array}\right]_n$。其结构具

有以下特点：

1) 不饱和度很高，每个异戊二烯加成结构含有一个双键。
2) 与双键相连的碳原子上的氢原子特别活泼，容易被其他物质夺取。
3) 分子极性很小，没有极性基团和庞大的侧基。

2. 性能特点

天然橡胶的比重为 $0.91 \sim 0.93 g/m^3$，加热至 $130 \sim 140 ℃$ 时软化，$150 \sim 160 ℃$ 显著粘软，$200 ℃$ 时开始分解，$270 ℃$ 时迅速分解。它常温稍带塑性，温度降到 $-10 ℃$ 时，弹性大大减小，逐渐变硬，继续冷却到 $-70 ℃$，则变成脆性物质。

（1）高弹性

天然橡胶具有很好的弹性，最大伸长率为 1000%，在 $0 \sim 100 ℃$ 时，回弹率为 $70\% \sim 80\%$，达到 $130 ℃$，仍能保持正常的使用性能，当温度降低 $-70 ℃$ 时，才变成硬脆物质。

（2）机械强度

天然橡胶是一种拉伸结晶性橡胶，机械强度较好，纯天然橡胶抗拉强度为 $17 \sim 29 MPa$，用炭黑补强后可达 $25 \sim 35 MPa$。曲挠 20 万次以上才会出现裂口。

（3）电绝缘性能

天然橡胶为非极性高聚物，故电绝缘性能良好，具有良好的介电性能，体积电阻率最高可达 $10^{15} \Omega \cdot m$，击穿场强大于 $20 MV/m$。在潮湿状态下或浸水后，体积电阻率变化不大。

（4）化学性能

具有一定的耐化学药品的能力，具有较好的耐碱性能，耐极性溶剂，但不耐强酸，在非极性溶剂如汽油、苯中易膨胀、耐油差。

（5）工艺性能

天然橡胶分子中含有双键和活泼 α-氢原子，化学反应能力很强，使橡胶容易硫化，形成富有弹性的橡皮。因此，天然橡胶具有良好的硫化特性。

（6）老化性能

分子中含有双键，化学反应能力很强，在热氧作用下容易形成过氧化物，发生自催化的联锁反应，导致橡胶断链或过度交联而发黏或龟裂。因此，天然橡胶耐老化性能差，耐热性较低。

（7）耐燃性

天然橡胶分子是碳氢化合物，具有易燃的缺点。

天然橡胶在电缆工业中主要用作电线电缆的绝缘和护套，长期使用温度为 60~65℃，电压等级最高可达 6kV。对制造柔软性、弯曲性和弹性要求较高的电线电缆，如橡套软电缆、电梯电缆等，天然橡胶尤为适合，但不能直接接触矿物和有机溶剂的场合，也不宜于户外使用。

二、氯丁橡胶（CR）

1. 氯丁橡胶的结构特点

1）分子链中含有氯原子，极性较大，在通用橡胶中其极性仅次于丁腈橡胶。

2）每一个链节都含有一个双键，不饱和度较高。但由于氯原子与双键的共轭作用，氯丁橡胶中的双键的化学稳定性比天然橡胶高。

2. 性能特点

（1）机械性能

由于氯丁橡胶的分子链结构比较规整，又含有极性比较大的氯原子，容易形成紧密的有规则的排列，所以氯丁橡胶拉伸时易生成结晶，使它具有较高的抗拉强度，即使不加补强剂的硫化氯丁橡胶，也有优良的物理机械性能，这点与天然橡胶是相似的，这种性能通常称之为自补强性。炭黑的补强作用对氯丁橡胶的抗张强度没有多少帮助，但可增大定伸强度并改善耐磨、抗撕裂等性质。

（2）电性能

氯丁橡胶分子结构中含有氯原子，使分子的极性增大，所以它的介电常数和介质损耗正切要比非极性橡胶大得多，体积电阻率不超过 $10^{10}\Omega\cdot m$，击穿场强不大于 20MV/m。

（3）化学性能

氯丁橡胶的结构类似于天然橡胶，但氯丁胶的耐老化性能、耐热性、耐臭氧性比天然橡胶好得多，用它做护套的电线电缆在户外使用 10 多年后尚未出现肉眼可见的裂纹。这是因为氯丁胶结构上的氯原子起到稳定作用。同样，电负性大的氯原子增大了分子的极性和分子间的作用力，使得氯丁胶具有较好的耐油性和耐溶剂性。

（4）加工性能

氯丁胶的加工性能次于天然橡胶，易粘附辊筒，混料困难，挤出时收缩率很大，焦烧时间比天然胶短，硫化速度比天然胶低。

（5）耐热性

氯丁橡胶的耐热性很好，能在 150℃下短期使用，在 90~110℃时能使用 4 个月之久，因分子中含有氯原子，使其具有独特的耐燃性，但因氯原子的存在也使玻璃化温度升高，耐热寒性变差。

（6）透气性

由于分子链排列规整和紧密，故气体不易透过，氯丁橡胶的透气性比天然橡胶、丁苯橡胶和丁腈橡胶等都低，仅次于丁基橡胶。

（7）耐燃性

氯丁橡胶分子中含有较多的阻燃元素氯，耐燃性好。

氯丁橡胶在电缆行业中主要用作护层材料，还可用作低压电线的绝缘。由于它具有不延燃性能，特别适用于煤矿电缆、船用电缆和航空电线。用氯丁橡胶做绝缘和护套的电线电缆可用于户外。

三、丁苯橡胶（SBR）

1. 结构特点

1）丁苯橡胶分子链中含有双键，是一种不饱和橡胶，但不饱和度比天然橡胶小。

2）没有强极性基团，分子的极性比较小；但有庞大的苯基，分子链的柔顺性不及天然橡胶。

2. 性能特点

（1）物理性能

丁苯橡胶的耐热性比天然橡胶好，这是因为丁苯橡胶主链上的双键数目比天然橡胶的少，而且双键旁不联有斥电子性甲基，侧链为热稳定性很高的苯环。这也使得丁苯橡胶的耐老化性能比天然胶好，在高温下老化速度也较慢。但丁苯胶仍不适于在户外使用，因分子中含有庞大的苯环侧基，使得其耐寒性比天然胶差。

（2）机械性能

丁苯橡胶分子结构规整性差，在拉伸时不会结晶，机械强度很差。庞大的苯环和乙烯侧基，使得丁苯橡胶的弹性和耐屈挠性也不理想。补强后丁苯橡胶的可达 $15 \sim 20$ MPa，其抗撕裂强度仅为天然胶的一半。但丁苯橡胶的耐磨性较好，这与分子中含有苯环有关。

（3）电性能

丁苯橡胶的电绝缘性能与天然橡胶相近，但浸水后电绝缘性能就会大幅度下降。

（4）化学性能

丁苯橡胶由于分子极性较小，故耐油、耐非极性溶剂的性能较差，与天然橡胶相似能在汽油、苯、三氯甲苯和弱极性溶剂中溶胀。

（5）工艺性能

由于双键比天然橡胶少，所以硫化速度比天然胶慢，促进剂用量要多些，硫化剂用量要少些，因硫化速度慢，加工中不易产生早期硫化，硫化平坦性好，不易焦烧和压扁。挤出胶料膨胀性大，设计模具需注意。

在电线电缆工业中，丁苯橡胶多与天然橡胶并用，特别是用做电线绝缘时，天然胶可以弥补丁苯橡胶抗张强度的不足。而对天然胶来说，采用丁苯胶与之并用。可提高绝缘层的热老化性能，改进橡胶硫化前的压扁。丁苯橡胶与天然橡胶并用，可用作绝缘和无耐油和高抗撕裂性能要求的护套。

四、丁腈橡胶（NBR）

1. 结构特点

1）分子链中链节的排列是无规则的，故丁腈橡胶不易结晶，是属于非结晶性橡胶。

2）分子链中虽有双键，但不饱和度较低。

3）丁腈橡胶结构上最大的特点是含有强极性的氰基（-CN），氰基的存在有许多特殊的性能。

2. 性能特点

（1）优点

1）丁腈橡胶的最大特点是具有良好的耐油性。它的耐油性仅次于氯醚橡胶和氟橡胶。耐油的原因是由于分子链中含有极性基团——氰基，因此丁腈橡胶对非极性的油类具有高度的稳定性，同时对非极性溶剂如脂肪烃等也很稳定，不过在极性溶剂如丙酮、极性烃以及含氯的有机化合物中，丁腈橡胶将急剧膨胀和溶解。

2）未经补强的硫化丁腈橡胶，其机械强度很低，抗张强度为 3~4.5MPa，经炭黑补强后抗张强度可提高至 15~25MPa，伸长率为 550%~660%。随丙烯腈含量增加，无论抗张强度、定伸强度和硬度都相应提高。耐磨性比天然橡胶好。

3）丁腈橡胶比天然橡胶、丁苯橡胶耐热性好些。它的最高连续使用温度为 75~80℃。随丙烯腈的含量增加和配方适宜，可以在 120℃时连续使用。

（2）缺点

1）由于极性氰基存在，丁腈橡胶的耐寒性显著降低，而且随着丙烯腈的增加，其耐寒性更差。

2）耐臭氧性不好，一般需加抗臭氧剂加以防护。

3）电性较差，而且因温度变化而影响电性的幅度比天然橡胶还大。

4）加工性能也较差，塑炼和混炼比较困难，加工收缩大，生热量高。

总之，丁腈橡胶突出的特性是耐油性好，在电缆工业中用于电机电器引接线、油井电缆等。在与聚氯乙烯制成复合物后，使丁腈橡胶可做强力、耐油和耐热电缆护套。另外，丁腈橡胶还可作为聚氯乙烯的耐热、耐油不迁移性增塑剂用。

五、乙丙橡胶（EPR）

由于具有优异的综合性能，乙丙橡胶在电缆工业中得到广泛应用，迄今已用乙丙橡胶制成 35~275kV 的中压、高压电力电缆，电机引接线和船用电缆线等，是耐热为 90℃绝缘材料和良好的高压绝缘橡皮。乙丙橡胶除了具有优异性能外，且原料来源丰富，制造工艺简单，价格便宜，比重小，制品的单位重量消耗少，所以，乙丙橡胶被人们称为价廉物美的橡胶。

1. 结构特点

乙丙橡胶是以乙烯、丙烯为单体，采用溶液或悬浮共聚合而成。只含两种结构单元的称为二元乙丙橡胶；为便于硫化，加入少量非共轭二烯作为第三单体进行共聚，形成三元乙丙橡胶。从结构分析可以看出乙丙橡胶有以下特点：

1）乙烯丙烯共聚结构不规整，乙丙橡胶不能结晶，因而成为具有无定形、不规整的非结晶弹性体，而且保留有聚乙烯的低温特性和分子链的卷曲性。

2）分子主链上没有双链，虽然引进了少量的不饱和基团，但双键处于侧链上，对主链无多大影响，所以乙丙橡胶基本上是一种饱和性橡胶。

3）分子链不含极性基团，具有非极性材料的特点，链节比较柔顺，分子间作用力比较小。乙丙橡胶在低温下有卓越动态特性，即使 -55℃ 仍有屈挠性，-57℃ 才变硬，-77℃

变脆。

2. 性能特点

乙丙橡胶是一种近似白色的弹性体，密度为 $0.85 \sim 0.87 g/cm^3$，是橡胶中密度最小的品种。

1）电性能优异：尤其是耐电晕性，耐游离放电的能力特别突出，可达 2 个月以上。吸水性小，受潮和温度的变化，对电性虽有某些影响，但远比丁基橡胶、天然和丁苯橡胶稳定。其体积电阻率为 $10^{13}\Omega \cdot m$，击穿场强在 35MV/m 以上，相对介电常数为 $2.5 \sim 3.5$，介质损耗正切为 $0.15 \sim 0.30$。

2）老化性能突出：乙丙橡胶耐热氧老化、气候老化、臭氧老化；长期使用温度为 90℃，短时可达 150℃。在阳光下曝晒三年不见裂纹。

3）机械性能：乙丙橡胶有足够的机械性能。由于乙丙橡胶是非结晶性的弹性体，纯胶的抗张强度只有 $3 \sim 6$ MPa，用炭黑或白炭黑补强后才显示较好的机械性能。

4）化学稳定性：乙丙橡胶对各种极性的化学药品和酸、碱有较大的抗耐性，长时间接触后性能变化不大。对油类和芳香族溶剂的稳定性差。

5）加工性差：乙丙橡胶的工艺加工性不好，硫化速度比一般的合成橡胶慢，因而，与其他不饱和度高的橡胶并用时，共硫化性和相溶性都不太好，造成物理机械性能显著下降。开炼机混炼包辊性很差，操作困难；胶料的自黏性、互黏性差，成型时黏合困难。

6）耐燃性差：乙丙胶易燃。

六、氯化聚乙烯（CPE）

氯化聚乙烯简称 CM 或 CP 或 CPE，是高密度聚乙烯的氯化产物。氯化目的是逐步打破聚乙烯的结晶，当含氯量为 $25\% \sim 40\%$ 时，氯化聚乙烯呈弹性，其中尤以含氯量 35% 的作为橡胶使用最为合适。含氯量低的氯化聚乙烯性能接近聚乙烯，含氯量高的性能接近聚氯乙烯。

1. 结构特点

含氯量大于 40% 和小于 25% 都显示结晶性，含氯量在 $25\% \sim 40\%$ 时结晶性最小，分子链刚度小，含氯量 $35\% \sim 36\%$ 时为非结晶性，分子链极不规整。

1）在分子结构中含有较多氯原子，结构对称性差，因而氯化聚乙烯具有极性。

2）分子链不含双键，具有饱和橡胶的特点。

2. 性能特点

1）电性能不佳，但优于氯丁橡胶。主要是由于分子结构中含有较多氯原子，结构又不对称，显示出偶极性，但耐电晕性良好。

2）较好的耐热性、较高的耐老化性和耐大气老化性，很好的耐臭氧性、和耐燃性，尤其是耐臭氧性类似氯磺化聚乙烯和乙丙橡胶，而优于氯丁橡胶。脆性温度也达-45℃。

3）优良的机械性能，抗撕裂、耐曲挠性和耐磨性也很好，其抗张强度为 $15 \sim 20MPa$，伸长率为 $300\% \sim 460\%$。

4）耐油性非常好，仅次于丁腈橡胶，化学稳定性较高。

5）工艺性能好，可以采用连续硫化机挤包硫化。

由于氯化聚乙烯电性能不佳，只能用于低压电线电缆的绝缘，主要用作船用电缆、机车车辆用电线、汽车点火线、电焊机用电缆、矿用电缆等的护套材料。此外，氯化聚乙烯还可以用作聚氯乙烯的增塑剂，具有不迁移、不挥发、不被萃取等优点。

七、氯磺化聚乙烯（CSPE）

氯磺化聚乙烯是将聚乙烯溶解于四氯化碳（或四氯乙烯或六氯乙烷）中，在催化剂或在紫外光照射下，用氯—二氧化硫混合气体或亚磺酰酰氯反应而得。

聚乙烯经氯化和磺化处理后，结构的规整性受到破坏，变成了可硫化的无定形的弹性材料。根据其含氯量及含硫量的不同可分为很多品种。一般含氯量为 29%~43%，电线电缆用氯磺化聚乙烯主要是 LHYJ33（数字表示最低含氯量）型氯磺化聚乙烯，其采用分子量为8 万~10 万的高密度聚乙烯制成的。具有良好的挤出性能、物理机械性能和一定的电绝缘性能。

1. 性能特点

1）有较好的耐热性。最高连续使用温度为 90~105℃，优于氯丁橡胶。

2）具有较高的抗拉强度和耐磨性。氯磺化聚乙烯属于自补强橡胶，不加补强剂就有很好的强度，用炭黑补强后其强度更加提高。而且耐磨性也很好。

3）具有较好的电气绝缘性能。氯磺化聚乙烯橡胶虽属于极性橡胶，但与其他极性橡胶相比，其电绝缘性能是最好的。特别是绝缘电阻受湿度的变化影响不大。相对介电常数在长期浸水后变化很小，同时又其有很好的耐电晕性。

4）有优异的耐燃性。它的耐燃性仅次于氯丁橡胶。

5）有优异的耐臭氧、耐日光、耐大气老化性能。如在常温的张力作用下，在（150×10^{-4}）% 臭氧中，氯磺化聚乙烯超过两周也不龟裂。

6）具有良好的耐油性及耐化学药剂性。氯含量越高耐油性越好。氯磺化聚乙烯橡胶耐酸、耐碱；对化学药剂和氧化剂亦较稳定。

7）具有优良的耐湿性。吸水性很小。氯磺化聚乙烯橡胶浸水两年后，机械性能变化不大，抗张强度仍能保持在 14MPa 左右，伸长率约为 320%。

8）良好的工艺性。氯磺化聚乙烯橡胶可在一般橡胶机械上进行加工，并可与其他橡胶掺和混用。

氯磺化聚乙烯橡胶的缺点是压缩永久变形较大，抗撕裂性差，低温弹性差。

2. 用途

氯磺化聚乙烯主要用于需耐油耐热及耐老化的场合，常用于船用电缆、矿用电缆、电气机车和内燃机车以及电焊机电缆的绝缘和护套。还可以用于汽车、飞机用的高压点相线、电线电缆的接头和交联聚乙烯高压电缆的弹性屏蔽材料。

八、硅橡胶（SiR）

硅橡胶是以耐热性著称的特种橡胶，硅橡胶是由有机硅氧烷及其他有机硅单体在酸或碱性催化剂存在下聚合而成的一类线状高分子弹性体。硅橡胶的品种随着取代基 R 的不同多达几十种，在电缆工业中获得应用的有二甲基硅橡胶、甲基乙烯基硅橡胶、苯基硅橡胶和氟硅橡胶等。

1. 结构特点

1）硅橡胶的组成以 Si 为主体，分子链由硅氧键（-Si-O-）组成，由于硅氧键的键能（456kJ/mol）比碳碳键（348kJ/mol）大得多，而且 Si 是不燃元素，具有无机材料的特点，所以耐热性高。

2）分子侧链上连接有机基团，提供了分子链旋性的条件，使硅橡胶又具有有机材料的特点，再加上主链含有相当数量的醚键，分子链保持高度柔软性。

3）分子链中没有双键，是饱和橡胶。

4）分子结构的对称性，是非极性橡胶。

2. 性能特点

1）较高的耐热性和优异的耐寒性，在各种橡胶中，硅橡胶有最广泛的工作温度范围（-100~+350℃），这是由于 Si-O 键为硅橡胶的骨干结构、键能特别高，所以它的耐热性显得特别优越；在耐寒性上，它是橡胶中的最佳品种。如低苯基硅橡胶的脆化温度低达-115℃，乙烯基硅橡胶的脆化温度也低达-80~-70℃。

2）优良的电绝缘性，尤其是在温度和频率变化时或受潮时对其电性能影响甚微，如介质损耗因数在 20℃ 时小于 0.001，在 200℃ 也仅为 0.005；频率变化，$\tan\delta$ 几乎不变；体积电阻率 ρ_V 在 20℃ 时为 $2\times10^{14}\Omega\cdot m$，在 200℃ 时也变化不大；介电常数始终在 2.70 左右；击穿场强瞬时为 15~20MV/m。电性能不受水分影响；即使燃烧后，生成的 SiO_2 仍起绝缘作用。又由于硅橡胶具有无机材料的特点，耐电晕、抗电弧性特别优越。

3）优异的耐臭氧老化、热老化、紫外光老化和大气老化性能。硫化橡皮在室外曝晒几年后性能无显著变化，在常温和张力作用下，0.015%（体积）臭氧中硅橡胶经数月也不开裂。

4）具有较好的耐油性和耐溶剂性能，良好的防霉性，硅橡胶经长期存贮、吸水性不超过 0.015%，使藻类和霉菌无滋生余地，所以硅橡胶适合于热带、湿热带条件下使用。良好的导热性，导热系数为 0.13~0.25W/m·K，为一般橡胶的 2 倍，这对于电线电缆的散热，提高载流量很有好处。另外，硅橡胶是无味无毒，使用时对人体健康无不良好的影响，而且是疏水性的，对许多材料不粘，可起隔离作用。

硅橡胶具有一些极为优异的性能：最广泛的工作温度范围（-100~+350℃），是一种既耐热又耐寒的橡胶；具有优异的耐臭氧老化、耐热老化、耐紫外光老化和大气老化性能；有优良的电绝缘性，尤其是在温度和频率变化时或受潮对其电性能影响甚微，即使硅橡胶燃烧后，生成的 SiO_2 仍起绝缘作用。硅橡胶具有无机材料的特点，其耐电晕性、抗电弧性优越。高苯基橡胶还有独特的耐辐射性、耐燃性和良好的防霉性。

硅橡胶主要缺点是在常温下，抗拉强度、撕裂强度和耐磨性等比天然橡胶和其他合成橡胶低得多，如硫化胶的抗张强度低于 1MPa，撕裂强度 0.1MPa，所以未经填充剂补强的硅橡胶没有使用价值。这主要因为硅橡胶是螺旋结构，很难结晶，分子间作用力小的缘故，另外，硅橡胶耐酸碱性差，而且价格较贵；透气性较高，透气率比一般橡胶大十至数百倍；硅橡胶的加工工艺性能差，较难硫化。

3. 硅橡胶种类

（1）甲基乙烯基硅橡胶

简称乙烯基硅橡胶，无论是加工工艺性、物理机械性、电绝缘性能、耐高温性和压缩永久变形等在硅橡胶中相对较好，是电缆工业中应用最多的一种硅橡胶。甲基乙烯基硅橡胶中，乙烯基链节的含量通常是 0.15% 克分子。选择适当的交联度，可以在-70~+300℃ 的温度范围内保持弹性，耐老化和电绝缘性。由于在二甲基硅烷橡胶分子链中引入少量乙烯基，大大提高了它的硫化活性，提高了硫化剂的交联效率和热老化性能，特别是高温压缩永久变形性小，提高密闭系统中高温耐老化性能。

（2）苯基硅橡胶

它的全名为甲苯基乙烯基硅橡胶，苯基硅橡胶除兼有乙烯基硅橡胶的特点外，少量苯基的引入，打破了大分子的规整性，阻碍了分子链在低温时的结晶，低苯基硅橡胶具有极为优越的耐寒性，在-90~100℃仍保持很好的弹性，而且耐热性可进一步提高，可以在-100~350℃使用。含量40%~50%的高苯基硅橡胶耐辐射性能突出。

（3）氟硅橡胶

它的主要特点是耐油和耐溶剂性比乙烯基硅橡胶大大提高，不过它的耐高温性能都不及乙烯基硅橡胶，工作温度范围约为-50~+250℃。

4. 用途

硅橡胶主要用作船舰的控制电缆、电力电缆和航空电线的绝缘材料；还可作电视机的高压引接线和 H 级电机的引接线、加热电线、以及许多特殊用途电线电缆绝缘，此外，还用于制造自黏性绝缘带等。

九、聚氨酯弹性体（TPU）

热塑性弹性体是指在常温下具有橡胶的弹性，高温下又可塑化成型的一类弹性高分子材料，弹性体取橡胶和塑料之长：具有橡胶的高弹性等物理机械性能，又具有塑料一样可反复熔融的热塑性，即加工工艺像塑料，使用范围像橡胶。由于以上特点，热塑性弹性体可以进行挤塑加工成型，而又不须硫化，节省了设备投资，缩短了生产周期；由于可重复利用，材料浪费也大大减少。

聚氨酯弹性体是在电线电缆制造中应用较广的一种热塑性弹性体，是由二异氰酸酯、扩链剂和大分子二醇通过缩聚反应得到的线性高分子聚合物。分子结构中低聚物多元醇构成软链段（橡胶段），二异氰酸酯和小分子扩链剂构成硬链段（树脂段），硬链段极性强、相互引力大，容易聚集在一起形成大量微晶区，并分布于软段相中，形成 TPU 的二相态结构。在使用温度下，硬链段呈玻璃态，这种链段的非流动性，加上链的纠缠，构成了物理交联的交联点，成为约束成分。软链段赋予弹性体高弹柔软等类似橡胶的性能，显示硫化胶的性能，分子结构如图 2-14 所示。在高温下，链段活动能力增强，使得聚合物又可以流动，约束点"解开"，失去约束成分，显示热塑性。低温时，再连接起来，形成交联相。这种结构赋予 TPU 优异的耐磨性（是普通橡胶的几十倍）和耐油性，优于公认耐油性非常好的丁腈橡胶；优异的机械性能，其抗拉强度、伸长率、抗撕裂强度均大大优于天然橡胶；有良好的柔软性和低温柔韧性，在-60℃都不会发生脆断；还具有非常好的耐臭氧、耐辐射性能。

按照软段的结构，TPU 可分为聚酯型和聚醚型。聚酯型 TPU 耐水解性能差，寿命短，应用较少；聚醚型 TPU 的耐水解年限长达 40 年，一般电缆护套均采用聚醚型 TPU。

TPU 具有吸水性，使用前必须进行干燥处理。一般将 TPU 颗粒料在空气循环箱或箱式干燥器里进行烘干，干燥条件为（90~110）℃/（2~3）h，对较软的 TPU 一般为（80~90）℃/（3~5）h。使用前含水量需小于 0.02%。

TPU 可以在一般渐变式螺杆挤塑机进行挤

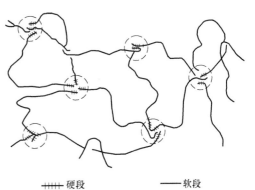

++++ 硬段　　——— 软段

图 2-14　热塑性弹性体分子聚集态示意图

出。推荐的挤出机螺杆长径比在 25 ~ 30，压缩比为 3：1，机头的滤网为 80 ~ 120 目，1 或 2 层。

TPU 具有高弹性模量和抗拉强度，拉伸比一般在 1.5 ~ 3.0，适合薄壁护套的挤出。护套厚度为 0.5mm 以下时，一般采用挤管式模具；护套厚度较大（0.8mm 以上）时，可以根据电缆外观要求选配模具。若要求护套外观圆整度高，应选择挤压式模具，否则选择挤管式模具。和其他热塑性塑料相比，聚氨酯的热膨胀较大，料流自模口挤出后要膨胀，模套外径应略小于电缆标称外径。

TPU 具有非常好的坚韧性和较高的熔融黏度，其弹性较大，剪切力也较大，摩擦生热多，螺杆转速不宜过快。其熔融黏度对温度依赖性较大，挤出温度宜在 145 ~ 170℃，最高不应超过 180℃。温度过低，黏度高，流动性差，护套表面不光滑；温度过高，黏度降低、流动性强，容易产生溢料、孔隙、凸凹等不良现象。当螺杆转速较快时，防止摩擦热过大造成挤出护套呈现流涎状或分解。TPU 分解会放出异氰酸酯气体，对人体有害，要做好排气措施，保证操作者的安全。

第六节　橡胶常用配合剂

在加工中，加入橡胶用于改进橡胶在加工过程中的工艺性能和硫化胶的使用性能，从而提高使用价值和降低制品的成本的助剂，统称为橡胶配合剂。橡胶配合剂的种类很多，其种类和分量对橡皮的性能影响极大。一种配合剂可在不同橡胶中起着不同的作用，而在同一种橡胶中也起着多方面的作用。按配合剂在橡胶中所起主要作用划分为硫化体系、防护体系、软化体系、补强填充体系等几大体系和特殊配合剂。

一、硫化体系

促成橡胶高分子由线性结构转化为体型网状结构的助剂，是影响橡皮工艺性能和材料性能的一类重要配合剂。因最早使用的是硫黄，故把这个过程称为"硫化"。主要包括硫化剂、硫化促进剂和增加上述两者活性的活化剂，还有防止加工、储存过程中焦烧现象发生的防焦剂。

1. 硫化剂

能在一定条件下使橡胶发生硫化（交联）的物质统称为硫化剂。橡胶的线性分子结构通过硫化剂的"架桥"而变成立体型网状结构，使橡胶的机械物理性能（如抗拉强度、伸长率、耐磨、弹性等）得到明显的改善。

硫化剂的品种类型很多，主要有硫黄、含硫化合物、过氧化物、金属氧化物、树脂类、多元胺类、醌类化合物等。下面对主要硫化剂的应用做一简要说明：

1）硫黄：硫黄是黄色固体物质，在电线电缆工业中最常用硫黄粉。硫黄的特点是硫化橡皮耐热性低、强度高、对铜线有腐蚀作用，适用于天然橡胶和某些合成橡胶，用量大约在 0.2 份到 5 份之间，促进剂的加入，可使硫黄用量相应减少。

2）秋兰姆（TMTD）：全名二硫化四甲基秋兰姆。是电线电缆橡皮中使用比较广的硫化剂，又可作硫化促进剂，它是天然橡胶的超速促进剂。用秋兰姆作硫化剂可改善橡皮的耐热性和耐老化性能。硫化曲线平坦，不易焦烧。适用于天然橡胶、丁苯橡胶、丁腈橡胶以及一切含有双键的不饱和橡胶。在一般的耐热橡皮中，秋兰姆的用量为 2 ~ 3 份，而在连续硫化橡皮配方中用量 2~5 份；作促进剂用时用量为 0.3~0.5 份。

3）金属氧化物：金属氧化物主要用作氯丁橡胶、氯磺化聚乙烯等的硫化剂。常用的有 ZnO、MgO、PbO、Pb_3O_4 等。①氧化锌：ZnO 在通用型氯丁橡胶中常与氧化镁并用作为主硫化剂。在天然橡胶及其他烯烃橡胶中它可作为促进剂的活化剂。除此之外它还兼有补强作用。在耐日光老化的橡皮中又起屏蔽紫外线的作用。氧化锌在天然橡胶和丁基橡胶中用量为 5~10 份，在氯丁橡胶中与氧化镁并用一般用量为 5 份。②氧化镁：MgO 在氯丁橡胶中作为副硫化剂使用，混炼时能防止氯丁橡胶先期硫化。本品能提高氯丁橡胶的抗拉强度、定伸强度和硬度。对氯磺化聚乙烯橡胶能赋予其良好的物理机械性能，特别是永久变形比较小。一般用量为 3~7 份。

4）有机过氧化物：因有很好贮存稳定性，在合理使用时比较安全，又分为带羧酸基团的过氧化物和无羧酸基团的过氧化物。①过氧化二苯甲酰（BPO）：本品为无色结晶至白色粒状固体，适用于硅橡胶，也可用于硫化由偏氟乙烯和二氟氯乙烯共聚制得的氟橡胶，一般用量为 1.5~3 份。在甲基硅橡胶中用量为 4~6 份。不能用于有炭黑的配方中，否则会干扰硫化。②过氧化二异丙苯（DCP），广泛用于天然橡胶及合成橡胶硫化剂。不易喷霜，耐老化性能好，耐寒耐热。加入氧化锌后能改善机械性能。一般用量为 1~2 份。其硫化后的分解物不易挥发，从而使胶料带有强烈的气味。本品不能硫化丁基橡胶和氯磺化聚乙烯。

2. 硫化促进剂

硫化促进剂简称促进剂。凡能加快硫化反应速度，缩短硫化时间、降低硫化反应温度、减少硫化剂用量并能提高或改善硫化橡皮的物理机械性能的配合剂称为硫化促进剂。按化学结构的不同促进剂可分为八大类，电线电缆工业中常用的有噻唑类、秋兰姆类、次磺酰胺类、胍类、二硫代氨基甲酸盐类和硫脲类等六类。

根据促进硫化速度的快慢不同，以促进剂 M 的促进效率为标准进行划分，硫化速度和促进剂 M 相同或相近的为"准超速"；硫化速度大于促进剂 M 的属于"超速"或"超超速"促进剂；硫化速度低于促进剂 M 的为"中速"或"慢速"促进剂。

（1）噻唑类促进剂

该类促进剂具有较高的硫化活性，能赋予硫化橡皮良好的耐老化性和耐疲劳性能，应用广泛，主要品种有如下两种：①硫醇基苯并噻唑（促进剂 M）：通用型促进剂，对天然橡胶及二烯类通用合成橡胶具有快速促进作用。硫化平坦性较好。硫化临界温度 125℃，混炼时有焦烧的可能。用作第一促进剂时的用量为 1~2 份，用作第二促进剂时的用量为 0.2~0.5 份，常配以活化剂氧化锌和硬脂酸。②二硫化二苯并噻唑（促进剂 DM）：临界温度为 130℃，140℃以上活性增大。是天然橡胶及合成橡胶通用的促进剂。活性稍小于促进剂 M。由于其临界温度较高，操作安全，不易早期硫化，硫化曲线平坦。在橡胶中易分散不污染，硫化橡皮老化性能优良。一般用量为 0.75~4.0 份，常与其他促进剂并用以提高其活性。

（2）秋兰姆类

属于超速促进剂，包括一硫化秋兰姆、二硫化秋兰姆和多硫化秋兰姆。二硫化秋兰姆和多硫化秋兰姆，可用于无硫黄硫化时的硫化剂，作为促进剂一般用作第二促进剂，与噻唑类和次磺酰酸胺类促进剂并用以提高硫化速度。与次磺酰胺类促进剂并用时，能延缓橡料开始硫化反应的时间，硫化开始以后反应又能进行得特别快，硫化橡皮的硫化程度也比较高。最常用的 TMTD，既可作促进剂使用也可作硫化剂使用，用作促进剂时用量一般为 0.2~0.3 份。

（3）次磺酰胺类

这是一类迟效性促进剂，具有焦烧时间长硫化活性大的特点。硫化橡皮的硫化程度比较高。物理机械性能优良，耐老化性能相当好。胶料硫化曲线平坦，为发展最快最有前途的一类促进剂。①促进剂 CZ：硫化临界温度为 138℃，兼有抗焦烧性能优良和硫化速度快的优点。硫化橡皮的耐老化性能优良。尤其适用于有碱性炉法炭黑的橡料。采用促进剂 CZ 时，应配加以氧化锌和硬脂酸，可采用 TMTD 或其他碱性促进剂作第二促进剂，一般用量为 0.5~2 份。②促进剂 NOBS：硫化临界温度在 138℃ 以上，焦烧时间比用促进剂 CZ 更长、操作更安全。本品在胶料中容易分散、不喷霜、变色轻微。一般用量范围为 0.5~2.5 份。并配以 0.2~0.5 份硫黄。

（4）胍类

这类促进剂为碱性中速促进剂。硫化平坦性差，硫化起点较慢，焦烧时间短，具有污染性。一般用作第二促进剂，其硫化橡皮的抗拉强度、定伸强度和弹回率均比较高。常用品种为二苯胍（促进剂 D 或 DPG）。

（5）二硫代氨基甲酸盐类

这是一类超速促进剂，呈酸性。硫化速度快，硫化曲线的平坦区范围小，焦烧时间短。所以加工过程中胶料容易产生早期硫化现象，硫化操作不安全，易产生欠硫或过硫，若使用得当，则硫化橡皮的物理机械性能及耐老化性能均优越，不污染。常用的锌盐品种为促进剂 PZ、促进剂 EZ（或 ZDX）。

（6）硫脲类

这类促进剂的抗焦烧性能较差，促进效力较低。是氯丁橡胶的优良促进剂。最常用的主要有促进剂 NA-22。

3. 活化剂（助促进剂）

在橡皮配方中，能增加促进剂的活性，从而减少促进剂用量或缩短硫化时间的配合剂统称为硫化活化剂或称助促进剂。常用的活化剂分为无机和有机两大类。

（1）无机活化剂

常用的无机活化剂有 ZnO、MgO、PbO、Pb_3O_4 等。①一氧化铅（黄丹）：在氯丁橡胶和氯磺化聚乙烯橡胶中作硫化剂时，易产生先期硫化。加入硬脂酸和松节油能减少胶料的焦烧倾向。但在氯丁橡胶中能提高硫化胶的耐酸性和耐水性能。对采用醌类硫化剂的三元乙丙橡胶有活化作用。由于一氧化铅比重大、有毒，一般避免使用。用量 10~25 份。②四氧化三铅（红丹）：可作天然、丁苯、丁腈橡胶的活化剂，也可作氯丁橡胶和氯磺化聚乙烯橡胶的硫化剂。用途与 PbO 相似，但不适于热硫化。它在丁基橡胶中能提高硫化程度。在氟橡胶中除作活化剂外，还可作氟化氢接受体。一般用量为 10~15 份。有毒，使用时应注意。

（2）有机活化剂

①硬脂酸：在胶料中起活化剂和软化剂作用。金属氧化物在有脂肪酸存在的情况下，才能使促进剂有较大的活性。故一般均将氧化锌与硬脂酸并用作活化剂。适用于天然橡胶和合成橡胶。一般用量为 0.2~2 份。硬脂酸除作活化剂使用外，还可作软化剂使用，用量为 0.3~10 份。本品使用过多时，易喷出橡胶表面使铜线发黑，在绝缘橡皮中一般少用或不用。

②硬脂酸锌：常用作活化剂和隔离剂，亦可作增塑剂和软化剂。适用于天然橡胶的合成橡胶，用量 1.0~2.0 份。

4. 防焦剂（硫化延缓剂）

在加工过程中防止橡料焦烧（先期硫化）的配合剂统称为防焦剂，又称硫化延缓剂。其基本作用在于提高橡胶加工的安全性，延长胶料的贮存期限，在橡胶混炼和挤出过程中特别重要。但加入防焦剂应不妨碍在硫化温度下促进剂的正常作用，不应对橡皮的物理机械性能产生有害的影响。

在氯丁橡胶中常用促进剂 M 和 DM 作防焦剂。除此以外常用的防焦剂还有邻苯二甲酸酐、防焦剂 NA、二氯二甲基乙丙酰脲等。

二、防护体系

起到防止各种因素造成橡皮老化或延迟老化进程的助剂体系，包括：防老剂（抗氧剂、抗臭氧剂、光吸收剂、有害金属抑制剂等）、避鼠剂、避蚁剂、防霉剂等。

（1）防老剂 J（或防老剂 D）

为天然橡胶、合成橡胶的通用型防老剂。对热、氧、屈挠龟裂以及一般老化因素均有良好的防护作用，对有害金属离子有抑制作用。本品易分散、用量约 0.5~2.0 份，超过 2 份会喷霜。

（2）防老剂 A

对热、氧、屈挠及气候老化均有良好的防护效果，为天然橡胶、合成橡胶的通用型防老剂。在氯丁橡胶中兼有抗臭氧老化作用。对变价金属离子有一定抑制作用。有污染性，一般用量为 1~2 份，最高可达 5 份。

（3）防老剂 RD 和防老剂 124

不易喷霜，对硫化作用无影响。适用于天然橡胶和丁苯、丁腈等合成橡胶。用量一般为 0.5~3 份。

（4）防老剂 264

是天然橡胶和合成橡胶最普通的酚类防老剂。毒性较小，可用于抗热氧化，能抑制铜的作用。一般用量为 0.5~3 份。

（5）防老剂 4010（或防老剂 CPPD）

为天然橡胶及合成橡胶优良的通用型防老剂之一。尤其适用于天然橡胶和丁苯橡胶。对热、氧、臭氧、光等老化因素防护效果优良。亦为优良的持久机械应力形成之龟裂与屈挠龟裂的抑制剂。对高能辐射和铜离子的老化作用也有一定的防护作用。一般用量为 0.15~1 份。

（6）防老剂 4010NA（或防老剂 IPPD）

可抗臭氧、抗屈挠老化、抗热、抗氧、耐光。可抑制铜的催化老化，为通用性优良的防老剂。适用于天然橡胶和各种合成橡胶。一般用量为 1~4 份。

（7）防老剂 H（又名防老剂 DPPD 或防老剂 PPD）

是天然橡胶，合成橡胶的通用型防老剂。且具有优良的抗屈挠龟裂性能，对热、氧、臭氧、光特别是铜锰离子的老化防护作用甚佳。单用时用量范围一般为 0.2~0.3 份。

（8）防老剂 MB

用作铜抑制剂，可以减弱橡皮中硫化剂对铜线的作用，显著改善橡皮硫化时铜线发黑、橡皮发黏的现象。也可作为硫化延缓剂，一般用量为 1~2.5 份。

三、软化体系

调节橡胶塑性，改善其柔软性，并便于其他助剂与橡胶分子均匀混合而合理发挥其作用的助剂体系。由于软化剂分子量比橡胶小得多，容易活动，加上软化剂和橡胶都是碳氢化合物，两者容易互相渗透、扩散、溶解。所以软化剂在橡胶中的增塑软化机理，是推开橡胶相邻分子的链节，使蜷曲的橡胶分子稍为伸长，增大分子链间的距离，减小分子间的作用力，并产生润滑作用，从而使橡胶的弹性降低、塑性增加。

按软化剂来源和化学成分可分成石油类软化剂、煤焦油类软化剂、植物油类软化剂、酯类软化剂、脂肪酸类软化剂等几大类。多数情况下是把两种或两种以上的软化剂并用。

1）硬脂酸：它既是有机活化剂又是软化剂。

2）石蜡：石蜡对橡胶有润滑作用，使橡料易于挤出并能改善制品外观。能改善提高耐臭氧、耐水、耐日光老化性能。常用作软化剂而不作抗氧剂用，超过 2 份容易喷霜。

3）固体古马隆树脂：它有助于炭黑的分散和改善胶料的挤出工艺性，能溶解硫黄使之均匀分散和防止焦烧，并提高硫化橡皮的物理机械性能及耐老化性能。在丁苯、丁腈、氯丁等合成橡胶中起一定的补强作用。

4）变压器油：是较常用的石油系软化剂，耐氧化，有较好的耐寒性及电绝缘性。

5）松焦油：这种软化剂有助于配合剂的分散，可提高耐寒性。低温下有延迟硫化的作用。对噻唑类促进剂有活化作用，有污染性，多用于护套橡皮。

6）邻苯二甲酸二丁酯（DBP）：主要用于合成橡胶，能增加橡胶的耐寒性，尤其适用于丁腈橡胶。增塑作用大，稳定性、耐屈挠性、黏着性均好。但易挥发，耐久性差。

7）邻苯二甲酸二辛酯（DOP）：增塑效果大，有良好的耐寒性，主要作为耐寒橡胶的软化剂。

8）磷酸三甲苯酯（TCP）：用作阻燃性软化剂，具有很好的阻燃性，电绝缘性、防霉性、耐油性均好，耐热及耐大气老化性亦好，但耐寒性较差，有毒。

四、补强填充体系

凡是加入橡胶中能显著提高橡胶的强度、硬度、弹性、耐磨性等物理机械性能的填充剂称为补强剂。常用的补强剂有炭黑、陶土等。凡在橡胶中主要起增容作用而又无损于橡胶性能的物质称为填充剂。常用的填充剂有滑石粉、碳酸钙等。由于橡胶的类型不同，使得补强剂和填充剂之间的界限难以划分。

补强剂的补强作用是通过补强剂与橡胶分子间的机械增强（如物理吸附）和化学增强（如化学键反应）两种作用，来改善硫化胶的物理机械性能。物理吸附即补强剂与橡胶之间吸引力大于橡胶分子之间的内聚力，橡胶分子被补强剂吸附在表面上，这种物理吸附的结合力为范德华力，比较弱。化学吸附是由于补强剂表面的活性点能与橡胶起化学作用，形成以化学键相结合的化学吸附。化学吸附的强度比单纯的物理吸附大得多。补强剂粒子粒度大小、表面性质、形状和结晶构造对补强作用有很大影响。电线电缆用橡皮常用补强剂和填充剂介绍如下：

1）炭黑：是电线电缆护套橡皮的主要补强剂。炭黑的种类很多，按对橡胶的补强效果不同，主要分为活性炭黑和半补强炭黑两大类。活性炭黑具有高补强作用，能使橡皮具有高的耐磨性、抗拉强度、抗撕裂和定伸强度等性能。半补强炭黑具有一定的补强效果，能使制品获得高弹性和一定的定伸强度，在混炼时发热小。

2）陶土：掺用陶土的橡胶易于加工，能赋予胶料耐酸、耐碱、耐油、耐磨等性能，有很好的耐热性，抗拉强度和定伸强度比较高。缺点是质量不稳定，由于粒子具有各向异性的性质，因而撕裂强度较差。

3）白炭黑：组成为水合二氧化硅，无碳原子。其补强作用和炭黑相似。是硅橡胶优良的补强剂，在乙丙橡胶、氯丁橡胶、丁苯橡胶中亦可应用。用量一般为50~60份。

4）滑石粉：滑石粉主要成分为含水硅酸镁（$3MgO \cdot 4SiO_2 \cdot H_2O$），是电线电缆橡皮中普遍使用的一种填充剂，适用于天然橡胶和合成橡胶。

5）轻质化学碳酸钙：主要在白色胶料中作填料使用，在胶料中易分散，不影响硫化。

6）活性轻质碳酸钙：活性轻质碳酸钙是在制造过程中加入一定量的活性剂以增加其活性，补强性能比轻质碳酸钙大，可作为白色制品的填充剂和补强剂使用。在合成橡胶中的补强效果显著，对硫化橡皮的伸长率、撕裂强度、耐屈挠性能比一般碳酸钙高。

五、特殊助剂

包括阻燃剂、着色剂、隔离剂、导电剂等起到特殊作用的配合剂。

1. 阻燃剂

一般橡胶均为易燃的碳氢化合物，配入阻燃剂可以保护橡皮不着火或使火焰延迟蔓延。氯丁橡胶、氯化聚乙烯、氯磺化聚乙烯具有良好的抑燃性，如再配以适当的阻燃剂，可以制成非燃性橡皮。橡胶用阻燃剂主要是含磷、卤素、硼、锑等元素的有机物和无机物。常用的阻燃剂有：

1）氧化锑（Sb_2O_3）：适用于丁苯橡胶、氯丁橡胶、丁腈橡胶及硅橡胶。尤其适用于聚氯乙烯塑料。单独使用时效果不明显，但与含氯的有机化合物配合时，即显示出优良的阻燃作用。一般用量为3~5份。

2）硼酸锌（$3ZnO \cdot 2B_2O_3$）：适用于丁苯橡胶、氯丁橡胶、氯磺化聚乙烯等。一般与含氯化合物并用效果好。加入一定量的氧化锑可提高其阻燃效果。

3）磷酸三甲苯酯：适用于合成橡胶特别是氯丁橡胶，与少量的氧化锑并用有协同效应，也可作增塑剂。用量一般为10~20份。

4）氯化石蜡：适用于天然橡胶及丁苯、丁腈、氯丁等合成橡胶，应与氧化锑并用以提高阻燃效果。用量一般为10~20份。

5）全氯戊环癸烷：适用于二元乙丙、三元乙丙橡胶及丁基橡胶，为提高其阻燃作用，常与氧化锑并用。一般用量为10~30份。

2. 导电剂

导电剂是提高橡皮导电能力，制造半导电橡皮所用的配合剂。常用的导电剂有：鳞片状石墨、无定形石墨、乙炔炭黑和导电炭黑等。

3. 抗静电剂

橡胶加工过程中，在动态应力和摩擦力作用下，常常产生表面电荷集聚，使性能受到影响。为防止静电作用，常加入抗静电剂。常用的抗静电剂有：抗静电剂SN、抗静电剂SP、抗静电剂PES等。

4. 隔离剂

隔离剂起到防止胶料片或未硫化线芯间相互粘连的作用，在加工过程中喷洒或涂敷在胶片或线芯表面。常用的隔离剂是作为填充剂的材料，如滑石粉、碳酸钙等。

5. 着色剂

凡使橡胶制品具有某种颜色的配合剂称为着色剂。为便于安装和检修，对两芯及以上的电缆绝缘线芯大多要求分色以示区别。对矿用电缆，还规定按电压等级不同，要求护套橡皮有一定的色别。

第七节　包制和填充材料

包制是指将各种金属或非金属材料以带状或线状形式包覆到电缆线芯上的工艺过程，包制是应用广泛的一种工艺形式，绝缘、屏蔽、护层结构都有采用，包括绕包绝缘、绕包耐火带、金属屏蔽、成缆、装铠、编织等。

初制的包带材料大都是大幅面的，将大幅面的包带材料按所需宽度，在分切设备切割为所需规格，这个工序叫切带，如：塑料带、铜带、钢带、云母带、无纺布带等；玻璃纤维带是由玻璃纱按所需宽度编织而成。编织所用金属材料是经拉制、退火、并线而成，如：铜丝、钢丝；纤维材料是将纤维通过并纱而成不同规格的纤维丝如：玻璃丝、涤纶丝等。

一、铜带、铜塑复合带

在电力电缆中铜带主要用于绕包金属屏蔽层，主要起到导通电容电流和短路（故障）电流的作用；对用于信号、数据传输类电缆，主要起到电场屏蔽作用。一般采用单层搭盖绕包或双层间隙绕包。

化学成分应不低于一号铜要求的纯铜带，铜带厚度为 0.10~0.70mm，分硬态和软态两种，常用厚度为 0.10mm 和 0.12mm 两种。软态铜带抗拉强度不小于 200MPa，伸长率大于30%；硬态铜带抗拉强度不小于 220MPa，伸长率大于 25%。一定规格的铜带还可以作同轴通信电缆外导体。

要求铜带尺寸均匀，两边应切齐，无毛刺、裂边和卷边；表面应光滑、清洁，不应有氧化变色。

铜塑复合带主要用于通信、数据传输类电缆的屏蔽结构。是以铜带为基材，单面或双面层合塑料薄膜制成。常用塑料为聚乙烯、乙烯-甲基丙烯酸共聚物（EMAA）、乙烯-丙烯酸共聚物（EAA）等。铜塑复合带的颜色应为本色，表面应平整、光滑、均匀、无折皱、无花斑及其他机械损伤缺陷。铜带厚度为 0.10、0.15、0.20mm，塑料层厚度为 0.058mm。复合带的抗拉强度不低于 180MPa，断裂伸长率不低于 15%，直流耐电强度：单面，耐压 1kV，1min 不发生击穿；双面，耐压为 2kV，1min 不发生击穿。导电率应大于 90%IACS。

二、铝/塑复合带

一些对防水、隔潮有较高要求的电力电缆和石油、化工等环境以及如对湿度敏感的通信电缆，单纯使用塑料护套不能满足使用要求，可选用铝/塑复合的综合护套和铝/塑复合带。也会用在一些通信、数据传输类电缆的屏蔽结构上。

铝/塑复合带采用绕包或纵包的方法，然后依靠挤出聚乙烯外护套时较高的压力和温度，使聚乙烯护套与复合铝带、以及铝塑复合带的搭接缝紧密地粘接成一体。

铝/塑复合带的颜色应为本色或蓝色，表面应平整、光滑、均匀、无折皱、无花斑及其他机械损伤缺陷。铝带厚度为 0.10、0.15、0.20mm，塑料层厚度为 0.058mm。复合带的抗拉强度不低于 65MPa，断裂伸长率不低于 15%，直流耐电强度：单面，耐压 1kV/1min 不发生击穿；双面，耐压为 2kV/1min 不发生击穿。

三、钢带、钢丝

钢的机械强度高，所以广泛用于对电缆起到机械保护作用的铠装层和电缆中的其他承力元件。常用有钢带和钢丝两种。

1. 钢带

用作铠装的钢带是冷轧低碳钢带，以提高强度，抗拉强度应不小于 295MPa，伸长率不小于 20%，钢带厚度有 0.20、0.30、0.50、0.80mm 几种，宽度为 10~60mm。钢容易被腐蚀，为起到保护作用，钢带必须镀锌、镀锡或涂漆后使用，采用电镀或热镀，涂漆可采用电泳法或浸涂法。

要求钢带尺寸均匀，两边应切齐，无毛刺、裂边和卷边，保护层应均匀连续，不允许出现剥落、锈蚀和漏镀漏涂，接头不允许有穿孔、熔渣、尖头和错位。

之所以采用镀锌处理，是因为锌在大气中会钝化，具有很高的稳定性。而在遇水状况下起到牺牲阳极的保护作用，一旦锌层腐蚀完毕，就会露出钢层而发生腐蚀，因此对镀锌层的厚度有严格要求。

2. 钢/塑复合带

用于制作钢/塑复合带的电镀钢带有电镀锡钢带和电镀铬钢带。基带应为冷轧钢带，强度为 300~420MPa。复合带的颜色应为本色或绿色，表面要求同铝塑复合带。钢带厚度 0.15、0.20mm，塑料层厚度 0.058mm。用于电缆的屏蔽和机械防护结构上。

3. 钢丝

钢丝在电缆中主要作铠装材料、通信电缆和光缆及裸导线的抗拉元件使用，以承受电缆所受的拉力。在垂直敷设的竖井、横跨江河湖海、大跨度架空敷设的电缆都要用到它。钢丝一般都采用低碳钢丝表面镀锌制成。规格为 $\phi1.8~\phi6.0mm$，抗拉强度应不小于 343MPa，伸长率不小于 8%。为保证钢丝的力学性能，要求交货的成捆或成盘钢丝均为一根，不应有接头。

为进一步提高钢丝的耐腐蚀性，在普通低碳钢丝外涂覆一层为 0.4mm 厚的高密度聚乙烯，制成涂塑钢丝，其耐腐性能比镀锌钢丝优越，适合制作海底电缆的钢丝铠装层。

不锈耐酸钢丝采用铬钢、铬镍钢、铬镍钛钢不锈合金钢材制成，其耐腐蚀性、机械性能大大提高，冷拉钢丝抗拉强度在 1078MPa 以上，热处理状态的也在 540MPa 以上。这种钢丝主要用作特殊电线电缆中的导电线芯或编织层。

四、无纺布带

无纺布又叫非织造布，是以合成纤维为主体经黏合剂黏合而成，其中聚酯纤维最为常用。适用于电缆的包带或内衬层。

技术要求：厚度为 0.2mm，宽度可按不同要求进行分切，常用为 10~60mm。紧度 ≥ $0.25g/mm^3$，纵向断裂强度 ≥50N/15mm，纵向断裂伸长率 ≥10%，外观纤维分布均匀，无霉点、硬杂质和破洞，幅边无裂口，干燥不潮湿。

五、防火包带

防火包带分为两类：耐火包带和阻燃包带。耐火包带除具有阻燃性外，还具有耐火性，即在火焰直接燃烧下，能保持电绝缘性，用于制作耐火电线电缆的耐火绝缘层，如云母带、陶瓷化耐火复合带；阻燃包带具有阻止火焰蔓延的性能，但在火焰中可能被烧坏或不具绝缘性，用作电缆绕包层起到提高阻燃性的作用，如玻璃丝带、阻燃玻璃丝带、石棉带、添加阻燃剂的高聚物带等。

1. 耐火云母带

耐火云母带是用有机硅粘合剂在白云母纸、金云母纸或合成云母纸的一面或两面上都粘合电工用无碱玻璃丝布以增加强度，再经烘焙分切而成，主要用作耐火电线电缆的耐火绝缘层。

构成云母带的材料中，真正起到电绝缘及耐火作用的材料是云母纸，其由云母粉用水胀法工艺抄制而成。天然云母是一种铝-硅酸盐矿物，在电气工业中主要使用金云母（铝-镁-钾云母）和白云母（铝-钾云母）两种。两种在化学组成上稍有不同：金云母为 $KMg_3(AlSi_3O_{10})(OH)_2$，白云母为 $KAl_2(AlSi_3O_{10})(OH)_2$，但具有相同的晶体结构。这两种云母具有良好的电气性能，如金云母：击穿场强在 $100\sim170kV/mm$，相对介电常数为 $5\sim8$，介质损耗因数为 10^{-3}，常温时体积电阻率为 $10^{14}\Omega\cdot m$，$500℃$ 时体积电阻率仍能达到 $10^{10}\Omega\cdot m$。熔点为 $1200\sim1300℃$。在高温下具有很好的化学稳定性和电气绝缘性能。

白云母在常温下有很好的电气绝缘性能，但在高温下则不如金云母。合成云母如氟金云母的化学成分为 $KMg_3(AlSi_3O_{10})F_2$，不含结晶水，熔点高达 $1375℃$，其耐高温性能更好。因此耐火云母带中用到的云母纸为金云母纸和金云母与合成云母混抄而成。

因其用在常温和高温状态下的绝缘，故对不同温度的电气性能提出了一定要求：常温（$20℃$）体积电阻率不小于 $10^{10}\Omega\cdot m$，工频击穿电压不小于 $16kV/mm$；在 $800℃$ 高温下，耐工频电压 $1kV/90min$，不击穿，绝缘电阻不小于 $1M\Omega$。在机械性能方面，要求抗拉强度不小于 80 或 140MPa，接头强度不低于带基的 70%。常用规格：厚度为 $0.15\sim0.24mm$，常用宽度为 $10\sim50mm$。

2. 陶瓷化耐火复合带

陶瓷化耐火复合带是以玻璃纤维布和陶瓷化硅橡胶经压延、硫化复合而成，在 $350℃$ 以上开始变硬，最高可耐受温度可达 $3000℃$。因复合带中含有一定量的有机硅，受热也会燃烧，燃烧 $1\sim2min$ 后即开始烧结成陶瓷状壳体隔绝层，这种坚硬的陶瓷状壳体的隔绝层产生覆盖效应使内部材料与空气隔绝，从而达到阻燃和耐火效果。而且在被烧 $2\sim3min$ 后完全断烟。在接下来阻挡火焰的过程中，本身不再产生烟雾。有机硅无卤无毒，产生的烟雾，也是无毒无卤的。

其机械性能与耐火云母带相近，工频击穿电压为 $10\sim22kV/mm$，绝缘电阻不小于 $10^{13}\Omega\cdot m$。厚度为 $0.20mm$、$0.40mm$、$0.80mm$ 几种，宽度为 $10\sim60mm$。

耐火电缆耐火层的推荐绕包工艺：$0.6/1kV$ 电缆，厚 $0.20mm$ 包带搭盖绕包，搭盖率 50%，绕包 2 层以上；中压电缆，采用厚度为 $0.80mm$ 包带搭盖绕包，搭盖率 50%，绕包 3 层以上。

3. 玻璃纤维带及纱、绳

玻璃纤维由玻璃熔融拉丝而成，具有不燃、耐热、电绝缘、拉伸强度高、化学稳定性好等优良性能。电线电缆生产中主要采用无碱和中碱两种玻璃纤维。

无碱玻璃中碱金属氧化物的含量低于 0.5%，成分约一半为 SiO_2，其余为 Al_2O_3、CaO、B_2O_3、MgO 和少量 Na_2O，其具有优异的电绝缘性、耐热性、耐候性和力学性能。碱金属氧化物的含量在 2%～6% 的称为中碱玻璃，其特点是耐酸性好，但电绝缘性差、强度和弹性模量低，强度约为无碱玻璃的 75%，生产成本较低。

玻璃纤维的耐热性非常好，其软化点为 550～850℃，且在高温下不会燃烧，在 220～250℃ 以下，强度保持不变。热导率也较低，为 0.125kJ/(m·℃·h)，因此，玻璃纤维常用于耐火电缆和阻燃电缆的填充，玻璃纤维带常用做耐火电缆的阻燃加强层。

（1）玻璃纤维带及应用

玻璃纤维带由玻璃纤维纱编织而成，厚度为 0.08～0.27mm，宽度为 8～50mm，对带的技术要求主要有编织密度、断裂强度（应不小于 130～400N），主要用做阻燃、耐火等电缆的绑扎包带和作为耐火电缆的阻燃层。

在玻璃丝布单面或双面浸渍阻燃涂料就制成阻燃玻璃丝布，常用无机阻燃剂制作无卤低烟阻燃玻璃丝布带。用作无卤低烟阻燃或耐火电缆的包带，可有效提高交联聚乙烯、乙丙橡胶绝缘电缆的阻燃性能。其性能要求：厚度为 0.2mm，宽度为 20～50mm，纵向强度 ≥ 300N/25mm，氧指数 ≥ 50，烟密度 ≤ 150，酸度 pH ≥ 4.3，电导率 ≤ 10μS/mm。

（2）玻璃纤维纱、绳及应用

无碱玻璃纤维纱可用于玻璃丝包线和部分安装线的绝缘。中碱纤维纱可用于电机引出线、X 光机电缆、橡皮线的编织保护层以及电缆填充。

由玻璃纤维纱束合成股再经绞合就成为玻璃丝绳，主要用作耐火电缆和阻燃电缆的填充，绞合时可按照填充要求制成不同直径，满足不同规格电缆填充需要。

六、阻水带

阻水带是用粘接剂将高吸水材料附在两层聚酯纤维无纺布上构成的带状材料。当渗入电缆中的水与阻水带中的吸水材料相接触时，吸水材料就迅速吸收渗入水，其自身体积迅速膨胀数百倍甚至上千倍，膨胀体积充满电缆间隙，从而阻止水进一步侵入和纵向、径向扩散，达到阻水目的。吸水膨胀带也可做成半导电带，用于 XLPE 绝缘高压电缆的半导电屏蔽层。

常用的高吸水材料有羧甲基纤维素、乙烯醇-丙烯酸共聚物和聚丙烯酸钠的交联物等，在这些材料的分子内含有大量的亲水基团，与水短时间接触就会吸水膨胀，且有极好的保水性。

七、填充材料

电缆填充主要要求是耐温水平与电缆的耐温等级相当的非吸湿性材料，不会和与其接触的材料发生不良反应，价格低。满足此要求的材料种类很多，主要有：聚丙烯绳、预制塑料填充条、橡皮条、黄麻、棉纱、纸绳等，阻燃、耐火电缆中还会用到阻燃性好的玻璃纤维绳、石棉绳等。

1. 聚丙烯绳（PP 绳）

聚丙烯网状撕裂纤维采用拉丝级聚丙烯为原料，经制膜、开纤、加捻而成。是一种物理化学性能稳定，机械强度高（30～39MPa），密度小（树脂密度 0.91g/cm³），是非吸湿性材料，耐热性很好，能在 110℃ 连续使用，满足多种电缆的填充要求。用撕裂纤维捻合而成的聚丙烯绳柔韧性好，形状随填充间隙而变，填充饱满，另外还具有不收缩、不霉烂、不腐蚀、规格多等优良特性，是应用最为广泛的电缆填充材料。

2. 预制塑料填充条

多采用回收的电线电缆废旧塑料加发泡剂等配合剂制成，可按照填充间隙的形状、尺寸预制成形，便于使用。通过发泡减轻了重量，降低了造价。还可对交联聚乙烯进行再利用，解决了电缆企业废交联绝缘料的再利用问题，可谓绿色环保。

3. 石棉绳

石棉绳是阻燃、耐火电缆中常会用到的填充材料，与玻璃纤维绳的应用相似。在电缆生产中较多采用的石棉是温石棉，其纤维柔软，便于加工，可抽出 $0.04 \sim 0.05$mm 的纤维，主要化学成分为含结晶水的镁硅酸盐（$3MgO \cdot 2SiO_2 \cdot 2H_2O$）其中 MgO、SiO_2 各占约 40%，H_2O 占约 14%，尚有少量的 Al_2O_3、Fe_2O_3、FeO、CaO、Mg_2O 等。耐热性约 600℃，熔点约 1500℃，有高的耐碱性，但耐酸性稍差。另外，作为填充材料密度有些偏大，使制造成本增加。

石棉纱由长的温石棉纤维或温石棉纤维与适量棉纤维经纺纱加工而成。石棉线由两根以上单纱捻合而成，由多根石棉线再经捻合成为不同直径的石棉绳（也叫岩棉绳、无机阻燃绳、矿物纸绳）。

第三章　电缆工艺技术

第一节　电缆制造工艺特点

电线电缆是一门综合性很强的产业，由于产品功用不同、应用场合各异，电缆的结构、材料、工艺也千差万别，在本章介绍电缆制造的典型工艺方法和原理，对电缆制造有概略的了解。

一、电线电缆工艺技术特征

虽然电线电缆也属于机电类产品，但它的制造与其他机电产品制造却大相径庭，有自己鲜明的技术特征。

1. 大长度连续叠加组合生产方式

一般机电产品采用将零件组配成产品，产品以台数或件数计量。而电线电缆是以长度为基本计量单位，而且不能采用组装的生产方式。其是从导体加工开始，在导体外一层又一层地加上绝缘、屏蔽、填充、护层等结构，产品结构越复杂，叠加层次就越多。大长度连续叠加组合的生产方式，对电线电缆生产的影响是全局性和控制性的，这涉及和影响到：

1）生产工艺流程和设备布置：生产车间的各种设备必须按产品的工艺流程合理安排，使各阶段的半成品顺次流转，以减少物流量和出问题的几率。设备配置要考虑生产效率不同而进行生产能力的平衡，有的设备可能须配置两台或多台，才能和主生产线的生产能力匹配，从而合理选择设备的组合和生产场地的布置。

2）生产组织管理：生产组织调度必须科学合理、严格细致、周密准确，任何一个环节出现问题，都会影响整个工艺流程的通畅，造成"梗阻"，影响产品质量或交货期。比如成缆机生产能力不足，即使绝缘线芯积压再多，后面的装铠、护套工序也只能"望之兴叹"，不能跨过成缆进行生产。再如多芯电缆，即使只有一芯的生产长度不够计划数，也会导致整根电缆报废。

3）质量管理：电缆的结构特点决定了在生产过程中发生的任何问题，都会影响整根电缆质量。因内层结构被逐层包覆，出现质量缺陷，发现越晚，造成的损失就越大。不像组装式产品，可以拆开重装及更换零件，电线电缆的事后的处理往往是截断或降级处理，要么报废整根电缆，可谓是问题小，损失大。因此，电缆的质量管理，必须贯穿整个生产过程，人人参与、环环紧扣，以保证产品质量提高企业经济效益。

2. 生产工艺门类多、物料流量大

电线电缆制造工艺门类广泛，涉及各种形状、不同形态多种材料的加工和成形技术。比如对金属材料的加工就包括熔化、精炼、铸锭、轧制、拉制、镀制、挤压、绞合、焊接、绕包、编织等十余种工艺形式；对塑料、橡胶等高分子材料需采用塑炼、混炼、挤压、交联（硫化）、绕包等加工形式。还会用到诸如电缆油、氮气、六氟化硫、云母、氧化镁等特殊材料，更需采用特殊的加工工艺。不仅工艺门类多，而且多是特有工艺。

电线电缆制造所用的各种材料，不但类别、品种、规格多，而且数量大。逐层叠加的工艺方式决定了从首道工序开始使用的材料要在每道工序流转，而且每道工序都会有新的结构叠加上去，比如导体材料重1t，生产工序有7道，仅导体材料的周转总重量就是7t，加上包装材料、每道工序新增重量，其物流量会是原重量的几倍甚至十几倍。因此电缆生产中，原材料及各种辅助材料的进出、存储，各工序半成品的流转到产品的存放、出厂，必须全盘统筹、合理布局、动态管理，降低支出。

3. 专用设备多

电线电缆制造的独特工艺决定了使用设备的特殊性，如挤塑机、拉线机、绞线机、交联设备等等，均为电缆工业独有。而且每有新材料、新技术应用，往往需要有新的设备配套，比如同为聚乙烯的交联，就有过氧化物交联采用的悬链或立塔生产线、辐照设备、温水交联水池几种不同的设备配置。

电线电缆的制造工艺和专用设备的发展互相促进。新工艺促进新设备的产生和发展；相反，新设备的开发，又提高促进了新工艺的推广和应用。如拉丝-退火-挤出串联线、物理发泡生产线等专用设备，促进了电线电缆制造工艺的发展和提高，提高了电缆的产品质量和生产效率。

二、电缆生产工艺流程

虽然电线电缆的基本结构都是导体、绝缘和护层，但电缆功用不同，采用的材料、结构形式不同，生产工艺有很大的差别，通过下面几种典型产品工艺流程图的比较，对电缆的制造工艺过程做一了解。

1. 裸导线和导体

铜、铝杆都可以采用连铸连轧方式生产，铜杆还有采用上引法生产。铜、铝绞线和导体的制造工艺流程有少许不同，如图3-1、图3-2所示。

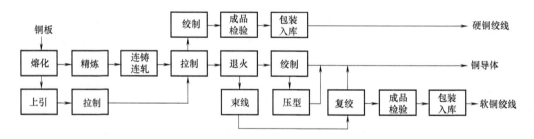

图3-1　铜绞线和铜导体生产工艺流程图

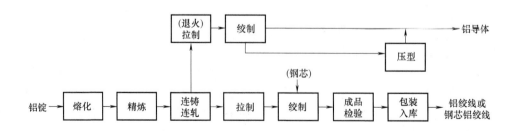

图3-2　铝绞线和铝导体生产工艺流程图

2. 塑料绝缘电力电缆

用于电力电缆绝缘的塑料主要是交联聚乙烯和聚氯乙烯，在 1kV 电压等级聚氯乙烯和交联聚乙烯绝缘电缆使用量均很大，生产过程如图 3-3 所示。

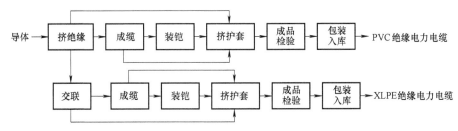

图 3-3　0.6/1kV 电力电缆生产工艺流程图

6kV 及以上电压等级已不再采用聚氯乙烯作为绝缘，而选用交联聚乙烯，不同电压等级电缆的生产工艺存在很大差异，如图 3-4、图 3-5 所示。

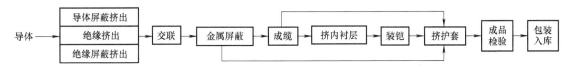

图 3-4　6~35kV 交联聚乙烯绝缘电力电缆生产工艺流程图

图 3-5　110、220kV 交联聚乙烯绝缘电力电缆生产工艺流程图

3. 橡皮绝缘电缆

相比于塑料绝缘电缆，橡皮绝缘电缆制造过程又增加了橡料加工过程，而且橡皮绝缘电缆多采用软导体，工艺流程与塑料绝缘电缆存在较大差别，如图 3-6 所示。

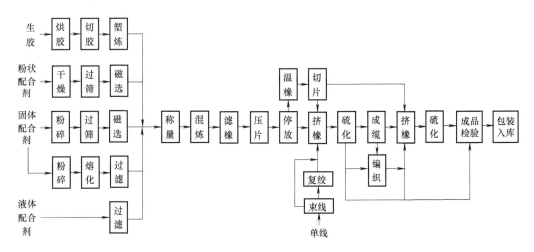

图 3-6　橡皮绝缘电力电缆生产工艺流程图

4. 市内通信电缆制造工艺流程

通信电缆的绝缘多采用发泡形式，在护层结构上对防潮、防水结构要求较高，以减小信号的传输损耗。因此在生产工艺上与用于高电压、大功率传输的电力电缆、电气装备用电线电缆有很大不同，各种市内通信电缆的工艺流程如图 3-7 所示。

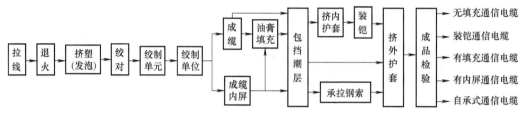

图 3-7　市内通信电缆生产工艺流程图

5. 光缆生产工艺流程

光纤制造的核心工艺是预制棒的制造，接下来是光纤拉丝，然后经不同的工艺过程，制成各种室内或室外光缆。下面有选择地介绍光纤拉丝和室外光缆制造工艺流程，如图 3-8 和图 3-9 所示。

图 3-8　光纤拉丝工艺流程图

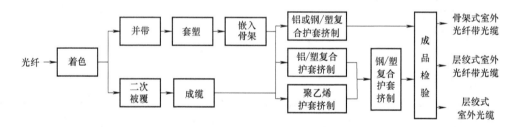

图 3-9　几种室外光缆制造工艺流程图

第二节　单 线 制 造

金属单线制造有采用拉制、轧制-拉制和挤制工艺。其中拉制工艺应用最为广泛和成熟。轧制的道次加工率高，在对表面质量和外形尺寸要求不高的情况下，选用轧制加工更加合适。拉制和轧制都属于冷加工，加工的单线会产生加工硬化现象，需要再进行退火处理。除采用拉制、轧制加工外，现在挤制工艺的应用也逐渐多了起来。

一、拉线工艺

线材拉制简称拉线，就是将线坯在拉力作用下通过一定形状尺寸的模孔，使其发生塑性变形，截面积减小，长度增加，获得与模孔尺寸形状相同制品的工艺过程。拉制的线材可以有很大的长度且在整个长度上断面形状、尺寸一致，并且表面光洁，断面形状多样，可以为圆形或异形；拉制为冷压力加工，工具、设备简单，并且能提高产品的机械强度。该工艺的缺点是每道加工率小，拉制道次多，能耗大，产生加工硬化，使线材塑性、导电性能变差。为恢复线材的塑性、导电等性能，需要再进行退火加工。

1. 拉伸原理

实现正常拉制的力学条件

实现线材的拉制，就要使拉制处的线材产生塑性变形，这必须使作用于变形区金属上的拉伸应力大于金属的变形抗力。为使拉制能连续进行，还不能在拉制过程中产生断线，因此拉伸应力必须小于线材在模具出口处的屈服极限。即

$$\sigma_K < \sigma_L < \sigma_S \approx \sigma_b \tag{3-1}$$

式中　　σ_L——拉伸应力；

　　　　σ_K——变形区金属的变形抗力；

　　　　σ_S——模具出口处线材的屈服极限；

　　　　σ_b——模具出口处线材的抗拉强度，因 σ_S 很难精确求出，且金属硬化后 σ_S 与 σ_b 很接近，常用金属的 σ_b 代替 σ_S。

2. 变形指数

拉线过程中，只产生极其少量的粉屑脱落，因此我们认为拉制前后线材体积不变，$V_0 = V_k$ 即 $A_0 L_0 = A_k L_k$，在此基础上得出变形指数的计算关系。

1）延伸系数 μ：延伸系数为线材拉制后长度与拉制前长度的比值。

$$\mu = \frac{L_k}{L_0} = \frac{A_0}{A_k} = \frac{d_0^2}{d_k^2} \tag{3-2}$$

式中　　L_0、A_0、d_0——拉制前线材长度、截面积、直径；

　　　　L_k、A_k、d_k——拉制后线材长度、截面积、直径。

2）断面减缩率 ψ：断面减缩率为用百分数表示的线材拉制前后横截面积积之差与拉制前横截面积的比值，用 ψ 表示。

$$\psi = \frac{A_0 - A_k}{A_0} \times 100\% = \left(1 - \frac{1}{\mu}\right) \times 100\% \tag{3-3}$$

3. 配模原理

根据工作任务，确定一套拉线模模孔形状和尺寸的工作称配模。

配模的步骤

1）确定拉制道次：根据下达的生产任务，坯料直径 d_0 和成品直径 d_K 都是已知条件，一般根据经验可确定拉制道次 K。也可以采用计算的方法，公式见 3-4。

$$K = \frac{\lg\mu_{\text{总}}}{\lg\mu_t} \tag{3-4}$$

式中　　$\mu_{\text{总}}$——总延伸系数，$\mu_{\text{总}} = A_0/A_K = d_0^2/d_K^2$；

　　　　μ_t——平均延伸系数，经验值，可参考图 3-7 和表 3-1 选取。

2）延伸系数取值：实际拉制中，各道延伸系数值基本按照逐道递减的规律变化，这是因为：

① 随拉伸进行，累积变形量增加，材料硬化程度增大，塑性降低；

② 单线直径越细，越易断线，要取大一些的安全系数（加工量减小）；

③ 减小最后一道的变形量，可减小线材的离模弹性恢复和模孔的磨损，提高成品线精度。

④ 由于坯料弯曲、表面粗糙、尺寸偏差大等原因，首道的加工量宜小些。当经过拉伸，消除了上述不利因素，同时金属硬化程度还很小，可充分利用材料塑性，进行大加工量的拉制。所以延伸系数的最大值应出现在第二道模上，以后逐道减小，总的分布规律如图 3-10 所示。

延伸系数的取值和材料性质、成品线直径、拉线机性能等因素相关，见表 3-1。

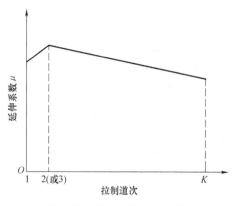

图 3-10 延伸系数分布规律

表 3-1 延伸系数取值

线径/mm	延伸系数取值范围		
	铜	铝	热处理型铝镁硅合金
≥1.0	1.30~1.55	1.20~1.50	1.25~1.42
0.1~1.0	1.20~1.35	1.10~1.20	—
0.01~0.1	1.10~1.25	—	—

各道延伸系数 μ 的确定通常采用试算法，同时考虑各拉线轮速度对拉制的影响，根据表 3-1 大致选取，使其分布基本符合图 3-10，并满足 $\mu_总 = \mu_1 \cdot \mu_2 \cdot \mu_3 \cdot \cdots \cdot \mu_总$ 关系。

3）各道模孔直径确定：由 $\mu_n = \dfrac{A_{n-1}}{A_n} = \dfrac{d_{n-1}^2}{d_n^2}$ 可推得

$$d_n = d_{n+1}\sqrt{\mu_{n+1}} \qquad （从成品向前推算到 d_0） \qquad (3-5)$$

$$d_n = \frac{d_{n-1}}{\sqrt{\mu_n}} \qquad （从坯料向后推算到 d_k） \qquad (3-6)$$

二、轧制-拉制工艺

拉线工艺每道加工率小，拉制道次多，特别是拉制异形线材。为提高生产效率，降低能耗，可采用数道冷轧，再经二或几道拉制的加工方法，双沟形电力机车接触线即采用先将圆形铜合金杆通过数道轧机轧为双沟形状，再经 3 道拉制，进行整形。

轧制是让被轧制线材通过一系列由两个或数个压辊围成的逐道减小的模孔，在轧辊压力作用下，使轧件产生塑性变形，成为要求形状和尺寸的工艺过程。轧制所用设备称为轧机，压辊及所围成模孔形状如图 3-11 所示。

轧制的道次加工量大，但表面光洁程度低，尺寸的稳定性差，为得到拉制线材那样的产品质量，在最后再通过几道拉线模。这种轧-拉结合的组合工艺，保留了轧制和拉制各自的优点，提高了工作效率，降低了能耗，特

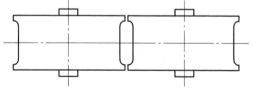

图 3-11 扁线轧制用压辊

别适用于大规格异形线材制造。

采用冷轧工艺，与冷拉相似，线材也会产生加工硬化，若需提高线材导电率，需进行退火处理。

三、退火原理及工艺

线材拉伸在冷态下进行，随变形程度增加，线材的屈服极限、强度极限、硬度增加，而延伸率、断面减缩率减小的现象称为加工硬化。加工硬化还带来导线电阻率增大、抗腐蚀性下降的问题，并给继续拉制带来了困难，性能变化如图 3-12a 所示。为恢复塑性，消除硬化，保持线材良好的电气性能，将线材在一定的温度下保持一定的时间，使线材的性能回复到拉伸前状态的工艺过程就是退火，退火又有韧炼、软化等名称。生产中将退火分为中间退火和最终退火。

1. 退火原理

加工硬化实质金属经冷加工变形后，晶粒被拉长、压扁或破碎、亚晶粒细化、位错密度增高，晶格畸变，存在残余应力，其组织处于不稳定状态。但在室温下，金属原子活动能力较小，这种不稳定状态将维持。如果使金属温度升高，便可增大原子活动能力，加速不稳定状态向稳定状态的转化，发生组织结构和性能的变化，这种变化可分为回复—再结晶—晶粒长大三个阶段。

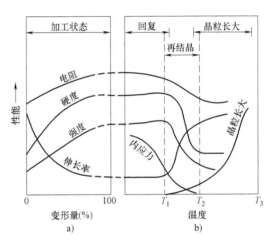

图 3-12　加工硬化金属在加热处理时性能的变化
a）加工硬化　b）退火时性能的变化

（1）回复阶段

回复是指在加热温度较低时（$T < T_1$）时，原子扩散能力低，不能产生大的位移，只是使晶格的弹性畸变减小，内应力和电阻都明显下降，但回复不能改变金属晶粒的大小和形状，故其强度、硬度和塑性基本上没有变化，性能变化见图 3-12 所示，晶粒结构变化如图 3-13b 所示。回复阶段的退火也叫去应力退火。

（2）再结晶阶段

温度继续升高，原子活动能力增大，金属的显微组织发生明显的变化，由破碎的、被拉长或压扁的晶粒变为均匀细小的等轴晶粒，如图 3-13b、图 3-13c、图 3-13d 所示。这一变化过程也是新晶体形核及核长大的过程，如同再进行一次结晶过程，故称之为再结晶。再结晶退火后，金属的强度、硬度显著降低，而塑性、韧性大大提高，内应力和加工硬化完全消除，如图 3-12 所示 $T_1 \sim T_2$ 间，力学和物理性能全部恢复到冷变形以前状态。

（3）晶粒长大（二次再结晶）

将温度升高（超过图 3-12T_2）或延长加热时间，晶粒就会相互吞并继续长大，如图 3-13e、f 所示。因为粗晶粒的能量较细晶粒的能量低，晶粒粗大，表面能就降低了，故细晶粒有变成粗晶粒的自发趋势。只要温度足够高，原子具有足够的活动能力，晶粒便得到迅速长大，这种现象称为晶粒长大（或二次再结晶）。晶粒长大实际上是一个晶界迁移的过程，即通过一个晶粒边界向另一个晶粒迁移，把另一晶粒中的晶格位向逐渐改变为与长大晶粒相同位向，即合成为一个大晶粒的过程。粗晶粒组织的强度、塑性及韧性都将变差，生产中应当避免。

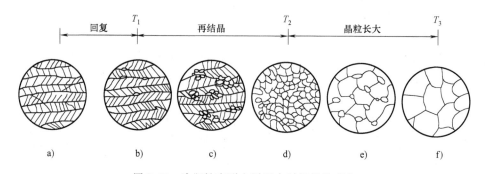

图 3-13 冷塑性变形金属退火时组织的变化

a）~b）—回复（显微组织无明显变化）　b）~d）—再结晶　d）~f）—晶粒长大

2. 再结晶温度

再结晶不是一个恒温过程，它是随着温度升高，冷塑性变形金属大致从某一温度开始的过程。没有经过冷塑性变形的金属，是不会发生再结晶的。工程上规定，经过大的冷塑性变形（$\psi>70\%$以上）的金属，在 1h 保温时间内能完成再结晶过程的最低温度，称为再结晶温度。金属的冷加工、热加工就是以再结晶温度为界线的，加工温度高于再结晶温度为热加工，低于再结晶温度为冷加工。

金属的冷变形量越大，其再结晶温度便越低，当变形达到一定程度之后，再结晶温度将趋于某一最低极限值，称为"最低再结晶温度"。各种纯金属的最低再结晶温度 $T_{再}$ 与其熔点 $T_{熔}$（绝对温度）大致关系为 $T_{再}\approx(0.35\sim0.40)T_{熔}$。再结晶过程需要有一定时间才能完成，故提高加热速度会使再结晶过程推迟到较高温度。退火加热时保温时间越长，原子的扩散移动越能充分进行，再结晶温度便越低，可使再结晶过程在较低温度下完成。生产中尤其应注意加热温度和保温时间的控制，过高的加热温度和过长的保温时间，均会引起"过热"或"过烧"。

为缩短退火周期，在工业上选择再结晶退火温度，一般比最低再结晶温度高 100~200℃。铜、铝的再结晶退火及去应力退火的温度见表 3-2。

表 3-2　铜、铝的再结晶退火和去应力退火温度　　　　　　（单位：℃）

金属材料	最低再结晶温度	去应力退火温度	再结晶退火温度
工业纯铝	150~240	140~160	350~420
工业纯铜	200~270	200~300	500~700

3. 退火工艺

（1）接触式电阻连续退火（短路电流加热连续退火）

连续退火设备装在拉线机最后一个拉线轮与收线装置之间，构成拉线—退火—收线的连续生产机组。在退火装置上被退火线材连续通过几个金属接触轮，接触轮同时也是电极，当导线在这些接触轮上通过时，导线上就有电流通过，导线在接触轮间短路发热加热自身，实现了退火。因铝线表面有氧化膜的存在，与轮的表面接触不良，易产生电火花，所以这种退火方式仅应用于铜线退火。

连续生产线的退火部分有两种形式，一种是预热-退火的两段式，另一种是预热-退火-再热的三段式。预热段对导线预热，以减轻退火段的功率负担。退火段把线材加热到退火温度，一般为 500~570℃，并采用低压蒸汽、酒精蒸汽保护，避免氧化发生。再热段起到烘干导线表面作用。

因是在线退火，退火电压或退火电流必须随拉线速度的变化而改变，在不同的三段，温升区间不同，退火电压或退火电流与这几个因素直接相关，计算公式为

$$U = \sqrt{0.065vL\left[t'_2 - t'_1 - \frac{\alpha}{2}(t'^2_2 - t'^2_1)\right]} \tag{3-7}$$

$$I = 180d^2\sqrt{\frac{v}{L}\ln\frac{1+\alpha t'_2}{1+\alpha t'_1}} \tag{3-8}$$

式中　t'_1、t'_2——线材在预热、退火或再热段加热前和加热温度（℃）；

　　　　v——线材运行速度（m/s）；

　　　　L——预热、退火或再热段线材长度（m）；

　　　　α——铜的电阻温度系数（1/℃）；

　　　　d——线材直径（m）。

（2）罐式炉（地坑式）和钟罩式退火

罐式炉退火和钟罩式炉退火类似，工艺关键一是炉内线材堆挤紧密，体积大，退火应维持一定的保温时间，使线材内外温度均衡，退火温度根据线径不同控制在 400~500℃，保温时间为 2~3 小时；二是保护导线不被氧化，抽真空、充保护气体的压力控制，抽真空后，罐内残余气体压力应在 -0.1MPa 以下，充保护气体后压力控制在 0.03~0.05MPa。还应注意装罐时要避免罐体、铜线、线盘粘有油污等，以免加热时分解而造成铜线氧化和污染。

四、挤制工艺

铜、铝单线挤制是采用连续挤压技术完成的，连续挤压法又称康仿法（Conform），其工艺流程：将经过矫直、清洗的铜或铝杆材送入挤压机，在挤压机中通过旋转的挤压轮把杆材引入挤压腔体，在高温和摩擦轮挤压下连续、均匀地将处于半熔融态的金属从模孔挤出，并迅速入水冷却，形成线材。从大直径杆材到小尺寸线材一次挤压完成，并且可以一次挤出多根线材，效率高、能耗低；属于热加工，制成软态线材，省去了退火工序；改变模孔形状，可挤制圆形、矩形、梯形、S 形、Z 形等多种形状线材。

挤压轮上开有凹槽，杆材进入轮槽内，当挤压轮旋转时，坯料与沟槽之间产生摩擦力，由于挤压轮的连续旋转，带动坯料与挤压轮相对运动，产生摩擦力。摩擦力的作用，一方面使坯料升温，降低变形抗力；另一方面使挤压坯料发生塑性变形，挤压轮不停旋转，坯料不断进入挤压区，当模腔内的压力大于金属的变

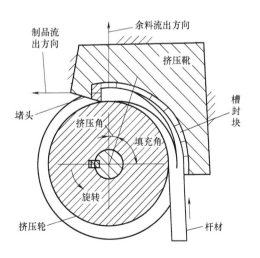

图 3-14　挤压过程原理图

形抗力时，金属开始发生塑性变形，从出口处的模孔挤出，挤压过程如图 3-14 所示。出模后，线材应马上进入冷却水槽充分冷却，以保证生成细小晶粒。线材是在高温下挤压，比如铝材挤压时，挤压模腔内的温度应达到 450～500℃，原子具有足够的激活程度和增加铝的流动性，使模腔内压力更加均匀。该温度高于铝的再结晶温度，故属于热加工。

康仿法应用广泛，不仅用于小规格线材的挤制，在挤压轮上开多条挤压槽，可同时引入多根杆材，用于大规格型线、型材挤制，双金属线如铝包钢线坯的制造，以及金属护套的挤包。

第三节　导体绞制

绞线就是将若干根直径相同或不同的单线，按一定的方向和规则扭绞在一起，成为一个整体线芯的工艺过程。绞合的导线直接作为电线使用时，称为裸绞线，如：铝绞线、钢芯铝绞线等。绞合的导线用作绝缘电线电缆的导体时，称为绞合线芯，如：铜、铝导体。绞合线芯具有柔软、结构稳定、可靠性高、强度大等优点，为电线电缆导体的主要结构形式。

一、绞线的形式

绞线形式主要可分为正规和非正规绞合，如图 3-15 所示。

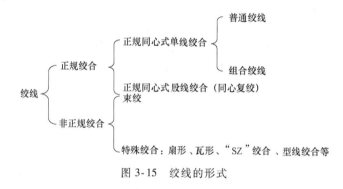

图 3-15　绞线的形式

1. 正规绞合

正规绞合就是把单线或股线按同心圆的方式，相邻层绞向相反，分层有规则地绞合在绞线轴线周围的绞合方式。中心层通常是 1～5 单线或股线，把单线按正规绞合的规则绞合的绞线又称为正规同心式单线绞合，若所有单线直径和材料相同，称为普通绞线；若单线直径或材料不同，称为组合绞线，如钢芯铝绞线、铝包钢芯铝绞线等。由多股普通绞线或束线代替单线按正规绞合的方式绞合而成的绞线称为正规同心式股线绞合或同心复绞线，这类绞线一般用做要求柔软、经常移动电缆的导体。如矿用电缆、移动用橡皮绝缘软电缆等。如图 3-16 所示。

2. 非正规绞合

（1）束绞

束绞就是将多根单线以同方向，同节距不分层地扭绞在一起的绞合方式。这样形成的绞线各单线之间的位置互相不固定，束线外形也不一定圆整。但与普通绞线相比束线具有线芯柔软，弯曲性能好的特点，采用束线机生产，生产效率达正规绞合的几倍甚至更高。

（2）特殊绞合

1）扇形、半圆形和瓦形线芯：多芯中低压电力电缆的导电线芯可采用紧压型线，绞合

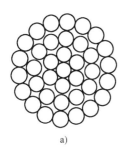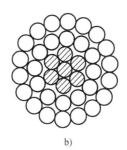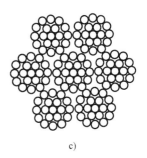

图 3-16　正规绞合的几种形式

a）普通绞线　b）组合绞线　c）同心复绞

时为使线芯接近压型的形状，绞线时会将部分单线不经绞合，直接平行于绞线轴线束合进去，如图 3-17a、b 所示中的深色单线。其余单线依然采用绞合形式。

2）型线绞合：用形状为"Z"、"S"形或梯形的单线进行绞合，如图 1-3 的 a、b、f 所示。该类绞线多为裸电线或高压充油电缆的导电线芯，单线之间只有很小的间隙，而且绞线表面光洁，圆整度高。成型单线绞合后，相互之间具有一定的挤压支撑作用，便于制造成型绞线。

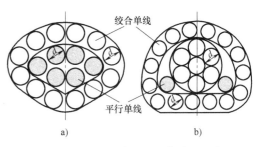

图 3-17　扇形、半圆形导体线坯绞合

二、绞线的工艺参数

1. 绞线中的单线根数及绞线外径

采用正规绞合的普通绞线，要求相邻层绞向相反，中心层可以为 1~5 根单线，单线直径为 d。

1）相邻层间根数差：普通绞线各层单线的排列如图 3-18 所示。

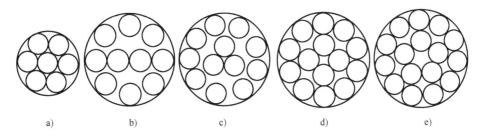

图 3-18　正规绞合绞线中心层的结构

a）中心层 1 根　b）中心层 2 根　c）中心层 3 根　d）中心层 4 根　e）中心层 5 根

各绞层及绞线总根数为：

中心层 1 根，结构：1+6+12+18+24+…　　中心层 2 根，结构：2+8+14+20+26+…

中心层 3 根，结构：3+9+15+21+27+…　　中心层 4 根，结构：4+10+16+22+28+…

中心层 5 根，结构：5+11+17+23+29+…

可以看出，中心层为 1 根时，其外层为 6 根而不是 7 根，其余所有相邻层的根数差均为

6 根。

2）绞线外径 D：绞线外径计算时，中心层不作为一层，从中心层外面的一层开始向外依次为第一、第二、第三…第 n 层。中心层为不同根数时的直径 D_0 见表 3-3。在中心层外绞以单线时，每增加一个绞层，其外径就增加 $2d$，绞线外径 D 可按式（3-9）计算：

$$D = D_0 + 2nd \tag{3-9}$$

表 3-3　绞线中心层直径计算

中心层根数	1	2	3
图示	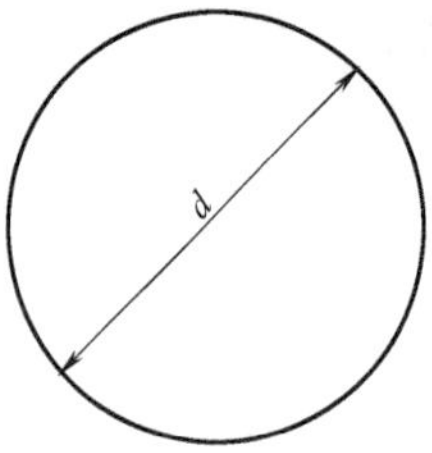	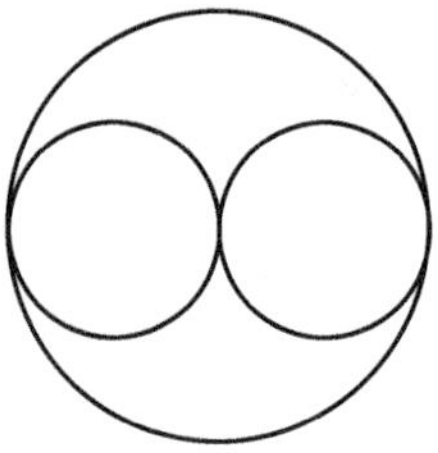	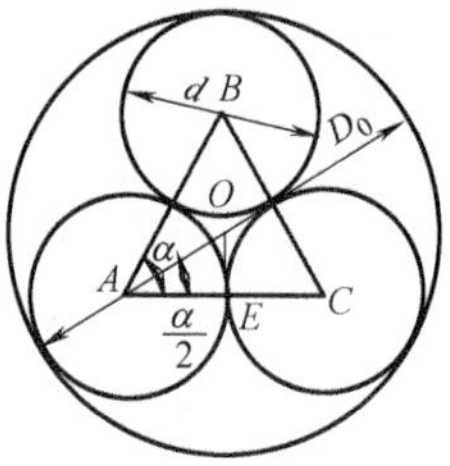
中心层直径 D_0	d	$2d$	$2.154d$
绞线外径 D	$(2n+1)d$	$2(n+1)d$	$(2n+2.154)d$
中心层根数	4	5	—
图示	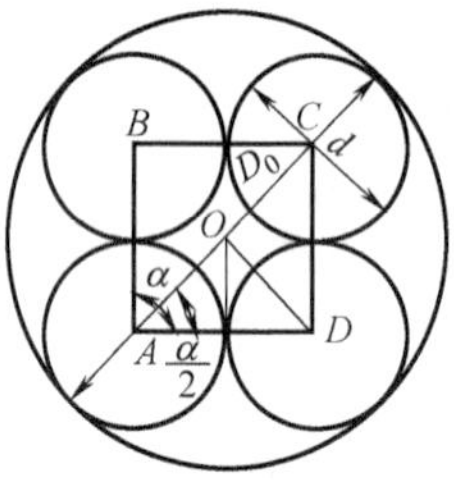	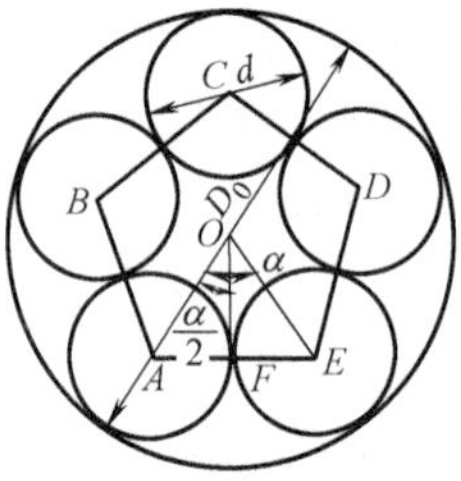	—
中心层直径 D_0	$2.414d$	$2.701d$	—
绞线外径 D	$(2n+2.414)d$	$(2n+2.701)d$	—

2. 螺旋升角、节距、节径比和绞向

（1）概念

1）螺旋升角 α：绞合单线的轴线与绞线横截面积的夹角称为螺旋升角，也叫绞合角。

2）节距 h：单线在绞线表面形成一个完整螺旋的同时，在轴线方向移动的距离称为绞线的节距。

3）节径比 m：绞线节距长度 h 与该层绞线外径 D 的比值称为节径比，又叫节距比。节径比的大小对绞线的柔软性和紧密程度有很大关系，节径比越小，绞线柔软性越好，绞线越紧密，同样长度绞线所使用的单线长度越长。

$$m = h/D \tag{3-10}$$

4）绞向：绞线的绞合方向分左向和右向。具体判别方法是：摊开手掌，四指并拢，大拇指自然张开，掌心向上，放于绞线上方，四指指向绞线的前进方向，单线的斜出方向与伸开的大拇指方向一致，如果与左手相符，绞向就是左向，因为与英文字母"S"的中间部分相似，所以也叫 S 向；如果与右手相符，绞向就是右向，与英文字母"Z"的中间部分相

似，也叫 Z 向，如图 3-19 所示。

（2）技术要求

绞线工序的主要技术参数为节距和绞向，多数情况下绞合节距以节径比的形式给出。除束绞采用所有单线不分层、同节距外，正规绞合绞线、紧压绞线和同心复绞线要求相邻层绞向依次相反。为保证绞线整体紧密，不松散，多层绞线的外层应不大于相邻内层的节径比。

1）裸绞线：无论圆线同心绞架空导线、型线同心绞架空导线、硬铜绞线还是软铜绞线，要求采用同心绞合，最外层绞向为右向。绞合节径比规定见表 3-4。

2）导电线芯：为和裸绞线区分，导电线芯最外层绞向一般采用左向。对导电线芯紧密程度的要求也没有裸绞线高，节径比也相应要大一些，见表 3-5。

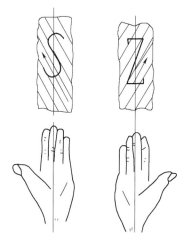

图 3-19　绞向的判断

表 3-4　裸绞线的绞合节径比

产品名称	结构元件	绞层	节径比
铝（合金）绞线，钢（铝包钢）芯铝（合金）绞线	钢及铝包钢加强芯	6 根层	16～26
		12 根层	14～22
	铝及铝合金绞层	外层	10～14
		内层	10～16
钢（铝包钢）绞线	钢及铝包钢绞线	所有绞层	10～16
软铜绞线	股线	所有绞层	20～30
	复绞	一次束绞	≤14
		内层	≤20
		外层	≤15

表 3-5　导电线芯的绞合节径比

导电线芯		节径比		
种类	名称	股线	内层	外层
第 2 种	正规绞合铜、铝导体	—	≤35	10～20
	紧压圆形铜、铝导体	—	≤35	10～14
	紧压扇形铜、铝导体	—	≤35	10～13
	紧压圆形硬铜导体	—	≤35	10～16
	紧压圆形钢丝加强芯铝导体	—	≤17	10～12
第 5 种	铜导体	20～30	≤20	10～14
第 6 种	铜导体	20～30	≤20	10～13

3. 填充系数

绞线中线材实际面积与绞线外接圆面积的比值称为填充系数，用 η 表示。采用相同直径单线绞合而成的绞线，填充系数可用式 3-11 计算。

$$\eta = \frac{A_{实}}{A_{廓}} = \frac{\dfrac{\pi}{4}d^2 \cdot Z \cdot k_m}{\dfrac{\pi}{4}D^2} = k_m Z \frac{d^2}{D^2} \tag{3-11}$$

式中　$A_{实}$——绞线中线材实际面积（mm^2）；

　　　　$A_{廓}$——绞线外接圆面积（mm^2）；

　　　　d——单线直径，单位为 mm；

　　　　D——绞线外径，单位为 mm；

　　　　k_m——绞线的平均绞入系数；

　　　　Z——单线总根数。

三、紧压导体

1. 紧压的意义

紧压线芯用于绝缘电缆的导电线芯。常用形式为圆形紧压线芯、扇形和半圆形紧压线芯、瓦形紧压线芯。二芯电缆采用半圆形，三芯、四芯采用扇形，五芯电力电缆导体采用瓦形结构。

由图 3-20 的对比可以看出。紧压前后导体的变化，这种变化对电缆生产具有以下意义：

1）紧压后填充系数增大，减小了导体的几何尺寸，使成缆、装铠、护套外径减小，节约了填充和护层材料，降低了生产成本。对圆形紧压导体来说，还能够节约绝缘材料，而扇形紧压导体绝缘材料用量比采用同样填充系数圆形紧压导体的要多，但填充和护层材料的节约终使电缆总的造价降低。

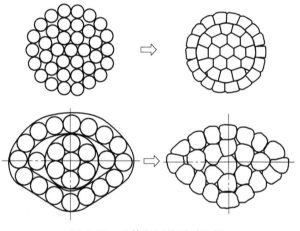

图 3-20　导体紧压前后对比图

2）提高导体表面的光滑程度，均化导体表面电场，这一点对中高压电缆尤其重要，因此，中高压电力电缆均采用圆形紧压导体。

3）紧压时的变形产生硬化作用，使导体电阻略有增大，柔软性有所降低。

2. 紧压工艺

（1）圆形导体紧压　紧压绞线是将绞合的导线通过一定孔型的压模紧压而制成的。采用辊式紧压模的方式称压辊紧压，采用拉拔模紧压的方式称拉拔模紧压。紧压工艺还有一次紧压和分层紧压，一次紧压就是绞线的各绞层全部绞好后，总的紧压一次，压缩量较小。分层紧压是指每绞一层就紧压一次，这种紧压方法压缩量较大，紧压出的绞线，外径可减小7%～9%，填充系数由压前的 0.75，提高到 0.89～0.92。但工艺比较复杂，需要用多副压辊或拉模。

拉拔模紧压是采用类似于拉线模的硬质合金模对绞线进行冷拉，起到紧压整形作用。其表面质量好于压辊紧压，表面光滑度高，外径偏差小，操作方便。

压辊紧压采用如图 3-21 所示的孔型为半圆形的两个轧辊从垂直或水平方向对绞线进行滚动压紧。一般每道采用两副或四副轧辊，一、三为垂直紧压，二、四为水平紧压，一、二主要起压紧作用，三、四主要起圆整作用。

（2）扇形、半圆形和瓦形导体紧压 这类导体紧压采用如图 3-22 所示的压辊紧压形式。50mm² 及以下可只进行一次垂直紧压，70mm² 及以上进行分层紧压，最外层绞合后进行垂直-水平-垂直三道紧压，第一道主要起压紧作用，第二道起整形，第三道起定型作用。

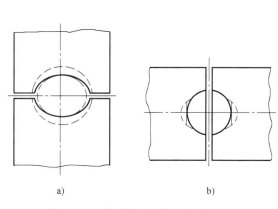

图 3-21 紧压圆形绞线压辊孔型图

a）横压辊 b）立压辊

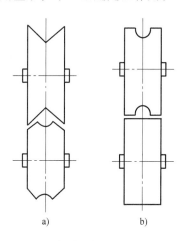

图 3-22 扇形、半圆形压辊形式图

a）扇形线芯用 b）半圆形线芯用

四、单线在绞合过程的变形

1. 弯曲变形

绞合中，单线围绕中心轴线形成一条弯曲的柱形空间螺旋线。如图 3-23 所示。螺旋线的弯曲程度以曲率半径（又叫弯曲半径）表示，曲率半径计算式为

$$\rho = \frac{a}{\cos^2\alpha} \qquad (3-12)$$

式中 ρ——单线的曲率半径（mm）；

a——螺旋围绕的基圆半径，即绞层的节圆半径（mm）；

α——单线绞合的螺旋升角，$\alpha = 0° \sim 90°$。

由式 3-12 可知，单线绞合中会产生半径为 a ~ ∞ 的弯曲，绞合直径、单线绞合时螺旋升角越小，单线弯曲变形越严重，即相同的绞线，绞合节距越大，单线弯曲变形越小。

2. 扭转变形

单线在绞合中还会产生绕自身轴线的扭转，如图 3-24所示。该扭转用挠率表示。一个节距长度上单线的扭转 T_h 为

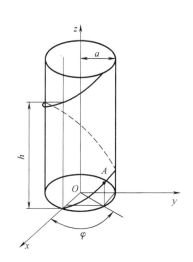

图 3-23 绞合中单线形成的柱形螺旋线

$$T_h = 2\pi\sin\alpha \qquad (3\text{-}13)$$

式中　T_h——一个节距长度上单线的扭
转（rad）。

在一个节距中，单线自身扭转角度
与螺旋升角 α 的正弦值成正比，一般绞
线的螺旋升角 $\alpha = 80° \sim 85°$，$T_h = 354° \sim$
$358°$。

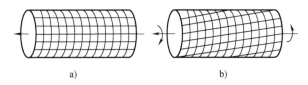

图 3-24　绞合时单线扭转变形
a）扭转前　b）扭转后

单线扭转变形产生的内应力，使绞线有回弹、松散的趋势。对于软单线绞制的绞线，因
软单线塑性好，弹性模量小，扭转变形以塑性变形为主，弹性变形很小。对于硬单线如：钢
线、铝包钢线等绞制的绞线，扭转以弹性变形存在，问题不容忽视。为减小单线扭转的内应
力，应采用退扭绞合方式。

3. 退扭和无退扭绞合

绞线（或成缆）生产时，摇篮架与绞盘固定连接，绞笼旋转一周，形成一个节距时，
放线盘围绕设备轴线翻转一周，单线被扭转一周，此即为无退扭绞合，如图 3-25a 所示。这
种绞线设备有框式和叉式绞线机。

在绞线机（或成缆机）上
增加退扭装置，将绞线机的放
线摇篮与绞盘浮动连接，并将
摇篮与退扭装置连接。放线盘
随绞笼旋转同时，在退扭装置
带动下还绕单线轴线方向同步
旋转，使放线盘与地面始终平
行，如图 3-25b 所示。放线盘
的运动类似地球围绕太阳既有
公转又有自转的旋转方式，单
线的扭转完全消除或大大减小，
此即为退扭绞合。摇篮式绞线

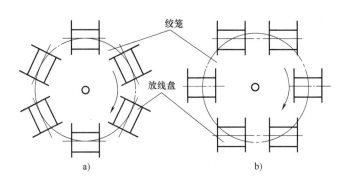

图 3-25　无退扭和退扭绞合中放线盘的运动
a）无退扭绞合　b）退扭绞合

机（成缆机）装有退扭机构，退扭机构又分为四连杆退扭和行星齿轮退扭。

摇篮式绞线机多采用四连杆退扭装置，退扭绞合时每形成一个节距，放线盘带动单线回
转 360°。由于退扭机构产生的回转与绞合产生扭转方向相反，故最终单线扭转为二者之差，
其方向与绝对值大者相同。此时，绞合单线在一个节距长度上自身扭转为 $T'_h = 2\pi - 2\pi\sin\alpha =$
$360° - (354° \sim 358°) = 6° \sim 2°$，方向与单线原扭转方向相反。行星齿轮退扭与绞合所产生的扭
转同步，可以完全消除单线扭转，使单线无扭转。

第四节　挤塑工艺

塑料绝缘、护套生产的基本方式是采用螺杆挤出机连续挤压进行。绝缘层是绝缘电缆工
作的基本保障，是其最重要的结构；护套是电缆的最表层，表观质量的好坏直接影响到用户
对企业的印象。因此，挤塑工序是电缆工艺的关键所在，往往被设置为质量控制点。因电缆

所用材料多样、耐压等级不同、规格的差异、设备配置各异，工艺参数也有很大差别。下面就以常用的聚氯乙烯、聚乙烯为主对挤出原理、挤出工艺进行探讨。

一、塑料的挤出过程

1. 挤塑过程

挤塑的工作原理是利用特定形状的螺杆，在加热的机筒中旋转，将由料斗中送来的塑料向前挤压，并且在机筒外部加热和螺杆旋转产生的摩擦剪切热的作用下均匀地塑化熔融，在螺槽中形成均匀连续的料流，再经由螺杆的推动或搅拌，将完全塑化好的塑料推入机头；到达机头的料流经模芯和模套间的环形间隙，挤包于线芯周围，形成连续密实的绝缘和护套层，包覆在线芯上。然后进入冷却水槽固化成型，制成电线电缆产品。

塑料挤出完成了一个复杂的物理过程，包括了混合、破碎、熔融、塑化、排气、压实、成型并最后定型。按塑料的不同反应将这一连续过程，人为地划分成不同阶段：

（1）塑化阶段　在挤塑机机身中完成，包括塑料的混合、熔融、均化和压实。

（2）成型阶段　在机头内完成，熔融塑料在螺杆旋转挤压作用下，通过模具成为所需要的形状和尺寸，包覆到线芯表面。

（3）定型阶段　在冷却水槽完成，在冷却水作用下，塑料层由熔融态变为固态。

2. 挤塑过程中的物理和化学变化

（1）降解　塑料挤出过程在高温、高压条件下进行，聚合物分子受外界条件作用，导致大分子链断裂、相对分子质量降低，使制品出现变色、气泡、焦烧、表面粗糙等现象，降低制品性能，严重的降解会使聚合物焦化变黑并产生大量的分解物质，导致废品产生。

挤塑过程中降解的类型主要有：①热降解：聚合物受热时间过长或温度过高而引起的降解。②氧化降解：在高温塑化加工过程中接触到氧，发生分解产生游离基，导致降解。如果同时又有剪切应力、热和紫外线等的催化作用，降解速度会明显加快。③水降解：聚合物的分子结构或配合剂中含有极性基团时，极易吸湿或粘附水分，在温度和压力下，这些基团被水分解，造成降解。④应力降解：大分子链在应力作用下发生断裂而引起的降解。应力降解常伴随着热量的释放，若这些热量不能及时散发，则可能同时发生热降解。

生产中必须采取一定的措施来防止降解发生：①严格控制原材料的技术指标，避免杂质对降解发生催化作用。②成型前对物料进行充分预热和干燥，严控含水量，特别是聚氯乙烯、聚酰胺等吸湿性强的材料。③制定合理的工艺参数，保证聚合物在不易降解的条件下成型。④对热、氧稳定性较差的聚合物，可以在配方中加入稳定剂和抗氧化剂等，以提高聚合物的抗降解能力。

（2）取向　聚合物分子链、链段或结晶聚合物的微晶粒子在应力作用下形成的有序排列称为取向。在粘流态下，同一分子链各段竭力保持相同流速，结果使分子链在同一流层、沿熔体流动方向取向。流动停止，分子链也要自发地解除取向。若取向后使温度迅速降到玻璃化温度以下，将分子链及链段"冻结"起来，就获得了取向材料。在力学性能中，取向使得抗张强度和挠曲疲劳强度在取向方向上显著增加，而在与取向垂直的方向上则降低很多，其他如冲击强度、断裂伸长率等也发生相应变化。

在电缆的挤塑生产中，在牵引力的作用下大分子链沿料流方向取向。轴向原子间以化学键相连接，有很高的强度，但在径向和周向分子间则主要以范德华力结合，力学强度降低很多，如果注意不到很可能造成质量问题。

（3）结晶　有许多聚合物，如聚乙烯、聚四氟乙烯、尼龙等在一定条件会发生结晶。结晶结构的基本单元可以是整个大分子链，也可以是链段，绝大多数是链段，结晶一般都是不完全的，结晶型聚合物由晶区和非晶区组成。

结晶只有在玻璃化温度以上熔点以下才能进行。在玻璃化温度以下，链段冻结不具备游动性；在熔点以上时，链段热运动能大于内聚能，有序排列困难。聚合物结晶过程可分成晶核形成和晶粒长大两个阶段，首先聚合物大分子链规则地排列形成晶核，然后以晶核为基础，逐渐长大。挤塑过程中，结晶过程受冷却速度、应力等因素的影响，若工艺控制不当，极易发生护套开裂、变形等质量问题。

冷却方式对结晶的影响最大。电缆生产中多出现采用室温冷水直接冷却聚乙烯护套、尼龙护套等结晶型材料，这种情况熔体冷却速度很快，属骤冷过程，大分子链重排的松弛过程低于温度的变化速度，以致聚合物的结晶度降低，熔体甚至来不及结晶，制品有明显的体积松散性。但厚制品仍可能有微晶形成，制品内外结晶不一致导致内应力的产生，这将使制品的力学性能和尺寸形状发生变化，所以一般不宜采用骤冷方式。

在中等冷却速度时，既有利于晶核生成，也有利于晶粒长大，结晶速度高，晶体完整性好，结构稳定，生产周期短，因此生产中常采用中等冷却速度。挤出聚乙烯绝缘和护套，采用"热水—温水—冷水"逐渐降温的分段冷却方式最为合适。

由于结晶中分子链有序排列，故聚合物晶态密度比无序的非晶态大，因而在结晶过程中，将发生聚合物体积收缩；结晶度增加使分子间作用力加强，因而聚合物弹性模数增加，抗张强度增加，断裂伸长率降低，另外微晶起物理交联作用，使分子链滑移减少，故随结晶度增加，材料的蠕变及应力松弛降低；当温度在非晶区的玻璃化温度以下时，随结晶度增加，分子链排列趋向紧密，分子链段活动空间减少，材料抗冲击强度降低，脆性增加，抗张强度也降低。结晶提高了聚合物的耐热性，还使聚合物的耐溶剂和化学稳定性增加，但成型时收缩率增加，耐应力龟裂能力降低，是其不足之处。

（4）聚合物的交联　交联反应主要用于热固性聚合物的成型固化中。但加工热塑性聚合物以及热固性材料成型过程中（如交联聚乙烯绝缘挤出中），由于加工条件不当或其他原因（如原料不纯）也可能引起交联反应，使热塑性聚合物的流动、成型改变，对成型后的制品性能带来不利的影响。这种非正常交联，加工过程要避免。

二、实心层挤塑工艺

1. 挤出温度

温度是塑料挤出工艺中最重要的工艺参数，加工温度应处于合适的温度区间：高于物料的粘流温度（或熔点），低于物料的分解温度。因此塑料挤出是在一个较大的温度范围完成。靠近温度下限的低温挤出有如下优点：由于挤包层中内能较小，缩短了冷却时间，保持挤出塑料层的形状比较容易；此外温度低还会减少塑料降解，降低发生如先期交联，发泡制品发泡度低等的危险。但挤出温度低，临界剪切应力、临界剪切速率值也低，会使挤包层失去光泽，并出现波纹、熔体破裂现象。另外温度低，塑料熔融区延长，从均化段出来的熔体中仍夹杂有固态物料，这些未熔物料和熔体一起成型于制品上，使挤出层性能下降。提高挤出温度可以提高挤包层的性能，降低螺杆的功率消耗。但挤出温度过高，易使塑料焦烧，或出现"打滑"现象；另外，挤包层的形状稳定性差，收缩率增加，甚至会引起挤出塑料层变色和出现气泡等。

挤出物料的热量来自机筒加热和螺杆与机筒间相对运动对物料产生的剪切和摩擦热。机筒加热在起车初期是很重要的，而剪切和摩擦热在运行稳定后则是主要的。升高机筒温度很自然地会增加机筒传递给塑料的热量。在挤出稳定运行之后，螺杆旋转剪切和摩擦热量，常常会使塑料达到或超过所需温度。此时机内控制系统切断加温电源，挤出机进入"自热挤出"过程，并应视情况对机筒和螺杆进行冷却。

机筒设置温度和螺杆转速之间还有以下的相互影响：机筒温度升高，增加了机筒到物料的热传导，有利于物料熔融。但熔体温度升高，熔体黏度降低，使螺杆旋转产生的摩擦剪切热降低，趋向降低熔融速率。因此，对应于最大的熔融速率存在最佳的机筒温度。机筒温度升高，总会使螺杆消耗功率降低。

由于塑料品种的不同，甚至同种塑料由于其结构组成的不同，设备不同，机筒壁厚薄不一样，测温点深浅不一样，仪表误差不同，挤出温度也不尽相同。挤出过程中应随时观察塑料的塑化质量，并及时调节温度。几种常用塑料的参考挤出温度见表 3-6。

表 3-6　常用塑料的挤出温度　（单位：℃）

品种	加料段	熔融段	均化段	机脖	机头	模口
聚氯乙烯	150~160	160~170	175~185	175~180	170~175	170~180
聚乙烯	140~150	180~190	210~220	210~215	200~190	200~210
聚乙烯	130~140	160~170	175~185	170~180	170~175	170~180
氟-46	260	310~320	380~400	380~400	350	250
泡沫聚乙烯	150~160	180~190	210~220	210~215	200~210	210~220
聚氨酯	140~150	155~165	175~180	170~175	170~175	170~180

可以看出，挤塑温度有低、高、低的变化规律，采用这样温度设置的原因是：

1）加料段采用低温。加料段对物料进行机械剪切并压实，形成固体塞，为熔体挤出产生足够的推力。如温度过高，塑料早期熔融，会导致挤出过程中的分解，并造成挤出压力波动，导致挤出量不均匀。这一段还要对塑料进行预热，因此温度也不能比熔融段低太多。

2）熔融段的温度要有幅度较大的提高。在该段塑料要实现聚集态的转变，变为粘流态的熔体，需要大量热量，只有达到一定的温度才能确保大部分组分得以塑化。

3）均化段温度最高。熔融塑料中尚有小部分高分子组分尚未完全塑化就进入均化段，这部分组分需要更高的塑化温度。因此，均化段的挤出温度有所升高是必要的。

4）机脖的温度要保持均化段的温度或稍有降低。这是因为此处要完成将旋转运动的塑料熔体转变为平行直线运动，并穿过滤网、多孔板，将塑胶熔体分散为条状物，在进入机头时必须在其熔融态下将其彼此压实，显然温度下降太多是不行的。

5）机头内塑料有固定的表层与机头内壁长期接触，若温度过高，势必出现分解甚至焦烧，特别是在机头的死角处，因此机头温度一般要下降。

6）在模口处温度升高、降低都有实例。一般模口升高可提高表面质量，使表面光亮，但模口温度过高，易造成表层分解，更易导致冷却定型困难，造成下垂或压扁变形。模口温度降低，降低了表层分解的可能性，便于冷却成形，但易出现表面无光泽，光洁度变差等现象。

2. 螺杆转速

由挤出机物料输送和均化段粘流体的流率分析可知，挤出速度和螺杆转速成正比，因此，提高螺杆转速是提高生产速度，实现高速挤出的重要手段。但通过对塑料熔融长度分析得知，螺杆转速增加，一方面由于增强剪切作用，使剪切摩擦热量增加；另一方面，在没有机头压力控制的情况下，螺杆转速增加，流率增加，物料在机内停留的时间缩短，导致塑料塑化程度下降。而且后者的影响更大，会导致塑化不均而破坏正常的挤出过程。所以，需要增加螺杆转速来提高挤出速度时，还必须提高加热温度或采用控制机头压力来提高塑料的塑化程度，以保证高速挤出时的塑料挤出质量。

3. 冷却

1）螺杆冷却：螺杆冷却的作用是消除摩擦过热，稳定挤出压力，促使塑料搅拌均匀，提高塑化质量。但其使用必须适当，尤其不能过甚，否则机筒内塑料熔体骤然冷却，会导致严重事故。螺杆冷却在挤出前绝对禁止使用，否则也会酿成严重的设备事故。

2）产品冷却：塑料挤包层在离开机头后，应立即进行冷却，否则会在重力作用下发生变形。对于聚氯乙烯等非结晶材料可采用冷水直接冷却，使其在冷却水槽中迅速冷透，不再变形。聚乙烯、聚丙烯等结晶型聚合物的冷却，则应考虑到结晶问题，层宜用逐步降温的温水冷却方法来进行，冷却水温可由塑料挤包层进入第一段水槽的 70~60℃ 温度开始，逐段降低水温，直至室温。

三、模具选用

挤塑模具分为挤压式、挤管式和半挤管式，挤压式模具主要用于对绝缘性能要求较高的中高压电缆，小截面积线芯或要求挤包紧密、外表圆整、均匀的线芯，以及拉伸比较小的材料挤出。挤管式模具主要用于护套、内衬层及低压电缆绝缘的挤包。半挤管式模具适用于挤包大规格绞线的绝缘和要求包紧力大的护套。

1. 配模

由于塑料熔体离模后的变化，使得挤出线径并不等于模套的孔径，一方面由于牵引、冷却使制品挤包层截面积收缩，外径减小；另一方面又由于离模后压力降至零，塑料弹性回复而胀大，离模后塑料层的形状尺寸的变化与物料性质、挤出温度及模具尺寸和挤出压力有关。选配好适当的模具，是生产高质量、低消耗产品的关键。

（1）配模的理论公式

1）挤压式模具

模芯孔径： $\qquad D_1 = d + e_1$ （3-14）

模套孔径： $\qquad D_2 = d_1 + e_2$ （3-15）

式中　D_1——模芯出口内径（mm）；

$\qquad D_2$——模套出口内径（mm）；

$\qquad d$——生产前半制品最大直径（mm）；

$\qquad d_1$——挤包塑料层后制品直径（mm）；

$\qquad e_1$——模芯放大值，单线：0.05~0.20mm，绞线：0.2~1.0mm；

$\qquad e_2$——模套放大值，0.05~0.15mm。

2）挤管式模具

模芯孔径： $\qquad D_1 = d + e_1$ （3-16）

模套孔径：
$$D_2 = D_1 + 2\delta + 2\Delta + e_2 \tag{3-17}$$

式中　D_1——模芯出口内径（mm）；

D_2——模套出口内径（mm）；

d——生产前半制品最大直径（mm）；

Δ——模芯嘴壁厚（mm）；

δ——塑料挤出层标称厚度（mm）；

e_1——模芯放大值，绝缘：0.5~3mm；护套：2~6mm（铠装），2~4mm（非铠装）；

e_2——模套放大值，绝缘：1~3mm；护套：2~5mm。

（2）模具调整

模具调整包括模芯、模套间距的轴向调整和周向调整。

挤压式模具的轴向调整是调整模芯前端与模套承线起端的距离，这段距离称为对模距离。对模距离大则胶料压力大，挤出产品表面紧密、光滑，但若太大，由于侧压力易产生线芯的刮伤或倒胶现象。对模距离太小易造成挤包不紧，甚至当模芯端顶住模套的承线区时，由于胶料受阻，产生巨大的内压力造成事故。挤管式模具的对模距离是指模芯锥形前端与模套承线起端的距离，会出现的问题是模芯太靠前，出现胶料流道阻塞，产生巨大的内压力。

一般所指的模具调整是指模具的周向调整，调整的原则是面对机头，先松后紧；经常检查对模螺钉是否松动和损坏，如有损坏应立即更换；注意拧螺钉时注意加热片电插头，以免触电或碰坏插头，调整模具时，可先关掉模口段加热电源；调模时，模套的压盖不要压得太紧，等调整好后再把压盖压紧，防止压盖进胶，造成塑料层偏芯或烧焦。模芯模套同心调整可采用以下方法：

1）空对模：生产前把模具调整好，用肉眼把模芯与模套间距离或间隙调整均匀，调整时应先松动薄处螺钉，再拧紧厚处螺钉。

2）跑胶对模：塑料塑化好后，空车跑胶调整对模螺钉，根据模口圆周方向出胶的多少，一面跑胶，一方面调整，同时取样检查塑料厚度是否偏心，直到调均匀为止。

3）走线对模：适合小截面积电线电缆的调模。把导线穿过模芯，与牵引线接好，然后跑胶，进行微调。等胶跑好后，调整好螺杆和牵引速度，起车走线取样，然后停车，观察样品的塑料层厚度是否均匀，反复几次，直到均匀为止。

4）灯光对模：适合聚乙烯胶层挤出，热态聚乙烯处于透明状态，利用灯光照射包覆层，观察上、下、左、右四周的厚度，调整对模螺钉，直到调均匀为止。

5）感觉对模：它是经验对模的方法，利用手轻按压塑料层，感觉厚度，调整模具。适用于大截面积电线电缆的外护层。

6）其他对模方式：①利用游标卡尺的深度尺扎入塑料层内，测量其厚度，调整模具。②利用对模螺钉的螺纹深度调整模具。③利用取样测量塑料层厚度调整模具。

每次调整完毕，一定把所有对模螺钉拧紧。

四、发泡绝缘挤出

发泡绝缘是通信电缆的主要绝缘形式，按发泡机理分为化学发泡和物理发泡。根据绝缘层的构成，又分为发泡绝缘、泡-皮绝缘和皮-泡-皮绝缘。

1. 化学发泡

化学发泡是在聚乙烯中加入发泡剂，在挤出温度下发泡剂分解产生气体，绝缘出模具口后失去压力束缚，气体膨胀形成泡沫绝缘。当挤出温度过低时，发泡剂不能完全分解，造成发泡不足。因此在温度设置时还要充分考虑发泡剂的分解温度。常用的 AN 型和 AC 型发泡剂的分解温度均低于聚乙烯的挤出温度，因此可按实心聚乙烯挤出的温度设置即可。为提高绝缘层的机械性能，采用 HDPE、LDPE 混合聚乙烯。采用带皮泡沫绝缘，不仅提高了绝缘层的机械强度，还将发泡度由泡沫绝缘的 33% 提高到 45%~60%。

导体在进入机头前要预热，以去除导体表面水分，还可使导体与聚乙烯很好地粘合起来，并提高与导体接触的一层聚乙烯的发泡度。预热温度一般为 140~150℃。

相比于实心绝缘，化学发泡有效降低了绝缘的相对介电常数，减小了信号的传输衰减。但发泡剂分解后会留有残渣和水分，而且发泡度不够高。其优势在于不必增加特殊的生产设备。现在化学发泡的应用在逐渐减少。

2. 物理发泡

物理发泡主要应用于聚乙烯和氟塑料，聚乙烯采用 8:2 的 HDPE 和 LDPE 混合而成。常用的发泡气体有氟利昂-11、氮气和二氧化碳。物理发泡采用中性气体发泡，发泡度能达到 70% 以上，绝缘的相对介电常数比化学发泡进一步降低。

生产中，混合有成核剂（常用氮二酰胺）的绝缘塑料在挤塑机中塑化，然后在充分熔融塑料中以音速注入发泡气体，在音速注气条件下可保证单位时间内气体的注入量正比于气体压力。为增加溶解度，机筒注气段要保持 20MPa 以上压力。经过搅拌，气体在熔体中处于过饱和状态。当熔体挤出后，高压环境突然消失，气体在成核剂周围形成大量微泡孔。成核剂起到"微核"作用，是气体的凝聚中心。此后进入泡孔生长期，更多的气体由熔体溢出进入微泡孔，克服泡壁的内应力而胀大。同时绝缘外层冷却，又形成一定的压力环境，最后整个发泡绝缘层冷却固化，形成均匀细密的泡孔结构。

熔体温度高，黏度下降，弹性增大，泡孔成长容易，但泡孔成长过度则又会产生泡孔合并现象，影响电缆阻抗的均匀性，另外熔体的黏度下降也不利于内导体的定位。而熔体温度低，则气泡生长的临界压力值升高，不利于达到高发泡度。

发泡绝缘在挤塑机中不仅要完成塑料的熔融，还有注气和随后的气塑混合、均化气溶体过程，因此对挤塑过程提出了更高要求。采用单机生产时，应选用长径比更大的挤塑机，一般采用 $L/D = 36$ 的挤塑机，选用 BM 螺杆，在机身的中段注入气体。现在多采用两台挤塑机串级生产，采用 $L/D = 30$ 的不同规格挤塑机串联，在小规格挤塑机内完成塑化、注气和初步混合，然后输送入大规格挤塑机内进行进一步的混合和均化。相对于单机方式，串联挤塑机使熔体在机筒内停留时间延长，有助于保证熔体的充分塑化和气体混合的均匀度，保证了成形绝缘的均匀性。气体的精确、稳定注入由齿轮泵实现。

采用皮-泡和皮-泡-皮结构时，采用多层共挤形式。小规格挤塑机挤出皮层，大规格挤塑机挤出发泡层，二或三台挤塑机共用一个机头，二或三层在机头内通过不同流道包覆到线芯表面，形成皮和发泡层，保证不同层之间的良好结合。通过导体预热，提高内皮层和导体的结合力。绝缘分色时，只需在表皮层加入着色剂，发泡层依然为本色，不仅节省了着色剂，而且降低了着色剂对相对绝缘介电常数的影响。

五、线芯识别标志

为便于敷设安装时线芯的识别，绝缘线芯应有明显的识别标志。常用的识别方式有标志颜色、标志数字和标志带。电力电缆线芯识别时，黄、绿、红或 1、2、3 用于主线芯，蓝或

0 用于中性线芯，接地芯用数字 4 识别，以颜色识别时习惯使用黑色。电气装备用电线电缆中，以黄/绿双色作为接地线芯标志，若有中性线芯以蓝色作为标志。

采用颜色识别时，可全部采用着色绝缘料，或在绝缘最外层挤包薄层着色绝缘料，或在绝缘最外层纵向挤包色条。第 1 种方法对挤塑设备无特殊要求，但在换色时绝缘料浪费较大。第 2、3 两种方法，采用小规格挤塑机挤出色料，与主挤塑机采用共模挤出方式，改变颜色时小规格挤塑机可减少材料浪费，但双机挤出在增加设备投资的同时也提高了操作的复杂性。

数字识别克服了改色浪费材料的不足，也不用增加新的设备，但不如颜色标识明显。数字标识要求采用同色绝缘料，采用油墨或压印等方式在绝缘层表面打上标识数字。

标志带是在绝缘和导体间或绝缘与分相金属屏蔽间纵向放入不同颜色的标志带或标志线区分线芯的方式，是操作和要求最简单的一种方法。

第五节 交 联 工 艺

自交联技术诞生以来，交联电缆生产的技术水平、工艺性能稳定性、产品质量逐步提高，特别是多层同时挤出工艺、干法交联技术和超净料处理系统的出现，为高压、超高压交联聚乙烯电缆的生产提供了技术保证。现在有十多种各具特色的交联方法，产品覆盖低、中、高以至超高压的各电压等级。聚乙烯的交联方法及适用电压等级见表 3-7。

表 3-7 聚乙烯的交联方法及各自特点

交联方法	交联介质	交联剂	实质	英文缩写	加热	加压	适用范围/kV
过氧化物交联	水蒸汽	DCP	化学交联	SCP	是	是	6~35
	红外线	DCP		RCP	是	是	6 及以上
	热熔盐	DCP		PLCV	是	是	6~35
	硅油	DCP		FZCV	是	是	6 及以上
	长承模	DCP		MDCV	是	是	6 及以上
硅烷交联	水	乙烯基烃基硅烷		—	是	否	10 及以下
辐照交联	高能电子	高能射线	物理交联	—	否	否	10 及以下
	紫外光			—	是	否	10 及以下

一、过氧化物交联

1. 反应历程

过氧化物交联用可交联聚乙烯是以熔融指数为 2.0 左右的低密度聚乙烯配合交联剂、抗氧剂等组成的混合料。交联剂以过氧化二异丙苯（DCP）为最好。

导体屏蔽、绝缘屏蔽用半导电料以乙烯-醋酸乙烯共聚物（EVA）或乙烯-丙烯酸乙酯（EEA）加入导电炭黑、抗氧剂、交联剂和润滑剂经混合造粒而成，一般采用分解温度较高的过氧化乙烷（DMDBH）作为交联剂。

可交联聚乙烯受热后，交联剂分解为化学活性很高的游离基，这些游离基夺取聚乙烯分子中的氢原子，使聚乙烯主链上产生活性游离基，被活化的聚乙烯分子链相互结合，产生 C-C 交联键，从而使聚乙烯分子由线性结构形成体型网状结构。以 DCP 为交联剂时，其副反应会生成枯基醇、苯乙酮、苯乙烯、甲烷、水等小分子物。

2. 交联技术

随温度升高，DCP 的半衰期会迅速降低，分解产生游离基，因此交联反应必须保证有足够高的温度，加速交联剂分解，保证足够高的活性游离基浓度，提高交联反应速度。

交联反应的副产物等低分子物在高温下以气体状态存在，为防止其在绝缘中聚集生成危害绝缘质量的气泡，需要采用高压压缩，以减小绝缘中气隙尺寸。交联聚乙烯绝缘生产技术的关键，是能够为反应提供所需的足够高的温度和抑制气泡长大的压力。目前主要采用红外线辐射加热、氮气加压的热辐射交联（RCP）生产方式。

热辐射交联法（又叫红外线交联法）在密封的交联管道中完成交联、冷却过程。采用红外线辐射加热，氮气加压、保护，使聚乙烯完成交联，在氮气或冷却水中冷却。最大限度地避免了绝缘吸水和大量微孔产生，其次，决定生产速度的交联温度由专门的加热器完成，与管道内气体压力无关，故而可根据工艺要求设计交联管的加热温度，以尽可能提高生产速度。在管道内充入高压氮气既可以保证制品的致密性，亦能起到传导热能，提高加热速度的作用，还隔绝了氧气，起到防止高温下制品表面氧化分解的作用。

对绝缘线芯的冷却采用水或氮气冷却。采用氮气冷却时，整个交联生产过程中氮气加压传热、氮气冷却，完全避免了生产过程中绝缘吸收水分的可能性，被称为"全干式"工艺，用于 110kV 及以上高压、超高压电缆生产。采用水冷却工艺时，称为"半干式"工艺，用于 35kV 及以下中低压电缆生产。

（1）挤出工艺

可交联聚乙烯料中混有交联剂，制品又多为中、高电压等级，与普通挤塑工艺相比有如下不同：①为提高材料的塑化程度，挤出机选用有较大长径比的螺杆；②为使屏蔽层与绝缘层接触紧密，采用多层同时挤出机头；③挤出温度设置既要保证可交联聚乙烯能充分熔融，又要避免先期交联发生，挤出温度的下限应高于基料的黏流温度，上限应控制在交联剂剧烈分解温度以下，挤出温度一般不宜超过 120℃，温度波动要求在 ±1℃ 内，挤出过程典型的温度设置见表 3-8。

表 3-8　交联聚乙烯绝缘生产的挤出温度

塑料类型	机身/℃			机头/℃	
	加料段	压缩段	均化段	机头	模口
可交联聚乙烯	80~100	105~117	110~120	110~120	110~120
内屏蔽	70~95	100~120	110~120	110~120	110~120
外屏蔽	70~95	100~115	110~120	110~120	110~120

（2）交联工艺

交联聚乙烯电缆生产的关键在于控制交联度，交联度越大，生成立体网状结构越充分。对于一定的材料，影响交联度的因素只须考虑交联温度和时间，另外还要考虑管道压力对气孔生成的影响。

1）交联温度：为提高生产速度，总是尽量提高交联温度，但此时应考虑到聚乙烯的热降解，聚乙烯氧化降解温度很低，因此应采用惰性气体保护措施。在惰性气体保护环境中，聚乙烯降解温度提高到 300℃ 左右，因此交联温度设置区间应保证绝缘层的温度处于交联剂剧烈分解温度以上至聚乙烯降解温度之间。保护气体采用氮气。

采用 RCP 交联，高压交联聚乙烯生产时绝缘厚度大，当电缆进入加热管后表面温度应立即达到接近 300℃，使表层尽快交联，降低熔融态聚乙烯在重力作用下的流垂，同时在高温下才能使厚绝缘尽快交联完全。加热管温度从Ⅰ区至最后由 480℃ 逐渐降至 300℃。

中低压电缆绝缘薄，绝缘内外能较快达到均匀温度，而且热变形下垂现象不明显，但生产速度快，要求平均温度要高些，交联管的温度从加热Ⅰ区 400℃ 开始逐区降低至 300℃。

高温短时间交联提高了生产效率，但对冷却提出了更高要求，也会对绝缘性能带来不利影响，采用低温度和长时间交联更合适些，不可盲目追求高生产速度。

2）交联时间：交联时间决定于交联剂的分解速度，温度升高，DCP 半衰期缩短，即交联速度随温度升高而加快。交联过程中，热量由外层向内层传导，既要保证绝缘内层交联状况良好，又不使外层产生过交联。考虑到热传导所需时间，实际生产中电缆在交联管加热段的停留时间，低压电缆交联时间为几分钟，高压、超高压需几十分钟。

3）管道压力：管道压力起到抑制交联反应中低分子副产物、水分在绝缘层中的聚集，避免气泡或夹层形成。在干式交联中都采用氮气作为加压、保护和传热媒质。管道中氮气压力与绝缘厚度有关，6~10kV 应高于 0.8MPa，35kV 应高于 1.0MPa，110kV 应高于 1.2MPa。生产中氮气要定期排放更新，以带走交联过程中产生的小分子物和进入管中的水蒸汽。

（3）冷却

1）半干式交联在加热段和冷却段间设有预冷却段，此段采用冷却水夹壁钢管，流动在管壁间的冷却水降低管内氮气温度，进而通过氮气对线芯进行冷却。预冷却段的作用是防止蒸汽渗入交联绝缘内降低绝缘质量和进入加热管内降低加热效率；在预冷段内把电缆预冷至较低温度，还有防止电缆急冷产生内应力和避免高温电缆进入水中使水沸腾，产生大量蒸汽的作用。

冷却段的冷却介质用水，对绝缘层固化定型，防止绝缘变形。生产过程中要严格控制水位高度，水位过高不仅产生大量蒸汽影响绝缘质量，还导致绝缘交联不足；水位过低，线芯不能及时冷却，易擦管损伤绝缘。

2）全干式交联冷却介质采用氮气，从而全程避免与水接触，最大限度地减少绝缘含水。但采用气体介质冷却，冷却速度慢，冷却前段也要避免线芯与交联管壁接触，对生产速度会产生影响。

（4）绝缘脱气

交联反应中产生的低分子气体，会在线芯出交联管后继续从绝缘中逸出，若封闭在护层内会产生很大压力，甚至引起护套膨胀，因此，须对刚交联的绝缘线芯进行脱气处理。35kV 及以下电缆只需在常温下放置一段时间即可。35kV 以上电缆绝缘较厚，需增加脱气工序以提高生产效率，方法是将刚交联好的绝缘线芯送入烘房除气，在高温下促进低分子气体从绝缘中的逸出。脱气温度：50~75℃，脱气时间：110kV 电缆在 60℃ 需 4~10 天，220kV 电缆在 60℃ 需 10~16 天。

二、硅烷交联

硅烷交联聚乙烯的生产分为挤塑和交联两个步骤，其中交联过程可以在温水中完成，所以又叫温水交联。

1. 反应原理

硅烷交联电缆料是以聚乙烯树脂加引发剂（常用 DCP）、接枝剂（常用乙烯基三乙氧基硅烷）和催化剂组成。在一定的温度下引发剂分解产生活性游离基，在自由基引发下，聚乙烯分子链脱氢，被活化的聚乙烯分子链与接枝剂反应，生成接枝聚乙烯，完成了接枝反应，接枝后的聚乙烯依然为热塑性材料，很容易被普通的挤出机挤出，而且挤出时不像过氧化物交联那样受交联剂分解温度的影响，可以像普通聚乙烯那样挤出，所以可以充分利用挤出机的生产能力而大大提高挤出速度。接枝温度为 200℃ 左右，接枝反应是重要的中间环节，必须保证接枝反应的充分进行。

接枝聚乙烯遇水发生水解，水解反应生成硅醇，在催化剂的催化作用下，硅醇缩合生成交联聚乙烯。接枝剂如乙烯基三乙氧基硅烷在硅原子上有三个烷氧基，可部分或全部参与交联反应，保证交联更加充分。

2. 硅烷交联绝缘挤出工艺

硅烷交联生产分为一步法和二步法，在吸取一步法和二步法优点的基础上，又开发了共聚法等工艺。

（1）二步法

二步法是把硅烷接枝和绝缘挤出分两步进行的生产方式。聚乙烯树脂混合引发剂、接枝剂的母料称 A 料，混料、接枝、造粒由螺杆挤出机完成。聚乙烯树脂混合催化剂的母料称 B 料，混料、造粒也是在螺杆挤出机中完成的。此为第一步，在材料厂家完成。

绝缘挤出前将 A 料和 B 料以 95∶5 的比例混合，然后在挤塑机中像普通聚乙烯那样挤出成型，此为第二步。此过程的挤出与普通聚乙烯挤塑过程一样。

因为 A 料是接枝母料，在有水分存在的情况下就会引发交联反应。因此，该料保存期不应超过半年，A 料和 B 料混合后停留时间不得超过 3 小时，否则就会发生先期交联。

（2）一步法

一步法是把混合、接枝和挤出一次完成的工艺方法。一步法生产需要长径比为 30 的螺杆挤出机，料斗为多个计量料斗。在加料段，树脂和引发剂、接枝剂、催化剂混合，进入熔融区时开始熔化；在熔融区前半段引发剂开始分解，接枝剂引发活化；在均化段，温度应急剧上升，完成接枝。接枝的温度在 200℃ 左右。一步法工序少，制品质量容易保证，但需要增加计量供料系统和特殊结构的挤出机，所以这种方法应用较少。

为改进一步法需要特殊设备的不足，又相继开发了固相一步法和固化硅烷工艺等一步法的派生工艺，应用较多。一步法硅烷交联料挤出的温度设置参考可见表 3-9。

表 3-9　挤出机温度分布及物料在各部分的反应

部位	机身/℃			机头/℃	
	加料段	压缩段	均化段	机颈	模套
温度	140~165	165~185	180~200	200~220	220~240
目的	预热粒料	完成熔化和引发剂分解	混合、均化和接枝	完成接枝降低黏度	

3. 交联工艺

交联反应与水分在聚乙烯中的扩散速度、绝缘厚度等有关系。水温高，水分扩散速度快，交联时间短。绝缘厚度增加，交联时间要延长。在 90℃ 以上的温水中，1kV 电缆 4~8

小时，10kV 架空绝缘电缆 10~20 小时。若采用低压蒸汽交联，时间须更长。

三、辐照交联

与硅烷交联相似，高能电子辐照交联聚乙烯的生产也分为挤塑和辐照交联两道工序。挤包完成的绝缘线芯送入辐照工序，现在是采用电子加速器产生高能电子对绝缘进行辐照，聚乙烯分子链在电子射线作用下，C—H 键断裂，生成大分子活性键与氢原子，活性游离基相互结合，在大分子链间形成 C—C 交联键，生成交联聚乙烯。

生产的关键在辐照工序，必须控制辐照剂量和辐照的均匀性，为保证辐照均匀，线芯在扫描窗口线采用 ∞ 形或多角度照射方式。

应注意，受辐照厚度限制，该工艺不能用于高电压厚绝缘电缆生产；因有辐射污染，需采取特殊防护措施。

近年紫外光辐照交联法获得了快速发展，与高能电子辐照不同，该方法将挤塑和辐照合为一道工序，可交联聚乙烯出挤塑机机头还处于透明状态时，用紫外光进行照射，完成交联。因热态聚乙烯无色透明，紫外光易穿透，所以该法可用于厚度更大的绝缘生产。该方法设备投资小，工艺简单易控制，所以发展很快。

第六节　橡胶加工及硫化

橡胶是橡皮中的基体材料（俗称生胶），只有在其中加入硫化剂等各种配合剂并均匀混合（此时称橡料或胶料）再包覆到电缆表面，在一定温度和压力下将橡胶高分子链的线性结构交联成为体型网状结构，才成为具有各种使用性能的橡皮（硫化胶）。在橡胶的加工过程中，又把在生胶中加入各种配合剂制得混炼胶，直至提供电缆产品用的合格橡料的工艺过程称为橡料加工，随后经挤橡、硫化，成为橡皮线芯或成品。

一、塑炼

生胶具有高弹性，但这一宝贵特性带来配合剂难以均匀混入生胶的困难，因而橡胶加工的工作之一就是提高橡胶的塑性。使生胶黏度和弹性恢复值降低，塑性增加的工艺过程称塑炼。

1. 塑炼机理

随塑炼程度加深，生胶塑性增加，使混炼变得容易，但带来硫化胶机械强度、耐磨性和耐老化性下降，永久变形增大的不足。因此，应根据制品性能和加工方法的要求，控制生胶可塑度。橡胶塑炼的实质是橡胶大分子链的断裂，主要作用因素是机械力和氧，二者对塑炼的贡献又与温度有关，因此，通常又分为低温塑炼和高温塑炼。

1）低温塑炼：低温塑炼主要通过机械力的作用切断橡胶大分子链，产生活性游离基，游离基和氧反应生成稳定产物，大分子链长度降低。机械力是造成橡胶分子链断裂的主因，氧起到稳定游离基，保持断裂结果的辅助作用，被称为机械降解。在开炼机上进行。

2）高温塑炼：高温下，氧夺取橡胶分子上的氢原子生成大分子游离基，这些活性游离基继续与氧反应生成不稳定的中间产物，继续分解成分子链长度较短的稳定结构。高温塑炼主要是氧和橡胶分子直接反应，使其降解，又称氧化裂解。在密炼机上进行。

不同橡胶在不同温度条件下机械力和氧对塑炼过程的影响不同，对天然橡胶而言，在 $T<110℃$ 范围，以机械力作用为主，随温度升高，塑炼效果逐渐下降。在 $T>110℃$ 范围，氧化裂解是橡胶分子链降解的主要原因，随温度升高，塑炼效果显著增强。其他橡胶的塑炼与此类似，但由于特性不同，其最低塑炼效果的温度各有差异。

2. 塑炼工艺

（1）烘胶和切胶

烘胶一般是在 50~70℃ 下放置 24~26 小时，冬季时由于生胶结晶变硬，需 48~72 小时。作用一是使橡胶变软，便于切胶；二是去除胶中所含水分。然后用切胶刀或锯片将大胶块切成能供橡料加工用的小胶块，谓之切胶。

（2）开炼机塑炼

胶料在开炼机的辊缝中受到辊筒的剪切力和挤压力作用，橡胶分子链发生断链，胶料反复多次通过辊缝就能达到塑炼效果。

1）操作方法：

① 破料：塑炼前，先要将胶块进行破碎。破料的辊距为 1.5~2mm，辊温 45~55℃，破料正常时，橡胶被撕成一丝一丝的胶条连续落入托盘中。

② 薄通塑炼：薄通塑炼的主要特点是辊距很小（$e = 0.5~1.0mm$），胶料通过辊缝后直接落到托盘上，待橡胶全部通过后再重复进行。如此反复数次。薄通塑炼的优点是胶片冷却效果好，不用多割刀，塑炼效果好，适用于各种胶种，是塑炼加工中常用的方法。

③ 包辊塑炼：将生胶加到开炼机上，形成包辊胶后连续滚压，直至达到所需可塑性为止。适用于添加化学增塑剂的塑炼、不同胶种并用的掺合以及一些易包辊的合成胶塑炼。包辊塑炼必须勤割刀，以利散热并使可塑性均匀。包辊塑炼可采取分段塑炼方式，将塑炼胶下片冷却停放 4~8 小时后，再进行第二次塑炼，这样反复多次。

④ 下料：塑炼达到规定时间或次数后，要放厚辊距，使塑炼胶包辊，并左右割刀数次，然后切割下片或下卷。

塑炼后，天然胶一般停放 8~12 小时后方可进行混炼。

2）提高塑炼效果的途径：

① 开炼机塑炼属于低温塑炼，温度应控制在 45~55℃ 以下，温度越低，塑炼效果越好。采用薄通塑炼和分段塑炼的目的之一就是为了降低胶料的温度。

② 辊距愈小，胶料在辊缝中受到的剪切摩擦作用愈大，同时，胶片薄，冷却快，加强了机械塑炼效果。

③ 胶料在辊筒上形成一定量的堆积胶，可提高塑炼效率。但堆积胶过多会使胶料难以进入辊缝，另外胶量大散热慢，温升也会降低塑炼效果。

（3）密炼机塑炼

和开炼机相比，密炼机塑炼的特点是：①属高温塑炼，主要是借助于高温下强烈地氧化断链来提高橡胶的可塑度；②密炼机塑炼的机械作用强烈，生产效率高；③易于组织自动化、连续化生产；④工作环境好，劳动强度低。

1）塑炼方法：用密炼机塑炼时，将生胶加入密炼室中，在一定的温度和压力条件下塑炼一定时间，直至达到所要求的可塑度为止。在塑炼过程中，由于胶料产生热量大，所以要不断地对密炼室壁、辊筒和上下顶栓通入冷却水，以控制塑炼温度。通常塑炼温度要高于120℃，个别情况达 160~180℃。如果一次塑炼达不到要求，亦可采用两段塑炼方法。

2）提高塑炼效果的途径：

① 密炼机塑炼总是保持在较高的温度范围，随塑炼温度的升高，胶料可塑度近似成比例地增大。但应注意，温度过高，会导致生胶过度氧化裂解，使硫化胶物理机械性能降低。对天然胶来说，塑炼温度一般在 140~160℃为宜。

塑炼温度一定时，胶料可塑性随塑炼时间的延长而直线上升。但经过一定时间后，随密炼室内氧浓度的降低，反应逐渐减慢。可采用分段塑炼方式来提高塑炼效率。

② 密炼机塑炼填充系数取 0.48~0.62 较为合理。装胶量过小，会降低炼胶质量，延长炼胶的时间；装胶量过多，不利于胶料翻转，胶料塑炼不均。

③ 在一定的范围内，塑炼效果随上顶栓压力的增大而增大，一般上顶栓的压力为490kPa，最高达 780kPa。

④ 转子转速越快，塑炼时间越短。一般密炼机转速固定，故制定工艺时一般不考虑。

塑炼完成即可排胶，在压片机上切割翻胶，使塑炼胶降温和混匀，然后下片或下卷，冷却，停放。要求至少 8 小时后方可进行混炼。

二、混炼

制造电缆橡皮绝缘和护套的胶料是称作混炼胶的多组分系统，将各种配合剂加入生胶中制得质量均匀橡料的过程称混炼，也叫混橡。

混炼前要对所有配合剂进行预处理：对配合剂进行干燥，防止配合剂吸湿而降低使用性能和影响橡皮质量。固体配合剂要首先破碎为粉状，所有粉状配合剂要过筛，除去机械杂质，控制粉料细度。若是液体配合剂则通过过滤的方式进行除杂。用于高压绝缘橡皮的粉状材料，混炼前还必须经过磁选处理，以除去铁质杂质。处理后的配合剂按照工艺配方要求进行称量，即可加入胶料进行混炼。

1. 开炼机混炼

与密炼机相比，开炼机混炼生产效率低、劳动强度大、劳动安全性差、胶料质量不高、污染环境等，但开炼机混炼灵活性大，适用于小批量、多品种的胶料加工。

（1）混炼工艺过程

按照操作顺序，开炼机混炼可分为：包辊、吃料、翻炼三个阶段。

1）包辊：将塑炼胶沿大齿轮一侧投入开炼机，辊距 3~4mm，辊轧 3~4min。当形成光滑均匀包辊胶后，将胶卸下。

2）吃料：放宽辊距至 8~10mm，把胶再次投入辊缝中轧炼 1min。然后加入配合剂，生胶含量高者，在辊筒中间加入；生胶含量较少者，在辊筒一侧加入；用量少和容易飞扬的配合剂通以母胶或膏剂形式加入。配合剂按下顺序加入：固体软化剂→小料（促进剂、活化剂、防老剂）→大料（补强剂、填充剂）→液体软化剂。一般是待小料全部吃完后再将大料与液体软化剂分批加入。等全部吃净后进一步混炼 4~5min。在加配合剂过程中，可开小刀口促进吃料，不应开大刀口翻炼，以免脱辊或粉料大量散落。常用的翻炼操作有八把刀法、打卷法、薄通法、三角包法等几种方法，翻炼过程中几种方法交叉结合使用，保证胶料混合均匀。

3）加入硫化剂和超促进剂，待全部混入后补充翻炼 1~2min，将橡料卸下。

4）调整辊距至 1~2mm 再次投入橡料，薄通、打三角包 3~4 次，将橡料卸下。

5）将辊距调至 8mm 左右，辊温控制在 45℃左右，将橡料投入进行下片。

6）涂上隔离剂进行冷却。待胶片充分冷却以后，方可叠层堆放。整个混炼过程控制在

20~30min。

（2）影响混炼的主要因素

1）辊筒的转速和速比：辊筒转速越快，混炼时间越短，生产效率越高。但转速过高，操作安全性会降低。两辊筒的速比越大，混炼作用越强，但高速下摩擦生热多，胶料升温快，易引起焦烧，用于混炼的速比一般在1.1~1.2。

2）辊距：在胶料量适中的情况下，辊距一般为4~8mm，在辊速和速比一定的条件下，辊距越小，混炼速度越高，但辊距过小，会使辊筒上面的堆积胶过多，反而会降低混炼效果。为使堆积胶保持适当，在配合剂不断加入胶料的情况下，辊距应不断放大。

3）辊温和混炼时间：混炼过程中胶料大量生热，在辊缝区域胶料温度显著升高，在辊筒周向，温差可能大于30℃。低温不能形成包辊胶，无法混炼。高温胶料成为粘弹性流体，黏上辊筒表面，甚至容易引起胶料焦烧和使某些低熔点配合剂熔化结团，无法分散，对混炼极为不利。应选择适当的温度，使生胶处于高弹性固体状态包辊混炼。一般在辊筒内通入冷却水，使辊筒表面温度保持在50~60℃。

4）装胶量和堆积胶：合理的装胶量是根据胶料包覆全部前辊以后，在辊筒上还能存有一定数量的堆积胶而定。适宜的装胶量使辊筒上方保持适当堆积胶，堆积胶不断形成波纹和皱褶，裹夹配合剂进入辊缝中，并产生横向混合作用，提高混炼效果。

5）加料顺序：加料顺序，取决于配合剂在胶料中的作用，以及它们的混炼特性和用量多少等。一般规律是，配合剂用量较少，而且难以分散的应先加入；用量多容易分散的后加；硫化剂和促进剂分开加，硫化剂最后加。

2. 密炼机混炼

密炼机是在高温和加压条件下进行的，与开炼机相比，密炼机容量大，混炼时间短，效率高，劳动强度低，操作安全，药品飞失少，胶料质量高，环境卫生条件好。但密炼机混炼散热困难，混炼温度高且难控制，不适用于对温度敏感的胶料混炼。其次密炼机的排料形状不规则，必须由开炼机进行补充加工。

（1）混炼方法

1）通常密炼机的加料顺序和混炼时间大致如下：

① 橡胶（或塑炼胶）1~2min；

② 小料（促进剂、防老剂、活化剂等）+1/2填充剂+1/2补强剂+1/2软化剂。3~4min；

③ 1/2填充剂+1/2补强剂+1/2软化剂。3~4min；

④ 卸料：排胶温度小于130℃。1min。

合计时间为10~12min。

2）密炼机的混炼方法可分为一段混炼、两段混炼和逆混炼三种：

① 一段混炼：从加料于密炼室中开始到混炼完毕一次完成。所得胶料可塑度较低，填充配合剂不易分散均匀，且混炼时间长，胶料因升温过高易产生"焦烧"现象。

② 两段混炼：两段混炼是在两次混炼之间，排胶于压片机上压片，并使胶料温度降低，然后再加入需低温加入的配合剂和硫化剂进行再次混炼、压片和停放。分段混炼法混炼温度较低，配合剂分散均匀，胶料质量较高，是密炼机混炼中经常采用的方法。

③ 逆炼混炼法。这种方法的加料顺序与一般方法不同，加料顺序是配合剂→橡胶→软化剂，混合后卸料。这种方法的优点是充分利用装料容积，减少料门动作次数，可大大缩短

混炼时间。

（2）影响混炼的主要因素

1）加料顺序：密炼机混炼和开炼机的加料顺序基本相同。硫化剂和超速促进剂应在混炼过程中的最后加入或在压片机上加入。

2）装胶量：在合理的装胶量下，依靠上顶栓的压力，使胶料在混炼室中受到最大的摩擦剪切作用，并使配合剂分散均匀，一般密炼机的装胶填充系数为 0.48~0.75。

3）上顶栓压力：提高上顶栓压力不仅可以增加装胶量，而且可以使胶料与设备之间以及胶料各部分之间更为迅速有效地互相接触和挤压，加快了配合剂的混入过程，从而缩短了混炼时间，提高了密炼机的生产效率。

4）转子的转速：混炼过程中，提高转子的转速可以成比例地加大胶料的切变速度，缩短混炼时间，但随着转速的提高，密炼机冷却系统的效能也必须加强，以保持混炼过程的热平衡，否则会使胶料混炼的均匀程度和物理性能下降。

5）混炼温度：由于混炼过程中摩擦剪切作用极为剧烈，又在密闭条件下操作，生热量大而且散热困难，所以胶料温度升高很快，胶料温度较高。慢速密炼机混炼排胶温度一般控制在 120~130℃，快速密炼机排胶温度一般在 160℃以上，但混炼温度过高，会使橡料变软，降低机械的剪切作用，降低粉料的分散度，并加剧橡胶分子的热氧化裂解。

6）混炼时间：密炼机的混炼时间比开炼机短得多，混炼时间长，能改善胶料混炼的均匀程度，但容易过炼。适宜的混炼时间应根据胶料配方、设备特点和工艺条件而定。

（3）两种或两种以上橡胶并用

采用两种或两种以上橡胶混炼方法有两种：一是橡胶各自塑炼，使其可塑性相近，然后互相混匀，再加各种配合剂，使之分散均匀。二是各种橡胶分别加入配合剂混炼，然后把各胶料再相互混炼均匀。前者较简单，后者能提高混炼的均匀程度。

三、混炼胶的补充加工

混炼好的橡料，一般还要经过压片、滤橡、冷却、停放才能流入下道工序。

滤橡的目的是除去橡胶原料中残留的或配料过程中可能带入的固体杂质，以及混炼中产生的结块。上述缺陷的存在会造成绝缘橡皮的击穿、护套橡皮出现孔洞、挤橡偏心等。滤橡机采用压缩比为 1 的等距等深的螺杆，滤橡中，经过预热的胶条，靠螺杆的转动将胶料推向机头。在机头的蜂巢板前面放 2~4 层滤网，常用 10+20+40+60 目或 10+20+40 目，它们的位置是细密的滤网靠近螺杆侧，最粗的滤网贴着蜂巢板对细密滤网起支撑作用。经过滤的胶料，再经压片机压成胶片后冷却、停放。

冷却到 40℃以下才允许存放堆垛。为防止胶料在贮存期间相互粘结，其表面应涂隔离剂。一般是胶片直接浸入到隔离剂溶液中或向胶片喷洒隔离剂，然后经冷风吹干。

经冷却后的胶片（或胶粒）一般要停放 8 小时以上才能流入下一道工序，停放的目的是：①使胶料应力松弛，减少内应力和胶料收缩率；②使配合剂继续扩散，提高其分散的均匀程度；③使橡胶与炭黑进一步相互作用，生成更多的结合橡胶，提高炭黑的补强效果。

四、挤橡工艺

将加工好的混炼胶通过挤橡机挤包到导电线芯或缆芯表面的工艺过程为挤橡。橡料的挤出与塑料的挤出原理相似。

根据挤橡时使用胶料的温度不同，将挤橡工艺分为热喂料挤橡和冷喂料挤橡。

1）温胶：热喂料采用挤橡机的长径比和压缩比均小于冷喂料挤橡机，故塑化能力差。为保证胶料在挤橡机中能充分塑化，增加了温胶工序。温胶是把混橡后经停放的胶料加温变软和均化，并切成一定尺寸的胶条供挤出喂料用。也有在温胶工序才加入硫化剂、超促进剂。温胶增加了生产工序，现在的挤橡机采用大长径比螺杆，采用冷喂料挤橡，可以省掉温橡工序。

2）挤出温度：挤橡机各段温度的控制，一般以模具处温度最高，机头次之，机筒最低。采用这种控温方法，有利于机筒进料，可获得表面光滑、尺寸稳定和收缩性小的制品。模具处温度高，有利于橡胶分子链松弛，胶料热塑性大，高弹变形小，挤出后膨胀和收缩率低，尺寸也较准确。又由于高温下的时间短，所以焦烧危险也较小。如温度过低，挤出时的功率增大，挤出物松弛慢，收缩大，表面粗糙。温度过高和在高温下停留时间长，易引起胶料自硫、起泡，表面有疙瘩和小点等。

常用橡胶的挤出温度见表 3-10。两种或两种以上生胶并用，以含量大的组分为主，例如 70%天然胶 30%丁苯胶并用胶料，基本上参照天然橡胶的温度即可，等量并用的生胶可取两者的平均值作参考。

表 3-10　几种常用橡胶的挤出温度

胶料	机筒温度/℃	机头温度/℃	模具温度/℃
天然胶胶料	40～60	75～85	90～95
丁苯胶胶料	40～50	70～80	90～100
丁基胶胶料	30～40	60～90	90～110
丁腈胶胶料	30～40	65～90	90～110
氯丁胶胶料	20～35	50～60	70

3）冷却：橡皮电缆的硫化分为罐式硫化和连续硫化。罐式硫化中，挤包有胶料层的线芯必须先经过冷却，然后才能卷绕在硫化用的线盘或托盘中，等待硫化。连续硫化中出挤橡机头的线芯直接进入硫化管中硫化，冷却是对硫化后的线芯进行。

罐式硫化是硫化前冷却，作用主要是降低胶料的热塑性和流变性，使挤出制品的形状尽快稳定保持下来，以保持挤出外径的准确性。冷却方法是使挤出线芯进入水槽冷却，水槽中的冷却水温度应保持在 15～25℃之间，冷却过程中，水温过高会影响冷却效果，冷却不透。但水温过低，出现骤冷会引起胶层收缩。冷却的线芯应收绕在线盘上或托盘中，为避免在收绕过程中胶层变形，收绕的张力应尽可能的小，并且卷绕的层数也要少，避免压线，一般在收线盘内筒上绕包棉布以减轻胶层的变形。

连续硫化是对硫化后的线芯冷却，这时的冷却稳定制品形状尺寸的作用不大，主要是防止制品在高温停放时产生过硫化现象，以保持正硫化的性能。

五、硫化工艺

在一定条件下橡胶大分子由线性结构交联成为立体网状结构大分子的过程称为硫化。现在硫化多是在加热条件下，胶料中生胶与硫化剂发生化学反应，使橡胶由线性结构的大分子交联成为立体网状结构大分子的过程。

1. 硫化温度

热硫化过程影响反应过程的首要条件是温度，硫化温度和硫化时间是相互制约的，它们的关系可用硫化温度系数来描述。硫化温度系数表示在硫化温度相差10℃时硫化时间的变化关系。范特霍夫方程式表达了硫化温度和硫化时间的关系为

$$\frac{\tau_1}{\tau_2} = K^{\frac{t_2-t_1}{10}} \tag{3-18}$$

式中　τ_1、τ_2——温度分别为 t_1、t_2 时所需的硫化时间（min）；

　　　K——硫化温度系数。

硫化温度系数 K 随胶料的差异而变化，并且还与硫化温度范围有关。多数橡胶的硫化温度在120~180℃范围，K 值通常为 1.5~2.5。若 $K=2$，硫化温度升高10℃，则硫化时间缩短一半，反之，温度降低10℃，则硫化时间增加一倍。这是橡胶加工实践中常用的一个关系。因此可通过提高硫化温度加速硫化过程，达到提高生产效率的目的。

提高硫化温度还要考虑胶料的种类、硫化方法等因素。例如天然胶的硫化温度一般不宜大于160℃，丁苯胶、丁腈胶可以采用150~190℃；氯丁胶小于170℃，至于硅、氟等胶种，200℃硫化也能承受。硫化体系对硫化温度也有很大影响，用硫黄作硫化剂，硫化温度要低，而采用低硫高速促进剂的硫化体系适用于高温硫化。硫化方法对硫化温度影响：罐式硫化温度低，连续硫化温度高；饱和蒸汽硫化温度低，熔盐硫化温度高。

2. 硫化压力

因为线芯和胶料不可避免带有空气和水分，在硫化过程中，温度一般都在100℃以上，在此温度下，水分转变为气体，胶料中某些成分间也会因发生化学反应而产生气体，这些气体在胶层中产生内压力，如果线缆制品外面压力小于内部气体压力的话，这些气体就会在胶料中形成大的气泡或分层。施加外部压力，就可抑制气泡长大，保持组织的致密，所以硫化压力是保持制品质量的一个重要条件。

3. 硫化时间

硫化是一个交联过程，需要一定时间才能完成，可根据硫化曲线确定正硫化时间，时间过短会造成欠硫，过长会导致过硫。

4. 硫化方法

电缆工业使用的硫化方法依硫化介质分为：饱和蒸汽硫化、红外线硫化和低熔点金属盐硫化等方法。硫化和交联是完全相同的化学反应过程，用于橡胶时被称为硫化，用于塑料就被称为交联。所以生产工艺和设备十分接近。

（1）饱和蒸汽硫化

以饱和蒸汽为硫化介质的工艺方法有两种，一是从挤橡机出来的线芯经收绕到硫化筒上，再送入硫化罐硫化，分两步完成，称为罐式硫化；二是挤橡的线芯，直接进入硫化管硫化，挤橡、硫化一次完成，称为连续硫化。连续硫化生产效率高，产品质量好，操作方便，为橡皮电缆主要的硫化方式。

1）罐式硫化：硫化前，将涂有滑石粉的线芯以很小的张力卷绕到硫化筒（或线盘）或盘绕于托盘中，然后送入硫化罐中。但对于线芯截面积积大，要求较高的线，则应包布带或包铅后进行硫化。硫化筒由钢板焊成，并开有许多孔，支撑在小车上。为保证硫化均匀，在罐内硫化过程中，还可以由传动装置驱动硫化筒旋转。

罐式硫化过程分进汽阶段、硫化阶段和放汽阶段，硫化时蒸汽表压力一般控制在 30～50kPa 以上，相对应的温度为 142～158℃，硫化时间为：进汽 10～20min，硫化 35～45min，放汽 8～10min。罐式硫化灵活性大，对于某些短段产品或某些特殊要求的产品的硫化比较合适。

2）连续硫化：是利用提高硫化温度的方法来加快硫化速度的硫化方法，所以连续硫化时硫化管内压力和温度均高于硫化罐。硫化管有单层和双层两种。单层具有制造、安装方便的优点，但温度稳定，且管中冷凝水较难排除。双层硫化管可在夹层通以 0.3～0.6MPa 的低压蒸汽进行保温，里层通以 1.5～2.0MPa 的高压蒸汽进行硫化，硫化管道外面包有隔热材料。一般绝缘硫化的管道长 40～60m，护套硫化的管道长 80～90m。

（2）熔盐硫化（PLCV 或 FSCV）

熔盐硫化法采用的传热、加压介质是一种低熔点金属盐，由 KNO_3、$NaNO_2$ 和 $NaNO_3$ 组成。这种混合盐的熔点在 145～150℃，沸点为 500℃。工作时通过循环泵将熔盐打入硫化管，电缆浸浴在熔盐中。熔盐热容量大，热导率高，加热迅速而均匀，生产速度较高。由于熔盐密度大，电缆在其中受到较大的浮力，较好地解决了卧式机组的"擦管"问题，可用小角度倾斜的卧式管生产大规格产品。

由于熔盐是导电物质，粘附在绝缘表面会成为水树生长的根源，因此其生产电缆的电压等级不能很高。现在该工艺较多地应用于橡皮电缆生产。

以钠、钾等低熔点金属盐为介质的硫化方式，此法对于大规格的橡套硫化有很大的优越性：由于介质的密度大，硫化温度高，传热效率高，故有较高的生产速度。

（3）红外线硫化

橡胶和聚乙烯一样对红外线有较强的吸收能力，例如天然胶和丁苯胶各 50% 的混合胶对波长为 $3.5\mu m$、$7\mu m$ 和 $11\mu m$ 的红外线有强吸收能力。该硫化方法就采用电加热器产生红外线加热，以氮气加压和保护完成硫化。其通过加热氮气将部分热量传导给电缆，空气传热效率低，相应延长了硫化时间。

第七节　成缆工艺

将许多根线芯绞合在一起制成多芯电缆，可以减小电缆总体积和占用空间，并且减少材料用量，降低了生产、运输、敷设成本，对于传输三相电源的电缆，线芯绞合还具有使三相磁场抵消，减少电能损耗的作用。将绝缘线芯按一定的规则绞合起来，并在线芯间加以填充和在绞合线芯外绕包包带的工艺过程叫成缆。将绝缘线芯直径完全相同的成缆称为对称成缆；绝缘线芯直径不同的成缆方式叫不对称成缆。按成缆时是否退扭又分为退扭成缆（又叫浮动式成缆）和不退扭绞合（又叫固定式成缆）。

一、成缆过程线芯的变形

成缆与绞线过程类似，绝缘线芯会产生弯曲变形和扭转变形，变形不仅使绝缘线芯产生应力，还会使绞线组成的导电线芯外径发生变化，对绝缘层造成较大影响。

1. 退扭成缆

圆形线芯采用退扭成缆的方式，退扭方式有行星齿轮退扭和四连杆退扭，采用行星齿轮退扭机构的成缆机（如：盘式成缆机）成缆时，可完全退扭，线芯只有弯曲变形，无扭转变形。采用四连杆退扭的成缆机，绞笼每旋转一周，四连杆带动放线摇篮退扭 2π，此时线芯受到 $2°\sim6°$ 的扭转，方向与成缆方向相反，这个扭转变形很小，基本可以认为线芯只有弯曲变形。

2. 不退扭成缆

扇形和半圆形以及瓦形线芯截面积在周向具有的不对称性，形状的特殊性，决定了其成缆方式与圆形线芯的不同。对这一类线芯成缆时不能退扭，须将线芯预先扭转一定角度，然后采用不退扭方式成缆。不退扭成缆时，线芯既有弯曲变形，又有扭转变形。扭转变形对线芯产生以下两种影响：①成缆方向和导电线芯外层绞合方向相同时，在每个成缆节距上导电线芯增加一次扭绞，节距增加一个，谓之"增扭"。增扭使导电线芯外层绞合更加紧密，节圆周长缩小，单线伸出。②成缆方向和导电线芯外层绞合方向相反时，在每个成缆节距上导电线芯减少一次扭绞，节距减少一个，谓之"松扭"。松扭使导电线芯外层绞合变松，节圆周长增大，单线回缩。

导电线芯外形的这种变化会影响到挤包绝缘的状态：增扭使导电线芯外径减小，易导致绝缘层松套、皱褶等现象出现。松扭使绝缘层承受张力增大，严重时出现绝缘层凹陷甚至崩裂。对比两种方向的成缆，反向成缆形成松扭对线芯的影响要大于同向成缆。

预扭角度：采用不退扭成缆的异形绝缘线芯必须进行预扭，预扭是将异形绝缘线芯按成缆绞合方向进行扭转，使线芯先有一个弹性变形，成缆时绝缘线芯在做成缆绞合运动的同时绕自身轴线旋转，并基本与成缆动作同步，使该异形芯弧形的圆心始终对准成缆线芯的轴线，保证异形线芯拼合为完整的圆形，预扭角度受多因素限制，是经验值，多在 $0.5\sim3$ 圈范围。一般成缆节距小、放线盘到并线模距离长、绝缘线芯柔软，预扭角度要大些。因此在实际操作中应使：①绞笼后面单独放线架上线芯距并线模距离远，预扭角度大于绞笼上线芯；②小截面积线芯比大截面积线芯柔软，预扭角度要大；③对预扭不足或预扭过头的绝缘线芯还可通过调整成缆压模架与分线板之间距离来作少量调节，预扭不足的把模架与分线板之间距离调小一些，预扭过头的把距离调大一些。

二、成缆工艺

1. 填充

绝缘线芯成缆时，其线芯间均有一些空隙，特别圆形线芯成缆时，其内部和侧面的空隙均较大，须加以填充。填充起到如下作用：①提高了电缆的圆整度；②提高了结构的稳定性；③提高了电缆抗冲击、抗挤压能力；④密实填充还可以提高电缆的散热能力并起到一定的纵向阻水作用。

对填充材料的要求：填料须为耐热性不低于电缆工作温度的非吸湿性材料，不能促使与其接触材料的性能发生变化。常用填充材料有：聚丙烯撕裂薄膜、成型塑胶条、纸捻绳、电缆麻、棉纱、塑料绳、橡皮填芯等。阻燃、耐火电缆常选用玻璃纤维绳、石棉绳等阻燃填充材料。

2. 包带

在成缆线芯表面绕包的扎紧带、垫层、隔离层和带绝缘等统称为包带层。包带层起扎紧、衬垫、隔离、绝缘中一项或几项作用。对于多数的无铠装层电缆，包带层只是起到扎紧作用，防止绝缘线芯和填充结构松散。铠装电缆允许在成缆线芯外绕包较厚的塑料带或无纺布带作为扎紧层和衬垫层，防止结构松散和铠装层对绝缘层的损伤。具有带绝缘的纸力缆其带绝缘绕包也在成缆过程中完成，可以增加导电线芯的对地绝缘强度。

要求采用的包带材料与电缆耐温等级相当的非吸湿性材料，并且不能使与其接触的材料性能变化。塑料绝缘电缆多采用无纺布带、聚氯乙烯带、聚酯带等，纸力缆的带绝缘采用电缆纸带绕包而成。包带绕包方向与成缆方向相反，采用间隙绕包或重叠绕包。一般仅起到扎紧作用的成缆包带宜采用双层间隙绕包，不宜单层重叠绕包，这样可在包带划伤时减少松散的长度。起到装铠衬垫层作用包带绕包层数多，一般采用重叠绕包。

3. 成缆方向和节径比

产品类型不同对成缆要求不同，一些电气装备电缆标准规定成缆方向为右向，如矿用电缆、控制电缆等。有些产品对成缆方向没有明确要求，习惯采用右向成缆。

成缆节距以节径比的形式予以限定，大小依产品导体结构、绝缘类型、使用要求不同而不同。导电线芯采用第一或第二种结构、用于固定敷设的电缆节径比大，采用第五或第六种导体结构、用于移动场合、要求柔软性好的电缆节径比要小。电力电缆：一般线芯截面积越大，成缆节径比应越小，因大截面积电缆线芯成缆后机械应力很大，节径大将使柔软性降低，结构不稳定。圆形线芯交联聚乙烯和油浸纸绝缘电缆节径比一般为 30~40；圆形线芯聚氯乙烯绝缘电力电缆节径比为 25~40。扇形线芯采用不退扭成缆，为减轻线芯受到的扭转变形，采用比圆形线芯更大的节距，一般聚氯乙烯、交联聚乙烯绝缘线芯节径比为 40~60，纸绝缘电缆节径比为 40~80。塑料绝缘控制电缆：标准规定固定敷设控缆节径比不得大于 20，软控缆节径比不得大于 16；通用橡套软电缆要求柔软，标准规定节径比为 12~14；矿用橡套软电缆对柔软性要求更高，标准规定节径比不大于 5~14。

4. 线芯排列

电力电缆的线芯排列：面对绞笼按黄、绿、红、蓝、黑或 0、1、2、3、4 顺序顺时针排列。电气装备用电线电缆的线芯排列：从内层到外层从 1 开始按数字序号顺时针排列，若有黄/绿双色接地芯时应放在缆芯最外层按最大序号排列。

三、分割导体成缆

分割导体主要有扇形四分割、五分割、六分割、七分割，以五分割居多，如图 3-26 所示为五分割导体示意图。主要适用于截面积 800~1800mm^2。

为消除分割导体成缆过程中由于扭转产生的内应力，在绞制扇形股块时即预成型紧压和扭转，使扇形股块先扭转成螺旋形。预扭节距与绞合成缆节距应相符合，一般预扭节距稍大于成缆节距，预扭节距近似等于成缆节距的 1.2 倍，几个扇形股块的预扭节距应一致。在成缆机上采用退扭成缆方式，将几个预扭成螺旋形的股块成缆为圆形。在成缆同时将皱纹纸续入股块间，使各股块彼此绝缘。成缆后的分割导体外应绕包扎带防止变形。为保证导体成缆后的圆整度，应选用带有扇形线芯自动调位装置的盘绞式成缆机。

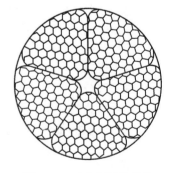

图 3-26　五分割导体结构

这种成缆方法亦可用于扇形线芯成缆。将预扭成螺旋形的扇形芯进行绝缘挤包，使绝缘线芯也成为螺旋形，成缆时采用退扭方式成缆，这种扇形绝缘线芯在成缆时不受扭转变形，绝缘产生内应力大大减小，对提高大截面积扇形芯电缆成缆质量大有好处。

四、配模

绝缘线芯在成缆时受到很大的扭转，为避免过度变形而造成绝缘损伤，成缆线芯的并线、紧合一般通过 2~3 道模来完成。第一道为并线模只起合拢作用，压模孔径比成缆直径大 1~2mm，注意若为扇形线芯成缆不要使扇形翻身。第二道模起压紧作用，压模孔径比成缆直径小 0~0.4mm。第三道模为包带模，起定型作用，压模孔径比成缆直径小 0.2~0.6mm，包带模与绕包头的距离越短成缆越紧密。

配模后检查电缆在模内应不摆动，用手转线芯无松动感；压模与绝缘线芯摩擦产生热量，用手摸压模应不烫手，线芯出压模表面无划、压、挤伤痕迹。

五、对绞、星绞与绞缆

对称通信电缆工作时，都是两根线芯同时工作构成一个回路，因此必须将回路中的两根绝缘线芯绞成线组，然后再将线对作为元件组进行绞合成缆。这样在电缆弯曲时，由于线组内线芯的相对位移，使结构和传输参数稳定，并减少组间回路之间的电磁耦合，提高回路的抗干扰能力。

为便于安装敷设时区别，线对采用绝缘色谱加以区分。有的电缆中线对多达几千对，当对数很多，单靠绝缘分色不能全部辨时，还要以扎带色谱加以区分。因此对称通信电缆在成缆工序不仅要考虑节距、绞向，还要特别关注线对及扎带的色谱排列。

1. 对绞、星绞和"SZ"绞

（1）对绞

1）意义：将两根绝缘线芯按一定的节距和色谱顺序相互扭绞的工艺过程称为对绞，见图 1-11a。对绞主要用于对称通信电缆线组中，它具有使电缆结构稳定、圆整对称、传输参数稳定，减少组间回路之间的电磁耦合，提高回路之间的抗干扰能力，同时又便于制造、敷设分组、接续和安装等作用。

2）单位：为生产多对数通信电缆，采用将多对线组绞合为单位，然后再将多个单位绞合成缆的方式。以 25 个对绞组为一个基本单位，50 或 100 个对绞组的称为超单位，5 对、8 对、12 对、13 对等称为子单位。

3）对绞色谱：市内通信电缆中绝缘线芯有 10 种颜色，以白、红、黑、黄、紫 5 种颜色作为来线（a 线）识别颜色，称领示色谱；以蓝、橘、绿、棕、灰 5 种颜色作为去线（b 线）识别颜色，称循环色谱。一来线一去线组成一个线对，领示色谱和循环色谱一一对应，组成 25 种对绞色谱。另外还有白-红、白-黑、白-黄、白-紫、红-黑、红-黄、6 种预备线对色谱。

4）对绞节距：对绞节距长度一般不超过 150mm。对绞组因线芯较细、节距小，采用不退扭绞合，不用外扎纱线，结构仍稳定。

经研究发现，通信线路的串音干扰与对绞节距和线组距离有关，相邻线组节距相差越大，影响越小；两线组相距越远，影响越小。采用同心绞缆方式绞制单位时，为避免同一绞层出现相邻线对同节距的现象，同一层中的线对数为偶数时，序号为奇数和偶数的线对节距分别采用 h_1、h_2 间隔排列；若为奇数，将最后一个线对节距绞为 h_3。采用束绞形式绞制单位时，合理进行节距配合设计，在节距不超过 150mm 条件下，使相邻线对都有形成节距差，而且差值越大越好。

（2）星绞

1）星绞节距和方向：星绞是将 4 根带有不同标志色的绝缘线芯按一定的节距绞合成星绞组的绞合方式，如图 3-27 所示。星绞组又分为高频四线组和低频四线组。主要用于综合通信线缆和铁路信号电缆中。

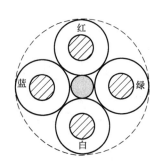

星绞组线芯直径比对绞组大，绞合时技术要求较高，因此星绞组绞合时必须采用退扭绞合，外用纱线扎紧。节距一般在 100～350mm。

多个星绞组绞合成缆是，为减小不同四线组之间的电磁干扰，改善串音性能，各星绞组要进行节距配合，在符合节距要求的条件下，相邻线组节距差越大越好。绞合方向与该星绞组成缆时的绞合方向相反。

图 3-27　星绞组的结构

2）星绞组的色谱为：在星绞组中，对角线位置的红-白、蓝-绿线芯各组成一个线对。星绞组外面反向疏绕一条有色谱标志的纱带，纱带要扎紧，以增加星绞组的稳定性和对称性。

3）星绞质量控制：模具孔径大小会影响到星绞组的工作电容和电容耦合系数：孔径太大，星绞组不易保持四根线芯的对称位置，电容耦合系数增大，工作电容减小；如孔径太小，线组不易通过，会擦伤线芯表面。为使星绞组具有稳定的结构，有时会在线组的 4 根绝缘线芯之间加入填充绳。填充绳直径太小，起不到填充作用；直径太大，又改变了星绞组的几何形状，反而起不良作用。

（3）"SZ"绞（左右绞）

1）意义：SZ 绞是使绞合的方向周期性进行改变的一种绞合方式，因此在一定长度的绞线上既有左向绞合又有右向绞合。绞合方向变化处叫作换向点。SZ 绞是 1960 年代初期出现用于市内通信电缆中对绞组、星绞组、基本单位及主单位制造的一种绞合工艺，现在在光缆制造中应用也很广泛。SZ 绞具有绞合设备简单、占地面积小、操作方便、效率高、绞合质量稳定、线芯损伤小等优点。

2）SZ 绞的原理：如图 3-28 所示中，A 为分线板。C 为 SZ 绞合头，是类似于分线盘的可旋转装置。B 处装有双向扎纱装置。

假如线芯不前进，A、B 两端固定，中间点 C 按顺时针方向旋转，则 AC 段形成 S 形绞合，CB 段形成 Z 形绞合。若线芯向右前进，C 点仍按顺时针方向旋转，CB 段 Z 型绞合完成，AC 段前进

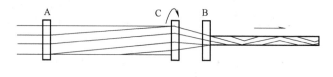

图 3-28　SZ 绞的绞合原理

到 CB 段时，C 点改变转向，按逆时针方向旋转，结果已到达 CB 段处的 AC 段的 S 绞，得到同一绞向的加扭。B 处装有的双向扎纱装置用疏绕的纱线将这种绞合扎紧，固定保持下来。绞合头的转动角度小于 360°，一般为 270°。

2. 绞缆

通信电缆的电缆芯是由一定数量的线组按一定的排列形式绞合而成。把线组绞合成电缆芯的过程即称为电缆的绞缆。通信电缆的绞缆有束绞、层绞和单位绞三种形式。

（1）束绞

是将许多线组以同方向、同节距、不分层地绞合成线束状结构。一般是将线对或四线组绞成线束，作为单位式缆芯中的一个单位，或者单独用于市内通信电缆中。束绞式绞合方式生产率高，但缺点是线组位置不固定，相互有挤压，只在制造大对数市话电缆时，才被广泛采用。

（2）同心绞合（层绞）

同心绞合类似于软导电线芯的复绞，是将若干个线组按正规绞合规则，同心式分层排列，相邻层绞向相反绞合而成的缆芯，如图1-12a所示。与复绞导体类似，该种缆芯结构稳定，外形圆整，在长途对称通信电缆星绞组绞缆和少对数市内通信电缆中应用较多。

（3）单位式绞合

先将若干线组束绞或层绞成一个单位，每个单位包含若干线组，基本单位绞合时节径比一般为30~55，并用有色谱标志的扎带扎紧，作为区分标志。

然后将若干单位按束绞或层绞方式绞成电缆芯，如图1-12b所示。市内通信电缆在100对以下时采用同心式绞合，100对以上时常采用单位式绞合。

（4）工艺要求

1）退扭方式：通信电缆绞缆时采用不退扭方式绞合。

2）绞缆节距及绞向：采用同心绞合时，外层节径比小于内层，相邻层绞向相反，一般规定最外层绞向为右向，内层节径比取40~45，外层取25~35。

3）绞缆后的电缆芯外面要绕包塑料包带扎紧，绕包方向应与最外层绞合方向相反。

第八节　硅橡胶电缆制造

硅橡胶具有广泛的工作温度范围（-100~+350℃），及其优异的耐臭氧老化、耐热老化、耐紫外光老化、大气老化性能和柔软性，优良的电绝缘性、耐电晕性、抗电弧性，特别是其分子结构中含有无机元素Si，使其在燃烧后形成的SiO_2仍具有电绝缘性和耐燃性，使硅橡胶电缆在众多电缆品类中具有独特的不可取代性，广泛用于有耐高低温、频繁弯折、阻燃耐火电缆等要求的电缆制造。

但硅橡胶加工性能差，需采取与其他种类橡胶不同的工艺方式，因此在这里对硅橡胶加工予以特别介绍。

一、硅橡胶配方

硅橡胶绝缘橡皮常用的基材橡胶为甲基乙烯基硅橡胶，除生胶外，再加入硫化剂、补强填充剂和某些特殊配合剂即可。

1. 硫化剂

硅橡胶常用的硫化剂是有机过氧化物。多数硅橡胶的硫化是自由基引发反应，硫化发生于有机侧链基团之间。侧链基团的硫化活性顺序从大到小排列为：乙烯基、甲基、三氟丙基、苯基、γ-腈丙基。

硅橡胶用有机过氧化物硫化剂按其硫化活性高低分为通用型和乙烯基专用型两类，通用型硫化剂活性强，可硫化任一种硅橡胶。

1）过氧化苯甲酰（硫化剂BP）：通用型硫化剂，分解温度为105~128℃，分解产物为易挥发的苯、苯甲酸和二氧化碳等，对甲基乙烯基硅橡胶用量为 0.5～2.0 份，硫化温度为 110～135℃。

2）2,4-二氯过氧化苯甲酰（硫化剂 DCPB）：通用型硫化剂，分解温度约为 45℃，分解产物不易挥发，胶料易焦烧，用量与硫化剂 BP 相同，硫化温度为 100～120℃。

3）二叔丁基过氧化物（硫化剂 DTBP）：乙烯基专用型，本品极易挥发，沸点为 110℃，分解温度为 150～172℃，因分解前会沸腾，故硫化过程必须加压。分解产物为丙酮、甲烷。它不与炭黑、空气起反应，用量为 0.5～1.0 份，硫化温度为 160～180℃。

4）过氧化二异丙苯（硫化剂 DCP）：乙烯基专用型，分解温度为 139～150℃，分解产物奇臭，不易挥发。可用于含炭黑的胶料，用量为 0.5～1.0 份，硫化温度为 150～160℃。

5）2,5-二甲基-2,5-双（叔丁基过氧）己烷（硫化剂 2,5B、双二五）：乙烯基专用型，分解温度为 150～172℃，分解产物挥发性高。可用于含炭黑的胶料，用量为 0.5～1.0 份，硫化温度为 160～170℃。

2. 补强填充剂

1）补强剂的性能：由于硅橡胶机械性能差，正确选用补强填充剂，对提高硫化胶的性能，延长电缆使用寿命，具有重要意义。硅橡胶的补强剂主要采用气相法白炭黑，粒径为 10～50nm，比表面积 70～300m^2/g。采用气相法白炭黑的胶料，物理力学性能高，耐水和电绝缘性能良好。用沉淀法白炭黑的胶料，物理力学性能较低，耐水及电绝缘性能略差，但价廉。

2）填充剂：硅橡胶绝缘橡皮常用的填充剂有钛白粉、氧化锌、硅藻土、石英粉、轻质碳酸钙、硅酸锆和氧化铁等。它们与白炭黑并用可改进胶料的工艺性能，调节硫化胶的某些性能和降低成本。

3. 结构控制剂

用气相法白炭黑补强的硅橡胶胶料在存放过程中，因气相法白炭黑表面的游离羟基与硅橡胶的羟基发生反应，致使胶料可塑度降低，逐渐失去返炼和加工性能，此现象称为结构化。为防止或减弱结构化倾向，在添加气相法白炭黑的胶料中，必须加入结构控制剂，常用的结构控制剂有：

1）二苯基硅二醇：熔点为 145～155℃，能改善胶料的热老化性能，应用很普遍。用量为 2～5 份，与白炭黑的用量比为 1：10～1：20。使用时需热处理。

2）甲基苯基二甲氧基硅烷、甲基苯基二乙氧基硅烷：两者形态及性能类同。为液体，储存稳定，掺入本品可减少硫化剂用量。不必热处理。

3）低分子量羟基硅油：液体，用量 10 份以下，不必热处理。

4. 其他配合剂

为改进硫化胶的耐热老化性能，还常加入 Fe_2O_3、MnO_2、CuO 等耐热助剂，其中最常用的是 Fe_2O_3，用量为 2～5 份，常见的硅橡胶电缆多为红色就是因为添加了 Fe_2O_3。

此外根据分色要求，还使用别的着色剂，但硅橡胶对着色剂的要求较为苛刻。

5. 配方举例

采用甲基乙烯基硅橡胶为基础橡胶，用量为 100 份，配合剂用量见表 3-11，橡皮性能见表 3-12。

表 3-11　电线电缆绝缘用硅橡胶橡皮配方

配合剂		硫化剂 DCBP	硫化剂 2,5B	气相法白炭黑	钛白粉	二苯基硅二醇	Fe_2O_3
用量	配方 I	1.0	—	35	5	2~4	—
	配方 II	—	0.5	40	—	2~4	5

表 3-12　电线电缆绝缘用硅橡胶橡皮性能

性能	抗拉强度 /MPa	断裂伸长率 (%)	硬度 /ShoreA	老化系数 /200℃,72h		体积电阻率 /Ω·m	相对介电常数	介质损耗因数	击穿场强 /(kV/mm)
				K_1	K_2				
配方 I	5.7	430	46~53	0.97	0.95	$8.8×10^{12}$	3.1	0.005	19
配方 II	7.4	540	46~52	0.80	0.82	$9.0×10^{12}$	3.1	0.005	20

二、工艺要点

1）混炼：硅橡胶无需塑炼，即可在开放式或密闭式炼胶机上进行低温混炼，混炼时辊温应不超过 50℃。

在开炼机上混炼时，先包前辊随后很快就包后辊，故须两面操作。辊筒速比可适当小些，如 1.1∶1 或 1.2∶1。前辊温度 30~35℃，后辊温度 25~30℃。辊距 5~6mm。加粉状过氧化物硫化剂时，须有防爆措施。白炭黑易飞扬，应加防护。

在密闭式炼胶机上混炼时，要严格控制时间和温度，注意加料顺序。装料系数 0.55~0.74。混炼时间约为 15~25min。卸料温度 70℃左右。

2）存放与返炼：配有结构控制剂的橡料，在混橡完毕后须在室温下停放至少 24h，一般 96h。挤橡前，要进行返炼。返炼在开放式炼胶机上进行，辊距在开始时为 3~5mm，以后逐渐缩小到 0.5mm 左右，待橡料充分柔软，表面光滑平整时即可卸料出片。

3）挤橡：采用低温挤橡最为合适，温度不超过 40℃为宜。如用 2,5B 硫化剂时，则可例外地提高挤橡温度，例如 80℃。在挤橡机的机头若加装 80~120 目滤网，可改善挤橡质量。挤出后的电线应立即采取隔离措施，或直接进行连续硫化。

4）硫化：通常硅橡胶胶料应两次硫化，每次硫化的作用和要求各有不同。

①一次硫化：使胶料由塑性态变为弹性态。硫化时应排除空气，防止焦烧，并控制硫化时间和温度，以使胶料达到足够的硫化程度。此外，要尽快排除硫化时分解出来的挥发物，防止引起变形。

②二次硫化：目的是清除硫化剂在硫化过程中所产生的分解物，防止硅橡胶受热降解，提高耐热性；同时，去除各配合剂中的水分，防止喷霜，使硅橡皮的力学性能及电绝缘性能趋于稳定甚至得到某些改善。二次硫化的温度应略高于使用温度。

当制造硅橡胶电线电缆时，也常采用热空气连该硫化。由于硫化过程在常压下进行，因此，防止和克服硅橡胶绝缘橡皮起泡是必须注意的问题。

第四章　电缆生产设备

第一节　电缆生产设备概述

一、电缆设备的基本要求

在电线电缆生产中凡是用来改变生产对象的形状、尺寸、性质、状态和位置的机械设备，称为电线电缆机械设备。评价电缆设备的优劣、设计机械设备要达到以下要求。

1）工艺的可能性：设备的工艺可能性是指机械设备适应不同生产要求的能力，如拉线机是指所拉伸线材种类、材料及尺寸范围。一般来说工艺范围窄，机械结构简单、生产效率高。在设计中应根据具体情况合理缩小其工艺范围，以便提高生产率，简化结构，降低成本。

高转速、高温度是电缆设备的典型特征，拉线、绞线、成缆、绕包、编织等设备通过高速旋转完成加工过程，而挤塑、挤橡、交联、硫化等设备，依靠高温实现物料聚集态或结构的变化，实现工艺目的。设备必须能满足工艺实现的可能性。

2）生产率和自动化程度：机械设备的生产率是指单位时间内完成加工成品或半成品的数量。要提高机械的生产率，必须缩短加工时间、提高机械的速度，为此机械设备上采用自动控制技术，减少操作人员等来提高劳动生产率和企业经济效益。

3）操作维护方便，使用安全可靠：电线电缆机械的操作、观察、调整，应方便省力，维护须简单，并易于查找故障进行修理，部件便于拆装，并便于安装和运输。使用安全，包括操作者安全、误动作的防止、超载的保护、有关动作的互锁等。

4）"三化"程度：机械设备品种系列化、零部件通用化和零件的标准化简称为"三化"。系列化包括机械设备参数的制定、系列型谱的编制和产品系列的设计，目的是用最少规格和型式，最大程度地满足生产需要。不同类型设备零部件通用化和标准化可减少零部件品种，降低设备成本，便于维护，故应尽量采用标准零件。

5）噪声：工业企业的生产车间和作业场所的工作地点的噪声标准上限为85dB。机械设备噪声是由电机和一些回旋零件所造成，并通过周围的结构加以放大，很多电缆设备是通过提高转速来提高生产效率的，在设备转速日益提高的今天，降低噪声，改善工作环境是设备选择的一项基本要求。

6）经济效益：机械设备经济效益，首先是机械的生产效率和可靠性，要使机械能够充分发挥其效能，减少能源损耗。其次设备的购置费用和后期的运行维护费用也是设备选择要考虑的重要因素。

设备是保证产品质量，提高劳动生产率、节约能源、保证经济效益的重要基础，应根据产品特点，结合场地、用工状况等实际情况，选择和使用设备。特别是近年来，用工成本增加很快，能够提高生产效率的高速化设备，能提高产品质量、节省人工的自动化设备，能够将多工序连续完成、缩短生产周期的连续化生产设备必将受到越来越多电线电缆制造企业的欢迎。

二、电缆设备的分类

1. 主机、机组和生产线

（1）概念

在电线电缆机械设备中，尽管品种、规格繁多，用途各异，但它们一般都是由主机、牵引装置、收（排）线装置和放线装置等组成。

主机是在电线电缆产品生产中完成主要工序任务的机械单元。按照生产工艺特征，电缆机械设备分为拉制、绞制、挤制等 17 个类别。每类设备又分为若干机型和单机。

由同型号主机与辅助装置组成的专用电线电缆制造设备称为机组，如图 4-1 所示即为由挤塑机和一系列辅助装置组成的挤塑机组。

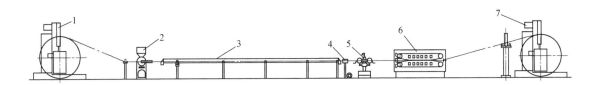

图 4-1　挤塑机组设备组成图

1—放线装置　2—挤塑机　3—水槽　4—吹干装置　5—计米器　6—履带牵引　7—收线装置

生产线是由不同型号主机与辅助装置组成的加工电线电缆产品的专用成套设备。生产线与机组的不同之处在于一个机组只完成一种生产任务，成套设备中只有一种型号的一台或几台主机，而生产线可以完成两种或以上的生产任务，成套设备中有两种或以上型号的主机，如连铸连轧生产线是金属铸锭机组和轧制机组的组合，将原本需要周转两道工序才能完成的任务一次完成，从而简化生产工序，大大提高劳动生产率。

无论是工序检验还是成品检验，发现质量问题总是在某个生产阶段结束或全部生产完成后，发现问题存在滞后性，处理问题会带来较大浪费。在生产过程中将检测设备组合在机组或生产线上，以对电线电缆在制品直接进行连续性的或监控性的检查测试，这种专用仪器或装置称为在线检测装置。如挤塑机组中的火花试验机、交联机组的偏心测试仪、通信电缆绝缘生产中的水电容测试装置等；在连续测试的同时实现反馈调整，以保证产品质量的装置亦称为测控装置，如挤塑机组的外径测量控制装置等。

（2）主机型号及代号

对电线电缆专用设备编制型号不仅有利于设备管理和合理地选用设备，而且从中还可以体现专用设备发展所经过的途径及专用设备制造的完整性。电缆设备产品种类分为四级：类别、系列、型式和规格，特殊的分为类别、型式和规格三级。

1）类别：根据电线电缆产品的加工工艺特征和设备产品主要功能特征划分，电线电缆专用设备分为十七大类，类别及代号见表 4-1。

2）系列：在同类设备中按工作原理或结构特征或加工对象特征划分，各类别系列及代号见表 4-1。

3）型式：在同一系列设备中按设备结构特点划分为不同型式。在基型产品基础上，可以有派生产品，派生代号用大写汉语拼音表示，依字序顺加。型式及代号见表 4-1。

4）规格：用主参数表示设备的规格，主参数是代表电线电缆专用设备结构特征或功能特征的参数，主参数为阿拉伯数字，一般只选定一个主参数，不能满足时可以增选。主机规格所选主参数见表4-1。

表4-1　电线电缆制造设备主机类别、系列、型式、规格及代号

序号	类别		系列		型式		规格
	名称	代号	名称	代号	名称	代号	主参数项目
1	铸锭(杆)	U	连续式	L	上引法型	Y	杆材直径 mm
					浸涂法型	J	
					轮带型	L	结晶轮直径 mm
			（非连续式）	—	—	—	杆材直径 mm
2	轧制	Z	（横列式）	H	—	—	轧辊直径 mm/个数
			直线式	Z	热轧	R	
					冷轧	L	
3	拉制	L	滑动式	H	塔轮	T	定径轮直径 mm/拉伸道数/进线头数（1头省略）
					等径轮	D	
			非滑动式	F	整体轮	D	
					双层轮	S	
			拉轧式	Z	等径轮	D	
4	金属包制	B	纵包式	Z	—	—	待定
			综合式	H	—	—	
5	镀制	D	热镀	R	真空	Z	最大线径 mm/头数
					开放	K	
			电镀	D	立式	L	
					卧式	W	
6	导体绞制	J	束绞	S	横线盘型	H	收线盘直径 d_1 mm
					直线盘型	Z	
			管绞	G	管型	G	放线盘直径 d_1 mm/个数
					弓型	B	
			笼绞	L	摇篮型	Y	放线盘直径 d_1 mm/个数及配置/等分值
					叉型	C	
					筒型	T	
					框型	K	
7	缆芯绞制	C	束绞	S	横式(收线盘)	H	收线盘直径 d_1 mm
					竖式(收线盘)	Z	
			管绞	G	管型	G	放线盘直径 d_1 mm/个数
					弓型	B	
			笼绞	L	摇篮型	Y	放线盘直径 d_1 mm/个数及配置
					平面型	P	

（续）

序号	类别		系别		型式		规格
	名称	代号	名称	代号	名称	代号	主参数项目
7	缆芯绞制	C	盘绞	P	轮型	L	收线盘直径 d_1 mm
					履带型	D	
					无牵引型	W	
			对绞	D	立式	L	放线盘直径 d_1 mm
					卧式	W	
			左右绞	Z	—	—	放线盘直径 d_1 mm/个数
8	元件绞制	E	对绞	D	立式	L	放线盘直径 d_1 mm
					卧式	W	
			星绞	X	立式	L	放线盘直径 d_1 mm
					卧式	W	
			变位绞	B	左右向	S	放线盘直径 d_1 mm/个数
					变位	C	
9	挤制	S	挤塑	P	高温螺杆型	F	1)单模:螺杆直径 mm/长径比 2)分模:单模规格+单模规格 3)共模:单模规格−单模规格 4)分模、共模:2)和3)联合
					低温螺杆型	V	
					活塞型	H	
			挤橡	X	—	—	
10	压制	Y	连续压制	L	螺杆型	K	螺杆直径 mm
					柱塞型	S	总压力 daN[①]/柱塞个数
					柱轮型	L	待定
			非连续压制	F	柱塞型	S	总压力 daN/柱塞个数
11	装铠	K	绞合	J	摇篮型	Y	放线盘 d_1 mm/个数及配置
					盘绞型	P	放线盘 d_1 mm
					左右绞型	Z	放线盘 d_1 mm/个数
			绕包	R	半切线式	B	带盘直径 mm×宽度
					同心式	T	
			纵包	Z	金属	—	带宽(推荐)
					非金属	—	
12	漆包	Q	涂烘	H	立式	L	线径序号/炉数-头数/涂漆道数
					卧式	W	
			(电泳)	D	—	—	
13	丝包	R	涂烘	H	立式	L	线径序号/头数(推荐)
					卧式	W	
			绕包	R	—	—	
14	纸包	T	立式	L	同心型	T	承带宽直径 mm/个数
					半切线型	B	

（续）

序号	类别		系别		型式		规格
	名称	代号	名称	代号	名称	代号	主参数项目
14	纸包	T	卧式	W	平面型	P	承带宽直径 mm/个数
					同心型	T	
					切线型	Q	
15	编织	P	八字式	B	立式	L	锭数/锭盘直径×内宽 mm
					卧式	W	
			摆杆	G	立式	L	
					卧式	W	
			回归	H	立式	L	
16	制模	M	穿孔	K	激光	G	待定
					电火花	D	
			研磨	N	机械式	J	
					手工式	S	
			抛光	P	手工式	S	待定
					机械式	J	待定
					超声波式	Z	功率 W
			成型	X	超声波	Z	功率 W
			定径	G	机械式	J	待定
17	复绕	F	电缆	L	剥皮	B	待定
					检查分割	J	
					成圈	C	
					成盘	P	
					破碎	Q	
			金属丝	S	铁金属	G	收线盘直径 d_1 mm
					非铁金属	T	
			金属带	P	铁金属	G	
					非铁金属	T	
			并股	B	金属丝	G	头数/锭盘直径×内宽 mm
					非金属丝	T	
			切带	Q	金属	G	收线盘直径 d_1 mm
					非金属	F	

① 1daN = 10N

（3）生产线型号及代号

　　根据生产特点，将不同类型主机进行合理组合配置，形成的电线电缆生产线主要有表 4-2 所列几种。

表 4-2　生产线类别及代号

序号	类别	代号	规格参数及代号
1	连铸连轧生产线 上引法型 浸涂法型 带轮法型	UY+Z UJ+Z UL+Z	容量 t+辊径　mm/个数 容量 t+辊径　mm/个数 结晶轮径 mm+辊径 mm/个数
2	拉制绞制(束)生产线	L+J	拉线机规格+绞线机规格
3	拉制绝缘生产线 拉制漆包 拉制挤塑	L+Q L+S	拉线机规格+漆包机规格 拉线机规格+挤出机规格
4	对绞成缆(单位绞)生产线	HJ+C	放线盘 d_1/个数+收线盘 d_1
5	挤制铠装生产线	S+K	挤出机规格+铠装机规格

2. 辅助装置

辅助装置就是辅助主机完成产品加工任务，与主机配套组成制造电线电缆的专用机组或生产线的装置。最常用的辅助装置如：牵引装置、收（排）装置、放线装置等。牵引装置是拖动电线电缆产品向前运动的装置。收（排）线装置是把电线电缆产品连续、整齐地收绕在线盘或其他盛线器具上的装置。

按工作原理或结构特征，辅助装置也分为类别、系列及型式。辅助装置的类别、系列、型式、规格及其代号见表 4-3。

表 4-3　辅助装置类别、系列、型式、规格及代号

序号	类别 名称	类别 代号	系列 名称	系列 代号	型式 名称	型式 代号	规格 主参数项目
1	熔炼炉	U	感应式	G	熔铜	T	容量 t
					熔铝	L	
			反射式	F	熔铜	T	
					熔铝	L	
			直热式	Z	熔铜	T	
					熔铝	L	
2	放线装置	F	静盘	J	主动式	Z	放线盘直径 d_1 mm/个数
					从动式	B	
			转盘	U	—	—	
			立柱	Z	光轴	G	放线盘直径 d_1 mm 最大/最小
					端轴	D	
			行车	X	—	—	放线盘直径 d_1 mm 最大/最小/最大载重 t
			导轨	D	—	—	
3	收(排)线(杆)装置	S	静盘	J	—	—	收线盘直径 d_1 mm/个数
			立柱	Z	光轴	G	收线盘直径 d_1 mm 最大/最小
					端轴	D	
			行车	X	—	—	收线盘直径 d_1 mm 最大/最小/最大载重 t
			导轨	D	—	—	
			柜式	G	对轴	D	收线盘直径 d_1 mm/个数
					平行	P	

（续）

序号	类别 名称	类别 代号	系列 名称	系列 代号	型式 名称	型式 代号	规格 主参数项目
4	成圈装置	C	轮式	N	—	—	线径/圈内径×外径
			导向式	Y	—	—	
			卷绕式	R	—	—	
5	牵引装置	Q	轮式	L	主机联动	W	轮径 mm/个数
					单独驱动	V	
			轮带式	P	—	—	牵引轮直径 mm/带轮直径 mm/个数
			履带式	D	主机驱动	W	最大牵引力 daN
					单独驱动	V	
6	退火装置	A	连续式	L	电阻型	D	退火轮直径 mm/功率 kVA
					感应型	G	功率 kVA
					水封型	S	
7	绕包装置	R	普通式	A	非金属带	F	带盘直径 mm/个数
					金属带	G	
			平面式	P	非金属带	F	
					金属带	G	
			半切线式	B	非金属带	F	
					金属带	G	
			切线式	Q	非金属带	F	
			同心式	T	非金属带	F	
					金属带	G	
8	印字装置	Y	接触轮式	Z	—	—	线速度 m/min/字轮个数
			喷管式	N	—	—	
9	盘具搬运装置	P	轨道	G	—	—	待定
			输送带	D	传动带	P	
					链带	L	
			机械手	J	—	—	
10	储线装置	W	摆杆	P	—	—	配重 kg
			导轮	L	立式	L	导轮直径 mm/个数/导轮中心距 mm
					卧式	W	
11	循环润滑装置	L	—	—	离心式	L	待定
					滤带式	D	
12	油膏填充装置	T	—	—	—	—	待定
13	轧头穿模装置	Z	—	—	—	—	待定

（续）

序号	类别		系列		型式		规格
	名称	代号	名称	代号	名称	代号	主参数项目
14	干燥装置	G	电热	D			功率 kVA
			气热	K	热风式	F	待定
					蒸汽式	Z	
15	送料装置	V	—	—	真空式	Z	输送装置 kg/h
					翻斗式	F	待定
					螺旋式	L	
16	焊接	H	电焊	D	—	—	电流 A
			冷压焊	L	—	—	压力 daN
17	纵包	B	—	—	—	—	待定

三、型号规格的表示方法

为使设备型号统一，便于识读，在相关标准中规定了型号、规格的表示方法和规则。

主机和辅助装置型号以大写汉语拼音表示，原则上该字母取自设备名称首汉字拼音的首字母。但同一读音有多个汉字，如"G"可表示：管（绞）、钢、感（应）、光（轴）干（燥）等，为避免混淆，也会取后续字母或采用取自后续汉字上的字母，如"B"表示（纵）包、"D"表示（轮）带等。在特殊情况下，也会取多音字的另一读音或某一字的另外意义，如用"E"表示"二"，但在有时用到"双"、"两"时也用其表示。也有采用以前的名称或约定俗成的名称取代号，在名称正规化后保留了原来的代号，如牵引装置分轮式、履带式、轮带式三种，均取"L"区分不开，取"D"也有重复，就将"轮带式牵引"用"P"表示，取自"皮带"；"C"表示"缆芯绞制"，取自"成缆"；低温挤塑机用"V"表示，取自挤塑生产中最常用的聚氯乙烯，高温挤塑机用"F"表示，取自高温挤出中用量最大的氟塑料。

设备规格是取自主参数的数字，有多个参数时，参数间以规定的符号如"－"、"／"、"＋"等连接，按规定顺序排列在型号之后。

在型号、规格的表示中，型号的字母按照类别、系列、型式顺序依次排列，表示规格的数字排列在型号之后。

还有一些同型号、同规格的设备，在基本型式不变的情况下，产品基本功能存在一定差异，称之为派生型，以字母表示，加在型号之后。在型号之后还用数字来作为设计序号及同型设备的改进或改型代号。

1. 主机

（1）主机型号、规格组成表示方法

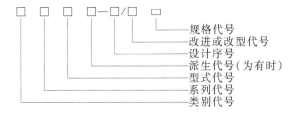

（2）示例

① 滑动式拉线机，塔轮型，定径轮直径 120mm，拉伸道数 21，进线头数 1 或 4，第 1 次设计，表示为

- 1 头者：LHT-1　　120/21（1 头进线的 1 省略）；
- 4 头者：LHT-1　　120/21/4；

第 1 次设计后有改进或改型时，分别表示为 LHT-1/1　　120/21；LHT-1/1　　120/21/4。

② 塑料挤出机，低温螺杆型，螺杆直径 65mm，长径比 25，第 1 次设计，表示为

- 单一机头：SPV-1　　65/25；
- 与 30/25 挤出机两层共挤，共模挤出，表示为 SPV-1　　65/25-30/25；
- 与 90/25 挤出机串联，分模挤出，表示为 SPV-1　　65/25+90/25。

第 1 次设计后有改进或改型时，可表示为 SPV-1/1　　65/25；SPV-1/1　　65/25-30/25。

2. 机组

（1）机组型号组成表示方法

（2）示例

① 主机为 LHT-1　　120/21 拉线机，有收、放线，储线装置，表示为

- 带连续退火装置者 LHT-1　　120/21（A）；
- 不带连续退火装置者 LHT-1　　120/21（B）；
- 其他辅助装置的组合变化，按（C）、（D）、…类推。

② 主机为 SPV-1　　65/25，有收、放线装置，水槽、牵引装置，表示为

- 带火花检验装置者：SPV-1 65/25（A）；
- 不带火花检验装备者：SPV-1　　65/25（B）；
- 其他辅助装置的组合变化，按（C）、（D）、…类推。

③ 主机为 SPV-1　　65/25+120/20-90/20，有交联装置和其他必需的辅助装置，表示为

- L 型牵引装置者：SPV-1　　65/25+120/20-90/20（A）；
- D 型牵引装置者：SPV-1　　65/25+120/20-90/20（B）；
- 其他辅助装置的组合变化，按（C）、（D）、…类推。

3. 生产线

（1）生产线型号组成的表示方法

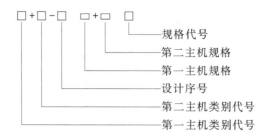

（2）示例

1）拉制挤塑生产线，第一主机为 LHT　250/17，第二主机为　SPV　65/25，表示为L+S　250/17+62/25。

2）铜连铸连轧生产线，连铸机结晶轮直径 1700mm，五轮式，表示为 ULT1700/5；连轧机总的轧制道次 12 道，两辊式轧辊 4 道，轧辊名义直径 255mm；三辊式轧辊 8 道，轧辊名义直径 255mm，表示为：ZRT255/（4+8）。生产线表示为：U+Z　1700/5 +255/（4+8）。

3）设计序号，设计改进或改型，以及不同组合时的代号及其位置，与主机规定相同。

第二节　制杆设备

电线电缆制造的首道工序是将铝锭、铜板经熔化、精炼，制成适于电线电缆工业应用的铜杆、铝杆，因此制杆设备是首先要讲到的主机设备。

20 世纪 80 年代之前，我国几乎都是采用浇铸铜锭，再次加热后在横列式轧机上轧成黑杆，拉线时进行酸洗，清除表面的氧化层。这种生产方式将铸锭、轧制分开进行，能耗高，产品质量差，损耗大。现在铜、铝杆的生产大量采用连铸连轧法进行，连铸连轧生产线将熔化、精炼、铸锭、轧制、卷绕设备组成连续生产线，简化了生产工艺，提高了生产效率。该法最早应用于铝杆的生产，我国在 1970 年初开发了第一条铝连铸连轧生产线，在 1980 年引进了连铸连轧生产工艺生产光亮韧铜杆。

在铜连铸连轧生产法出现的同时，1960 年国外又开发了浸涂成型法和上引法生产无氧铜杆设备，生产无氧铜杆，含氧量在 0.002% 以下，导电率可达 102%。

一、熔炉

生产中一般都要把铜、铝原料和废单线、废导体搭配，经熔炉熔化，浇铸成铸锭，然后再加工成杆材。铜铝在熔化中容易氧化、吸入杂质和气体，降低杆材的导电率，易引起拉线时断线。为获得化学成分均匀、杂质少的金属液，对熔炉有以下基本要求：

1）熔化速度快，缩短吸气、吸杂时间；

2）熔体表面积与熔体深度之比应尽可能小，减小吸气、吸杂面积；

3）熔池内温度均匀、易控制；

4）热效率高；

5）使用寿命长，操作简单。

熔炉种类很多，每种熔炉在结构、性能上都各具特点。

1. 火焰反射炉

火焰反射炉所需热量靠燃料燃烧装置（煤气烧嘴、重油烧嘴和固体燃料室）来供给。燃烧热量在从炉头流向炉尾的过程中，主要以辐射、其次以传导方式传给炉料，另外，热量还通过炉顶、炉壁反射到炉料，使其温度升高。燃烧产物最后经烟道排出，炉型如图 4-2 所示。火焰反射炉有固定式和倾动式两种，使用的燃料有煤炭、重油、天然气和煤气等。

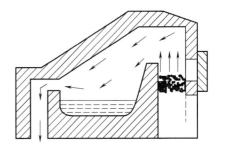

图 4-2　火焰反射炉炉型示意图

火焰反射炉的优点有：生产成本低，炉膛大、产量高，一般熔铜炉容量为 20 ~ 70t，熔铝炉容量为 6 ~ 20t。主要缺点：金属烧损大，熔体吸气多，热效率低，只有 15% ~ 20%。熔体上下层温度不够均匀，不能连续生产。

2. 冲天炉（竖炉）

在连铸连轧铜杆的生产系统中，为解决连续熔铜问题，采用竖炉熔铜设备，可以配合连铸连轧机进行连续铸锭，也可以配合保温炉采取其他铸锭（杆）方式。它采用对流加热以取代反射炉的辐射加热。

竖炉的构造如图 4-3 所示，其是一个圆筒炉形，燃烧器置于炉子下部，炉料从加料口加入。热的烟气从炉料空隙流过，一方面对炉料预热，使熔化进程加快；另一方面对炉料所携带的水分在炉料熔化前干燥。烧嘴吹动燃气冲击炉料使其在下落过程中温度逐渐升高、熔化，待落到炉底时全部熔化，熔液积聚在炉的底部通过流槽流入保温炉。

用无（脱）硫的天然气或石油液化气采取直接喷射熔化工艺，燃烧器自动控制燃料和空气比率，以保持炉内微还原气氛，保证炉料不被氧化。由于竖炉只熔化不精炼，因此，要求燃料无硫或含硫量很低。

这种炉子的优点：①能在炉料不受污染的情况下很快使金属过热熔融，提高了熔化速度，减少了烧损（氧化）与夹杂物，减少了外来污染。②热效率高，可达到 50% ~ 60%。③熔化速度快，可快速开炉，快速停炉，能连续作业。④占地面积小，维修方便。不足之处在于竖炉不能进行搅拌，因此要求炉料成分尽量均匀一致，并在保温炉进行搅拌，否则浇铸产品成分不一。

3. 工频有铁心感应电炉

工频有铁心感应电炉，又称熔沟式感应电炉或低频感应电炉，由炉体、冷却系统、电气设备三部分组成。炉体结构如图 4-4 所示，包括炉架、炉身、感应线圈、水冷套（或耐火套）、铁心、倾动装置等。炉身下部

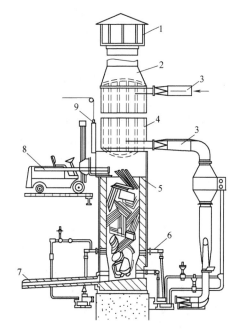

图 4-3　竖式熔炉剖面图
1—烟罩　2—烟筒　3—冷热风管　4—炉筒　5—炉膛
6—热风烧嘴　7—流槽　8—装料车　9—装料门

是炉底也叫炉底石，外部是由铜板焊起来的外壳（最好用青铜等非磁性材料制成）；内部是用耐火散料捣筑的炉衬。

有铁心感应电炉相当于在短路状态下工作的变压器，炉体相当于一个带铁心的变压器，炉子的感应线圈相当于变压器的一次线圈，耐火材料构成的熔沟槽中的环状金属相当于变压器的二次线圈。将工频交流电引进一次线圈时，根据电磁感应的原理，在二次线圈（短路的熔沟金属）中产生高达几千安培的感生电流（涡流），产生大量热量，将金属熔化。为此，开炉前熔沟中必须充满金属熔液，以形成闭合线圈。熔炼浇铸时，不能把熔池内金属液全部倒出。

这种熔炉的优点是热效率高，熔化迅速；金属液成分和温度均匀；氧化和烧损少，质量高。缺点：即使不进行熔炼、浇铸也必须保温，不得断电，使炉内保持一定金属液。该炉适用于生产批量大、品种单一的连续生产，在铜杆生产中应用较多。

4. 无铁心感应电炉

无铁心感应电炉的炉体是由坩埚组成的炉膛，又称为坩埚式感应炉。它实质上相当于一个空气芯变压器，其工作原理如图4-5所示。在耐火材料坩埚外面，围绕一个通水冷却的感应器线圈，即为一次线圈。金属炉料相当于短路的二次线圈。电流通过感应器产生交变磁场，在金属炉料中感应出电动势，因其短路连接而在炉料中感应产生强化的电流，使炉料加热并熔化。

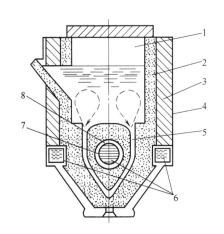

图 4-4　有铁心感应电炉结构示意图
1—炉膛　2—耐火材料　3—绝热层　4—外壳
5—熔沟　6—铁心　7—冷却水套　8—感应线圈

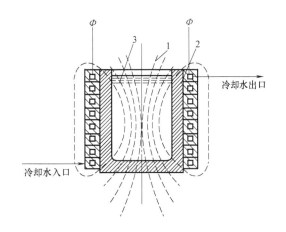

图 4-5　无铁心感应电炉原理图
1—线圈磁通　2—耐火材料　3—炉料

与有铁心感应电炉相比，其最突出特点是炉膛下部没有熔沟。它的主要优点是熔炼温度高，其最高熔炼温度可达到1600℃；熔化速度快，在同样的有效容量条件下，输入功率比有铁心感应电炉大得多，对熔体的搅拌作用比有铁心感应电炉更为强烈。缺点是单位电能消耗比有铁心电炉高；功率因数低，为了提高功率因数，需要附加大容量补偿电容器。

5. 电阻反射炉

电阻反射炉是利用悬挂在炉顶电热体的热辐射来加热和熔化金属的。其优点是容量大，炉气稳定，金属液吸气少，操作简便，炉温控制方便，适合大批量生产，缺点是耗电量大，生产效率低，维修费用高。常被用作保温炉。

电阻反射炉可分为固定式和倾转式两种，如图4-6所示为倾转式电阻反射炉的结构。

炉料本身会含有一定量的杂质，在熔炼过程中吸气、与炉体反应等原因都会有新的杂质进入金属液。除去杂质的过程称为精炼，精炼过程可以在保温炉完成。铜的精炼采用氧化-还原法。铝的精炼要复杂些，在保温炉经过除气、静置的铝液，再通过过滤装置完成精炼。除气、除杂后变的纯净的熔液通过流转装置进入铸机，铸成金属锭坯。

二、铸锭设备——铸机

铸锭是将熔炼好的铜铝液铸成组织均匀、细密，内无气孔、缩孔、夹渣、裂纹等缺陷；

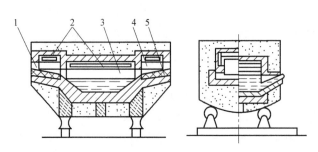

图 4-6 倾转式电阻反射炉

1—加料口 2—电阻丝 3—熔池 4—熔化室 5—炉台

化学成分符合要求；形状、尺寸、温度符合轧制要求的锭坯的工艺过程。将熔炉与铸机组成连续生产线，符合电缆设备的发展趋势，因此现在发展的均为连续铸锭生产设备：连铸连轧生产采用的轮带式、履带式连铸机，以及上引连铸机、浸涂连铸机等。

1. 轮带式连铸机

如图 4-7 所示为铜连铸连轧采用的五轮连铸机。熔融铜液通过流转槽，由熔炉流入浇煲。铸轮表面开有梯形模槽，钢带覆盖在结晶轮模槽表面构成铸槽，铸轮和钢带连续运转，形成连续移动的铸模。铜液由浇煲浇入铸槽，水冷却系统通过喷嘴对铸轮内外两侧和钢带喷出大量冷却水，使铸锭迅速降温，冷却结晶，在出铸轮时形成高温的铸锭条。通过牵引装置，引入连轧机进行轧制。该铸机有四个张力轮与铸轮一起称为五轮连铸机。只有一个张力轮的连铸机称为双轮铸机。为保证良好的热传导性能，铸轮采用铜或铜银合金制成。

履带式连铸机采用双钢带和金属块框组成移动铸模，形成铸锭槽腔，将铜液注入其中，用高速循环水喷到钢带背面，使钢带急速冷却，以连续获得铸锭。

2. 上引连铸机

上引连铸机是在上引机机架上装有如图 4-8 所示结构的结晶器，结晶器内可通冷却水循环，结晶器下端的石墨结晶器浸入到保温炉铜液中一定深度，铜液进入结晶器一定高度，并在其中冷却结晶，通过牵引机构的牵引，将铸坯从结晶器中慢慢上引拉出。上引的动作是间歇的，牵引频率由直流调压器控制。凝固的铜杆上引，新的铜液又进入结晶器，再冷却结晶，并随先期形成的铜杆被牵引出来。如此循环，形成大长度的铜杆。

刚凝固好的铜杆进入二次冷却区继续冷却，使铸杆离开密封套的温度低于 150℃。铜杆的尺寸取决于结晶器的内管，可根据需要进行尺寸调整。铜杆引出后，经过张力调节轮进入绕杆机，由绕杆机收绕成圈。

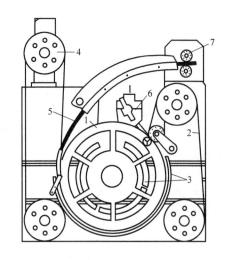

图 4-7 五轮连铸机结构

1—铸轮 2—钢带 3—水冷却装置 4—张力轮
5—锭条 6—浇煲 7—牵引轮

单根铸杆生产速度较慢，速度为 0.5~3.5 m/min。单个结晶器占用空间很小，一个炉中可放置多个，同时引出十几根铸杆，使生产效率大大提高。

3. 浸涂连铸机

浸涂连铸机是用一根较冷的纯铜芯杆（种子杆）自下向上垂直通过一个盛有一定量铜液的保温炉（石墨坩埚），由于芯杆与铜液间存在很大温差，芯杆吸热，熔融铜放热，而使熔融铜沉积在芯杆上并自内向外凝固，从而使芯杆在向上运行过程中直径变粗，重量增大，得到浸涂铸造杆。设备构造原理图如图 4-9 所示。铸造杆直径与芯杆直径、芯杆温度、移动速度、铜液温度、铜液面高度等有关，生产中维持这些因素不变，则铸造杆直径为一定值。

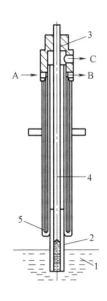

图 4-8　结晶器结构

1—铜液　2—石墨结晶器　3—密封套

4—铸杆　5—冷却水套

A—冷却水入口　B—冷却水出口　C—接真空泵

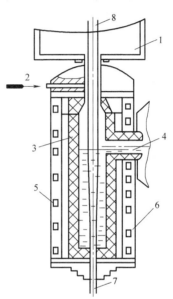

图 4-9　石墨铸造坩埚

1—冷却室　2—保护气入口　3—石墨套

4—流槽　5—加热线圈　6—保温层

7—种子杆　8—铸杆

三、轧机

连续铸锭得到的都是大尺寸产品，欲得到拉线使用的小直径杆材，还要经过轧机的轧制。根据机架上轧辊数量可将轧机分为两辊轧机和三辊轧机。

在 1960 年以前我国普遍采用横列式轧机，为非连续轧制，能耗高、质量差、杆材短，后来逐渐被直线式连轧机取代。所谓连续轧制，是指轧件同时在几个机架上轧制，单位时间内通过每道轧孔的金属体积流量都相等，称之为秒体积流量相等原则，即

$$v_n A_n = v_m A_m \tag{4-1}$$

式中　A_n、A_m——第 n 和第 m 道轧孔的截面积；

　　　v_n、v_m——线材通过第 n 和第 m 道轧孔的速度。

1. 三辊 Y 型连轧机

就三辊 Y 型连轧机一个机架而言，有三个互成 120°布置的圆盘状轧辊，当采用下传动时，三个轧辊的布置与字母"Y"相似。由若干机架紧凑、连续地排列组成连轧机组，故称

这种连轧机为 Y 型三辊连轧机。

一般情况下，Y 型轧机奇数架次机架与偶数架次机架分别布置成下传动与上传动，如图 4-10 所示。上下传动的交替布置保证了轧制过程中轧件本身无扭转，这不仅为高速轧制创造了条件，还相应提高了产品的质量。

Y 型连轧机采用成组传动，动力由一台直流电动机拖动，齿轮按工艺要求调整好速比，使各机架都能得到符合工艺要求的转速。Y 型连轧机的孔型结构，一般采用弧三角—圆孔型系统，如

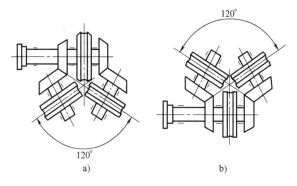

图 4-10 Y 型轧机轧辊布置示意图
a）上传动 b）下传动

图 4-11所示。在每次轧制过程中金属处于三向压缩状态，在交替轧制过程中受六个方向的压缩，因此变形及其周边冷却都比较均匀，对保证成品质量极为有利。该孔型系统的另一个优点是根据使用不同机架数，可以在中间环节轧制出规格不同的成品。

2. 两辊连轧机

两辊式连轧机按机架组合形式可分为 45°杆材连轧机和平-立辊杆材连轧机。

（1）45°两辊连轧机

机架轧辊轴线与水平面成 45°倾角，两相邻轧机架的轧辊轴线成 90°交叉，两个盘型轧辊安装在机架的前端，成悬臂状。如图 4-12 所示为 45°顶交连轧机，将该机架旋转90°，轧辊在侧面相交的为侧交式。

机架与传动系统安装在同一底座，传动形式有集中传动、分组传动和单独传动三种形式。每个机架的传动，又分内齿传动和外齿传动。

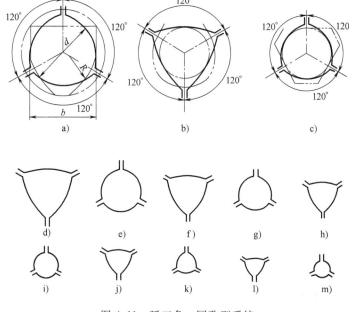

图 4-11 弧三角—圆孔型系统

（2）平-立两辊连轧机

机架和轧辊轴的设置依次交替为水平和垂直布置，每道机架相差 90°。传动和结构与 45°连轧机相仿。

两辊连轧机孔型多采用"箱-椭圆-圆"体系。这种轧机结构坚固，相对压下量大，从而可以减少轧制道次，提高生产效率。当铸锭较大时，可采用平-立辊轧机开坯，轧两道，

再进入三辊轧机轧制。压合能力强，对消除铸件缺陷、改善铸造组织十分有利。

四、生产线

现在铝及铝合金杆生产基本都采用连铸连轧方式，铜杆生产采用连铸连轧或上引法或浸涂法生产。就铜杆而言，连铸连轧生产线年生产能力可达100000t以上，适用于大型电缆企业和铜加工企业；浸涂法生产线年生产能力 1～60000t，上引-冷轧（拉）生产线年生产能力 0.2～12000t，适合中等规模电缆企业使用。

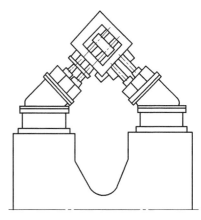

图 4-12　45°顶交连轧机

连铸连轧生产、浸涂法生产实现了熔、炼、铸、轧连续生产，上引-冷轧（拉）生产中虽然轧制（或拉制）是另外的单独工序，但设备的复杂程度、自动控制要求同样都很高。下面就对几种生产线的设备配置、要求做一简单介绍。

1. 连铸连轧生产线

连铸连轧生产设备主要包括熔炉、铸锭设备、轧制设备和绕杆机，辅助设备有加料装置、保温炉、剪锭设备、铣边设备等，如图 4-13 所示为一条铜杆连铸连轧生产线。

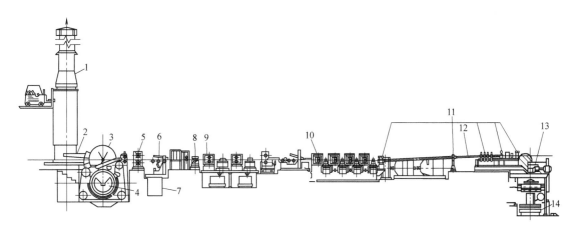

图 4-13　铜杆连铸连轧生产线

1—竖炉　2—流槽　3—前炉　4—铸机　5—辊剪　6—切头清除装置　7—切头箱　8—牵引轮
9—平立辊机架　10—平立精轧辊机架　11—直线"酸洗"体系　12—清洗管　13—绕杆机　14—转运车

1）熔炉：无论铜铝，以竖炉熔化最为普遍。由于铜的熔化温度更高，对燃料、炉衬和自动控制要求更加严格。

2）保温炉：采用电阻炉以方便控制炉温和铝液的静置。

3）连铸机：以轮带式铸机应用最多，少量采用履带式铸机。

4）辊剪：锭坯处的辊剪用于铸锭轧制前的剪头，或剪去有质量缺陷的铸锭锭材，或者在轧机暂停时及时剪去铸锭，保证铸机连续运行，减少浪费。绕杆处的飞剪用于满盘时分盘，或杆材不合格时及时切断回炉。

5）铣边机：用斯得立合金（一种钨铬钴合金）或高温陶瓷制成铣刀，用于铣掉铸条的两个锐角边及铸造飞边等缺陷。

6）连轧机：多道机架中，采用两辊轧机开坯，轧两道，再进入三辊轧机轧制。设备组成主要有主电机、齿轮箱、机架、机座、导卫装置、润滑系统、冷却系统和控制系统等。导卫装置是把轧件正确地导入孔型中。冷却系统用以调整轧件温度，使其以合适的温度进入轧机。还可清除表面的氧化皮、粘附的渣粒和铣下的刨屑。

7）杆材冷却或酸洗装置：起到对杆材成品的降温作用，防止高温下收绕造成的自退火效应而产生的抗拉强度不均匀。对于铜杆这个装置称"酸洗"装置，其实采用的是酒精蒸汽，起到降温和还原铜杆表面氧化层的作用。

2. 上引连铸-冷轧（拉）生产线

上引连铸-冷轧（拉）生产线包括上引连铸和冷轧（或冷拉）机组两部分。如图 4-14 所示为上引连铸部分示意图。上引连铸部分主要包括熔化炉、流槽、保温炉、上引机和绕杆机等，冷轧（或冷拉）由冷轧机（或巨拉机）完成。

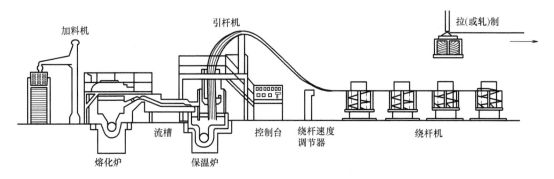

图 4-14　上引连铸生产线组成示意图

熔铜炉和保温炉采用工频有芯感应电炉，现在多采用熔化和保温在同一个炉内的组合炉形式，分为熔化区、过渡区和保温区，熔融铜液通过两熔池间的过渡区自动进入保温炉。这种方式液位稳定，铜液保护好、操作简便，其缺点是精炼作用差，原料对产品质量影响明显。在熔化炉用 200mm 厚的木炭覆盖铜液，在保温区和过渡区用石墨覆盖铜液，以保证熔铸过程在稳定的还原性气氛中进行。

一般引出 $\phi 14.0 \sim \phi 20.0 mm$ 的较大直径铸坯，经导轮进入绕杆机，收绕成圈，然后送入连轧机冷轧或巨拉机冷拉，制得所需直径铜杆。冷轧一般采用两辊或三辊冷轧机，冷拉采用巨拉机，它的工作原理与下节将要讲述的连续滑动式拉线机相同。现在也有直接引出 $\phi 8.0 mm$ 铜杆，省去拉或轧制过程。

3. 浸涂连铸生产线

浸涂连铸生产线的设备布置如图 4-15 所示。其以工频有芯感应电炉为熔炉，以工频无芯感应电炉作为铸造坩埚，种子杆以 1m/s 的速度穿出坩埚，可形成 $\phi 16.0 mm$ 的铜杆。经冷却，在连轧机轧制为 $\phi 8.0 mm$ 铜杆，再次冷却，收绕成盘。在熔铜、浸涂、冷却以至轧制过程中，都是在具有微还原气氛的氮气保护的封闭系统中进行，以保证铜杆品质。

铸造杆经连续轧制一部分转入电缆导体生产，另一部分制成种子杆又回到铜杆生产中，这部分铸造杆经拉伸、扒皮后成为种子杆，进入真空室，在主传动鼓轮驱动下，垂直上升进入石墨坩埚，进入下一次铜杆生产。

这种方式可生产导电率达 102% IACS 的无氧杆，但存在生产技术、原材料要求高等缺点，应用不广泛。

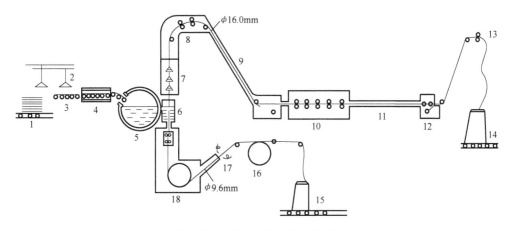

图 4-15　浸涂连铸生产线示意图

1—电解铜板　2—装料机　3—辊道　4—预热炉　5—组合炉　6—石墨坩埚　7—冷却室　8—上传动　9—冷却管　10—轧机
11—冷却管　12—吹干器　13—绕杆机　14—成品杆　15—种子杆　16—拉丝机　17—扒皮装置　18—主传动

第三节　拉 线 设 备

用拉制的方式将金属线材加工成要求的形状和尺寸的机器，称为拉线机。拉线机在线材上施加拉力，使线坯通过多道模具的模孔，线坯在逐道减小的模孔内发生塑性变形，最后成为和末道模孔形状、尺寸相同的成品线材。

一、拉线机分类

拉线机的主参数是定速轮直径、拉伸道次和拉制头数，所谓定速轮是指测定被拉线材线速度的最后一道拉线鼓轮。但习惯的分类方法并不全按主参数分类，根据拉线模数量分为单模拉线机和多模拉线机；根据工作特性分为滑动式、非滑动式和积蓄式拉线机；根据鼓轮（鼓轮）形状分为塔形鼓轮、锥形鼓轮和圆柱形鼓轮拉线机；按同时可拉制的单线根数分为：单头拉线机和多头拉线机；常用分类方法还有按拉制线径划分的大、中、小、细、微拉线机，见表 4-4。

表 4-4　国产拉线机的系列

级别	大拉机	中拉机	小拉机	细拉机	微拉机
出线直径/mm	4.00~1.20	1.20~0.40	0.40~0.12	0.15~0.05	0.05~0.02
最大进线直径/mm	8.0	3.0	1.6	0.60	0.12

二、拉线机的工作原理

典型的拉线机主要由放线装置、拉线主机、收排线装置、润滑系统、传动系统、控制系统等部分组成。现在绝大多数拉线机组都和连续退火装置组成拉线-退火生产线，以提高生产效率。作为必备的辅助装置，还需配置焊头机和轧头机。如图 4-16 所示为 LHD 400/13 型连续退火大拉机生产线的组成示意图。

1. 滑动和多模连续的意义

拉线机的动力由电动机通过齿轮箱和传动轴驱动鼓轮旋转。被拉制线材缠绕在鼓轮表面一定圈数，旋转的鼓轮与线材摩擦，由于鼓轮表面与线材间的摩擦力带动线材随鼓轮一起旋转，产生拉制力，带动线材通过模孔。若线材运动速度与鼓轮表面的线速度相等，两者间是静摩擦，不产生相对滑动，称之为"非滑动"。若线材运动速度与鼓轮表面的线速度不相等，两者间是动摩擦，产生相对滑动，称为"滑动"。应注意的是这个滑动是鼓轮拖动线材产生的，鼓轮速度高于线材速度，不是相反。通过静摩擦产生拉制力的拉线机称为非滑动式拉线机。通过滑动摩擦产生拉制力的拉线机称为滑动式拉线机。

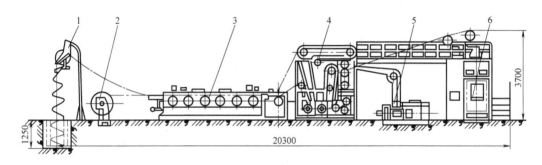

图 4-16 LHD 400/13 型连续退火大拉机生产线外形图

1—成圈放线架 2—线盘放线架 3—拉线机 4—连续退火装置 5—线盘式收线装置 6—成圈收线装置

多模拉线机线材连续通过多道拉线模，每道拉线模都有单独的鼓轮。拉线时如果各道鼓轮上绕线的圈数不发生变化，因为每道模孔的直径不变，也就说明在单位时间内通过每道模孔线材的体积流量是相等的，即秒体积相等，符合式（4-1）。遵循秒体积相等原则的多模拉线机就是连续式拉线机，如果拉线时各鼓轮上绕线圈数发生变化，即秒体积流量不等，这种拉线机就是非连续式拉线，这种拉线机又称为积蓄式拉线机。

2. 传动系统

拉线机的箱体分为前后两室，主机齿轮箱设在拉线机的背后，拉线鼓轮在前室，如图 4-17 所示。前室装有拉线鼓轮、模座、润滑管等，后室装有齿轮。传动轴贯穿于前后两室，传动轴通过键连接在前室与拉线鼓轮联在一起，在后室与齿轮连接，以驱动鼓轮旋转，传动轴与鼓轮和齿轮的连接形式如图 4-18 所示。为防止前室的拉线润滑液与后室的润滑油渗漏、飞溅掺混而影响拉线和齿轮润滑，在前后箱体间铸有隔层结构，用于排出废液。

拉线鼓轮是拉线机的重要部件，要求具有良好地耐磨性及耐腐蚀性能。按其结构有组合式鼓轮和整体式鼓轮，整体式鼓轮磨损至不能使用时，只能更换新的鼓轮，该形式一般用在小、细拉线机上。组合式鼓轮是将鼓轮圈套在鼓轮体上，并用两侧板压紧，如图 4-18 所示中鼓轮即为此种形式；也有直接将鼓轮环套在鼓轮芯上，不用侧板的组合结构。这种形式在拉线轮磨损后可以只更换鼓轮圈或环，降低了设备维修成本，一般中、大拉机采用这种形式。轮圈材料选用高硬度的高碳工具钢、合金工具钢等材料制成，表面镀铬抛光，硬度可达 HRC60~65。近年发展的陶瓷材料用于拉线鼓轮制造，耐磨，不起槽，化学性能稳定，大大提高了鼓轮使用寿命，保证了拉线质量。其是用氧化铝或氧化锆加入少量溶剂所制成的晶态

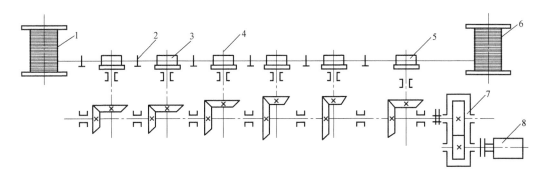

图 4-17　LHD 型拉线机结构示意图

1—放线盘　2—拉线模　3—拉线鼓轮　4—传动轴　5—定速轮　6—收线盘　7—减速箱　8—主电动机

瓷，硬度可达 HRC86~88。

收排线系统由单独的电动机驱动，通过带传动传递转动到齿轮箱、传动轴，由传动轴传出的运动有两条传动路线，一是经传动轴传到收线盘，驱动收线盘旋转；另一是传给排线机构，使排线器做往复的排线运动。

3. 拉线机的工作原理和特点

（1）滑动式多模连续拉线机

根据拉线鼓轮的形状，滑动式多模连续拉线机又分为等径轮和塔轮拉线机。

1）多模滑动式等径轮拉线机的鼓轮直径都相等。每个鼓轮都采用单独的传动轴，各轮一字排列（如图 4-17 所示）。这

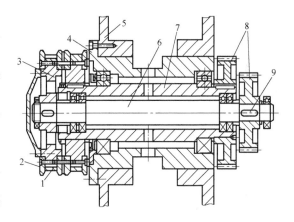

图 4-18　传动轴与鼓轮和齿轮的连接结构

1—鼓轮圈　2—侧板　3—鼓轮体　4—外套　5—箱体
6—轴　7—内套　8—齿轮　9—键

种拉线机具有穿模方便，测量线径容易，但主机机身较长，带来体积大的缺点。这种结构在大拉机上应用最广。

2）多模滑动式塔轮拉线机各道拉线鼓轮直径不同，叠放在一起共用一根传动轴，形成塔形，故名，如图 4-19 所示。要满足秒体积流量相等原则（单位时间内，通过每道横孔的线材体积流量相等，称为秒体积流量相等），就要求线径越细，速度越快，所以后面道次细径线要绕在大直径鼓轮上，前面道次粗径线绕在小直径鼓轮上。

采用塔轮结构的优点是减少了传动轴的数目，简化了传动机构，减小了拉线机体积。但前面道次粗径线用小直径轮，而后面的细线径反而用大直径轮，易导致粗径线的过度弯曲。这种结构多用于中、小、细拉线机。

滑动式多模连续拉线机具有以下特点：

1）除最后一道鼓轮外，其余各道鼓轮上均存在滑动，滑动产生调速作用，满足因模孔不断磨损带来的线材秒体积流量变化，A 增大，v 减小，使式（4-1）时时成立，保持连续拉线的条件，简化了设备结构，降低了造价。

2）拉线路径简捷，附加张力小，并且线材不受扭转，因此能拉细线和型线。

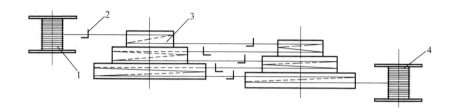

图 4-19　塔形鼓轮拉线示意图

1—放线盘　2—拉线模　3—塔式拉线鼓轮　4—收线盘

3) 线材在各道模之间是连续拉制，遵循秒体积相等原则。

4) 对配模要求严格，模孔直径稍有差异就会造成断线。

5) 滑动会造成导线和鼓轮表面一定磨损，可用于能承受较大拉力和耐磨的铜线拉制，不适用于铝及铝合金线拉制。

(2) 非滑动式多模连续拉线机

多模非滑动连续拉线机与滑动式拉线机最大的区别在于，非滑动拉线机线材速度和鼓轮表面线速度相等，两者之间不再产生滑动摩擦，而以静摩擦产生拉制力。因为不产生相对滑动，克服了滑动式拉线机磨损线材表面的缺陷，可用于高质量铜线和不耐磨损的铝及铝合金线材拉制。

因为是连续拉线，遵循秒体积相等原则。但拉线过程中，因模孔不断磨损而使 A 增大，会导致线材秒体积发生变化，必须采用特殊的调速机构，跟踪模孔的变化，使 v 相应减小，保持式 (4-1) 时时成立来满足连续拉线。调速机构的增加，也使设备造价提高很多。因各鼓轮可单独调速，因此对配模的要求不像滑动式那么高。其他方面与滑动式拉线相似，行线路径简捷，附加张力小，并且线材不受扭转，也能用于细线和型线拉制。

(3) 积蓄式多模拉线机

这种拉线机的行线过程如图 4-20 所示，它的特点是线材与鼓轮之间没有相对滑动，拉制过程秒体积不相等，是非连续拉线。拉伸过程中，线材经拉伸后卷绕在拉线鼓轮上，鼓轮为锥台形，线材从下部进入，从上部经拨线杆、上滑轮向下道模放出，鼓轮起着拉线、收储线、放线的多重作用。除最后鼓轮上为 3~5 圈线外，其余各道上线材至少在 20 圈以上，而且在正常拉线过程中鼓轮上绕线圈数还在不断增加。

如图 4-21 所示，每个鼓轮由独立电机驱动，使每个鼓轮可单独调速、起停。正常拉线过程中鼓轮上的储线圈数是逐渐增加的，当某道鼓轮上线材接近储满时，可将该道及以前所有各道鼓轮停车，后续各道继续拉制，当该鼓轮上线材量合适时再全部开启。鼓轮内有环形的冷却水管，冷却水由管上的小孔喷向鼓轮内壁，然后由底盘上的排水管排出，带走拉线产生的热量。

拉线过程进线速度和拉线鼓轮线速度相等，两者之间不存在滑动摩擦，故属非滑动拉线。也不需要高造价的调速机构，兼有上面两种拉线机的优点，拉制铜铝线皆可。但线材行程复杂，阻力大，行线速度低，不能拉制细线。线材受扭转作用，只能用于圆线拉制。拉线速度低，鼓轮和润滑装置采用敞开式，生产环境差，使得这种拉线机的应用越来越少。

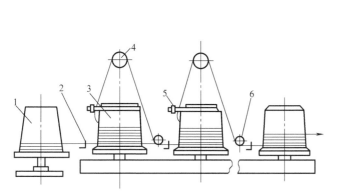

图 4-20　积蓄式多模拉线机行线过程示意图
1—放线架　2—拉线模　3—拉线鼓轮
4—上滑轮　5—拨线杆　6—下滑轮

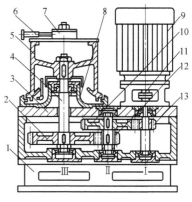

图 4-21　积蓄式拉线机鼓轮传动齿轮箱
1—底座　2、10、12、13—齿轮　3—箱盖
4—主轴　5—拉线鼓轮　6—拨线杆　7—摩擦盘
8—水盘座　9—电动机　11—联轴器

三、润滑系统

在金属拉伸过程中，由于线材和模壁发生摩擦，产生大量的摩擦热，使被拉伸金属可能与拉线模孔壁发生黏着，造成拉伸力急剧增加，轻者使线材表面起槽，线径缩小，重则使线材拉断，破坏拉伸过程。为此，必须在被拉伸金属和模壁间注入润滑液，起到减小摩擦的润滑、带走摩擦热的冷却和清除金属粉末的清洗等作用。为此润滑系统必须能够保证润滑剂供应以充分润滑、能形成循环或对流以利散热、还能过滤或静置以除去杂质。现在采取的润滑方式主要有以下三种：

（1）单模槽分散润滑

每个模具一个单独的模槽，模具和线材都浸在模槽中。模槽壁中空，通以冷却水，带走拉线产生的热量。

该润滑方式是靠线材经过润滑剂时，润滑剂附着在线材表面，随线材运动将润滑剂带入模孔，达到润滑的目的。模槽小，容量有限，润滑剂温度容易升高，脱落的金属屑不能沉淀和分离，易划伤线材。模槽是敞开的，易弄脏设备和场地。主要用于多模非滑动积蓄式拉线机。

（2）浸入式润滑

润滑剂盛注在润滑槽内，鼓轮、线段和线模全部浸入润滑剂中。系统简单，能保证线模、线材、鼓轮连续润滑和充分冷却，作用可靠。其不足之处：由于鼓轮也浸没在润滑液中，表面容易被腐蚀；同时润滑液的阻力作用，鼓轮旋转的功率损失较大；鼓轮旋转加剧了润滑液发热，会降低其冷却效果；另外，鼓轮运动，使金属屑无法沉淀，并不断被带入线模和鼓轮上，影响模具和鼓轮寿命。

（3）循环式润滑系统

循环式润滑系统由润滑剂储存池（箱）、泵、进出水管路、冷却和加热装置，沉淀过滤装置等几部分组成。通过循环系统将润滑液喷射到每道模具，再通过回流系统流回储存池，形成循环。单台设备可使用储存箱，亦可多台设备合用一个储存池。

在储存池中，通过沉淀或过滤装置除去其中的金属屑和其他杂质。在池中有冷却、加热系统，使润滑剂保持一定的温度范围。这种方法应用较多。

四、拉线模具

1. 模具结构

拉线时用以实现金属变形的主要工具是拉线模，拉线模的工作部分是模孔，模孔分为 4 个部分：润滑区、变形区（工作区）、定径区和出口区，如图 4-22 所示。

（1）润滑区

润滑区做成喇叭口状，便于润滑剂进入模孔，保证制品得到充分的润滑以减少摩擦，并带走摩擦产生的热量，还可避免坯料轴线与模孔轴线不重合时划伤金属。

（2）变形区

变形区是模具的工作部分，使金属产生塑性变形，获得所需形状和尺寸。

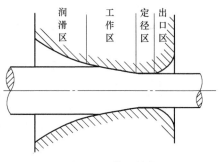

图 4-22　模具结构

变形区的模角 α 是线模的主要参数之一，α 角过小将使坯料与模壁接触面积加大，摩擦力增大导致拉制力增加，并且变形不均匀。α 角过大，使金属在变形区的流线急剧转弯，导致附加剪切变形增大，继而拉制力增大。根据实验，α 角在 $5° \sim 15°$ 拉伸力最小，最佳模角为 $6° \sim 9°$。一般软金属合理模角值大，硬金属合理模角小。

（3）定径区

定径区是使制品具有精确的尺寸和稳定的形状，模孔直径即指定径区直径。定径区的合理形状是柱形，定径区的长度会影响到模具使用寿命和拉制阻力。定径区必须保证能够消除线材在变形区残留的弹性变形，产生塑性变形，考虑到模具的使用寿命，定径区应该长一些。金属由变形区进入定径区后，由于弹性变形而受到一定的压力，故金属与定径区表面有摩擦，所以定径区长度增加使拉制力增加。一般粗线定径区长度应比细线长；拉制硬质材料应比软质材料长。

（4）出口区

出口区加工成小的喇叭口，防止停车时线材出现竹节形、刮伤和防止定径区出口处崩裂。

模具的 4 个部分之间过渡处要顺滑，模孔表面要做到静面抛光，要求模具内壁光滑。

2. 线模的种类

普通模具由模芯和外套组成，如图 4-23 所示，根据模芯材料来命名和选择模具。

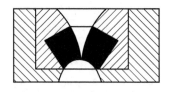

图 4-23　普通模具的模芯和外套

（1）模具材料的种类和特性

1）硬质合金模：又叫碳化钨模。硬质合金是钨钴合金，由碳化钨和钴组成，碳化钨是整个合金的基体，起坚硬耐磨的作用，钴是粘结金属，是合金韧性的来源。

硬质合金模具有以下优异性能：

① 耐磨性好，使用寿命长。

② 粘附性好，线材的金属屑不易粘附在模孔表面，保证线材质量。

③ 能加工出表面粗糙度低的模孔，摩擦系数小，可降低能量消耗，降低拉制时的不均匀变形。

④ 抗腐蚀性好，对各种润滑剂适应性广，尤其是当润滑剂的酸碱性高时或采用酸溶液作为润滑剂时更为优越。

⑤ 价格低廉，应用最广，大量生产时，广泛用于大拉机的各种规格。

2）钻石模：以单晶钻石为坯料，具有最大的硬度与耐磨性，使用寿命长，是硬质合金模的几十倍，但价格昂贵。天然钻石具有方向性，加工时需正确确定打孔的方向，使用时易产生不均匀磨损。

拉线时一套模具经济的选择是成品模采用钻石模，其他各道采用硬质合金模。当前钻石模主要应用于拉制 $\phi1.0mm$ 以下细线，其经济限度最大为 $\phi2.0mm$。

3）聚晶模：由人造金刚石粉末加上硅、钛等结合剂在高温、高压条件下制成聚晶模芯坯料，该坯料是一个整体的"多晶钻粒"，没有方向性，具有极高的硬度和耐磨性，有的甚至已超过天然钻石。适合做中、小拉线模，其模孔可由 $\phi0.15mm$ 做到 $\phi7.6mm$，寿命甚至超过钻石模，某些场合下有代替碳化钨模之势。

4）钢模：钢模以碳素工具钢或合金钢作为芯材，修制容易，价格低，但硬度和耐磨性差，寿命低，主要用于小批量产品生产。

五、辅助设备

1. 焊接机

拉线和绞线过程中线坯连接和断线的连接，常用的焊接方式有电阻焊、冷压焊和钎焊三种形式。

（1）电阻焊

将待焊接的焊件对接在一起，接触处的接触电阻大于焊件电阻，当电流流过焊件时在接触处产生较高热量，将焊件接触处局部加热到高塑性或熔化状态，然后再施加压力，实现焊接的方法。电阻焊可采用很大的电流，焊接时间短，生产效率高。

电阻焊的工作原理如图 4-24 所示。焊接时，将两个线头分别夹入左右两个夹头里，施加预压力使两被焊件断面接触，并压紧，端头对接须平整。夹头同时也是电极，接通电源后，变压器的次级线圈即产生大电流通过夹头间的单线，将两导线线端头加热到塑性状态，再将两夹头相向平移加压顶锻，使工件接触处在压力下发生交互结合，形成焊接接头。断开电源，使焊接区在压力下冷却，把焊接凸出部分修光锉平即可。

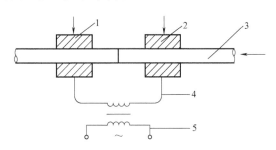

图 4-24　电阻焊原理图
1—固定夹头（兼作电极）　2—活动夹头（兼作电极）
3—单线　4—次级绕组　5—初级绕组

对焊接头可靠、效率高、消耗低，但这种焊接是在高温下焊接的，因此两个电极间的接头在高温作用下被退火，使接头处强度降低，还使接头氧化，对提高产品质量不利。这种焊接方法多用于大规格金属单线的焊接。

（2）冷压焊

冷焊机不需要电、热源和焊剂焊料，在常温下完成焊接过程。接头时，将待焊接的两个接头穿入冷焊模内，压动冷焊机手柄，使两接头相对运动，产生很大的轴向压力使待接续的两个金属端面产生塑性变形，金属表面氧化物及其他杂质在高压下被挤出，使暴露出的纯净金属基体紧密接触，两端面原子相互进行扩散，当扩散到电子引力范围内时，产生金属原子间的接近和结合，获得牢固的焊接质量。两焊接端面在高压作用下，犬牙交错地结合使得接触面积比线材的横截面积增大许多，保证了焊接强度。

冷压焊在很大的压力下进行加工，必须保证焊接单线对正，因此对模具要求很严，模具通用性差。设备精密度高，结构复杂，对使用和保养要求较高。但冷压焊不要加热，不会降低金属机械性能，避免了金属被腐蚀。劳动条件好，适用于多种韧性金属的焊接，而且可以实现不同种金属的焊接。

（3）钎焊

钎焊是把熔点比待焊接金属低的低熔点合金（简称钎料）熔化后，填充接头间隙并与固态的待焊接金属相互扩散，冷凝后实现连接的焊接方法。焊接时待焊表面并不接触，而是通过两者毛细间隙中的中间液相相联系。在待焊的同质或异质固态金属与中间液相之间存在两个固-液界面，通过固液相间充分进行扩散，从而实现很好的原子结合。接头间应有适当的间隙，以保证焊料对接触部位的渗入与湿润，达到良好的焊接效果。

焊接时还要使用钎焊剂，作用是去除焊件表面的氧化物和杂质，同时改善钎料对焊件的湿润作用，并促进焊料流动和填满焊缝。

钎焊在电缆导体生产中主要用于细铜线和铜线束的焊接，如束绞线的股线和单线的焊接。对于 $\phi2.5\text{mm}$ 及以下的铜单线焊接效果也比较理想。常用的焊料为银、铜、锌合金，焊剂为硼砂、硼酸、氯化物等。焊接时的热源：大规格铜线焊接时可采用电阻钎焊方式加热焊接端头，细线可采用酒精灯、煤油灯火焰等作为热源。

2. 轧头穿模机

为使大截面积线材穿过较小的模孔，需采用专用轧头穿模机，其结构可分为轧头部分和穿模部分，如图 4-25 所示。轧头部分主要有两个偏心孔型的轧辊组成，当轧辊转动时，孔型由大变小，再由小变大，往复在进行 180° 的周期运动。当孔型最大时将线材推进，随轧辊孔型的变小，线材截面积均匀变化减小，并被轧辊向外推出。为防止产生飞边影响穿模，在操作时每轧一次将线材转动 90°。在轧辊上平行排列有不同孔径的多个偏心孔，以实现将线头轧成所需直径。

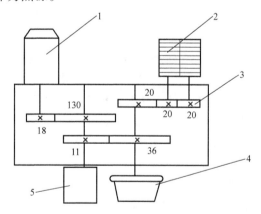

图 4-25　轧头穿模机传动示意图

1—电动机　2—轧头轧辊　3—齿轮　4—拉头鼓轮　5—模座

穿模部分类似一个单模拉线机，将轧出尖头的线材穿过模孔，夹入鼓轮上的夹头内，启动鼓轮，将线材从模孔中拉出所需长度。然后就可将拉细的线材逐道穿过拉线机的模孔，实现拉线。

第四节　退火设备

金属线材在冷态下进行机械加工，会出现塑性降低、强度和电阻率增大现象，使继续拉制变得困难，此时采用热处理的加工方式，消除线材硬化，使之塑性和导电性增加的工艺过程就是退火，退火又称韧炼、软化。

金属在退火过程中控制的主要工艺参数为退火温度和退火时间。纯铜线退火时间为500~700℃，纯铝线为350~400℃。退火时间应能保证退火完全，这与退火方式有直接关系，如采用接触式电阻连续退火方式退火时间只有几秒至几十秒，而采用罐式炉、钟罩式等非连续退火方式退火时间要达几个小时。高温线铜线会与氧、硫等发生氧化反应，所以必须在无氧的真空或充满保护气体的环境中进行。常用的气体有氮气、二氧化碳、水蒸气和酒精蒸汽等。铝和铝合金线由于表面的氧化层薄膜致密，能保护基体金属不被氧化，可以暴露在空气中退火。

一、连续退火设备

连续退火设备是指能够与拉线机配套组成拉线-退火生产线的设备。

1. 接触式电阻连续退火（短路电流加热连续退火）

连续退火部分有两种结构形式，一种是预热-退火的两段式，另一种是预热-退火-再热的三段式，如图4-26所示。各部分作用如下：

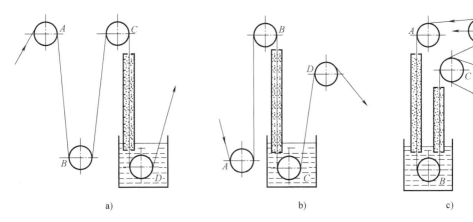

图4-26　接触式连续退火示意图
a）二段式　b）三段式　c）三角式

预热段：将铜线加热到在空气中不致氧化的最高温度（250~280℃），以减轻退火段的功率负担。退火段：把线材加热到退火温度，一般为500~570℃，完成退火。在该段一般采用蒸汽保护线材，防止氧化。再热段：通电加热以加速表面水分蒸发，以取得表面光亮的铜线。

二段式只有预热和退火两段，如图4-26a所示即为此种。其中预热又分为两段AB为第一预热段，BC为第二预热段，CD为退火段。这是常用的工艺形式，LHD-400/13大拉机就采用这种形式。

三段式退火增加了再热段，如图4-26b所示，其中AB为预热段，BC为退火段，CD为再热段。

如图 4-26c 所示称为三角式，实际也属于三段式退火。其中 CAD 为预热段，AB 为退火段，BC 为再热段。各导轮布置成三角形，导轮间距减小，减小了线材抖动，进而减小了由于抖动引起的接触不良而造成的火花灼伤，同时减轻了线材张力。我国中小型拉线机连续退火均采用这种形式。

退火过程中应避免线的抖动，由于抖动产生接触不良会引起线与接触轮间产生电火花，导致线与轮表面出现烧痕。并采取措施减轻线的张力，防止细线拉断和拉细。退火装置的退火速度与拉线速度始终保持一致，拉线速度提高时，退火电压也要随之自动地相应增加，提高退火温度。所以，在连续机组的控制上，除采用速度反馈或张力反馈控制收线盘速度与连续退火速度一致外，还应取速度为同步信号控制加热电源电压跟踪速度同步变化，如采用机械或气压式的张力补偿装置等。

接触轮既是导轮又起到电极的作用，是退火装置的主要部件，其结构如图 4-27 所示。为保证接触轮与线材间良好的电接触和减轻磨损，接触轮轮体和集电环均用黄铜制造。为保证安全，用绝缘板使接触轮与机体绝缘。

这种退火方式具有以下几个特点：

1）可与拉线连续生产，减少了生产工序，退火速度高，提高了生产效率，缩短了生产周期。

2）耗电少，由于是线材本身发热加热自身，因此热效率高，约比钟罩式、罐式炉退火节约一半。

3）退火质量稳定均匀，线材质量高，不会发生罐式炉退火的粘线现象。

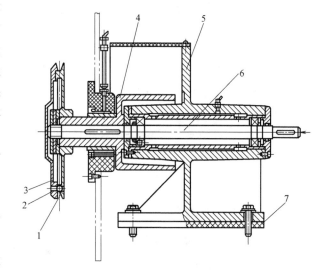

图 4-27　接触轮

1—导电带　2—接触轮体　3—接触轮盖
4—集电环　5—支架　6—轴　7—绝缘板

4）退火装置结构复杂，技术要求高，如退火时线材承受张力，易将线材拉细；线材在接触滚轮时容易产生火花而出现烧蚀的瘢痕。

2. 感应式退火

铝线表面容易生成一层致密的氧化薄膜，该氧化层电阻大，用接触法连续退火，铝线和接触轮间易打火，会烧断铝线。铝线连续退火，一般采用工频（或中频）感应连续加热法，退火温度 350~400℃，线速度可达 20~25m/s，这种加热方式还可用于绝缘挤出前导电线芯的预热等。

二、非连续退火设备

非连续退火是指不能与拉线设备组成连续生产线，须作为单独生产工序进行，罐式炉、钟罩式炉、水封式、热风循环式退火都属于此类。

1. 罐式炉（地坑式）和钟罩式退火

罐式退火炉是一个地坑式圆形电阻加热炉，另有一个装入被退火铜线的铁罐，将铁罐放入地坑中。为保证退火时铜线不被氧化，铁罐是可以密封的，装线加盖后，通过盖上的阀门抽出罐内气体，然后向罐内充入保护气体，常用氮气、二氧化碳等。随后通电加热，保温一定时间后，退火完成，从坑内吊出铁罐进行冷却。罐式炉的结构如图 4-28 所示。

钟罩式退火与地坑式类似，只是把需要退火的铜线放在小车上，外罩铁罐，抽真空、充保护气体后将小车推到电炉下面，加热电炉像钟罩一样罩在铁罐外面，进行退火、保温，退火完成后，然后升起钟罩炉，开始冷却。结构形式如图 4-29 所示。

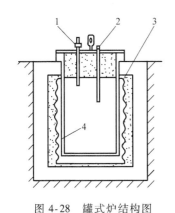 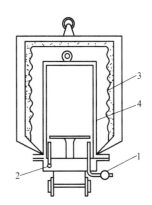

图 4-28　罐式炉结构图　　　　　　　　　　图 4-29　钟罩式炉结构图

1—阀门　2—热电偶　3—电加热器　4—装料罐　　　1—阀门　2—热电偶　3—电加热器　4—装料罐

这两种退火方式存在的突出问题是生产周期长，热效率低、耗电多，生产占地面积大，生产环境差，故应用逐渐减少。

2. 水封式电热炉退火

如图 4-30 所示，这种退火方法是将成盘、成圈的待退火线放在传送链上，不断地进入加热炉膛，从另一端不断地出来，即完成退火。进出料口用水封闭，炉内充满水蒸气，炉膛内压强稍大于一个大气压，使空气不能进入，保证在无氧条件下退火。

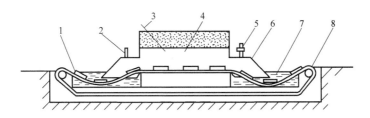

图 4-30　水封式电热退火炉

1—退火材料　2—安全阀　3—热电偶　4—加热炉膛
5—蒸汽管　6—风挡（马弗）套　7—水槽　8—传送链

这种方法的特点是可以连续进料、出料，产量高，占地面积小；缺点是劳动条件差，线材易变色、碰伤，缺少金属光泽。从炉内出来的铜线表面及内部沾有水，存放时间稍长，铜线易氧化，必须提高线材出炉后的干燥速度。

3. 热风循环退火

如图 4-31 所示，线材放到炉内，炉体上装设电阻丝，通电加热，进行退火。不同于地坑式和钟罩式，这种退火炉在周围留有风道，还要求线材在炉内堆放时也留出风道，原因是其在炉内加了风扇，强制热风通过风道 1-2-3-4 形成循环。这种方式的特别之处还有不对炉内抽真空、充保护气，故这种方法不能用于铜线，只适用于铝线退火。因采取了循环措施，所以该方式加热快，效率高，退火均匀。

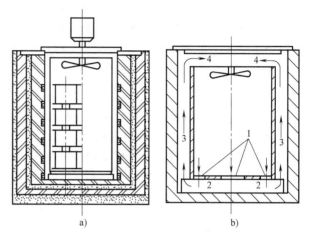

图 4-31　热风循环式退火炉

第五节　绞线设备

绞线是裸电线和电线电缆导电线芯制造最典型的工艺方法。相比于单根实心导体，绞合导体柔性好，反复弯曲、复原时结构稳定性佳，连接的可靠性大大提高，所以电缆导体较少采用单根实心而多采用绞合形式。用于单线绞合生产的设备就是绞线设备。

一、绞制原理

1. 工作原理

绞线是由被绞合单线绕绞线轴线等角速度旋转和绞线均匀前进两种运动实现的。改变两运动速度的配合，即可调整绞线节距。这种工艺原理在成缆、钢丝装铠中也有应用，带状材料的绕包和丝状材料的编织也与绞合工艺相近。对于旋转体旋转一周产生一个节距的绞制设备，绞合节距与两运动速度的关系如下：

$$h = \frac{V}{n} \times 1000 \qquad\qquad (4\text{-}2)$$

式中　h——绞合节距（mm）；

　　　V——牵引速度（m/min）；

　　　n——绞笼转速（r/min）。

从图 4-32 可以看出，单线从放线盘引出，通过分线板汇集到并线模处绞合到一起，牵引装置将绞线拖动向前，通过收排线装置卷绕到收线盘上。

2. 设备类型

绞制设备上围绕中心轴线的旋转部分是决定生产速度和生产能力的关键，根据旋转绞合体不同，可将绞线设备分为如下几种形式：

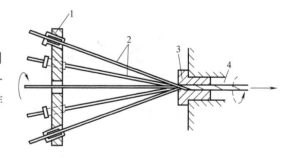

图 4-32　绞合原理图

1—单线或绝缘线芯　2—分线板

3—并线模　4—绞线或成缆线芯

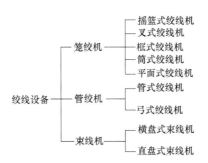

对笼绞机和管绞机来讲，放线部分对生产能力起主导作用，因此绞线机的主参数以放线部分参数来规定，其规格由放线盘直径、放线盘数量、绞笼段数组成。

放线盘直径决定了线盘容量即单线的最大长度，放线盘数量决定了绞合单线的最多根数，绞笼段数决定了绞制层数。在规格表示时，线盘直径和线盘数量间以"/"连接，放线绞笼由多段串联时中间以"+"连接。如 JLC-630/12+18+24 表示叉式绞线机，放线盘直径为 630mm；放线绞笼为三段，每段分别放置 12、18、24 个线盘；JGG-500/6 表示管式绞线机，放线盘直径为 500mm；放线部分只有一段，可放置 6 个线盘。

束线机的收线部分对生产能力影响最大，就按收线部分参数来规定其规格，如 JSH 630 束线机，收线盘布置形式为横线盘型，最大收线盘直径为 630mm。

3. 设备组成

按照绞合原理，绞线机和束线机的组成是基本相同的，有放线部分、牵引装置、收排线装置、拖动与传动系统以及控制系统，还有分线板、并线模架、计米器等装置，如图 4-33 所示。

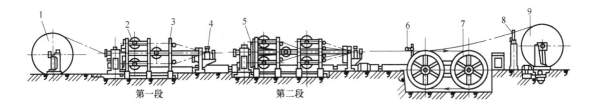

图 4-33　JLY-400/12+18 设备组成示意图

1—中心线放线盘　2—笼内放线盘　3—绞笼　4—并线模　5—退扭装置
6—计米器　7—双轮牵引　8—排线装置　9—收线盘

另外，由于工艺和产品的需要，设备配置上会有一些差别，如复绞线生产、绝缘线芯成缆设备，需要有退扭装置；紧压导体、扇形导体制造设备需要有导体压型装置；还有的设备会有预扭、包带、涂料等装置。绞制设备的主要部件介绍如下：

绞合旋转体：绞制设备中使各股线围绕设备中心轴轴线运动，完成加工件绞合的旋转部分。如笼绞机的绞合体是绞笼体；管绞机的绞合体是筒体或回转弓；束线机的绞合体是导杆机构或回转弓。

绞笼段：笼式绞线设备中完成一层元件绞合的绞笼称一个绞笼段。每段都由独立的传动变速箱、制动装置、压模装置和绞笼旋转体组成，能单独设置绞向、转速等，以绞笼内放线盘个数命名，如6盘绞笼段，12盘绞笼段等。

线盘架：绞合旋转体内放置放线盘或收线盘的装置或部件，它由线盘支撑装置和张力装置等组成。

二、笼式绞线机

所谓笼式绞线机是因为放线盘都装在旋转的绞笼中而得名，绞笼是绞线机的绞合旋转体，放线盘放出单线的同时围绕设备中心轴线做旋转运动，即放线盘既产生围绕绞线中心轴线的公转运动，同时还有围绕自身轴线所做的自转。这一切是在进入并线模之前（经放线至并线模这一段）完成的，即放线部分是旋转的，绞线经过并线模之后仅做直线运动，收线盘只起到把绞线绕在收线盘上的作用。

根据放线装置形状的不同，笼型绞线机又分为：摇篮式、叉式、框式、平面式和筒式绞线机等。其中摇篮式是可退扭型绞线机，其余是不退扭的。平面式和筒式绞线机现在应用较少。

1. 摇篮式绞线机

习惯将摇篮式绞线机称为笼绞机，采用串联布置分段绞笼，每段放线盘数量分别为6、12、18、24盘。每段可单独设置绞向和转速，完成多绞层正规绞制。也可使各段绞笼同速同向转动，绞制单线根数更多的绞层。如将6、12、18盘三段绞笼按此设置，即可绞制36根单线的绞层。

这种绞线机一次绞制的单线根数多，绞制直径较大，绞合方式可设置为退扭和不退扭。缺点是绞笼体积庞大，放线盘重量分布在绞笼的圆周上，转动惯量大，转速无法提高，生产效率低。这种绞线机即可用于绞线，又可用于成缆，因转速低，用于一般绞线生产不占优势，因可退扭，故多用于需进行退扭绞合的产品如钢绞线、铝包钢绞线绞制和绝缘线芯成缆等。

（1）绞笼

绞笼由空心轴、绞盘、摇篮架、分线板、退扭机构、托轮架和制动装置等组成，如图4-34所示。

空心轴的进线端由滚动轴承座支承，并用齿轮联轴器与绞笼变速箱的出轴相连，由绞笼变速箱传递动力，控制绞向和转速。空心轴的出线端装有分线装置，两个或数个绞盘通过外锥形的瓦片销（摩擦键）固定在空心轴上。由绞盘、空心管等组成的绞笼笼架起到承装放线盘架的作用，要有足够的强度和刚度。绞笼下部由胶木托轮支撑绞盘的轮缘，移动托轮径向位置，可调整绞笼中心的水平。

（2）放线摇篮

摇篮式绞线机有采用悬臂叉式放线架形式，但最常见的还是摇篮式，如图4-35所示。摇篮框架用钢板焊成，左右两端支承轴与绞盘连接。左端装有退扭曲柄，与退扭环相连，完成退扭动

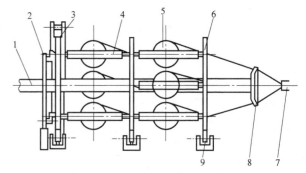

图4-34　12盘绞笼的结构示意图
1—空心轴　2—退扭机构　3—制动机构
4—摇篮架　5—放线盘　6—绞盘
7—并线模　8—分线板　9—托轮

作。中间有支承放线轴的支承座。放线架分为有轴
式和无轴式，有轴式放线架有线盘轴的固定或锁紧
装置，无轴式放线架靠杠杆和螺旋机构使两侧顶尖
伸缩，顶尖插入放线盘后，也需要锁紧定位。放线
盘的侧面装有张力轮，由调整螺钉和摩擦皮带来调
节放线张力。摇篮式放线架结构简单，既能容纳线
盘，又能对绞笼结构起加固作用，但是线盘对中较
困难，上下线盘不方便。

（3）退扭机构

若摇篮架固定在绞盘中，当绞笼旋转一周时，
放线盘围绕设备中心要翻转一周，而放出的单线在
压线模处被压住，因此单线被扭转近 360°，称为无
退扭绞合。而退扭机构使放线盘随绞笼旋转作反向
转动，形成退扭绞合，避免绞线过程单线受到扭转。

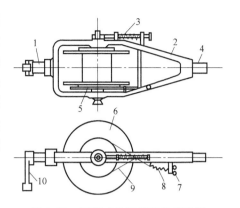

图 4-35　摇篮式放线架结构示意图
1、4—支承轴　2—摇篮架　3、8—弹簧
5—制动轮　6—放线盘　7—调节螺母
9—摩擦皮带　10—曲轴

绞笼的退扭机构安装在绞笼的主动齿轮一端，常用退扭装置有连杆偏心退扭机构和行星齿轮
退扭机构两种。

1）连杆偏心退扭机构：连杆偏心退扭机构是根据四连杆机构原理设计的，可以使摇篮
架经常保持水平位置，其结构如图 4-36 所示。摇篮架的左轴端穿过绞盘的轴承孔后，与曲
柄（连杆）一端固定连接；曲柄另一端与退扭环通过销轴非固定连接。退扭环由下部的托
轮支承，退扭环的中心与绞笼中心距离为 l，等于曲柄上两轴孔间的距离。这样，绞盘、退
扭环和曲柄连杆三者之间的关系便可简化为如图 4-36 所示中的四连杆机构，AB 及 DC 杆为
双曲柄，BC 杆为连杆，AB 与 DC 相等，BC 又与 AD 相等，故为一平行双曲柄机构。AB 与
DC 杆角速度瞬时相等，所以在 AB 与 DC 杆旋转中，BC 杆时时处于垂直状态，摇篮架就能
经常保持水平方位，达到放线退扭的目的。这种装置结构简单，在绞线机和小规格成缆机上
应用较多。

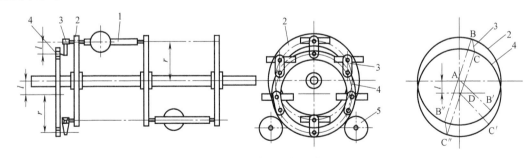

图 4-36　连杆传动退扭机构原理图
1—摇篮架　2—绞盘　3—曲柄　4—退扭环　5—托轮

2）行星齿轮退扭机构：这种退扭机构比较复杂，但可以达到完全退扭和不完全退扭两
种目的。如图 4-37 所示。太阳齿轮 Z_3 固定在摇篮架空心轴上，工作时随绞笼旋转。摇篮架
齿轮 Z_1 连接在放线盘上。行星齿轮 Z_2 为中间连接齿轮，中间齿轮数目必须是奇数，否则 Z_1
的转向不对。当绞笼旋转时，行星齿轮在太阳轮上作与绞笼同方向旋转，带动摇篮架齿轮作

与绞笼相反方向的旋转,左向绞合时,Z_1右向转动,这样放线绞笼每绞合一周,放线盘就回转一周,使放线架一直保持水平的位置,得到了退扭。

Z_1和Z_3的齿数相等时,达到完全退扭;Z_1的齿数少于Z_3,退扭大于$360°$;Z_1的齿数多于Z_3,退扭小于$360°$,可以通过齿数调节达到不同程度的退扭。当不需退扭时,卸下齿轮Z_2即可。这种装置结构要复杂一些,多用在成缆机上。

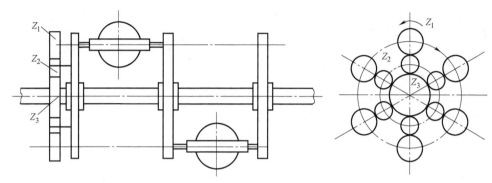

图 4-37　行星齿轮传动退扭机构原理图

Z_1—摇篮架齿轮　Z_2—行星齿轮　Z_3—太阳齿轮

（4）笼体支承

笼体运转时,要不妨碍单线从笼体放出,因而笼体支承无法采用一般的轴承;笼体承放着放线架和线盘,加上自重,整个笼体重量也很大。为防止笼体的重心轴下垂,采用支承托轮托起绞盘的方法。托轮的材料有铸铁和尼龙,也有在钢芯外套装胶木结构。

托轮支承形式有单托轮和双托轮,与单托轮相比双托轮可增加托轮包角,以使笼体运转平稳,如图 4-38 所示。两个托轮安装在壳体的轴上,整个壳体依靠浮动轴安装在支架上,由于整个壳体可以浮动,使两个托轮自动定位,保持与绞盘的良好接触。

（5）传动系统

绞笼和牵引装置由主电机驱动,主电机的动力经齿轮减速器和地轴,分别传动各绞笼变速箱和牵引变速箱。各变速箱内有多组齿轮,通过手柄变换不同的位置,可改变绞笼和牵引轮的转向和转速,以满足不同绞合节距要求。

收线、排线装置由收线电机驱动,与此相似,通过收线变速箱得到与牵引相应的收线和排线速度。

（6）制动装置

笼体转动惯量很大,在停车时若制动不及时会产生过扭甚至扭断绞线等问题,制动装置可起到及时刹车的作用。通常会在主电

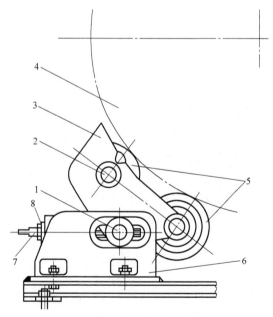

图 4-38　笼体双托轮结构

1—浮动轴　2—托轮轴　3—壳体　4—绞盘　5—支撑托轮
6—支架　7—调整螺杆　8—锁紧螺母

机与减速器之间的联轴器、在每段绞笼的绞盘外装有制动装置，采用的结构形式有块式制动、带式制动及圆盘制动装置，因采用两侧合抱型，也称抱闸。按制动系统推力源分有电动式、液压式、电动液压式及气动式。

如图4-39所示为电动液压推动器操纵的制动装置，一般采用断电制动方式。断电后，液压推动器动作，使拉杆向下移动，并通过拉杆及制动臂的动作，将制动块压紧在笼体的绞盘外圆上，在刹车块上镶皮革或石棉以增加摩擦系数。这种结构简单，制动平稳，但制动力矩受到推动器拉力的限制，应用在制动力矩较小的场合，如摇篮式绞线机和成缆机、盘式成缆机转速低，适用这种装置。

如图4-40所示气缸操纵的盘式制动装置，该装置在笼体绞盘两侧各配置两个鼓膜式气缸，分别与制动臂固接。供气时，压缩空气进入缸中压缩弹簧并推动顶杆前进，制动臂推动制动块压紧在回转绞盘两侧，达到制动。当断开气路时，气缸中的复位弹簧和拉力弹簧将使制动臂和制动块放松。为增大摩擦系数，在刹车块上镶有耐磨材料。

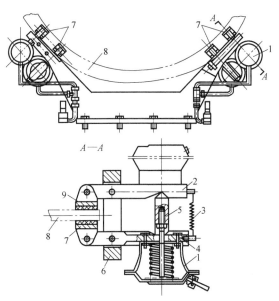

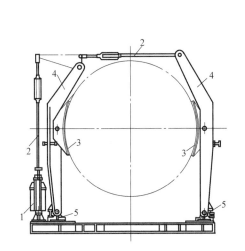

图4-39 电动液压推动器操纵制动装置

1—电力液压推动器 2—拉杆
3—刹车块 4—制动臂 5—支座

图4-40 气缸操纵的盘式制动装置

1—鼓膜式气缸 2、4—制动臂 3—拉力弹簧 5—顶杆
6—支架 7、9—制动块 8—绞盘

该装置采用平面刹车制动，并且是多点制动，因此具有平稳、可靠、制动力可调、制动速度快、结构简单、易于维修等优点。多用于框式绞线机、叉式绞线机以及管式绞线机、成缆机等高速度、大转动惯量的设备上。

2. 叉式和框式绞线机

叉式绞线机因放置放线盘的架子形状像叉子而得名，绞笼部分由叉架、空心轴和分线板等组成。空心轴上固定数组互相交错或成一字排列的叉架，每组叉架上可放置三个或四个放线盘，如图4-41所示。

绞笼一端为齿轮变速箱，变速箱的最后一个大齿轮直接装在空心主轴上，空心主轴的出线侧有滚动轴承支承，绞笼变速箱与叉架间的绞盘上装有抱闸，用于停车制动。放线盘采用

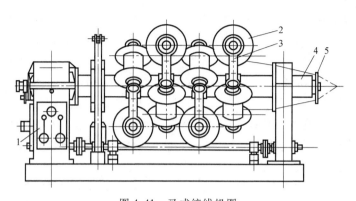

图 4-41　叉式绞线机图

1—齿轮变速箱　2—放线盘　3—叉式放线架　4—空心主轴　5—分线板

无轴式支承，由叉架头部的两顶尖支承，线盘的装卸位于绞体前侧面离地 1m 处，可用悬臂吊和翻盘斗使线盘处于叉架顶尖中心位置。利用电动扳手，由蜗杆蜗轮和丝杆螺母机构使上顶尖伸、缩、插入或退出线盘轴孔，顶尖顶紧后具有自锁功能。为使绞笼能停在适当位置，在主传动系统中另有一套由电磁离合器控制的慢点动装置。

在结构组成和使用特性上和叉绞机相似的是框式绞线机。框绞机的线盘分装在垂直布局的四个框架内，故称。其放线盘呈一字排列，可同时装卸多个线盘，相比于叉绞机更便于机械化操作，如图 4-42 所示。

两种绞线机整机由不同盘数的几段组成，每段的转速、转向单独可调。放线盘靠近空心轴，绞笼结构紧凑，回转半径小，转动惯量大大减小，转速比同规格摇篮式绞线机提高很多。单线放线张力用气动张力控制，可自动调节。缺点是不能退扭，适用于紧压圆形、扇形绞合导体、铝绞线、钢芯铝绞线的铝线绞制。

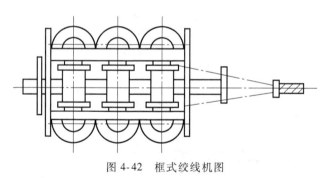

图 4-42　框式绞线机图

三、管式绞线机

管式绞线机是退扭型高速绞线机，因旋转体为管状而得名，如图 4-43 所示为管式绞线机结构图。与笼绞机放线盘绕设备中心旋转的形式不同，管绞机是放线盘在设备中心，但放线盘不随旋转体一起旋转。

管绞机的外面是管筒，称绞线筒体，筒体壁上开有装卸线盘用的窗口，装有放线盘的摇篮架悬挂在筒内腹板的支承上，其重心位于筒体中心轴线之下，筒体左向或右向旋转时，摇篮架保持水平位置，放线盘不发生倾转。绞合过程中，放线盘不产生绕绞线机轴线的回转，单线从放线盘中放出至并线模绞合过程中不产生扭转，所以管绞机的绞制属于退扭型绞合。

绞线筒体的下部有几组托轮支承，托轮可微调，以便保持管体的中心位置，减小回转时的振动和噪声。筒体外侧装有由液压制动器推动的刹车装置。摇篮架内的放线张力控制装置，其结构与笼式绞线机放线盘相似。

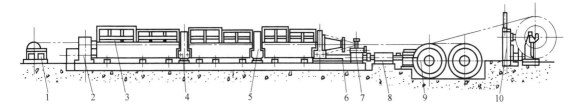

图 4-43　JGG 500/6 型管绞机示意图

1—放线架　2—齿轮箱　3—防护罩　4—托轮　5—制动器　6—传动轴

7—并线模座　8—牵引齿轮箱　9—牵引装置　10—收排线架

绞合时放线盘不随筒体旋转，旋转重量小；管绞机的放线架呈一字排列，减小了筒体直径。重量轻、体积小，转动惯量小，因此管绞机转速可提高很多，500 型 6 盘管绞机最高转速可达 1200 r/min。但放线架在长度方向排列，使设备长度增大，使用受到限制，一般管绞机最多做到 12 盘。管绞机广泛用于少根数铜、铝导体和钢芯铝绞线钢芯的绞制，也用于绝缘线芯成缆。

管绞机转速很高，会出现一些特有的问题，在近年的管绞机上也做了一些改进：

1）穿线方式：单线从放线盘中放出后，经导轮、管壁，沿内管壁前进至并线模处，称为内穿线。这种方式穿线麻烦，绞制时因离心力的作用，导线会与管壁发生摩擦，影响线材质量，而且管壁容易磨损和起槽。现在有用外穿线方式代替内穿线方式，从放线盘放出的单线穿过中心导模后即穿出管体，再经导轮进入管壁外的导模送至并线模绞合。从而避免了内穿线存在的问题。

2）管体支承：管绞机转速很高，管体旋转不平稳会带来严重的振动和噪声。一般在空心轴进口处和分线板处用轴承支承，因管体较长，在管体中间部位采用如图 4-44a 所示的托轮支承形式，在筒体的下方和顶部三处支承，支承轮固定在支架上，并可以微调，以保证筒

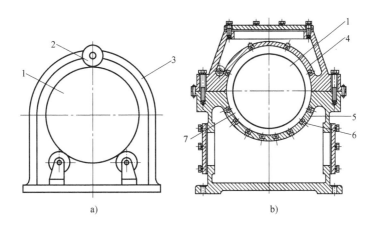

a)　　　　　　　　　　b)

图 4-44　管绞机的管体支承

a）托轮支承　　b）气垫轴承支承

1—管体　2—托轮　3—支承架　4—轴承止座　5—进气嘴　6—轴承底座　7—轴颈

体的中心位置。这种形式具有摩擦阻力小，功率损耗低，结构简单等优点，但筒体与支承轮滚动摩擦所产生的噪声很大。为此，采取在支承体表面镶隔震材料等措施降噪，效果良好。

近年还发展了气垫支承管体的方式，其摩擦小，振动小，噪声低，有利于管体转速的提高。管体支承在如图4-44b所示的两个半圆构成的空气轴承中，在轴承上沿周向布置一或两列进气嘴，用以供入气体。使用气垫轴承时，除确定其压力比和轴承与轴之间的间隙外，还应考虑压缩空气质量，避免气体中杂质导致轴承的快速损坏。

另外，采用管体外轴承支承形式、外用隔音罩壳等也是管绞机的降噪、提速新措施。

弓式绞线机放线盘安放在中心的浮动摇篮架上，穿线经过穿线模后被引向回转弓，具有和管绞机相同的绞线质量和效果。但弓绞机将管绞机的管体体积进一步缩减，相当于只保留了管体两侧的部分，并将其制成更适合高速旋转的弓状，使回转体重量更轻，绞线速度进一步提高，如图4-45所示。

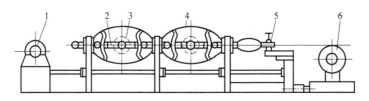

图 4-45　弓式绞线机
1—中心放线架　2—摇篮架　3—放线盘　4—回转弓　5—并线模　6—牵引轮

四、束线机

1．工作原理

（1）束线机和绞线机的比较

和绞线机不同，束线机的绞合旋转体为收线装置，牵引和收线部分既产生轴向前进运动同时还产生旋转，完成绞合。收线轴只有一个，可以放置于旋转轴心位置，不像绞线机重量分布在圆周上，这样旋转体体积更小、重量更轻、转动惯量大大减小，转速就可以提高的更多。而且束线机每转一周产生一个、两个甚至更多节距，因此生产效率远高于绞线机。目前，先进的束线机转速可达 3600r/min。绞线机总的绞线根数受放线盘数量限制，束线的根数可以根据需要灵活调整。

绞线机可同时设置不同绞层为不同绞向，所生产绞线稳定性好，外形圆整，尺寸准确。束线产品为一次绞合，各单线绞向一致，结构规律差，单线之间有松弛，外形不圆整，尺寸也不准确。按现行标准规定，绝大多数导体要求相邻层绞向相反，所以束线机使用范围受限，多用于 ϕ0.50mm 以下单线的束合。

（2）束线机的类型

束线机的主体是收线部分，故束线机常以收线部分的不同形式来分类，按旋转一周形成的节距数量分为单节距束线机和双节距束线机。按摇篮是否随回转体一起旋转又分为摇篮带着收线盘一起回转和回转体转动而收线盘浮动两种形式。收线盘放置形式中，收线盘轴线与束线机轴线平行为横线盘式（JSH），垂直为直线盘式（JSZ）。

收线盘大小是影响束线机生产能力的主要因素，因此束线机规格按收线盘直径划分，主要有 160、250、315、400、500、630、1000mm 等。

（3）束合原理

束线机的束合原理如图 4-46 所示。图 4-46a 为摇篮及收线盘同时转动，单线随摇篮和收线盘的转动进行束合，每旋转一周产生一个节距，为单节距束线机。图 4-46b、图 4-46c、图4-46d 都是回转体转动而收线盘浮动。图 4-46b 的单线进入收线部分后，沿回转体只兜了半圈便被收绕到收线盘，所以回转体每旋转一周，束线只在甲处产生一个节距。图 4-46c 和图 4-46d 的单线沿回转体和设备中心兜了一整圈再进入收线盘，在甲、乙两处各产生一个节距，即回转体每旋转一周，束线共产生两个节距，为双节距束线机。

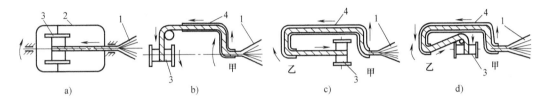

图 4-46　束线机束合原理

a）直盘单节距　b）横盘单节距　c）直盘双节距　d）横盘双节距

1—放线　2—收线摇篮　3—收线盘　4—回转体

图 4-46a、图 4-46c 为直线盘式（Z 型），设备结构简单，但上下需借用起重设施。图 4-46b、图4-46d 为横线盘式（H 型），装卸线盘时较方便，可利用上下线盘机构使线盘直接从设备中滚出，这对大规格的束线机尤为适用，但束线需在排线杆上垂直转折后再绕到收线盘上。

目前，常用的是卧式双节距束线机，不仅用来束制线芯和复绞线的股线，还可以束代绞。大型束线机可以进行小截面积的电力电缆线芯的成缆绞合，还可以用作通信电缆线芯的对绞、星绞及单位绞合。单节距束线机因转速低，生产率不高，但在束制少根数时，因其单线排列较有规律，可代替绞线机的正规绞合，而且工作效率比绞线机要高得多。

2. 设备组成

如图 4-47 所示为 JS 400 型束线机，其结构主要由机架、摇篮、线盘进出导轨、油箱、线盘升降机构、护罩、断线停车装置和电气控制装置等组成。

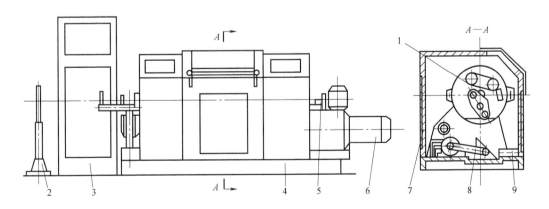

图 4-47　JS 400 型束线机结构示意图

1—摇篮　2—断线停车装置　3—控制柜　4—机架　5—油箱　6—电动机

7—防护罩　8—线盘升降装置　9—线盘进出导轨

（1）回转体

回转体是双节距束线机收线部分的主要部件，如图4-48所示，单线经并线模形成线束，随回转体的旋转产生节距，束合到一起，然后经排线器收绕到收线盘上。欲提高转速，要求回转体体积小、重量轻、强度高，以减小其转动惯量，满足高速旋转的要求。常见的回转体形式有如图4-49所示三种。

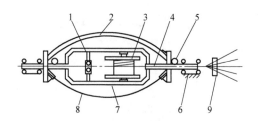

图4-48　双节距束线机结构形式

1—排线器　2—工作回转弓　3—收线盘
4—主轴　5—导轮　6—轴承座　7—摇篮
8—回转弓　9—断线停车装置

图4-49a为摇杆式回转体，用拉杆连接两回转体，刚性较好，运转可靠，单边传动的优点，可简化传动系统。但回转体的总重量较大，转动惯量大，传动功率损耗大，不适应高转速的要求。

图4-49b为回转弓式回转体，由两个回转侧板和回转弓组成。回转弓形状为椭圆曲线的一段，适于高速转动。低速回转弓一般采用经热处理的弹簧钢，高速弓采用碳素纤维。不足之处是高速时有噪声，而且占据空间较大。

图4-49c为导管式回转体，其是在两个菱形板上装有两个导线管，导线管较短，菱形板为高强度铝合金，导线管用钛合金或镁合金制成，以减轻重量。回转体尺寸小，转动惯量也小，有利于高速转动。

回转弓式和导管式都要求双侧传动，且必须完全同步，这使传动机构变得复杂。

（2）牵引及收排线装置

双节距束线机的牵引及收排线装置都装在浮动的摇篮里，要求要尺寸小，结构紧凑，动作可靠，为提高回转体转速创造条件。牵引装置多采用双轮牵引，收线机构采用顶针式的无轴结构，排线机构选用光杆排线机构。

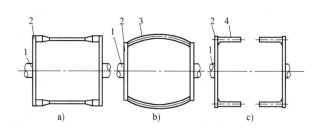

图4-49　回转体的形式

a）摇杆式　b）回转弓式　c）导管式
1—主轴　2—转臂　3—回转弓　4—导线管

（3）放线装置

通常束制的单线多达数十根，若单线较细时就要求尽量小的放线阻力，以防单线被拉断，并且在停车时应立即或尽快停止放线，以免放线轮乱线。

静盘放线是束线工序一种合适的选择。还有一种主动放线方式，通过自动闭环传感，使放线速度与束线速度始终保持同步。采用较多的还有一种阻力很小的被动放线方式，单线在放线架上经过导轮然后送入束线机，导轮与连有张力弹簧的张力带相连，导轮受到单线拉力张力皮带放松，放线张力很小；停车时，导轮不受拉力作用，弹簧拉紧张力皮带，产生制动摩擦，使放线盘停止转动。

（4）断线停车装置

束线根数多、线径细，很容易发生断线，一旦断线肉眼很难第一时间发现，在束线机和绞线机上，都配备断线停车装置。断线停车装置采用与控制装置相连的带电的金属环（或杆），一旦断线碰环（或杆），就触发停车。常用的有两种形式：

1）在并线模前设置金属环：与绞线一样，各单线在并线模前成圆形分布，当某放线盘上单线用完或断线时，在旋转的离心力作用下，线头就会甩到金属环上，装置即刻断电停车。这种装置的缺点是线头已接近收线，容易进入线束中造成线束局部缺股。其补救的办法是加长并线模与收线盘之间的距离，以便于修线。

2）将断线停车装置装在放线架上：每排放线架的单线下方装有金属杆，当断线触杆时，主机可立即停车。这种装置可在离收线装置的较长距离处，即可显示断线或单线用完。如果在金属杆后断线，有时就不能起到作用。

断线停车装置并不完全可靠和灵敏，所以还需要增强责任心，多观察，勤检查，以免事故出现。

第六节　挤塑设备

塑料绝缘电缆的绝缘和护套制造都会用到塑料挤出机，所以挤塑机是在电线电缆制造中应用最广，作用重要的生产设备。橡胶挤出过程与挤塑非常相似，挤橡设备也与挤塑设备类同。限于篇幅，本书只介绍挤塑设备。

电缆的塑料绝缘和护套多采用连续挤压方式完成包覆，挤出设备采用卧式单螺杆塑料挤出机。挤塑机是利用特定形状的螺杆和机筒，通过对机筒加热使塑料均匀塑化，在螺杆挤压作用下，使熔融塑料通过机头和模具包覆到线芯表面的设备。在这个过程中完成放线、冷却定型、收线并将制品在收线盘上排列整齐的装置均称为辅助设备。

塑料挤出机和辅助设备以及控制系统组成塑料挤出机组，主机规格不同、制造不同的电缆产品，机组组成也不尽相同，机组的基本组成可参考如图 4-1 所示。

一、塑料挤出机

1. 挤塑机系列

电线电缆生产中用于挤包的热塑性塑料主要有聚氯乙烯、聚乙烯和氟塑料。用于这类材料挤包的挤出机按挤出温度可分为普通挤塑机和高温挤塑机，被挤出塑料的温度在 300℃ 及以下的称为普通挤塑机，代号 SPV；被挤出塑料的温度在 300℃ 以上的称为高温挤塑机，代号 SPF。挤塑机的主参数为螺杆直径和长径比，我国标准规定的螺杆直径为 25、30、45、65、90、120、150、200、250mm，常用长径比为 20 和 25。

不同的电缆产品，对挤塑机有不同的组合要求，如双色线生产时，会采用两台挤塑机的机身共用一个机头和模具，称为共模挤出，若两台挤塑机分别为 90/25 和 30/20，表示为 SPV 90/25-30/20；在 10kV 架空绝缘电缆生产时，常采用两台挤塑机串联形式，分别挤出内层绝缘层称为分模挤出，若两台挤塑机分别为 90/25 和 65/25，表示为 SPV 65/25+90/25。其中"-"表示共模挤出，"+"表示分模挤出。

2. 挤塑机的结构组成

挤塑机的结构如图 4-50 所示，在挤塑机内塑料要在挤压、加热等作用下，经压缩、熔融、成型后包覆到电缆线芯表面，在这个复杂的过程中，需要诸多零部件协调工作才能完成，根据各部分的作用和功能不同，将塑料挤塑机划分为挤压系统、传动系统和加热冷却系统三部分：

1）挤压系统：包括料斗、螺杆、机筒、机头、模具等。粒状塑料通过挤压系统被塑化成均匀的熔融体，在螺杆的推力作用下，从机头的模具中被连续挤出。

2）传动系统：用来传递动力以驱动螺杆，供给螺杆在挤出过程中所需的力矩。通常包括电动机、传动皮带、减速箱和轴承等。

3）加热冷却系统：包括加热器、冷却装置、测温装置等，是塑料挤出的温度控制系统，起到保证塑料始终在工艺要求温度范围内挤出的作用。

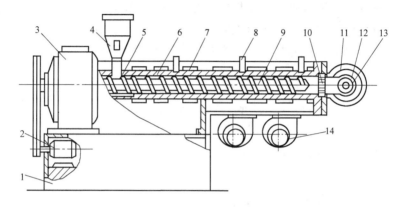

图 4-50　塑料挤出机的结构组成

1—机座　2—电动机　3—传动装置　4—料斗　5—料斗冷却区　6—机筒　7—机筒加热器
8—热电偶控温点　9—螺杆　10—过滤网和多孔板　11—机头加热器　12—机头　13—模具　14—冷却风机

下面我们对挤塑机的主要组成部件的要求和作用进行介绍。

（1）螺杆

通过螺杆的旋转，对塑料起到挤压、剪切、塑化和输送作用，可以说螺杆是挤塑机的"心脏"，合理选用螺杆是获得理想产品质量和产量的重要环节。

1）螺杆技术参数如图 4-51 所示。

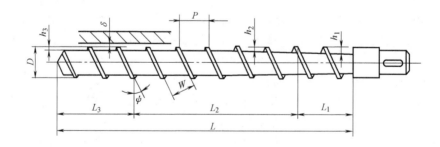

图 4-51　螺杆的主要结构参数

① 螺杆直径 D：即螺杆外径，挤出量近似和其平方成正比，D 的少许增大，则产量显著增加，所以螺杆直径是用来表征挤出机规格的主参数。

② 长径比 L/D：即螺杆工作部分长度和直径之比。长径比的选取要根据被加工塑料的物理性能和对制品质量的要求来考虑。在其他条件一定时，增大长径比，即等于增加螺杆长

度，则塑料在机筒中停留时间延长，有利于塑料的混合和塑化，塑化将更充分、更均匀，提高了产品质量。如果在塑化质量要求不变的前提下，长径比增大后，螺杆的转速可提高，提高了生产率。因此，长径比也是表征挤塑机规格的主参数之一。

长径比大螺杆消耗功率相应增大，而且螺杆和机筒的加工与装配困难都增大，制造成本提高；螺杆弯曲的可能性也会增加，引起与机筒的刮磨会降低使用寿命。所以不宜盲目追求过大的长径比。对于热敏性塑料，过长的长径比还易造成塑料停留时间太长而分解。目前，挤塑机长径比以 20、25 居多。

③ 压缩比 ε：即加料段第一个螺槽容积和均化段最后一个螺槽容积之比，较大的压缩比可通过挤压保证挤出层的充分塑化和致密度。塑料种类不同时，压缩比也应不同。普通型螺杆挤聚氯乙烯塑料时常取 $\varepsilon = 2.5 \sim 3$，挤聚乙烯塑料时常取 $\varepsilon = 3 \sim 3.5$。

④ 螺杆和机筒内壁的间隙 δ：即螺杆顶部和机筒之间的距离。间隙值增大，会使间隙处反向流动的料流量增加，造成挤出量减小，通常控制在 $0.1 \sim 0.6\text{mm}$。

⑤ 螺距 P：即相邻两个螺纹的轴向距离。

⑥ 螺槽深度 h：指螺纹外半径与螺纹底部半径之差。根据压缩比的要求，加料段槽深大于熔融段，熔融段又大于均化段。加料段螺槽深度大，有利于提高其输送能力，熔融段和均化段螺槽浅，螺杆能对物料产生较高的剪切速率，有利于机筒壁向物料传热和物料的混合塑化。一般普通等距不等深螺槽根部深度 $h_1 = 0.1D$，端部螺槽深度 h_2 一般为 $h_1 / h_2 = 0.3 \sim 0.5$。

⑦ 槽宽 W：垂直于螺棱的螺槽宽度。

2）螺杆的分段及各区段的基本职能：螺杆的分段如图 4-52 所示。它是根据物料在挤出机中的物态变化和螺杆的基本职能划分的。

① 加料段：其职能主要是对塑料进行压实和输送，并对塑料进行预热。塑料自料斗进入螺杆后，在旋转螺杆作用下，通过机筒内壁和螺杆表面的摩擦作用向前输送和压实，塑料在加料段基本保持固态。加料段长度随塑料的种类而不同，挤出结晶高聚物最长；硬性非结晶高聚物次之，软性非结晶高聚物最短。

② 熔融段：又叫压缩段。其作用是使塑料进一步压实和塑化，使包围在螺杆内的空气压回到加料口处排出，并改善塑料的热传导性。当塑料从加料段推进到熔融段后，向前输送螺槽逐渐变浅，兼有多孔板、滤网、机头的阻挡作用，塑料逐渐被压实。同时，在机筒外部加热和螺杆与机

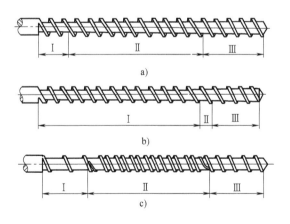

图 4-52　几种典型螺杆的结构型式
a）渐变型（等距不等深）　b）突变型　c）分离型
Ⅰ—加料段　Ⅱ—熔融段　Ⅲ—均化段

筒的强烈剪切、搅拌、混合作用下，开始熔融，随着推进过程，液相不断增加，固相不断减少，至熔融区末端，塑料全部或绝大部分熔融。

③ 均化段：又叫熔体输送段，塑料进入熔体输送段后进一步塑化和均匀化，并使之定

压、定量和定温地从机头中挤出。

3）典型的螺杆型式：螺杆的型式有许多种，以便适应不同性质的塑料挤出，对塑料产生良好的输送、挤压、混合和塑化等作用，图4-52所示为几种典型的螺杆型式。

① 渐变型螺杆　图4-52a所示为等距不等深渐变螺杆，从第一个螺槽开始直至最后一个螺槽螺距不变，而槽深逐渐变浅，螺槽容积逐渐变小。这种螺杆加工制造容易，物料与机筒的接触面积大，传热效果好，应用最广。但其缺点是螺杆尾部细，强度较差。

属渐变型的还有等深不等距、不等深不等距螺杆，但加工较困难，使用较少。

② 突变型螺杆　螺槽深度和螺纹升程在加料段和均化段均没有变化，熔融段只有一个螺槽宽度，在此处螺槽突然变浅，适用于尼龙等结晶型高聚物挤出。

③ 分离型螺杆　分离型螺杆由等距等深的加料段，等距变深的压缩段和等距等深的均化段三段组成。自加料段到压缩段末端有一主螺纹，自加料段末端至均化段又有一条螺距较大螺棱高度稍低的副螺纹，在熔融段形成双螺纹结构。双螺纹部分能将已熔融塑化和未熔融塑化的物料及时分离，促进未熔融物料的熔融，并且挤出剪切应变率较小，物料不易分解，这样可确保挤出质量，可实现定量、定压、高速挤出物料。

4）螺杆材料：螺杆材料采用高强度合金钢，并对表层进行渗氮处理，表层硬度不小于840HV，工作面的加工粗糙度不高于$Ra1.6\mu m$，使螺杆具有更高的耐磨性及耐蚀性。

5）螺杆冷却：螺杆冷却的目的是为了加料段物料的输送，防止塑料因过热分解，有利于物料中所含的气体能从加料段的冷混料中返回并从料斗中排出。螺杆采用中空形式，在螺杆的空管中插入冷却水管，冷却介质可以是水也可以是空气，冷却介质通到螺杆内部前端，沿螺杆回流，从螺杆根部流出，如图4-53所示。可以根据加工工艺的不同，调整冷却管插入的深度，达到不同的冷却要求。

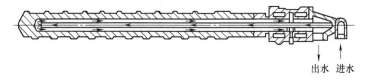

出水　进水

图4-53　中空螺杆的水冷形式

6）螺杆的维护保养：维护保养好螺杆应注意以下几个方面：

① 温度过低，未达到工艺温度下限时，严禁启动螺杆，避免过大扭矩造成设备损伤。

② 必须先加料，后启动螺杆，不允许在没有加料时螺杆空转，避免螺杆与机筒刮蹭。

③ 严禁将金属物品加入机筒内，以免损伤螺杆。

④ 使用螺杆冷却时，当温度下降明显且较低时，应停止水冷；并做到停机必须停水。

⑤ 定期清洗螺杆。清洗时严禁使用金属器械砸、撞螺杆，严禁用硬钢丝刷清理螺杆表面附着的焦烧物料，保持螺杆表面的光洁度。

⑥ 在清洗螺杆时，要把螺杆垫平垫稳，不允许螺杆转动，以免造成人员或螺杆损伤。

⑦ 在拆卸螺杆时，首先要将存于机筒内的塑料完全排净，而后卸掉机头，从调节顶杆处将螺杆从止推轴承内顶出，从机身前出料口处将螺杆取出，对较大型螺杆在取出1/3左右后，应及时用螺杆托架车支承，防止螺杆前端倾斜碰撞机筒或掉在地上。安装时，顺序相反，即将螺杆由托架车上缓慢地从前边的机筒出料口装入，当接触止推轴承后，应转动轴承

与螺杆配合好后，再将螺杆顶进止推轴承内即可，而后装上机头。

⑧ 备用螺杆最好垂直悬吊放置。若采取平放时应支垫平稳，避免悬空。防止长时间放置导致螺杆变形，影响平直度。螺杆必须清理干净才允许长时间放置，并采取涂油等必要的防锈措施。

（2）机筒

机筒与螺杆是塑料塑化和输送系统的基本结构。由于塑料在机筒内受到逐渐增高的压力及温度，机筒实际上可看是一个受压和加热的容器。

1）结构型式：机筒一般由加料座和机筒两段组成，加料座开有矩形进料口，机筒为管状，两端焊有法兰，分别与机头和加料座连接。如图4-54所示。机筒的材料及热处理与螺杆相同，内孔渗氮，硬度比螺杆表面硬度稍高。工作面的加工粗糙度不高于 $Ra1.6\mu m$。

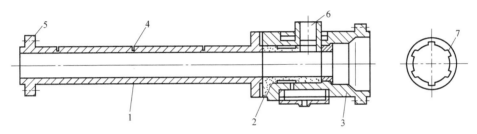

图 4-54　机筒结构

1—机筒　2—进料套筒　3—加料座　4—热电偶插孔
5—机头联接法兰　6—进料口　7—加料段内壁的轴向沟槽

进料口处即加料斗座处设置有水冷却装置，避免进料时塑料温度升高，发生"架桥"现象，堵塞进料口。在机筒加料段内壁开轴向沟槽，开槽后，可使塑料输送能力提高，挤出稳定，并使单位产量所消耗的功率降低。机筒和进料套筒的法兰连接处装有石棉垫用来隔热。加料座外壁内腔可通水冷却，目的是使进料顺利，而且还可防止挤压部分的热量往螺杆尾部的止推轴承和减速箱传递。

2）加热与冷却装置：通过加热和冷却调节机筒中物料温度，使其保持在工艺要求范围内。在螺杆的不同分区，对物料的温度要求不同，对应于料筒的温度各异，因此挤出机加热和冷却是分段设置和控制的。

① 加热装置：机筒加热可分为载体加热和电加热两种方式。

a. 载体加热：它是在机筒表面开槽，将加热管（一般采用铜管）盘绕到机筒外的槽中，让加热的载体（水、油或有机溶剂）流过加热管，从而加热料筒，温度调节可以通过改变液体流率来实现。这种方法的优点是加热均匀稳定，温度波动小。缺点是系统复杂，热滞较大。

b. 电加热：电加热是挤塑机上应用最多的加热方式，又分为电阻加热和电感应加热，其中又以电阻加热应用最广。

a）电阻加热：电阻加热既可用于机筒也可用于机头加热中。是按照机筒或机头形状将电阻丝盘绕成形，因加热温度高，须在电阻丝外用无机材料作为绝缘，然后加金属外壳进行固定，制成所需形状的电阻加热器。将加热器安放到机筒或机头表面并固定，工作时利用电流通过电阻丝产生热量完成加热。电阻加热具有体积小，重量轻，装设方便等优点。

根据外用金属材料的不同，将常用的加热器又分为不锈钢加热器和铸铝加热器。

不锈钢加热器以云母片为绝缘，以不锈钢板作为外包金属。厚度小、重量轻、方便制成复杂的形状。缺点是电阻丝与外界不能完全封闭隔离，易氧化受潮，使用寿命较短。

铸铝加热器结构如图 4-55 所示，是将电阻丝装在金属管中，并填进氧化镁粉之类的绝缘材料，然后将此金属管铸在铝合金中，成为所需形状的加热器。相比于不锈钢加热器，由于电阻丝装于金属管密实的氧化镁粉中，使得它具有防氧化、防潮、防振等性能，因而提高了使用寿命。铸铝加热器的最高加热温度一般为 $350 \sim 370℃$，如要求更高的加热温度可采用铸铁或铸铜加热器。

b）感应加热：感应加热器的结构原理图如图 4-56 所示。其是在线圈中通以交变电流，通过电磁感应在机筒中产生电涡流，机筒发热加热塑料。与电阻丝加热相比，电阻加热是电阻丝对机筒加热，再由机筒把热量传导到塑料，电阻丝和塑料之间存在较大的温度梯度，预热时间长，电阻丝温度高，电能浪费大。电感应加热由机筒发热直接加热塑料，因此升温快，预热时间短，机筒和塑料间温度相差很小，因此控温灵敏，加热均匀，热效率高，使用寿命长。但该装置径向尺寸大，成本高，在形状复杂的部位如机头等处无法使用，使用受限。

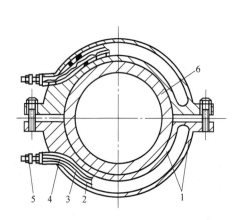

图 4-55　铸铝加热器结构图
1—铸铝　2—钢管　3—氧化镁粉
4—电阻丝　5—接线柱　6—机筒

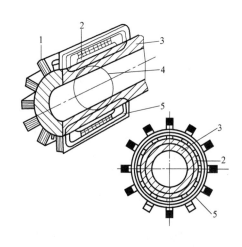

图 4-56　感应加热器结构原理图
1—硅钢片　2—冷却剂　3—机筒　4—涡流　5—线圈

② 冷却装置：挤塑机的冷却部位有机筒、螺杆和加料斗座，前面已对后两者做了介绍，这里介绍机筒的冷却。机筒冷却的主要作用是防止塑料在挤压过程中产生过热，避免塑料在高温度下停留过久而降解或分解。

螺杆直径小于 45mm 的挤塑机，依靠自然散热就能够维持正常生产。螺杆直径为 45mm 以上的挤塑机，均设有机筒冷却装置，常用方式为风冷却和水冷却。

a. 风冷却：以空气作为冷却介质，在每一冷却段配备一个单独的鼓风机及在机筒表面要形成风道。防止空气无规则流动，出现冷热不均现象。为提高冷却效果，还采用了冷冻空气降温、使用带散热片结构的加热器等辅助手段。空气冷却比较柔和，但冷却速度较慢，系统体积大，而且冷却效果受外界气温影响大。如图 4-57 和图 4-58 所示是两种风冷装置的结构形式。

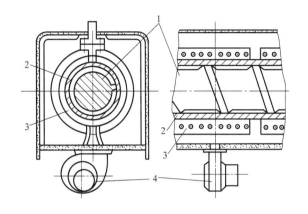

图 4-57　电阻加热器与采用风冷装置的结构
1—螺杆　2—机筒　3—电阻加热器　4—冷却风机

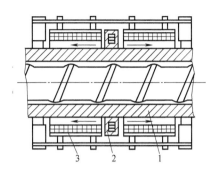

图 4-58　感应加热器与采用风冷装置的结构
1—机筒　2—风环　3—线圈

b. 水冷却：水冷却的冷却介质采用自来水，所用的附属装置较简单，体积也小，冷却速度也较快，但易造成急冷。如果使用的水未经软化，水管容易结垢和锈蚀，会降低水冷效果或堵塞、损坏水管，并且不易保证密封性能，所以水冷在挤塑机中使用不多。

如图 4-59 所示为几种水冷却装置，图 4-59a 是在机筒表面加工出螺旋状的沟槽，槽中缠绕冷却水管，是目前水冷方式中应用最多的结构，其缺点是水管易堵塞。图 4-59b 是将加热管和冷却管同时铸入同一块铝加热器中，使用便利，但加热器的制造变得复杂，一旦水管堵塞，整块加热器要全部报废。图 4-59c 是采用水冷却套形式，其缺陷是冷冲击大。

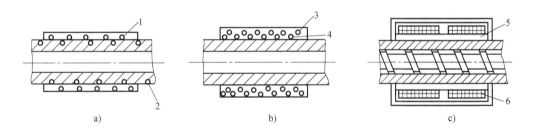

图 4-59　几种水冷装置的结构图
a）机筒表面开槽冷却　b）加热管和冷却管同时装入铸铝加热器　c）感应加热器内置冷却水套
1—铸铝加热器　2、4—冷却水管　3—加热管　5—冷却水套　6—感应加热器

（3）蜂巢板和过滤网

在机身和机头的连接处装有蜂巢板（又称为多孔板）和过滤网。蜂巢板为圆饼状，上面打有中间疏、周边密的通孔，像蜂巢一样，故名。蜂巢板一半装在机筒前端，一半装入机脖中，起到机头和机筒对中定位作用。在蜂巢板机筒内的一侧贴有过滤网，起到支承过滤网的作用。蜂巢板和滤网阻止杂质和未塑化的塑料进入机头，同时使熔融塑料由旋转运动变为直线运动，并对熔体产生反压力，增加料流背压，使制品更加密实。

（4）机头

机头的作用是将旋转运动的塑料熔体转变为平行直线运动，并将熔体均匀，平稳地导入模套中，赋予塑料以必要的成形压力。机头和螺杆中心线成一定角度的称斜角机头，两者垂直的称直角机头。

机头的结构如图4-60所示，电缆线芯从内套筒后端进入机头，从前端穿出。内套筒后端要与机头紧密配合，避免熔融塑料从后端漏出。套筒前端装有模芯，模芯外的模套座内装有模套，模套座上还装有调节螺钉来调节模芯模套的同心度。通过内套筒后端的轴向调节装置，可调节模芯和模套的轴向间距。熔体通过内套筒和机头外套的间隙进入模芯模套间的空腔，挤包在电缆线芯的周围，形成连续密实的管状包覆层。

模芯、模套材料一般是采用CrWMn；内套筒、调节套筒和内锥套材料大多是采用38CrMoAlA；分流板材料可采用38CrMoAlA或3Cr13。

（5）料斗

通常为锥形容器，其容积至少应能容纳2小时用料。料斗靠下有观察料位的透明观察窗，底部有截断装置。根据需要有的料斗还装有自动加料装置、加热烘干装置等。

（6）模具

挤塑模具是由模芯和模套配合组成，根据模芯和模套的配合形式分为挤压式、挤管式、半挤压式（又称半挤管式）三种，如图4-61所示。在小规格挤塑机和高速挤出中，免调偏自定心模具的应用也越来越多。

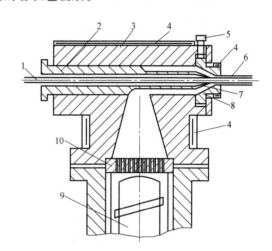

图4-60 挤塑机机头结构示意图

1—电缆线芯 2—内套筒 3—机头体 4—加热器 5—调节螺钉
6—挤包层 7—模芯 8—模套 9—螺杆 10—蜂巢板

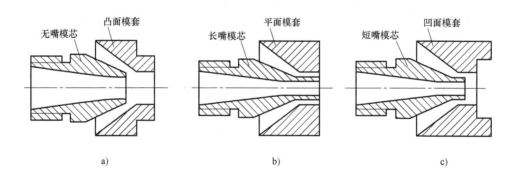

图4-61 模具的类型

a）挤压式 b）挤管式 c）半挤管式

1）挤压式模具：如图4-61a所示，模芯端部距离模套定径区一定距离，挤出压力通过熔体作用在线芯上，挤出压力大，具有塑料层致密度高，外表面平整光滑等优点。主要缺点有对配模的准确性要求高，模具调整偏心不易，生产速度慢。挤压式模具一般用于对绝缘性能要求较高的中高压电缆，小截面积线芯或要求挤包紧密、外表圆整、均匀的线芯，以及拉伸比较小的材料挤出。

2）挤管式模具：如图 4-61b 所示，挤管式模具把模芯嘴伸到与模套口相平或以外，挤包前熔融塑料在模具的作用下形成管状，经拉伸后包覆到电缆线芯之上，模具口处塑料管的截面积是包覆到线芯表面塑料管截面积的几倍，这样线芯的速度可比塑料在模具口的挤出速度高几倍。具有以下特点，优点：①充分利用了塑料的可拉伸性，生产效率大大提高；②塑料经拉伸发生"取向"，使包覆层机械强度提高；③挤包厚度的均匀性只由模芯模套的同心度来决定，不会因线芯的弯曲而产生偏芯，易调偏芯，而且能挤包扇形、瓦形等异形线芯；④模芯与线芯可以有较大间隙，模具的通用性增大，配模简便。不足之处：①塑料挤包层的致密性、胶层与线芯结合的紧密性都较差；②制品表面有线芯绞合或绕包的节距痕迹，影响外观。挤管式模具多用于护套和低压电缆的绝缘挤制。

3）半挤管式模具：半挤管式模具又称半挤压式模具，模芯的端部伸到模套承线区约 1/2 处。它吸取了挤压式和挤管式的优点，改善了挤压式不易调偏心的缺点，特别适用于挤包大规格绞线的绝缘和要求包紧力大的护套。

模芯、模套应具有高的机械强度和良好的耐磨性，一般推荐其表面硬度为 HRC58~65，用工具钢、合金钢或硬质合金制造。

二、辅助设备

挤塑机组的辅助设备除电缆生产设备都须配置的放线设备、牵引设备、收排线设备、计米器外，还根据挤塑生产特点和产品的不同要求选配张力控制装置、储线器、线芯预热器、冷却水槽、吹干器、印字装置、火花试验机、测径仪等。通用辅助设备将在后续专节介绍，将机组的专用辅助设备做一介绍。

1. 线芯矫直器

线芯在承受一定张力条件下，反复通过类似储线器的一组导轮或通过如图 4-62 所示的上下交错的导轮间，使弯曲的线芯变得平直。同时线芯与导轮的摩擦作用也施与线芯一定阻力，增大了放线张力，保证放线张力均匀，线芯的平稳运行。该装置一般放在进机头之前，或以储线器代之。

2. 线芯预热器

采用感应加热或高频加热器对导电线芯或铠装线芯的铠装层进行预热，使其快速升温到一定温度，以保证挤包的塑料层与线芯有较高的粘合力，避免塑料层与线芯间因过大的温差，而导致绝缘或护层有内应力积聚。

3. 冷却水槽

挤包层离开机头后，应立即进行冷却定型，否则会在重力作用下发生变形。挤塑生产中产品冷却采用水冷却，冷却水槽分为多段，每段长 1~4m，根据产品和生产速度进行选配。水槽部分各配有单独的水箱和循环系统，对冷却水循环使用。水箱有加热和冷却装置，能够分段调节水温。根据冷却方式分为浸浴式、喷淋式和喷雾式冷却三种。

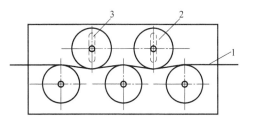

图 4-62　导轮交错型线芯矫直器
1—线芯　2—导轮　3—调节孔

1）浸浴式冷却水槽：水槽的结构如图 4-63 所示，每段水槽的进水和出水管与循环水箱相连，保持水的循环，调节进、出水阀门，使冷却水能够浸没电缆。根据工艺需要，可将第一段水槽设计成移动式，起、停车时，将水槽回缩，让出操作空间；生产正常时，将水槽归位，并根据产品调节水槽和机头的距离。

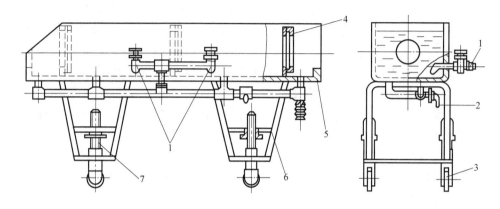

图 4-63　浸浴式冷却水槽

1—进水管　2—出水管　3—轮子　4—隔板　5—槽体　6—支架　7—螺丝撑杆

2）喷淋式和喷雾式冷却水槽　喷淋式水槽结构如图 4-64 所示。水槽中装有喷头，将冷却水喷射到待冷却的电缆表面，冷却水不断喷射到电缆表面，迅速带走大量热量，避免了浸浴式冷却水在电缆表面形成滞留层而减小热交换的缺点。喷雾式冷却是在喷淋式水箱的基础上，通过压缩空气把冷却水从喷雾头喷出，形成漂浮于水箱中小雾滴，接触到电缆表面，汽化蒸发，带走大量热量，进一步提高了冷却效率。

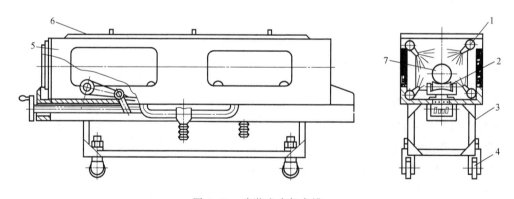

图 4-64　喷淋式冷却水槽

1—喷头　2—导轮　3—支架　4—轮子　5—箱体　6—箱盖　7—电缆

实际使用中有很多冷却会采用组合冷却的方式，如第一段进行喷淋冷却，然后进入水槽中进行浸浴冷却。

4. 印字装置

在电缆生产中，有时需要在包覆层表面印制字号或厂名、规格型号、米数等标志，用到的印字装置有喷码印字机、油墨印字机和热压印装置几种。

1）喷码印字机：喷码印字是近年来推广十分迅速的印字方式。其工作原理是让一定黏度的油墨通过供给泵加压，经过喷嘴形成墨线，墨线在晶体振荡作用下产生断点，形成墨点。每一个墨点会有对应的电压使之带有不同电量，通过偏转电极产生不同角度偏转。墨点到达电缆表面，形成字迹。这种印字方式可以很方便地编辑字符和图案，并可随时改变印字内容，字迹清晰，计米方便。缺点是耗材昂贵，成本高，结构精细复杂，维护不便。

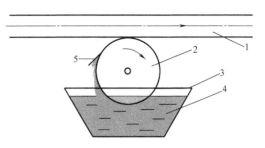

图 4-65　油墨印字机原理图
1—线芯　2—印字轮　3—墨盒　4—油墨　5—硬塑料板

2）油墨印字机：采用印字轮，将油墨转移到电缆表面的设备。像印章一样，将待印字符或图案刻在印字轮表面，形成凹字。工作时，将印字轮下端浸入油墨中，上方与待印字的电缆表面接触，电缆运动带动印字轮旋转，印字轮带上油墨，用硬板将字轮表面油墨刮去，但阴刻字符内还有油墨存在，与电缆接触时将油墨转移到电缆表面，形成字迹，如图 4-65 所示。这种印字方式操作简单，成本低廉，字迹清晰。缺点是更改印字内容必须更换印字轮，不够灵活，不能计米。

3）热压印装置：制成类似于油墨印字轮的热压印字轮，多数采用阴刻字符。该印字装置装在靠近机头处，塑料挤出后将字轮轻压到电缆表面，包覆层受压变形，留下轮上的字迹。该方法利用热态塑料的物理性质，无其他耗材，成本最低，稍加改造还能够同时计米。但热压造成绝缘或护套变形，易形成质量缺陷，字符的清晰度也不是很好，同油墨印字一样，更改内容必须更换印字轮，不够灵活。

5. 电气控制系统

主要由测量、显示和控制执行机构组成，主要作用是控制和调节主辅机的拖动电机正常运行，以及主机加热、冷却系统的温度自动控制和测厚测偏等。输出符合工艺要求的转速和功率，并能使主辅机协调工作；检测和调节挤出机中的物料的温度、压力流量；实现对整个机组的控制。

第七节　交联生产设备

交联聚乙烯绝缘电缆自诞生之初，就以优异的性能、简单的敷设方式、低廉的价格而得到快速发展，至今已发展了过氧化物交联、辐照交联和硅烷交联技术，产品覆盖了低压、中压、高压以至超高压领域，生产设备更是百花齐放，集中体现了电线电缆制造技术的进步。根据交联方式的不同，对生产设备做一简单介绍。

一、过氧化物交联设备

过氧化物交联方式应用于中压、高压、超高压电力电缆制造，应用最广，工艺方式也最多，按交联原理有蒸汽交联、熔盐交联、惰性气体保护热辐射交联、硅油交联、长承模交联等，生产设备配置各有千秋，但基本原则是生产设备要产生足够热量，完成过氧化物分解和聚乙烯交联；同时对生产中的线芯施以一定压力，避免绝缘层中有气泡生成。应用最多的是惰性气体保护热辐射交联方式，下面仅对这种生产方式加以介绍。

1. 生产线的布置形式

为避免交联过程中处于熔融态的绝缘与交联管壁刮蹭而受到损伤，这种生产方式中低压采用悬链线式布置，高压、超高压生产多采用立式布置。

　　1）立式布置　　将挤出机布置在很高的交联塔的顶部，而放线、牵引和收线等装置仍安装在地面，交联管垂直于地面的布置形式，即为立式交联（VCV），如图4-66所示。在这种布置方式中，重力方向与电缆运行方向相同，集中在交联管的轴线上，处于熔融态的绝缘层和屏蔽层不会因重力悬垂而发生擦管现象和绝缘变形，是生产高压、超高压电缆的理想布置方式。但建设费用高昂是其最大缺点。

　　2）悬链式　　既能解决擦管问题，又不使建筑费用太高的最佳选择是采用悬链线式生产线（CCV）。这种生产线的挤出机布置在较高的平台上，交联管模拟绳索倾斜悬挂呈自然悬垂状态的悬链线形状，如图4-67所示。通过悬垂控制器控制线芯运行在悬链的轴线附近，防止擦管现象发生。此类生产线常用于35kV及以下产品生产，在上下牵引增加在线旋转装置，可使生产范围扩展到110~220kV。

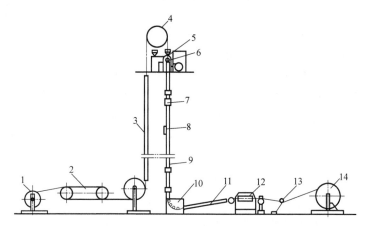

图4-66　立式交联机组布置示意图

1—放线架　2—储线器　3—预热管　4—上牵引　5—绝缘、屏蔽挤出机组
6—缩节套　7—观察窗　8—水位控制器　9—交联管　10—密封箱
11—冷却管　12—张力牵引　13—收线张力控制器　14—收线架

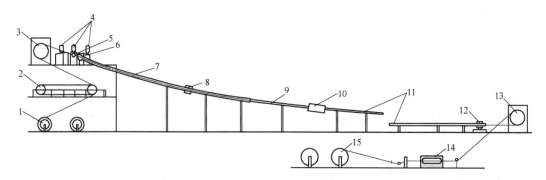

图4-67　悬链式交联机组布置示意图

1—放线装置　2—储线器　3—上牵引　4—屏蔽、绝缘挤出机　5—3层共挤机头
6—上封闭器　7—加热段　8—悬垂控制器　9—预冷却段　10—水汽平衡控制
11—冷却段　12—下封闭器　13—下牵引　14—辅助牵引　15—收线装置

　　在生产过程中，绝缘必须冷却定型后才允许与管壁接触，为提高生产效率，35kV及以下绝缘线芯生产，交联管的加热段和预冷段充有气体，采用悬链形式，冷却时用水冷，此时允许线芯与管壁接触，冷却管可采用直线形式，这种形式称为半悬链式，这种工艺称半干式生产工艺。35kV以上电缆生产，为保证绝缘质量，采用全干式生产工艺，全程避免与水接

触，即绝缘线芯冷却也采用气冷，冷却速度慢，在冷却段管子也采用悬链形，称为全悬链线，这种工艺为全干式工艺。

2. 交联机组的组成

交联机组是一个复杂的生产系统，它包括挤出、交联、冷却系统，牵引、收排线装置，控制系统和辅助装置等。设备组成如图 4-66、图 4-67 所示。

（1）挤塑机和机头

生产中要有三台挤出机同时工作，分别用于挤包导体屏蔽层、绝缘层和绝缘屏蔽层，一般导体屏蔽采用 $\phi65$ 挤塑机，绝缘采用 $\phi120$ 或 $\phi150$ 挤塑机，绝缘屏蔽采用 $\phi90$ 或 $\phi120$ 挤出机。按机头结构的不同，挤塑机布置常采用 1+2 或 3 层共挤形式。

1）1+2 挤出：如图 4-68a 所示，内半导电屏蔽层用单独挤塑机挤包，绝缘和外半导电屏蔽层两台挤塑机共用双层机头挤出，这样机头结构变得简单，设备造价降低，操作简单。但内屏蔽层挤塑机距双层机头有一定距离，内屏蔽层暴露在空气中容易粘附灰尘和杂质，影响产品质量；内屏蔽层进入绝缘模座时容易擦伤；另外，导体预热温度不如 3 层共挤高，对生产效率的提高不利。

2）3 层共挤：如图 4-68b 所示，3 层共挤是在一个机头上加工出 3 层流道，供 3 层绝缘和屏蔽材料挤包到导体表面。其优势在于一次成型，层间结合好，导体可以预热到较高温度，生产效率提高。但机头结构变得复杂，机头结构如图 4-69 所示，操作技术要求也相应提高。

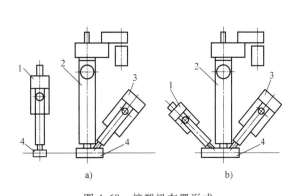

图 4-68 挤塑机布置形式

1—内屏蔽挤出机 2—绝缘挤出机 3—外屏蔽挤出机 4—机头

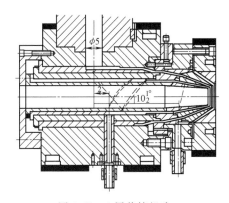

图 4-69 3 层共挤机头

（2）交联管

交联管采用无缝不锈钢管，分段连接而成，悬链状是先将管道分段弯曲成弧形，再连接组成悬链状。要确保连接处能够承受工作时管内的压力。交联管道是连通的管路，工作时由上下封闭将管道两端封闭成仅容线芯通过的封闭管。按功能将交联管分为加热段、预冷段和冷却段三部分。

加热段由加热器产生红外线辐射进行加热，管壁外有岩棉等耐高温的保温材料包覆。加热方式有加热电缆加热和交联管直接加热方式，工作原理如图 4-70 所示。加热电缆采用矿物绝缘电缆，弯成 U 形，分组紧贴于管壁。直接加热是将管道当作变压器的次级线圈，进行短路加热，要求管壁厚不超过 3mm，否则电阻小，加热效率低。在内管壁涂覆 TiO_2、ZrO_2 等材料，使发射的红外线频域与材料的吸收特性相接近，提高热效率。

预冷却段用氮气对绝缘线芯进行预冷却，防止高温线芯直接入水，因骤冷产生内应力和水分侵入绝缘内。此段采用双层夹壁管，夹壁层内通冷却水，对氮气进行冷却降温。

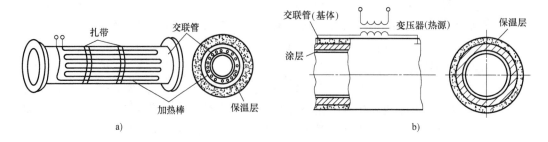

图 4-70 红外线辐射加热方式结构示意图

a）加热器缠绕管道加热 b）管道短路变压器加热

悬链式生产冷却段通冷却水，采用单层。立式生产采用和预冷段相同结构，对绝缘层冷却定型。

（3）悬垂控制器

电缆规格不同，会形成不同的悬链线，并且在运动中张力变化也会使悬链线下垂或上升，偏离运行轨迹与管壁相拖。为解决这个问题，在悬链线加热段下端温度较低处，选择一个悬垂变化灵敏的地方加装悬垂控制器来控制线芯位置，通过悬垂控制器检测电缆在交联管中的位置，发出指令控制调整电缆置于交联管中心位置附近。

一般是采用非接触式控制器，如图 4-71 所示，由两个感应线圈及电阻等元件组成的桥路组成，当电缆线芯位于交联管中心位置时，桥路平衡，输出为零；当电缆偏离中心位置时，有电压输出，偏离越多，输出电压越高。悬垂控制器输出的交流信号经控制系统处理后输入到下牵引的电压调节器，以提高或降低下牵引转速，使绝缘线芯保持在交联管中心。这个调节只是对牵引力的微调，线速是保持恒定的。

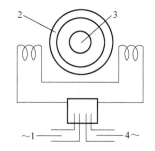

（4）上、下封闭

上、下封闭是对交联管进行密封，形成密闭管路，保证管道内温度、压力稳定的装置。上封闭一般采用气压传动可伸缩式，直接与挤塑机头连接。下封闭装置的移动采用液压传动，悬链式采用水和胶垫密封，效果较好。

图 4-71 悬垂控制器控制原理图

1—输入 2—交联管 3—电缆线芯 4—输出

（5）储线器

储线器是两组可相对移动的导轮，导电线芯往复缠绕于两组导轮间。正常生产时两组导轮是张开的，在导体换盘和导体接头时，放线装置不能放出导线，两组导轮相对移动，释放储存的导线，保证生产继续进行。储线量要满足至少焊两只接头的时间。

（6）上下牵引装置

生产中要求绝缘线芯保持稳定的运行速度，在交联管中形成要求的悬垂度，不和管壁发生刚蹭。这一切都依赖于上、下牵引装置，因此牵引必须牵引力稳定、调速可靠，常用的牵引装置是轮带式和履带牵引。

（7）导体预热器

导体预热可缩短交联时间，提高生产速度 20%～60%。在机头前导体最高可预热到 120℃，有两种型式：一是将导体本身当作变压器的次级线圈，电流流过时，依电阻发热原理生热，效率达 60%～70%；二是采用感应式，导体穿过频率为 10～11kHz 的高频线圈，用电磁场加热导体，效率达 20%～30%，多用于大截面积电缆。

（8）扭绞器

采用悬链线生产高电压、厚绝缘电缆时，需采用扭绞器。其装于上、下牵引处，扭绞器同步旋转，使电缆在交联管内沿周向扭转，电缆绝缘的每一个部分均受到同样的重力作用，消除了绝缘下垂。可保证厚绝缘电缆不产生"梨状下垂"，绝缘同心度好。扭绞方向与最外层单线或半导电带绕向相同，以避免导体松散。

（9）氮气系统

氮气系统用于向交联管供应保护气体。有采用液氮供气、制氮机供气和氮气瓶供气几种方式。其中以液态装置最为方便快捷。管中氮气要定时、定量更换，以排除水蒸气和交联过程产生的小分子物等废气。

（10）电缆外径和偏芯测量仪

交联生产中采用的这种在线测控技术普遍采用 X 射线扫描测径仪。该系统包含两个 X 射线扫描器，两个扫描器互相垂直，以提供运行时的双轴测量。系统可测得电缆外径、各层厚度、偏芯度和椭圆度等。

仪器安装在交联线上密封紧邻机头处，从而可以及时地提供绝缘层厚度的反馈控制，对各层的偏芯进行及时调整，从而大大提高了产品质量，减少了原材料消耗。

二、硅烷交联设备

硅烷交联与过氧化物交联最大的不同是其交联过程与挤塑过程是分开的，是单独工序。二步法的挤塑过程与普通聚乙烯挤塑相同，一步法的挤塑过程要考虑接枝反应的发生，需要高温挤出，均采用普通挤塑机即可。

硅烷交联又叫温水交联，因为交联过程离不开水，为加速水在绝缘中扩散，应将绕有绝缘线芯的电缆盘放到 90～95℃ 的热水中或放到密封的低压蒸汽房中完成交联，如图 4-72 所示。

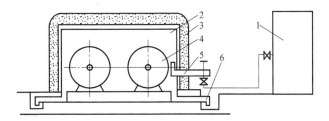

图 4-72　采用蒸汽的硅烷交联方式
1—锅炉房　2—蒸汽房　3—保温层
4—电缆盘　5—进汽管　6—排水口

三、辐照交联设备

辐照交联最早采用天然放射性元素产生的 γ 射线进行照射，但辐射源功率低，射线不可关闭，安全联锁防护系统要特别加强，目前已很少应用。广泛采用的是高能电子辐照完成交联，近年国内又开发了紫外光辐照交联设备，具有快速、高效特点，推广迅速。

1. 高能电子辐照

高能电子辐照交联在挤塑机组之外作为独立工序进行生产，所以绝缘和辐照工序可按照各自特点做最佳选择。受电子束穿透深度限制，该方式更适用于低电压、薄绝缘电缆生产。

生产线的主要配置有辐照源，电线传动装置——包括束下装置、收放线装置、张力控制设备，吸收剂量的测量与控制设备，射线防护装置等。

（1）辐照源——电子加速器

电子加速器用于产生高能电子，其辐射剂量率高（$10^3 \sim 10^5\,\mathrm{Gy/min}$），射线控制方便。目前，用在工业辐照加工的电子加速器的束流强度一般在 $30 \sim 100\mathrm{mA}$，能量达到 $5\mathrm{MeV}$，连续工作输出功率达 $75\mathrm{kW}$，最新设备甚至达 $200\mathrm{kW}$。

生产中绝大多数采用高压型电子加速器，辐照工作原理图如图 4-73 所示。电子枪产生电子，在直流高压作用下，电子被加到很高的速度，由扫描器发射出去。在磁极作用下电子束发生偏转，分散作用到绝缘上。也有将电子束分成几个方向，对绝缘从不同角度进行照射。

（2）束下传动装置

为了使电线在辐照加工时其表面吸收剂量较均匀，也为了更有效地利用电子束流，在对电线进行辐照处理时，根据电线的不同规格以及加速器的扫描方式不同，可选择不同的束下装置来传动电线。

小截面积的电线电缆在束下装置上通常是"∞"字形式或变形跑道方式缠绕，被照射线缆连续地通过两组转向轮，在往返走线中各点多次受到射线作用，并且导线上下两侧是交替进行的，照射均匀，利用率高，如图 4-74a 所示，最高线速可达 $200\mathrm{m/min}$。

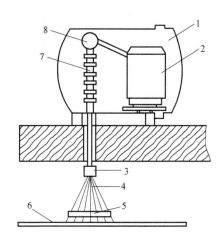

图 4-73　电子加速器辐照工作原理
1—充 SF_6 气体的压力容器　2—高电压发生器
3—偏转磁极　4—扫描器　5—扫描窗口
6—电缆　7—真空加速管　8—电子发生器

中等截面积电缆在束下的缠绕方式为跑道式，缠绕股数为 $6 \sim 12$ 股，并要使用双面照射方式，以保证电缆绝缘层吸收剂量基本均匀。最高运行速度可达 $100\mathrm{m/min}$。

大截面积电缆常用环形照射，也可以采用旋转照射方式。如图 4-74b 所示采用转向轮使电缆转向，使电缆上下两侧两次通过射线窗口。如图 4-74c 所示用一个射线发生器装数个扫描器，或利用特制的环形照射磁铁将电子束偏转，多角度对电缆照射，使电缆表面照射均匀。最高走线速度约为 $20\mathrm{m/min}$，可以辐照 $240\mathrm{mm}^2$、$300\mathrm{mm}^2$ 截面积的电线电缆。

2. 紫外光辐照交联

紫外光交联与过氧化物交联类似，挤塑与交联同时进行的在线交联，是几种交联方式中，对设备技术要求最低的生产方式。因该方式是以紫外光透入塑料层中完成辐照和交联，熔融态聚乙烯的透明度非常高，该工艺方法已用于 10kV 交联电缆的生产。

在挤塑机组的机头和冷却槽之间增加一或两组辐照箱，就成为紫外光辐照机组。每台辐照箱采用六组灯管系统，灯管采用特定波长高压汞灯或无极灯。为提高紫外光利用效率，每个灯管系统都配有反射罩。反射罩系半椭圆柱型，由专用材料制造，内表面抛光处理。灯管安装在椭圆柱两焦点靠近主反射罩的焦点位置，辐照区处于另一焦点位置。反射罩将灯管辐射的能量聚集在辐照区，电缆从辐照区通过，从而达到最佳的光照效率，如图 4-75a 所示。

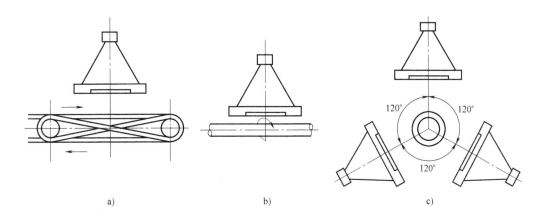

图 4-74　辐照用走线方式

a)"∞"字形走线　b)旋转照射方式　c)多角度照射

为提高辐照的均匀性，六组灯管在周向均匀分布，如图 4-75b 所示。为避免绝缘在辐照箱中冷却透明度变差而影响紫外光的吸收，辐照箱中还设有温控系统。

为避免导体温度过低造成骤然冷却使绝缘层形成内应力，影响绝缘层的热收缩性，同时温度过低的导体与绝缘层接触时，会

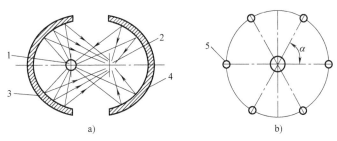

图 4-75　紫外光辐照系统工作原理

1—灯管组　2—辐照区　3—主反射罩　4—辅反射罩　5—灯管

在绝缘层内表面迅速形成结晶层，影响紫外光透射，从而造成绝缘层内外交联度不一致，为此须在机头前加装导线预热装置。为保证绝缘质量，应能够对水槽进行分段温度控制。

第八节　橡皮电缆生产设备

与塑料绝缘电缆制造不同，橡皮绝缘电缆制造所需橡料加工也要在电缆制造企业完成，生产中除需配备挤橡、硫化等设备外，还需配备塑炼、混炼、压片等橡料加工设备。

一、炼胶设备

1. 开放式炼胶机

开放式炼胶机简称开炼机，是最基本的橡胶机械，它主要用于塑炼、混炼、温胶、压片等工序。开炼机的主参数为辊筒直径，例 XK—400 型炼胶机，X 代表橡胶加工类，K 表示开放式，400 表示辊筒直径为 400mm。

开炼机的基本结构如图 4-76 所示，主要由两个空心辊筒、机架、底座、辊距调节装置、紧急停车装置、传动装置和加热冷却装置等组成。

开炼机的工作部分是安装在机架上平行的两个中空辊筒，辊筒的表面要求圆整光滑，强度高。蒸汽或冷却水经管道通入辊筒内腔，以调节辊温。后辊的轴承固定在机架上不动，前辊的轴承则能和辊筒一起前后小范围移动，通过调节手轮可调节两辊筒的间距。开炼机的前

后辊筒以不同速度相对回转，以提高塑炼和混炼效果。传动装置包括电动机、减速箱、齿轮和制动器等。另外，还装有自动切胶刀和自动翻胶辊。炼胶机上部的安全拉杆和刹车装置可在紧急情况下进行刹车，保证操作者安全。

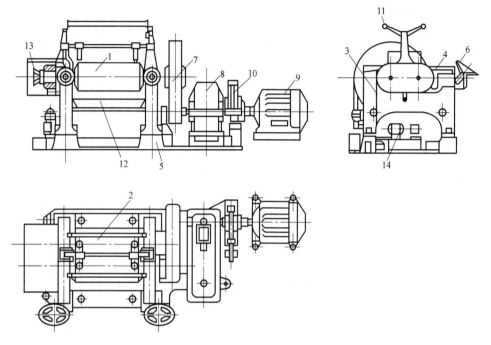

图 4-76　开炼机基本结构

1—前辊筒　2—后辊筒　3—机架　4—压盖　5—机座　6—调距装置　7—驱动齿轮　8—减速机
9—电动机　10—制动装置　11—紧急停车装置　12—托盘　13—辊温调节装置　14—润滑装置

当胶料加到两个相对回转的辊筒上面时，在胶料与辊筒表面的摩擦力作用下，胶料被带入两辊的间隙中，但不同位置胶层的速度不等，随胶层离辊面距离加大而逐渐降低，由于辊筒的挤压作用，胶料的断面逐渐减小，这时在辊筒速度不同而产生的速度梯度作用下，胶料受到强烈的摩擦、剪切和化学作用，这样反复多次，即可达到炼胶的目的。

合适的装胶量会在辊缝上方形成"堆积胶"，"堆积胶"中每层胶料的运动速度随其与相应辊筒表面距离增大而减慢。随不同辊筒进入辊缝的胶料层在离最小辊缝（如图 4-77 所示的 $x_0 x_0$ 断面）的某一距离处，（如图 4-77 所示的 $x_2 x_2$ 断面）相遇，而没有进入辊缝的那部分胶料开始从辊缝的楔形区向上挤出，形成回流层，即形成"旋转堆积胶"，而紧贴辊筒表面的胶层则被拉入辊缝中。在"旋转堆积胶"中产生的剪切变形最大，因而剪切应力也最大，混合最强烈。

由于人员在前辊操作，出于安全考虑，一般前

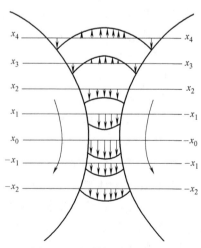

图 4-77　辊筒间胶料的流动

辊速度稍慢于后辊。后辊线速度 v_2 和前辊线速度 v_1 的比值称为速比，$i = v_2/v_1$。速比越大胶料在混炼时受到的剪切力越大，塑炼和混橡效果就越好。

与密炼机相比开炼机的优点是炼胶质量稳定，工艺易掌握，生产灵活性大；缺点是生产效率低，劳动强度大，工作环境差。适用于批量小、品种多的产品生产，尤其适用于如硅橡胶、氟橡胶等特殊胶种。

2. 密闭式炼胶机

密闭式炼胶机简称密炼机，是在高温和加压条件下工作的炼胶设备，可用于橡胶塑炼和混炼。与开炼机相比，具有生产效率高，操作安全，配合剂飞扬少，工作条件好，并方便组成连续自动化生产。不足是混炼温度高，胶料易焦烧，必须严格控制工艺条件。

密炼机的主参数为密炼室容积和主动转子的转速。例如 XM-140/20 型，其中 X 表示橡胶加工类，M 表示密炼，1 密炼室工作容积为 140L，主动转子转速为 20r/min。

椭圆形转子密炼机主要由机座、密炼室、转子、上下顶栓、加料口、传动装置和冷却系统等组成，如图 4-78 所示。

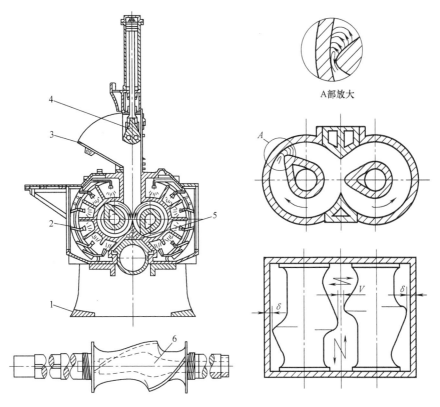

A部放大

图 4-78　密炼机结构图

1—机座　2—机身　3—加料斗　4—上顶栓　5—下顶栓　6—转子

由两个两半机体和前后侧壁构成的密炼室装在机座上，密炼室内装有两个椭圆形转子，两个转子在装在密炼室侧壁的轴承上以不同的速度转动，为了增强对胶料的捏练，转子表面有特殊的凸棱，转子是空心的，可以通蒸气或冷却水，以便于调节密炼室的温度。密炼室上部有一加料口，物料由加料斗加入，工作时，用上顶栓将加料口关闭，上顶栓由风筒的活塞杆带动升降，使用压力一般为 0.5～0.7MPa。密炼室下部有一卸料口，卸料时拉出下顶栓，工作时由下顶栓关闭。密炼室侧壁可以从外部喷水冷却。

炼胶时，物料首先落入两个相对回转的转子上部，在上顶栓压力及摩擦力的作用下被带入两转子之间，受到捏炼作用。然后由下顶栓的凸棱将胶料分开为两部分，分别随着转子的回转通过转子表面与密炼室正面壁之间的间隙 δ，在此受到强烈的机械剪切撕捏作用后，到达密炼室的上部，在转子速度不同的影响下，两股胶料以不同的速度汇合于两转子上部，然后再进入两转子间隙中，如此往返循环进行，如图 4-78 所示。

由此可见，被加工的胶料不仅在两个相对旋转、转速不同的转子凸棱之间进行搅拌，还在转子凸棱与密炼室内壁间进行捏炼；不仅在转子与上、下顶栓的间隙中受到不断变化的剪切作用，还将受到转子一长一短的两条螺旋形凸棱作用，使胶料沿转子轴向移动，把胶料混合均匀。因此，密炼机中胶料的运动、混合、剪切作用远比开炼机复杂。

二、橡胶挤出机组

挤橡的工艺过程与挤塑类似，挤出机组的组成也很相似，主要区别在于主机。挤橡机组的主机是挤橡机，辅机有放线装置、牵引装置、冷却涂粉装置、收排线装置、校直器、计米器和火花机等。

挤橡机与挤塑机类似，主参数也是螺杆直径和螺杆长径比。挤塑机中塑料完成由玻璃态-高弹态-粘流态的转变。而橡料以高弹态进入挤橡机，挤出时呈粘流态。所以挤橡机的长径比和压缩比均小于挤塑机。根据进料时橡料温度不同，挤橡机又分为冷喂料和热喂料，显然冷橡料需要在挤橡机吸收更多热量，螺杆长径比就要更大些。挤橡机与挤塑机螺杆参数的区别见表 4-5，为便于比较，将滤橡机的参数也一并列入。

挤橡机机身、机头的加热温度较低，常采用蒸气或水加热，冷却则使用水冷。

表 4-5　挤橡机、挤塑机螺杆主要参数

参数名称	挤塑机	挤橡机		滤橡机
		冷喂料	热喂料	
长径比	15～25	8～17	3～8	4～5.5
压缩比	2～4	1.6～2.0	1.3～1.7	1

三、硫化设备

胶料从挤包到硫化有两种工艺，一是从挤橡机出来后，收绕到承线筒上，再送入硫化装置硫化，分两步进行，采用的硫化装置是硫化罐，称为罐式硫化。二是挤橡后直接进入硫化管中硫化，是一次完成，称为连续硫化，与过氧化物交联相似，应用最广。

1. 罐式硫化设备

罐式硫化的主要的设备是硫化罐，如图 4-79 所示。它由钢板焊接而成，分为罐体和罐盖，罐体一般为两层，夹层通以蒸汽保温，罐外包有较厚的隔热材料，罐上

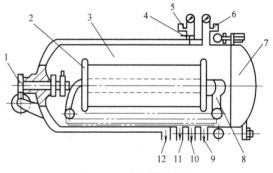

图 4-79　硫化罐结构图
1—硫化筒旋转传动装置　2—硫化筒　3—硫化罐
4—夹层进气阀　5—夹层压力表及安全阀　6—罐内压力表及安全阀　7—罐盖　8—小车　9—冷凝水排水管
10—罐内放气阀　11—罐内进气阀　12—夹层放气阀

有压力表、安全阀、进气管、排水排气管等。为获得最大加热效率，各设备均装有汽水分离器，另外对较大型的硫化罐还装有运送硫化筒的轻便轨道，以供装有需硫化电缆的小车进出。电缆绕在硫化筒表面，硫化筒支撑在小车上并可以旋转。硫化筒由钢板焊成，并开有许多小孔，钢板表面包有棉布作为衬垫，减小胶层变形。在罐内硫化过程中，还可以由传动装置驱动硫化筒旋转，保证电缆受热均匀。待硫化电缆送入罐内后，关上罐盖，以密封保压。

2. 连续硫化设备

相比于罐式硫化，连硫工艺硫化温度升高，硫化速度加快，而且将原来的两道工序合为一道，大大提高了生产效率和产品质量。

连硫机组与过氧化物交联机组在组成、功能上都基本相同，只是因生产产品规格差异而在配置和布置形式上稍有不同。

（1）饱和蒸汽硫化

采用饱和蒸汽硫化的连硫机组主要组成有：放线装置、张力轮、挤橡主机、进口密封和伸缩管、硫化管、出口密封和水箱、牵引装置、计米器、收线装置以及供汽供水管路系统。

硫化管是通高压蒸汽对橡料进行硫化的管道，由无缝不锈钢管分段用法兰连接而成。硫化管有单层和双层两种。单层具有制造、安装方便的优点，但温度不稳定，且管中冷凝水较难排除。双层硫化管可以克服这些缺点，一般管道夹层通以 0.3~0.6MPa 的低压蒸汽进行保温，里层通以 1.5~2.0MPa 的高压蒸汽进行硫化，硫化管道外面包有隔热材料。管道入口端通过双缩接套与机头相连。硫化管道进出口有钢制的螺纹密封模，并垫上密封橡皮垫圈予以密封，以防止蒸汽泄漏造成压力波动。由于钢管的热胀冷缩，因此硫化管要置放在可以滑动的支架上。硫化管的长度依设备规格、工艺、蒸汽压力和生产场地而不同，从 40~60m 以至 120m 不等。连续硫化设备根据硫化管的放置不同，可分为水平式、倾斜式、悬链式和立式。

1）水平式连续硫化机如图 4-80 所示。硫化管与挤橡机机头中心线基本平行。设备安装和操作都较方便。适用于小截面大长度的产品生产。生产大截面积产品时，因为线缆自重大，弧形下垂严重，容易发生拖壁现象而擦伤橡皮表面。

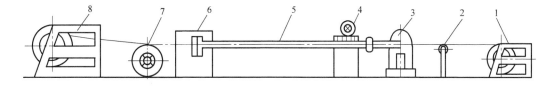

图 4-80　水平式连续硫化机组

1—放线装置　2—张力轮　3—挤橡机　4—双缩接套连接室
5—硫化管　6—出口密封与水箱　7—牵引设备　8—收线装置

2）倾斜式连续硫化机组将挤橡机布置到高于地面不太多的平台上，机头和硫化管的中心线为直线，与地面形成一定倾角。这样可使电缆在硫化管中下垂的最低点向出口处延伸，使线缆在接触管壁之前已经历了一段比较充分的硫化过程，增加了橡皮表面的强度，避免或减少擦伤，产品规格大于水平式。

3）悬链式连硫机组是将挤橡机布置到更高的高台上，硫化管按电缆悬垂所形成的悬链形式设计，经弯曲后用法兰连接而成，用悬垂控制器保持电缆在管道中轴线位置，有效避免了电缆和管壁的剐蹭，可用于生产大规格产品。也是交联电缆制造的主要布置形式。因橡皮电缆电压不高，其冷却采用水冷方式，硫化管都采用半悬链设计。因其可用于高电压等级橡皮电缆制造，在进行多层包覆如半导电屏蔽层和绝缘层挤出时，挤橡机采用和交联挤塑机相似的 2+1、三层共挤形式。

4）立式布置的特点是硫化管垂直于地面，挤橡机布置到更高的平台之上，如图 4-81 所示。由于在垂直状态下挤橡，电缆运行方向亦垂直向下，可始终处于管道的中心位置，不存在擦管的问题。是高电压、大规格电缆的理想布置形式，但几十米高的平台建设使投资大大增加。

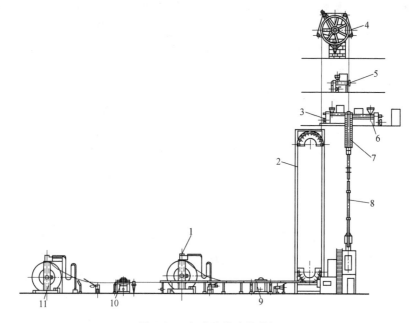

图 4-81　立式连续硫化机组
1—放线装置　2—预热装置　3、5、6—挤橡机　4—上牵引装置　7—伸缩管
8—硫化管　9—冷却水槽　10—下牵引装置　11—收排线装置

（2）熔盐硫化

熔盐硫化采用由 53% 的 KNO_3、40% 的 $NaNO_2$ 和 7% 的 $NaNO_3$ 组成的低熔点金属盐作为传热、加压介质，这种混合盐的熔点在 145~150℃，直到 450℃ 时性能仍然稳定，保证满足橡胶硫化所需。

熔盐硫化和冷却系统如图 4-82 所示。该装置有 3 个工作区，即盐熔区、冷却区和分隔区。工作时熔盐硫化管是密封的，并施加 0.3~0.4MPa 的压力，抑制硫化反应中产生气体聚集成气泡，保证组织致密。熔盐的储盐槽加热到所需的温度后，由熔盐循环泵输送到喷射装置，并射入硫化管内，然后通过出口流回储盐槽中，喷射装置既是液体进口，还起到熔盐回流的封闭作用。分隔区在盐熔区和冷却区之间，既起分隔作用，又能回收电缆上沾附的盐液。加压水冷却的工作程序与盐液相同，水在储水槽中由水循环泵打入喷射装置，然后往封口流下，当硫化管水满时，通过管道流回储水槽，同时冷却水清洗电缆表面粘附的盐液。

熔盐热容量大，热导率高，电缆浸浴在熔盐中，故加热迅速而均匀，生产速度快。由于熔盐密度大，电缆在其中受到较大的浮力，较好地解决了擦管问题，而且可用小角度倾斜的卧式交联管生产大规格电缆产品，降低了建设费用。

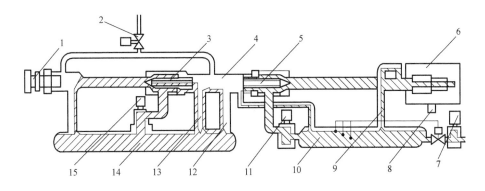

图 4-82　熔盐硫化和冷却系统示意图

1—上密封　2—空气或氮气源　3—熔盐喷嘴　4—分隔段　5—喷水嘴　6—下密封　7—注水泵　8—排水口
9—回水管　10—储水箱　11—水循环泵　12、13—熔盐回流管　14—熔盐储槽　15—熔盐循环泵

第九节　成缆设备

成缆机是能够同时完成绝缘线芯的绞合、填充及包带绕包的设备，在工作原理上与绞线机一样，设备的主要结构也相同，只是在成缆机上增加了满足成缆填充、绕包装置。

成缆机分为管绞式、笼绞式和盘绞式，管绞式成缆机与管绞式绞线机差别较小，限于篇幅，就不再赘述，其增加的填充、绕包装置可参考笼式成缆机。

一、笼式成缆机

1000mm 以下笼绞成缆机与摇篮式绞线机结构相似，采用摇篮放线架，可以进行退扭和不退扭成缆，常用连杆偏心退扭机构和行星齿轮退扭机构两种退扭装置。

成缆绞合的同时还要完成填充和绕包，笼式成缆机主要组成除包括绞笼、并线模座、牵引装置、收排线装置及传动系统等外，还增加了行星架、绕包头等装置。

大型成缆机由两个大小不同的圆形绞盘紧固在空心主轴上，三个防线摇篮支撑在两个圆绞盘之间，故也称为盘式成缆机。

空心轴的后端在主轴承中旋转，前后圆盘均由托轮支承。放线摇篮架后轴头与退扭机构连接，可进行退扭成缆，如图 4-83 所示。扇形、瓦形等进行固定成缆时，脱开退扭机构即可。

成缆机空心轴的最前端装有分线板，使绞合前的绝缘线芯依照正确方向进入并线模，并可防止线芯回扭。分线板有模孔式和辊轮式两种，每根成缆线芯都经过一对辊轮或分线板的模子，然后进入并线模。模架并线模根据需要更换。它的作用是使几根绝缘线芯并合，绞成正确的圆形电缆。成缆机前端的绞盘上有星形架，用来放置填充材料。在并线模架后设有包带头，包带头支架上一般有 2~6 个带夹，用来绕包包带。成缆常用的绕包头形式为普通式和半切线式。

成缆机传动，由主电机通过传动轴和齿轮带动放线绞笼、绕包头、牵引装置三部分，并且每一部分都有单独的变速齿轮箱用于调整转速，不仅用于改变牵引速度，而且可以改变成缆节距和包带节距。收排线采用单独电机驱动。

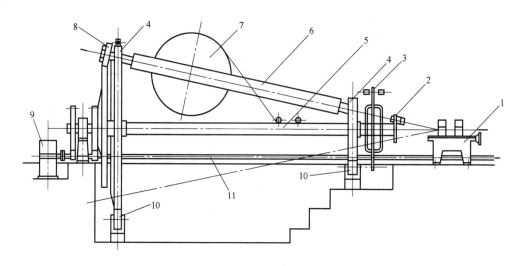

图 4-83　大型成缆机放线装置

1—并线模座　2—分线板　3—行星架　4—绞盘　5—空心主轴　6—防线摇篮　7—放线盘
8—行星齿轮退扭机构　9—齿轮箱　10—托轮　11—传动轴

二、盘绞式成缆机

笼式成缆机绞笼体积庞大，重量分布在旋转笼体的外周，因而转速慢，生产效率不高。盘绞式成缆机与束线机工作原理相似，由收线部分旋转完成成缆绞合，重量靠近旋转体中心，从而使转速大大提高，转速可达 300r/min。盘绞机既可用于各类电力电缆、通信电缆、控制电缆成缆，还可以进行分割导体的绞合，对放线装置进行改装，还可进行钢丝装铠，适用范围很广。

这种成缆机，放线盘可进行放线和退扭旋转而不进行绞合旋转，收线盘同时完成绞合和收线双重运动。退扭由放线架完成。盘绞式成缆机的主参数是收线盘规格，有 1000、1600、2000、2500、3150 和 4000mm 几种规格。如图 4-84 所示为盘绞式成缆机的组成。该机由旋转式放线架、扇形芯自动矫准器、并线模、包带头、钢/铜带包带头、旋转式履带牵引、旋转式收线架、传动及控制系统等组成。

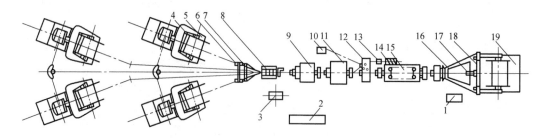

图 4-84　盘绞式成缆机

1—收线操作台　2—主控柜　3—主操作台　4—旋转式放线架　5—放线升降台　6—扇形芯自动校准器　7—导向器
8—并线模　9—包带头　10—直流电机　11—钢/铜带绕包头　12—变速箱　13—无级变速箱　14—牵引变速箱
15—旋转式履带牵引　16—旋转式收线架　17—收线电机　18—排线装置　19—收线升降台

　　放线架与履带牵引、收线架既可同步转动，也可单独静止，可以满足退扭、不退扭、预扭和不预扭等成缆工艺要求。预扭线芯成缆时，放线架可通过主电机带动旋转完成。

　　放线架为 U 形叉式结构，放线盘支承在叉端的两个顶尖内。顶尖由单独电机驱动。顶尖轴上装有气动刹车装置，用以控制放线张力。上下放线盘由液压升降平台辅助装卸。齿轮传动箱内设有差动系统，由装在放线架上的矫正电机单独驱动。放线架均与主传动地轴相连，由主电机驱动，也可分别由各自的矫正电机加以控制。矫正电机和扇形芯自动矫准器组成了扇形芯矫准系统。在绞合扇形芯电缆的过程中，无论是否进行预扭，扇形芯自动矫准器时刻监视着扇形芯圆心角的位置。如果矫准器发现扇形芯圆心角偏离电缆几何中心时，可立即向矫正电机发出信号，可使扇形芯圆心角自动回归到正确位置。

　　绞合后的线芯在进入履带牵引之前需要绕包包带。盘绞式成缆机要求绕包头的转速快，一般用两个半切式的绕包头，其转速能达到 800r/min。

　　旋转式履带牵引由转体和牵引履带等组成。履带装在转体内，随着转体旋转的同时牵引着电缆移动。履带的张紧、压紧和松开都由压缩空气经气缸和压辊控制，调节气压可改变牵引力。并设有过载自动停车系统，牵引速度可以调节，以便对成缆节距作精细调整。

　　旋转式收线架也是叉式结构，收线盘的支承结构和上下盘操作、气动钳式刹车同放线架相似。收线架上装有收线电机和排线装置，同收线架一起旋转。收线架底部由液压升降台协助进行收线盘装卸。

第十节　绕 包 设 备

　　绕包设备是以特定的装置带动带状材料围绕电缆线芯做圆周运动，把带状材料螺旋形包覆到线芯表面的设备。绕包是电线电缆制造中一种应用非常广的加工工艺，过去，最普遍地是用于纸绝缘的绕包，现在广泛地应用于钢带、铜带、铝塑复合带、无纺布带、云母带、玻璃丝带、塑料带等带状材料的绕包。

一、设备组成

　　绕包装置又称绕包头，一台绕包机可以由几个甚至十几个绕包头组成。绕包头的结构如图 4-85 所示，其包括齿轮变速箱和空心转轴，转轴上装有包带支架，架上装有带盘轴、导辊及包带导向装置等。包带盘装在带盘轴上，夹在两带夹之间。无纺布带、塑料带等重量轻的带盘用如图 4-86a 所示的星形夹夹持，可以减小旋转惯性；钢带、铜带等重量大的带盘用金属制成的如图 4-86b 所示的圆盘带夹夹持，以保证有足够强度。带夹上还装有张力调节装置，用以控制绕包张力。绕包头通过可逆变速的齿轮箱或无级变速器控制空心主轴绕包转速。齿轮箱具有一定的变速比，并可改变主轴旋转方向，也可用无级变速器来调节绕包头的转速。

　　包带盘和包带种类决定了绕包设备的生产能力和差异，因此绕包设备选定带盘直径和能够装设的带盘数量为主参数，习惯根据包带材料来命名绕包机。绕包头作为主机与放线装置、牵引轮、收线装置和传动系统等部分组合，就组成独立的绕包机：用于钢带绕包被称为钢带装铠机，用于铜带绕包被称为铜带屏蔽机，用于云母带绕包就被称为耐火带绕包机。因为绕包头体积较小，结构简单，很多时候是将绕包头与其他设备组合到一起，如成缆机就带有包带绕包装置，用于扎紧成缆线芯；将钢带、铜带绕包头与成缆设备组合在一起，组成成缆-装铠、成缆-屏蔽生产线。

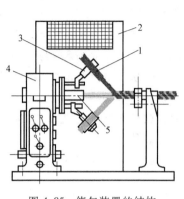

图 4-85　绕包装置的结构

1—包带盘　2—防护罩　3—包带支架

4—变速齿轮箱　5—空心轴

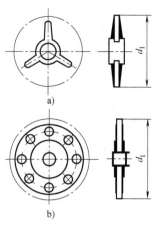

图 4-86　带夹的型式

二、绕包装置的型式

绕包装置用于多种材料的绕包，材料性质、重量的差异，绕包层数的不同，对绕包装置也提出不同要求。常用绕包装置根据带盘和线芯相对位置不同，分为普通式、平面式、切线式、半切线式和同心式等几种。各种绕包型式如图 4-87 所示。

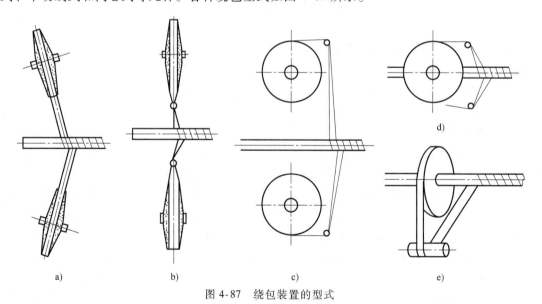

图 4-87　绕包装置的型式

a）普通式　b）平面式　c）切线式　d）半切线式　e）同心式

1. 普通式绕包头

普通式绕包头带盘平面与线芯轴线成一定角度，这个角度就是绕包角。转动体上可放置两个或 4 个带盘，如图 4-87a 和图 4-85 所示。

若需调整绕包角，只需调整带盘的倾斜程度即可，当带盘平面与电缆轴线夹角等于绕包角时，包带两边的拉力相等，包带绕包平整，否则会起皱。这很难做到准确，因此绕包质量受到影响。包带张力靠带夹与包带盘的摩擦产生,放带张力靠手动调节带夹的压紧程度来调节,因此包带张力随带盘大小而变化,包带容易断裂,绕包质量不高,并且带夹与转动体连接刚性较差,转速不能很高。但设备结构简单,操作方便,在那些对绕包质量要求不高的场合应用较多,如成缆包带的绕包。

2. 平面式绕包头

如图 4-87b 所示,平面式绕包头的带盘平面与线芯轴线垂直,从线芯前进方向看到的是带盘平面,故名。包带经过导辊和导杆包到线芯上,导辊与线芯轴线平行,两导杆与线芯轴线相垂直。调整第一个导杆位置,可使包带与导杆完全接触,从而保证这一段包带两边拉力相等。第二个导杆可以调整绕包角度,控制包带间的搭盖,由包带与导杆间产生的摩擦力使包带具有一定的张力,带盘夹上装有摩擦制动装置,调节制动螺钉,可减少包带张力随纸盘大小而产生的变化。平面式绕包头的转速可达 350r/min,生产效率较高。由于包带经过导辊导杆,具有一定张力,绕包质量好。同时,带盘为平面放置,缩短了设备长度,所以被广泛使用于对绕包质量要求较高的产品上,如图 4-88 所示。

3. 切线式绕包头

如图 4-87c 所示,切线式绕包头的带盘平面处于与线芯轴线相切方向。带盘支架安装在一个转动机构上,这些支架可任意转动角度,以保证带盘的中心平面与线芯轴线相切。而且切线式绕包头比其他型式绕包头可以放置更多的带盘,常用的有 8 盘和 16 盘。

绕包带自带盘放出,经一组导杆,最后与电缆表面相切。由于包带经过导杆的作用,放带盘张力的变化已消除,带两侧张力均匀,所以包覆张力均匀,绕包紧密,质量好。但是切线式绕包头制造复杂,又由于带盘平面在绕包头旋转时产生很大阻力,带盘架离中心轴距离较大,回转力矩大,所以切线式绕包头转速不高,最高只有 200~250r/min。

4. 半切线式绕包头

如图 4-87d 所示,半切线式绕包头是切线式绕包头的变形,与前者区别在于带盘平面与线芯轴线平行,而且带盘中心平面不与线芯轴线相切,仅是包带通过导杆调节与线芯相切,如图 4-89 所示的是从线芯前进方向看到的包带盘与线芯间的位置关系,图 4-89a 为切线式,图 4-89b 为半切线式。

半切线式带盘离芯线很近,这样缩小了绕包头所占的空间,提高了转速。但不足是放置

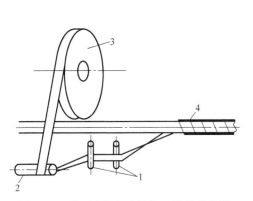

图 4-88 平面式绕包头导杆、导辊的作用
1—导杆 2—导辊 3—包带盘 4—电缆线芯

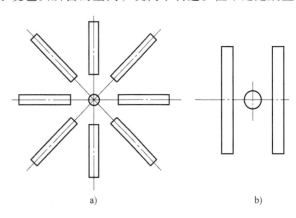

a)   b)

图 4-89 切线式和半切线式包带盘与线芯位置关系
a) 切线式 b) 半切线式

带盘数量少，一般只能放两盘或四盘。半切线式绕包头的特点是调整方便，绕包质量较好。钢带装铠层的绕包即采用这种绕包方式。

5. 同心式绕包头

同心式绕包头在电缆产品的生产过程中应用较多，如交联电缆的铜带屏蔽、耐火云母带、通信电缆的纸绝缘、玻璃丝包线的绕包均采用同心式绕包头，布置型式如图 4-87e 所示。这种绕包头的包带盘同心地套在线芯外，带盘平面与电缆轴线垂直，绕包时，带盘不转，只是支架在旋转，支架旋转的同时将包带从带盘上绕下，绕包到线芯表面。因带盘不参与旋转，重量减轻，同时回转半径小，所以其转速是几种绕包型式中最高的，可达 600 ~ 1000r/min，缺点是不能随时更换带盘，要有储带盘装置，按电缆生产需要一次备足。

三、绕包的张力控制

绕包质量和生产效率，一方面取决于绕包头的型式，另一方面与带盘星形夹上张力调节装置的完善程度有密切关系。绕包过程中，包带应具有一定张力，以使包带包的紧，保证间隙不变化，而且张力均匀，包带不易断裂，以提高生产效率。

普通的绕包张力装置，是在带盘的星形夹上有一制动圆盘，一条皮革张紧带包住制动盘，用调节螺丝控制张紧带与制动圆盘之间的摩擦程度来产生制动力，以控制带盘大小不同对包带张力的影响。在大带盘时，包带转动力矩大，包带容易转动，包带本身制动力小，所以包带张力小，这时需要调紧螺丝，增大张紧带的制动力。带盘减小时，转动力矩也小，转动困难，包带本身制动力大，包带拉力就大，这时需要调松螺丝，减小张紧带的制动力。这种方法调节包带张力是不连续的，不能完全解决带盘从大变小时对包带张力的影响。这种简单的张力调节装置只用于对绕包质量要求不高的包带绕包。

比较完善的绕包张力调节装置，应能连续自动控制绕包张力，使绕包紧实。常用的一种机械张力控制装置如图 4-90 所示。该装置具有一个转动支架，转轴由一个弹簧拉着。支架上安装两个导辊，弹簧使两导辊具有一转动力偶，支架一端与星形夹上制动带相连，包带通过两导辊再经导杆包到电缆线芯上。当带盘大时，带盘制动力小，弹簧拉使两导辊力偶有顺时针转动趋势，这时星形夹上制动带被拉紧，增加了包带的张力；当带盘小时，带盘本身制动力增大，包带的张力大于弹簧的拉力，两导辊力偶有克服弹簧拉力向逆时针方向转动的趋势，这时星形夹上制动盘上的制动带松动，减小了带盘本身的制动力，这就补偿了带盘小时包带张力的增加。因此，带盘大小不同时，包带的张力基本与弹簧所引起的两导辊的转动力偶相平衡，从而达到恒定控制绕包张力的目的。

利用力矩电动机控制包带张力是一种电动式包带张力控制装置。力矩电动机具有软特性，并且恒转矩，所以适用于调节包带张力。如图 4-91 所示。

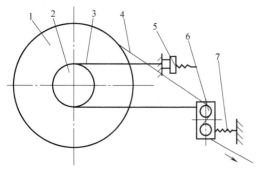

图 4-90　杠杆反馈式恒张力控制装置
1—带盘　2—制动盘　3—制动带　4—包带
5—调节螺丝　6—转矩导辊　7—弹簧

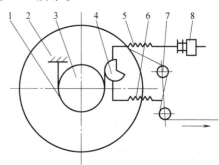

图 4-91　电子恒张力控制装置
1—制动带　2—带盘　3—制动盘　4—制动曲轴　5—张力弹簧
6—缓冲弹簧　7—脉冲发生摆杆　8—调节旋钮

第十一节　收放线装置

放线装置、收线装置、排线装置是电缆制造设备中应用最广、通用性最强的辅助设备，与主机配套组成了电线电缆的专用机组或生产线，收线和放线设备结构非常相似，在此一起介绍。

一、收放线装置

收放线装置执行将线材收绕到线盘或从线盘放出的任务，设备类型、配置基本相同，不同之处在于收线时还要将线材在盘具上排列整齐，因此，收线时还需增加排线装置。设备标准上将收放线装置分为立柱式、行车式、导轨式、静盘式几种，以线盘的最大直径为主参数，在实际生产中还有一些简单实用的收放线方式如悬臂式放线、成圈放线、桶式收线等。

1. 立柱式收放线装置

（1）设备配置

立柱式收放线装置主要用于绞线、挤塑、交联、挤橡、成缆、装铠等工序设备的收放线。常用 1250、2000 和 2500mm 三种规格，载重为 2.5~15t。

立柱式收排线装置主要由收线架、排线架和传动机构等组成。按照收线架的结构可将其分为光轴型和端轴型收线架，也称有轴式和顶针式。光轴型是用一根轴杆（光轴）来支承线盘，光轴穿过收线盘中心轴孔，两端分别支承在两端立柱的托架上。端轴是一根短轴，一端与托架支承座连接，另一端插入轴孔，两侧立柱各连接一端轴，从两端顶紧和支承线盘。如图 4-92 所示即为端轴型立柱式收排线装置。

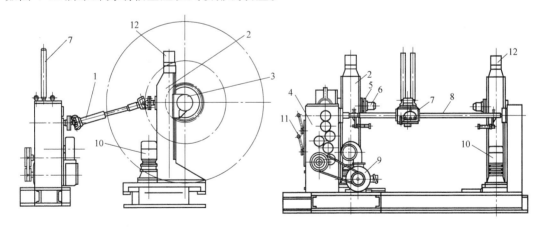

图 4-92　TSZD 2500/10 型收排线装置

1—万向联轴节　2—立柱　3—线盘托架　4—变速齿轮箱　5—拨盘　6—端轴　7—排线器
8—排线光杠　9—收线电机　10—立柱移动电机　11—档位变换手柄　12—升降电机

收线架由分别装于槽钢底座上的两个带有托架的立柱组成，托架通过光轴或端轴支承线盘，托架可沿立柱导轨面机动升降，升降有单独电机控制，升降线盘以适应不同直径线盘和完成线盘装卸。收线架的一侧立柱可沿底座导轨水平横向移动，以适应不同宽度线盘。收线电机的旋转动力通过收线变速箱经万向联轴节、锥齿轮或蜗杆蜗轮传动到托架上的拨盘，经拨盘带动收线盘旋转。变换变速箱手柄，可得多级变速。

排线动力是经无级变速装置及链传动,驱动排线光杆或丝杆旋转,离合器用来控制排线方向。

(2) 收线盘的卷绕特性

牵引的线速度一定,如果收线盘转速固定,则随着收线盘卷绕直径的增大,收线盘表面线速度会逐渐增大,导致张力增大使线被拉细或拉断。为控制收线张力恒定,收线盘卷绕直径增大时,收线盘的转速要逐渐降低。为使收线张力和收线速度都保持为常数,收线盘的转速 n 和转矩 T 的乘积应为一恒定值,即 $T \cdot n =$ 常数。低速时常采用具有恒功率特性的力矩电机加调压器控制张力,高速时则通过拾取张力变化的信号控制直流电动机或交流变频电动机的转速控制张力的恒定。

控制方法基本有两种:张力反馈法和速度反馈法。

1) 张力反馈法:把出线至收线盘之间一段线材的张力变化通过一定的装置反馈到控制收线盘转速的系统中去,使收线盘的收线速度与出线速度保持同步,达到保持张力恒定的目的。该法不适用于细线,对较大截面积线材可采用力矩电机或叶片式摩擦离合器等,使张力保持一致。

2) 速度反馈法:如图 4-93 所示,当收线盘 4 的绕线直径增大时,收线速度大于出线速度,使图中导轮 2 位置下降,与杠杆连杆在一起的电压调节器的输出下降,使带动收线盘的电磁离合器 3 的激磁电流下降,转动力矩减小,收线盘转速降低。调节重锤 1 在杠杆上的位置,可改变收线张力大小。该方法控制不够灵敏,不能用于微细线。

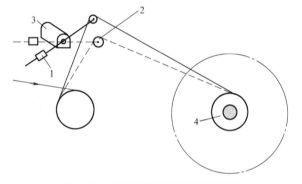

图 4-93　速度反馈控制装置示意图

电气控制方面常采用交流力矩电动机、滑差电动机和电气控制系统来实现恒张力,要求更高的收线装置则采用直流电机作动力。

2. 行车式收放线装置

行车式收放线装置因收线、排线均有位于龙门架上的移动小车控制,类似于行车的移动,故名。该装置多用于挤塑、交联、连硫等工序的收放线。常用 1250 、2000、2500 、3150、4000mm 几种规格,载重为 1~20t。

如图 4-94 所示,行车式收线装置主要有龙门架、移动小车、左右吊臂、排线机构、夹紧张开机构、排线导向机构和收线机构等部分组成。

龙门架是行车式收线装置的主要承重部件,一般为桁架结构,有单排横梁和双排横梁结构,以适应不同载重量和收线盘规格。升降机构为两个可上下伸缩的吊臂,吊臂下端有用于支撑线盘的端轴型顶针。两吊臂的间距可调,以适应不同宽度的线盘。吊臂可同时亦可单独上下运动,以便夹持不同高度的线盘。

收线机构安装在悬臂上,由收线机构拨动收线盘转动完成收线工作。其传动部分包括直流电动机、减速箱、有级变速箱等,可根据收线速度进行调整。若用于放线,该机构可完成主动放线或赋予放出线材一定的张力。

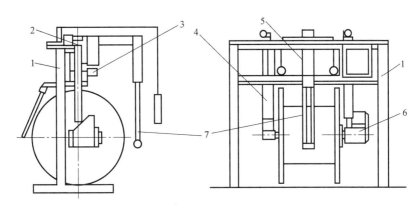

图 4-94 行车式收线装置

1—龙门架 2—移动小车 3—夹紧张开机构 4—吊臂 5—排线机构 6—收线机构 7—排线导向机构

排线功能通过移动小车带动收线盘左右移动实现的，通过改变移动小车的运行速度可改变排线节距，保证收线整齐。排线导向机构的作用是使电缆产品在收线过程中的中心位置保持不变，两排线导辊之间的距离可以调整，亦可同时摆动，以适应不同规格线缆产品和线盘的要求。

3. 导轨式收放线装置

导轨式收放线装置可用于绞线、挤塑、挤橡、成缆、装铠、压铅等等工序，常用 2000、2500 、3150、4000mm 几种规格，载重为 5~40t，是承重最大的收放线装置。

导轨式收放线装置因其门架立于地面导轨上而得名。主要结构有升降机构、移动机构、排线机构及传动机构，如图 4-95 所示。该装置门架可沿导轨左右整体移动，以调整收放线盘的左右位置；亦可沿导轨单侧移动以调整门架宽度，适应不同宽度线盘。收线盘由端轴支承并可沿立柱导轨面机动升降，以适应不同高度的线盘。

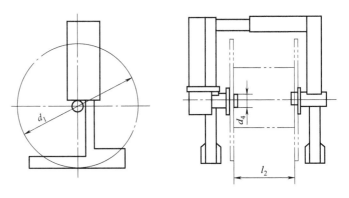

图 4-95 导轨式收放线装置

通过门架在导轨上横向移动盘具来实现排线，通过改变门架横向移动速度改变排线节距。

4. 柜式收线装置

柜式收线装置因整体外形为柜形而得名，常用于 400、500 、630mm 几种小规格线盘收线，载重为 100~600kg。

柜式收线装置有单盘和双盘之分，根据两线盘位置关系，双盘收线又分为对轴式和平行式，如图 4-96 所示。对轴式的特点是两收线盘同轴排列，轴向尺寸较大，结构较简单，但实现自动上下盘有困难，不适合用于高速收线场合；平行式的特点是收线盘前后平行排列，容易实现自动换盘，但控制较复杂。双盘收线可实现不停机自动换盘，适合连续生产，在高速拉线、挤塑和漆包线生产中应用较多。

双盘平行柜式收线装置的结构组成如图 4-97 所示。其由两个直流电机拖动收线盘旋转，当一盘线收满后，空盘开始旋转，排线器将线推向空盘，压线辊向下压线，捕线器抓住线并绕到旋转空盘上。刹车机构制动，满盘停止旋转，人工卸下满盘，装上空盘。收线装置上有储线器，其可以补偿在换盘过程中产生的行线速度与收线的速度差，并保持收线盘从从空盘到满盘收线过程的速度恒定。

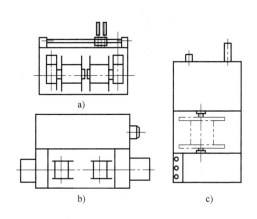

图 4-96　柜式收线装置图

a）对轴式双盘收线　b）平行式双盘收线

c）单盘收线

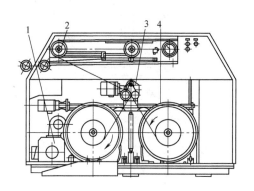

图 4-97　双盘平行柜式收线装置

1—传动装置　2—储线张力装置

3—排线装置　4—换盘机构

5. 静盘放线装置

静盘放线又称为越端放线，常用形式为转臂式、转盘式和毛刷式，还有一种钟罩式适合更细线径放线。静盘放线将线盘直接放置于地面，不使用放线架，因此操作简单，占地面积小，放线盘数组合灵活；不用拖动线盘转动，放线阻力小。特别适合细线径、多盘放线，放线盘直径范围一般在 160～630mm。多用于束线机、热镀锡机和漆包线的生产。

静盘放线时，放线盘侧板平放于地面，静止不动，被牵引的单线从放线盘上方侧板逆缠绕方向抽出，一圈圈从线盘上方呈螺旋状绕下并放出。在上侧板上附加一定的装置以避免单线和线盘边缘摩擦受损并对线材施加一定的张力，放线形式即根据该装置命名，结构形式如图 4-98 所示。

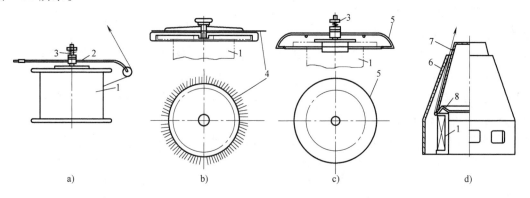

图 4-98　静盘放线装置

a）转臂式　b）毛刷式　c）转盘式　d）钟罩式

1—放线盘　2—转臂　3—张力调节装置　4—毛刷　5—摩擦片及转盘　6—外锥筒　7—内锥筒　8—不锈钢托盘

1）转臂式：图 4-98a 的放线盘上端装有能自由旋转的转臂，单线穿过转臂的端部放出，转臂放线转架内配有轴承，放线时转臂作灵活的圆周运动，在固定轴与轴架之间装有弹簧、毛毡和摩擦片，放线张力可通过螺母调节。

2）毛刷式：图 4-98b 在放线盘的上侧板放置由尼龙丝或鬃毛制成的环状毛刷，毛刷对放线张力起控制作用，避免停车时因惯性而乱线。

3）转盘式：图 4-98c 是放线盘上侧板放置由金属丝制成的转盘，转盘内配有轴承，转动灵活，转盘与固定轴之间装有弹簧、毛毡和摩擦片，通过螺母可调节放线张力。单线沿转盘滑动而不与线盘边缘接触，转盘表面镀铬起光滑耐磨作用。

4）钟罩式：图 4-98d 是在线盘上放一置钟罩形装置，该装置由内、外锥筒和不锈钢托盘等部分组成。内、外锥筒由 1mm 厚铝合金板整体加工成型，内锥筒通过不锈钢托盘固定在线盘上，线材沿光滑的内外锥筒的间隙引出。该方式适合 $\phi 0.10$ mm 以下细线放线。

6. 其他几种收放线装置

1）悬臂无轴式放线装置：这种放线装置放线盘直径一般在 2000mm 以下，最大载重为 6t。对线盘的支撑采用悬臂支架，配以移动顶尖式芯轴，使放线装置结构轻巧，使用方便，如图 4-99 所示。悬臂与底座活动连接，其支架升降用液压传动，支撑端轴一段是固定的，另一端用手轮转动调节。当线盘宽度较大时，活动顶尖移动距离较大。线盘负荷施加于芯轴上的悬臂力矩甚大，将会导致芯轴弯曲，所以线盘重量受限。

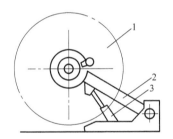

图 4-99　悬臂无轴式放线装置
1—放线盘　2—悬臂　3—液压缸　4—手轮　5—盘式制动器

2）成圈放线：一种类似于静盘放线的无轴放线方式，广泛用于大拉机放线。将成圈线材的内线端直接向上提起，通过上方线架和拉线机进线端的导轮引入拉线机，这种方式每放出一圈线，线材就受一次扭转，因此不适用于型线放线。

3）筐式收放线：采用的线筐由内芯筒和外筐架组成，两者之间的环形间隙是承装线材的空间，如图 4-100 所示。筐式收线是线材通过导引回转轮使线材连续自由落至特制线筐内外筒的间隙中，回转导轮导引线材以芯筒为轴偏心叠放，多圈线材叠放在一起呈现梅花状，故也称为梅花落筒收线。这样落线可避免放

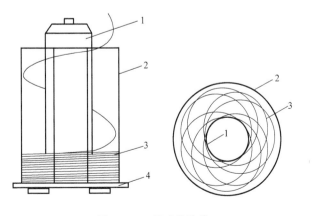

图 4-100　筐式收放线
1—芯筒　2—外筐体　3—导线　4—底座

线时出现压线和乱线，这种收线装置容量大，可装 1~2t 线材，适用于工序间周转。

与成圈放线类似，将线端从筐中将向上方引出就是筐式放线，但放线过程中线材会受到扭转。

4）成圈收线：

① 鼓轮收线：将拉制的线材直接收绕在拉线机鼓轮上，用专用的吊线钩取下，捆扎成圈，适用于工序间半成品的周转，但每圈的重量小。

② 叠绕式成圈收线：将拉伸后的线材卷绕在特制的收线盘上，待线满后脱卸一侧盘盖，取下成圈线材捆扎而成。这种装置一般适用于大、中规格的铜、铝扁线。

二、排线装置

排线装置是将线材在线盘上收绕整齐，防止放线时出现交叉、乱线的装置。对排线机构的基本要求是行走平稳，速度均匀；要求排线节距与所收绕线材的直径和收线速度有良好配合，收线盘旋转一圈，排线器带动线材移动一个直径的距离，故排线宽度和节距应方便调整。排线装置的结构类型较多，介绍如下：

1. 凸轮排线

机构如图 4-101 所示。摆杆在拉力弹簧作用下压紧在凸轮上，当凸轮匀速转动时，带动摆杆做往复运动，驱动排线器左右移动。当凸轮的最大半径处与摆杆接触时，摆杆带动导轮到达最大排程，凸轮继续回转，排线器开始向回排线；最小半径处与摆杆接触时，导轮到达最小排程，继而改变排线方向。这种排线机构通过调节螺杆可改变排线宽度；调整凸轮转速可改变排线节距；调节排线轮的导向位置可改变排线位置。

2. 皮带排线

机构如图 4-102 所示。皮带排线工作过程是电动机通过带轮带动皮带运转，皮带始终按同样方向旋转。当直流电磁铁通电后，吸合夹紧元件夹紧在皮带一侧，皮带带动排线导轮移动，到达限位的限定位置后，触碰限位开关，电磁铁释放，另一侧电磁铁吸合，夹紧元件又夹紧在皮带的另一侧，带动排线导轮反向移动。电磁铁吸合夹紧元件交替吸合在上下侧皮带，带动排线导轮完成往复直线运动，完成排线。

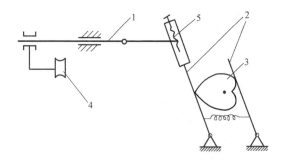

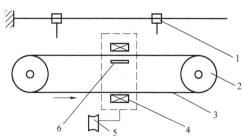

图 4-101　凸轮排线机构
1—导向杆　2—摆杆　3—排线凸轮
4—排线导轮　5—调节螺

图 4-102　皮带排线机构
1—限位开关　2—皮带轮　3—皮带
4—电磁铁　5—排线导轮　6—夹紧元件

3. 丝杆排线

丝杆排线机构由排线丝杆、螺母、换向杆及环形离合器等组成，如图 4-103 所示。丝杆排线通过丝杆的旋转驱动排线器移动，排线节距由丝杆的旋转速度控制，通过改变丝杆转速实现排线节距的变化，排线架的往复运动是通过丝杆的正反转来实现的，由可改变位置的左右限位块控制排线行程。当排线器向右移动顶推到右面的限位块时，限位块带动换向杆向右移动，拨动换向离合器，丝杠的旋转方向改变，排线器开始向左移动，直至触碰左端限位，丝杠转向再次改变，这样实现往复排线。

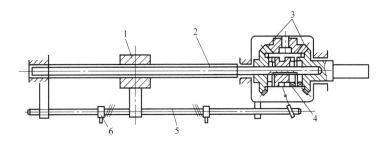

图 4-103　丝杆排线机构
1—螺母　2—丝杆　3—圆锥齿轮　4—离合器　5—换向杆　6—限位块

4. 光杆排线

如图 4-104 所示，光杆排线器由光杆及三个滚动轴承等零件组成，三个滚动轴承分别装在三个方形框架上，方形框架用短轴装在排线座上。

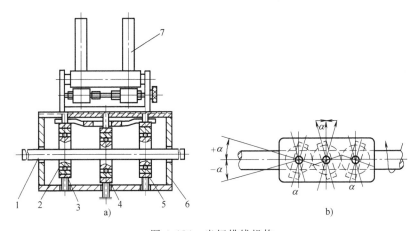

图 4-104　光杆排线机构
1—光杆　2—轴承　3、4、5—方形框　6—排线座　7—排线器

三个滚动轴承内环为圆弧面，套在排线器的光杆上作为转环，与光杆表面靠摩擦力接触。中间一个圆环与光杆的上面接触，另两个对称地在该轴承两侧，内环与光杆的下面接触，并且轴承与光杆是倾斜接触，倾角均为 α。光杆转动，在转环与光杆之间摩擦力作用下，转环也随光杆一起转动；又由于转环与光杆间有夹角 α，相当于一个螺旋线的三段，共同形成一条虚拟螺纹。将会产生向左或向右的分力，使整个排线机构在光杆上向左或向右移动，当转环上的转向器触到定位挡块时，三个转环同时反向，转过 2α 角，夹角变为 $-\alpha$，虚拟螺纹变为反螺纹，整个排线机构反向移动，达到换向的目的。若需改变排线节距，只需调整转环与光杆的偏角 α 大小即可。改变排线速度通过改变光杆转速来实现。

第十二节 牵引装置

牵引装置的作用是拖动线芯，赋予其前进动力的装置。牵引装置应运行平稳，速度均匀，无停滞或冲击现象，并能够变速以满足不同的生产速度要求。根据主要部件的形状和作用形式不同，牵引装置分为轮式、履带式和轮带式牵引，按照动力来源不同，轮式和履带式又分为主机联动和单独驱动两种形式。

一、轮式牵引

轮式牵引的规格按牵引轮的直径划分，为 $\phi630\sim\phi3150mm$，牵引力为 $8000\sim50000N$。按照牵引轮数量又分为单轮牵引和双轮牵引。轮式牵引结构简单，应用普遍。由于机器中心高大多为 1000mm，因此牵引轮直径超过 1600mm 时就需要挖地坑。

轮式牵引需要被牵引线材要在牵引轮表面缠绕一定圈数，依靠收线拉力使绕在其上的线材与轮面产生摩擦力，牵引轮转动，在摩擦作用下对线材产生牵引力牵引制品前进，因此牵引开机的同时，收线必须同时开机，否则，就会出现牵引"打滑"而失去牵引力。

主机联动轮式牵引能实现有节距要求的产品生产，可用于绞线、成缆、装铠等工序生产。单独驱动式轮式牵引主要用于无节距要求产品生产，如挤塑、连硫、交联等工序。

1. 单轮牵引

单轮牵引由牵引轮、分线环和变速箱等部分组成，如图 4-105 所示。主机动力由地轴传动牵引变速箱，再经小齿轮和牵引轮上的大齿圈传动牵引轮。

牵线轮的直径选取，从减小线材弯曲和增加轮面与绞线摩擦力来考虑，应取愈大愈好。但牵引轮愈大，愈笨重，占地也大。一般取线径的 $30\sim40$ 倍为宜。通常在牵引轮上设有拨线环。拨线环斜套在牵引轮上随轮转动。拨线环倾斜的角度，随着被牵引线缆外径不同，由导向轮调整后固定。与牵引轮转动同时，分线环将线材向外侧推移，为下一圈线进入移出空。由于分线环迫使线材在轮面上沿牵引轮轴向平移，使线材与轮面间产生摩擦，加上收线部分的张力使线材紧压着轮面，对线材的表面质量和圆整性不利。因此单轮牵引适用于对制品表面要求不是很高的制品，如成缆、装铠线芯，不能用于绞线、绝缘、护套等工序使用。线材在轮面上绕 $3\sim4$ 圈后，引到收线装置，缠绕圈数少，摩擦力小，容易打滑；缠绕圈数多，摩擦力过大，使线材轴向平移困难，易造成压线。

2. 双轮牵引

双牵引轮如图 4-106 所示，两个轮子通常是水平方向平列，可以都是主动轮，也可以只有一个主动轮。两轮的轮面至少有一个有分线槽，起到分线作用。另一个也可以采用平滑轮面。分线轮可以与主动轮同大，也可以比主动轮小，圆周面上开有 $4\sim8$ 个半圆弧槽。由于在一个轮面上的线材互不挤压，线材在槽内与轮面又有大的接触面，故比单牵引分线可靠。线材与轮面也无滑动，不会擦伤线材表面，不用过大的收线张力即可产生较大摩擦力，故对圆整度影响也小。但结构比单轮牵引复杂，占地面积也较大。用于对制品表面质量有要求的制品，如绞线等工序。

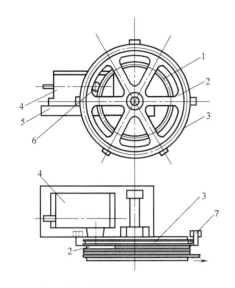

图 4-105　单轮牵引结构示意图

1—大齿圈　2—牵引轮　3—拨线环　4—变速齿轮箱
5—基座　6—齿轮　7—导向轮

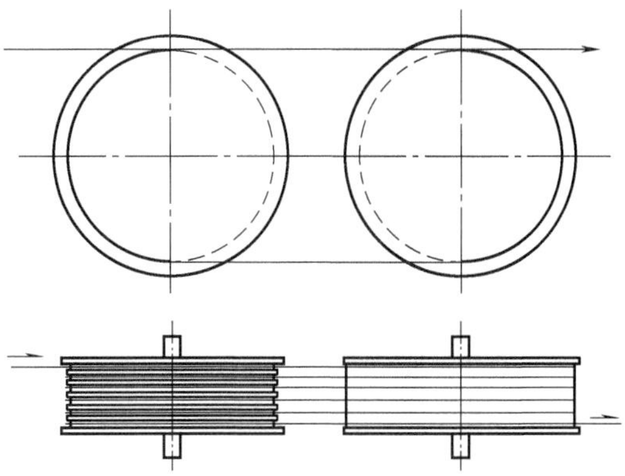

图 4-106　双轮牵引结构示意图

二、履带式牵引

履带式牵引的主参数为牵引力大小（单位：daN），以此规定设备规格，牵引力主要有 5000~50000N，适用制品最大外径为 60~200mm。其采用直线运行方式，被牵引制品不承受弯曲，适用于对弯曲半径倍比要求较大的产品和大规格制品；牵引和线材不产生滑动，可用于对表面质量要求高的制品。收线停止工作对牵引不产生影响，适应工序多，可用于交联、挤塑、连硫、装铠等工序生产。履带式牵引可实现不停机换收线盘，而且占地面积小，又不需挖地坑，但结构较轮式牵引复杂。

如图 4-107 所示，履带式牵引是将被牵引电缆夹持在两传动皮带之间，在气缸的压力作用下，由电缆与皮带间的摩擦产生牵引力，拖动电缆向前运动的。皮带的运动是由主牵引轮驱动的，主牵引轮设在出线端；从动轮与张紧气缸相连，通过张紧气缸调整皮带张力，以防止皮带打滑。上下导轮由蜗轮箱传动两条环形平带，由中间几组加压气缸压紧，带动夹着电缆的牵引平带移动。牵引力的大小可通过调节进入加压气缸的压缩空气气压来改变。

三、轮带式牵引

轮带式牵引规格以牵引轮直径而定，为 $\phi 630 \sim \phi 3550$mm，牵引力为 5000~50000N。轮带式牵引工作平稳，牵引力可调，但径向尺寸大，在交联、连硫等工序应用较多。

如图 4-108 所示，轮带式牵引主要有导向轮、张紧气缸、皮带、带轮和牵引轮组成。环形牵引皮带共有两条，分别包绕于牵引轮和张紧轮上，被牵引电缆由牵引轮下方进入两皮带间，由上方引出。当牵引轮转动时，电缆被牵引向前运行。由于牵引力由内外带对电缆所形成的正压力而产生，因此要求有很高的机械强度，一般用尼龙织物与橡胶层压硫化方法制造。张紧气缸的作用是使皮带张紧，并且使外带对电缆制品产生足够压力。

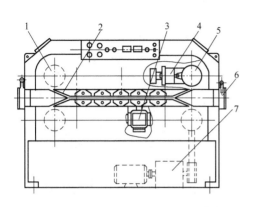

图 4-107　履带式牵引装置

1—从动轮　2—皮带　3—加压气缸　4—张紧气缸
5—主动轮　6—导辊　7—传动装置

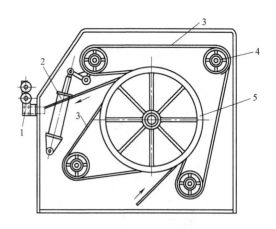

图 4-108　轮带式牵引装置

1—导向轮　2—张紧气缸　3—皮带
4—张紧轮　5—牵引轮

第十三节　传动和调速系统

高速旋转是电线电缆设备的典型特征之一，电动机通过带传动机构、齿轮传动机构传送动力并调节速度，由传动轴、万向联轴器传送到设备的各部分，达到工艺目的。

一、机械传动基础

机械传动和调速有多种形式，我们主要分析应用最多的齿轮传动和带传动。

1. 传动机构

（1）齿轮传动　具有传动效率高、工作可靠性高、传动比范围大便于调速等优点，但其不适于较远距离传动，在电缆设备的齿轮箱与电动机之间都有较长的传动轴。

齿轮传动机构种类较多，如图 4-109 所示为传动系统中常用的两种形式。图 4-109a 为外啮合齿轮机构，用于传动两平行轴之间的运动和动力，两齿轮转向相反；图 4-109b 为锥齿轮机构，用于两相交轴之间的传动，可改变运动和动力的传动方向。

（2）带式传动：如图 4-110 所示为带式传动，由主动轮、从动轮和传动带组成，常用

a)　　　　　　b)

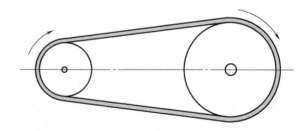

图 4-109　齿轮传动机构

a）外啮合齿轮机构　b）锥齿轮机构

图 4-110　带式传动机构

的带式传动形式有平带、V形带和多楔带式传动，后两种应用较多。工作时两带轮具有相同的转向。带式传动具有传动距离较大、噪声小、成本低、通过带与带轮间打滑起到过载保护作用等优点。但存在传动比不准确、机械效率较低、寿命短的缺点。

2. 传动比

传动比是指在传动机构中，主动轮与从动轮的角速度之比，也叫速比。

（1）齿轮机构　以如图4-109a所示一对圆柱齿轮传动进行分析。齿轮系通过轮齿啮合，转动速度与齿轮的齿数成反比。设主动轮角速度、齿数和转速分别为ω_1、z_1和n_1，从动轮角速度、齿数和转速分别为ω_2、z_2和n_2，该轮系的传动比为

$$i_{12} = \frac{\omega_1}{\omega_2} = \frac{n_1}{n_2} = \pm \frac{z_2}{z_1} \tag{4-3}$$

图中所示为外啮合传动，两轮转向相反，取"－"号；若为内啮合传动，两轮转向相同，取"＋"号。

若传动经过一系列齿轮系的传动，最后经K轮将动力传出，该轮系的传动比为

$$i_{1K} = \frac{n_1}{n_K} = (-1)^m \frac{z_2 z_4 z_6 、\cdots 、z_K}{z_1 z_3 z_5 、\cdots 、z_{K-1}} \tag{4-4}$$

式中，z_2、z_4、$\cdots$、z_K为齿轮系各从动轮的齿数，z_1、z_3、$\cdots$、z_{K-1}为齿轮系各主动轮的齿数，m为轮系中外啮合齿轮的对数。

（2）带传动机构　带传动机构中，主动轮与从动轮圆周的线速度应相等，但由于弹性滑动的影响，实际从动轮的圆周速度v_2低于主动轮的圆周速度v_1。采用V带、多楔带时，滑动率很小，一般可忽略。设主动轮角速度、直径和转速分别为ω_1、d_1和n_1，从动轮角速度、直径和转速分别为ω_2、d_2和n_2，传动比为

$$i_{12} = \frac{\omega_1}{\omega_2} = \frac{n_1}{n_2} = \frac{d_2}{d_1} \tag{4-5}$$

3. 变速系统

变速齿轮箱上有变速手柄，通过操作变速手柄，能获得所需的多种生产速度，这个能够调节速度的系统就是变速系统。变速系统由变速机构与操纵机构组成。

（1）变速机构　又分为滑移齿轮变速和离合器变速。

① 滑移齿轮变速如图4-111所示，将双联或三联齿轮沿轴滑移到不同的啮合位置，可

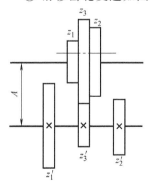
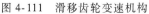

图4-111　滑移齿轮变速机构

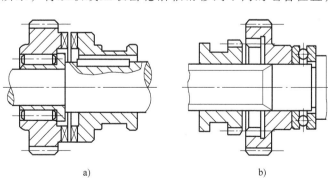

图4-112　离合器变速机构
a）牙嵌式离合器　b）齿轮式离合器

得到需要的不同速比。这种结构必须采用直齿轮，变速前，还要先停车后操纵手柄。

②当齿轮为斜齿或人字齿时，不能采用滑移齿轮变速，这时可应用端面有牙的或内外齿轮的离合器进行变速，如图4-112a所示为牙嵌式离合器，如图4-112b所示为齿轮式离合器。

（2）操纵机构　多采用摆动式操纵机构，如图4-113所示。转动手柄，带动摆杆、滑块，拨动如图4-111所示三联齿轮移动，形成不同的齿轮系配合，实现变速。

二、主传动系统

多数电线电缆设备由主电动机驱动主机和牵引装置，而收、排线由收线电动机驱动。电动机产生高速旋转，通过齿轮或带轮传入减速齿轮箱（拉线机、挤塑机等多采用带轮传动，绞线机、成缆机、装铠机等多采用齿轮传动），再经传动轴传入变速齿轮箱。通过变换变速齿轮箱上的调速手柄，改变变速齿轮箱的输出转速。变速齿轮箱最后一级齿轮可直接驱动绞线机、成缆机、装铠机的绞笼旋转或绕包头；对于挤塑机是驱动螺杆旋转。对各设备的牵引和拉线机而言，齿轮驱动牵引轮或拉线鼓轮旋转，牵引轮或拉线鼓轮将旋转运动转化为直线运动，完成牵引或拉线。下面我们就以绞线设备为例来分析动力的传动过程。

以JLY-400/12+18摇篮式绞线机为例来分析传动系统的组成及各部分的作用。该绞线机的传动系统如图4-114所示，12盘绞笼与18盘绞笼的传动和变速系统一致，图中只显示了18盘绞笼的系统。绞线机的主要技术参数见表4-6。

通过笼体的变速装置，可使笼体获得6级转速。通过转向装置，可使笼体获得顺或逆时针方向的转动。牵引装置采用双轮牵

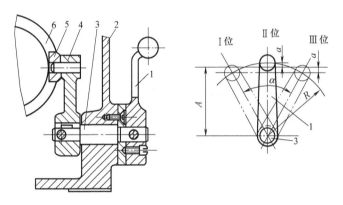

图4-113　摆动式变速操纵机构
1—手柄　2—齿轮箱壁　3—轴　4—摆杆　5—滑块　6—滑移齿轮

引，通过牵引变速箱可使牵引获得27级牵引速度。6级转速与27级牵引速度配合，保证绞线机能生产89~3358mm不同节距的绞线。

表4-6　JLY-400/12+18摇篮式绞线机主要技术参数

名称	参数	名称	参数
绞合截面积/mm²	70~400	收排线电动机(力矩电动机)	
笼体转速/(r/min)	10.7,14.8,20.5,28.5,39.5,54.6	力矩/(N·m)	40
		转速/(r/min)	960
牵引速度/(m/min)	4.86~35.93	线盘升降电动机(异步电动机)	
绞合节距/mm	89~3358	功率/kW	2.2
		转速/(r/min)	1430
主电动机(绕线式)功率/kW	18.5	放线盘最大尺寸($d_1 \times d_2 \times l_1$)/mm	400×200×236
转速/(r/min)	940	收线盘最大尺寸($d_1 \times d_2 \times l_1$)/mm	2000×1120×1400

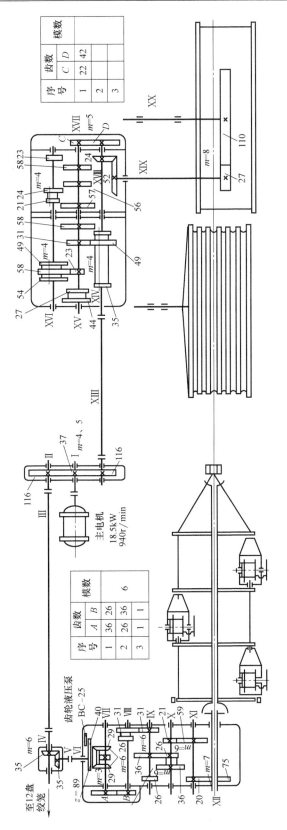

图 4-114　JLY-400/12+18 笼型摇篮式绞线机主传动系统图

主机传动系统主要包括主电动机、双出轴齿轮减速箱、笼体变速箱和牵引变速箱等。

1. 绞笼传动系统

(1) 绞笼传动路线　主电动机经过联轴器，转动轴 I，再由齿轮系 37/116 传给轴 II，经联轴器再传给轴 III、IV，轴 IV 的运动由齿轮系 35/35 传给轴 V，经联轴器再传给轴 VI，离合器 M 起改变绞笼转向作用，M 向左移动，与左侧齿轮 29 啮合，笼体正转，反之笼体反转。轴 VII 的运动由交换齿轮副 A/B 传给轴 VIII，轴 VIII 装有双联齿轮，当齿轮系 31/31 啮合时，使轴 IX 得到一种转速；齿轮系 26/36 啮合时，轴 IX 得到另一转速。轴 X 上也装有双联齿轮，变换齿轮系 36/26 及 26/36 啮合，可使轴 X 得到 4 种转速。轴 X 的运动经齿轮系 21/59 啮合传给轴 XI，经齿轮系 20/75，使轴 XII 的运动通过联轴器传给绞笼。

主传动路线为：

$$\text{电动机}\rightarrow\text{I}\left[\frac{37}{116}\right]\xrightarrow{\text{II、III、IV}}\left[\frac{35}{35}\right]\xrightarrow{\text{V、VI}}\left[\frac{29}{29}\right]\xrightarrow{\text{VII}}\left[\frac{A}{B}\right]\xrightarrow{\text{VIII}}\left[\begin{matrix}\frac{31}{31}\\[4pt]\frac{26}{36}\end{matrix}\right]\xrightarrow{\text{IX}}\left[\begin{matrix}\frac{36}{26}\\[4pt]\frac{26}{36}\end{matrix}\right]\xrightarrow{\text{X}}\left[\frac{21}{59}\right]\xrightarrow{\text{XI}}\left[\frac{20}{75}\right]\xrightarrow{\text{XII}}\text{笼体}$$

电机
减速箱　　　　　　　　转向
　　　　　　　　　　　离合器

(2) 绞笼传动计算

由式 4-4，得：
$$n_K=\frac{n_1}{i_{1K}}=n_1\times\frac{z_1z_3z_5\cdots z_{K-1}}{z_2z_4z_6\cdots z_K} \tag{4-6}$$

18 盘绞笼转速计算如下：

$$n=940\times\frac{37}{116}\times\frac{35}{35}\times\frac{29}{29}\times\frac{A}{B}\times\left[\begin{matrix}\frac{26}{36}\\[4pt]\frac{31}{31}\end{matrix}\right]\times\left[\begin{matrix}\frac{36}{26}\\[4pt]\frac{26}{36}\end{matrix}\right]\times\frac{21}{59}\times\frac{20}{75}$$

式中，A/B 为调速齿轮系之一，交换齿轮齿数分别为 36/26 和 26/36。

在传动系统中，共设有 3 个变速手柄，每个变速手柄有两个变换档位，绞笼可得到 2×2×2＝8 级转速，减去两档转速相同，绞笼共有六级转速供调整使用。各档转速及对应的传动路线见表 4-7。

表 4-7　绞笼转速及对应调速档位

1 档	2 档	3 档	绞笼转速 /(r/min)	1 档	2 档	3 档	绞笼转速 /(r/min)
A/B = 26/36 I 位	26/36 I 位	26/36 I 位	10.7	A/B = 36/26 II 位	26/36 I 位	26/36 I 位	20.5
		36/26 II 位	20.5			36/26 II 位	39.5
	31/31 II 位	26/36 I 位	14.8		31/31 II 位	26/36 I 位	28.5
		36/26 II 位	28.5			36/26 II 位	54.6

2. 牵引传动系统

(1) 牵引传动路线　牵引装置传动系统主要包括主电动机、双出轴齿轮减速箱、牵引变速箱等，牵引变速箱最后一级传动轴与牵引轮的驱动齿轮连接，通过牵引轮的齿轮系驱动牵引轮旋转。如图 4-114 所示得出牵引装置传动路线为

$$\text{电动机} \rightarrow 1 \begin{bmatrix} \dfrac{37}{116} \end{bmatrix} \xrightarrow{\text{II、III、IV}} \begin{bmatrix} \dfrac{49}{31} \\[4pt] \dfrac{23}{58} \\[4pt] \dfrac{35}{44} \end{bmatrix} \xrightarrow{\text{XI、V}} \begin{bmatrix} \dfrac{27}{54} \\[4pt] \dfrac{23}{58} \\[4pt] \dfrac{31}{49} \end{bmatrix} \xrightarrow{\text{X、VI}} \begin{bmatrix} \dfrac{21}{57} \\[4pt] \dfrac{24}{56} \\[4pt] \dfrac{23}{58} \end{bmatrix} \xrightarrow{\text{X、VII}} \dfrac{C}{D} \xrightarrow{\text{X、VIII}} \dfrac{24}{52} \xrightarrow{\text{X、IX}} \dfrac{27}{110} \xrightarrow{\text{X、X}} \text{牵引轮}$$

电机
减速箱

（2）牵引速度计算　由式 4-6 得牵引轮的转速计算式如下：

$$n_q = 940 \times \frac{37}{116} \times \begin{bmatrix} \dfrac{23}{58} \\[4pt] \dfrac{35}{44} \\[4pt] \dfrac{49}{31} \end{bmatrix} \times \begin{bmatrix} \dfrac{23}{58} \\[4pt] \dfrac{27}{54} \\[4pt] \dfrac{31}{49} \end{bmatrix} \times \begin{bmatrix} \dfrac{21}{57} \\[4pt] \dfrac{23}{58} \\[4pt] \dfrac{24}{56} \end{bmatrix} \times \dfrac{C}{D} \dfrac{24}{52} \dfrac{27}{110}$$

式中，C/D 为交换齿轮系，齿数为 22/42。在传动系统中，共设有 3 个变速手柄，每个变速手柄有 3 个变换档位，牵引轮可得到 $3 \times 3 \times 3 = 27$ 级转速。

生产中用到牵引速度为牵引轮圆周的线速度，还需将牵引轮的转速转化为线速度。

$$v = \frac{\pi n_q D_q}{1000} \tag{4-7}$$

式中　v——牵引速度（m/min）；

D_q——牵引轮直径（mm）；

n_q——牵引轮转速（r/min）。

本例中，牵引轮直径 $D_q = 1500\text{mm}$，最小和最大牵引速度分别为

$$n_{q\min} = 940 \times \frac{37}{116} \times \frac{23}{58} \times \frac{23}{58} \times \frac{21}{57} \times \frac{22}{42} \times \frac{24}{52} \times \frac{27}{110} = 1.031(\text{r/min})$$

$$v_{\min} = \frac{1.031 \times 1500 \times \pi}{1000} = 4.86(\text{m/min})$$

$$n_{q\max} = 940 \times \frac{37}{116} \times \frac{49}{31} \times \frac{31}{49} \times \frac{24}{56} \times \frac{22}{42} \times \frac{24}{52} \times \frac{27}{110} = 7.625(\text{r/min})$$

$$v_{\max} = \frac{7.625 \times 1500 \times \pi}{1000} = 35.93(\text{m/min})$$

3. 节距表

由分级的牵引速度和绞笼转速，根据式（4-2）计算绞线机制成品的多个绞合节距，并制成节距表，提供给机台使用。作为示例，制作表 4-8 节距表，本例节距共有 $6 \times 27 = 162$ 档。

节距计算如下：

$$h_{\min} = \frac{1000 v_{\min}}{n_{\max}} = \frac{4.86 \times 1000}{54.6} = 89(\text{mm})$$

$$h_{\max} = \frac{1000 v_{\max}}{n_{\min}} = \frac{35.93 \times 1000}{10.7} = 3358(\text{mm})$$

表 4-8　JLY-400/12+18 摇篮式绞线机绞合节距表　　　　（单位：mm）

牵引速度 \ 绞笼转速	54.6r/min	39.5r/min	28.5r/min	20.5r/min	14.8r/min	10.7r/min
4857mm/min	89	123	170	237	328	454
5226mm/min	96	132	183	255	353	488
6126mm/min	112	155	215	299	414	573
9745mm/min	178	247	342	475	658	911
…	…	…	…	…	…	…
35933mm/min	658	910	1261	1753	2428	3358

三、收排线传动系统

收排线由单独的力矩电机驱动，其传动系统如图 4-115 所示。力矩电机经 V 形带传动带动轴 I，轴 I 上装有双联齿轮，使轴 II 可得到两种转速，轴 II 的转动经齿轮系 19/51 传至轴 III，之后分为收线传动和排线传动两条传动路线。

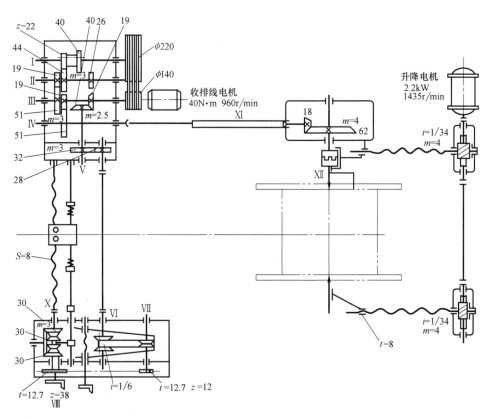

图 4-115　收排线传动系统图

1. 收线传动

动力经齿轮系 19/51 传至轴 IV，经万向联轴器和轴 XI 将运动传递给锥齿轮系 18/62，再经联轴器将运动传给轴 XII，轴 XII 上装有驱动装置，带动收线盘旋转。

2. 排线传动

排线传动经锥齿轮系 19/40 由轴 V 传出，经齿轮系 32/28、联轴器传递给轴 VI、轴 VII，在轴 VII、轴 VIII 上装有齿式链条和无级变速器，经无级变速器和链传动将运动传至离合器，带动排线杆X旋转。手轮用于调节轴X的旋转速度，以获得合适的排线节距。排线离合器用于控制排线器的左向、右向排线。

收排线装置的传动路线为

$$
\begin{array}{c}
\text{收排线}\\
\text{电动机}
\end{array}
\xrightarrow{\frac{140}{224}} \text{I} \rightarrow
\begin{bmatrix}
\dfrac{40}{26}\\[4pt]
\dfrac{22}{44}
\end{bmatrix}
\xrightarrow{\text{II}}
\begin{bmatrix}
\dfrac{19}{51}
\end{bmatrix}
$$

$$
\nearrow \left[\dfrac{19}{51}\right] \xrightarrow{\text{IV}} \text{万向联轴器} \xrightarrow{\text{XI}} \left[\dfrac{18}{62}\right] \xrightarrow{\text{XII}} \text{收线盘}
$$

$$
\searrow \left[\dfrac{19}{40}\right] \xrightarrow{\text{V}} \left[\dfrac{32}{28}\right] \xrightarrow{\text{VI}} \text{无级变速器} \xrightarrow{\text{VII}} \text{等速传动} \xrightarrow{\text{VIII}} \text{离合器} \xrightarrow{\text{X}} \text{排线器}
$$

3. 传动计算

1）收线盘转速按下式计算：

$$
n_s = n_M \times \frac{140}{220} \times
\begin{bmatrix}
\dfrac{40}{26}\\[4pt]
\dfrac{22}{44}
\end{bmatrix}
\times \frac{19}{51} \times \frac{19}{51} \times \frac{18}{62}
$$

式中　n_s——收线盘转速（r/min）；

　　　n_M——收排线电动机转速（r/min），本例 $n_M = 960 \text{r/min}$。

2）排线节距按下式计算：

$$
t = 1 \times \frac{62}{18} \times \frac{51}{19} \times \frac{19}{40} \times \frac{32}{28} \times R \times \frac{12}{38} \times S
$$

式中　R——无级变速器变速范围，本例 R 为 1∶6；

　　　S——丝杠螺距（mm），本例 $S = 8 \text{mm}$。

　　　t——排线节距（mm），将 R、S 带入，得 $t = 12.6 \sim 76 \text{mm}$。

4. 收线盘的升降控制

收线盘升降由单独电动机驱动，电动机分别传动蜗轮使升降杆转动，从而使承线架上下移动，达到机动升降收线盘的目的。

第五章　电缆质量检验

产品质量检验就是借助于某种手段或方法，测定产品质量的特性，然后把测定的结果同产品的质量标准做比较，从而对该产品做出合格或不合格判断的技术性检查活动。

概括地说电线电缆检验的任务就是通过对原材料、在制品和成品的性能和适用性的检测，以保证不合格的材料不投产、不合格的在制品不下传，不合格的成品不出厂。要达到这样的要求，必须全员参与、全流程检验、全方位监控。本章所要介绍的质量检验，不再仅限于标准规定的检验项目，更突出全员参与的过程检验，强调工序检验项目及方法。借以提高全员质量意识和技术。

第一节　检验的类型及基本概念

一、电缆检验的类型

1. 检验及分类

电线电缆检验的项目很多，按照检验内容可分为结构检查、机械物理性能检验、电气性能检验、特殊性能检验等；按照产品流转过程可分为原材料进货检验、工序产品中间检验和成品电缆检验等；按照实施检验的人员不同分为自检、互检、专检；按照产品验收规则要求可分为例行试验、抽样试验、型式试验等。

2. 概念

1）进货检验：又称来料检验，是企业对购入的原材料进行质量检查的检验活动，是制止不良物料进入生产环节的首要控制点。

2）中间检验：生产过程中对流转的半成品实施的检验，以便尽早发现不合格的现象，采取措施，防止大量不合格品的产生，避免不合格品流入下道工序。

3）成品检验：按照产品验收规则对即将出厂的产品实施的检验，是产品质量的最后控制关口。

4）自检：每个岗位（或员工）对本岗位（工序）生产的产品进行质量检查，发现不良品马上进行修复或隔离存放，避免不合格产品流入下道工序的检验活动。

5）互检：对上道工序流转来的半成品（原材料）等，员工在加工之前和加工过程中进行质量检查，确保只有合格品投入到本工序的产品制造过程，杜绝不良品继续加工使用的检验过程。

6）专检：专职检验人员对工序产品、成品进行的质量检验活动。

自检和互检以检验产品表观质量为主，也有一些尺寸测量等简单检验项目，多数检验以感官感觉为判断标准，有确定技术指标的项目较少，参与的主体是各工序的制造工。专检的专业性更强，以性能检验为主，检验项目多，有些要用到专门的工量器具或检验设备，许多项目会有确定的技术指标，参与主体是专职检验人员。

7）例行试验（代号 R）：制造厂对全部成品电缆进行的试验。它是在正常技术条件下，以不破坏电缆本体，即不必取样，而是在制造长度上进行的试验，如电缆的耐电压、局部放电试验，导体的直流电阻试验等。

8）抽样试验（代号 S）：按照规定的频度（制造批量或时间），抽取完整成品电缆或从成品电缆上切取试样，按标准要求的项目所进行的试验。

9）型式试验（代号 T）：在研制产品时所进行的试验，其特点是：在做过一次之后，一般不再重做，但在电线电缆所用材料、结构和主要工艺有了变更而影响电线电缆的性能时，必须重新进行试验，或者在产品标准中另有规定如定期进行等，也应按规定重新进行试验。如绝缘和护套的老化性能、电缆的长期耐压性能等。

10）合格品：符合产品标准要求或技术条件的产品（包括原材料、半成品和成品）为合格品。

11）不合格品：检验结果中至少有一项不符合产品标准或技术条件要求的产品为不合格品。

12）返修品：有某些检验结果项目不符合标准规定，但经过修复可以达到标准要求者为返修品。

13）废品：检验结果不符合产品标准或技术条件规定，又无修复价值或无法修复的产品为废品。

二、检验原则

1）电线电缆检验应贯彻"把关"与"预防为主"相结合的方针。检验总是对既定成果而言，因而也是"事后"的，其主要任务是"把关"：原材料不合格不进车间，半成品不合格不转入下道工序，即根据产品质量要求，把不合格品剔除出来，不使之投入生产或转入下一工序或产品出厂。但是，光靠这种事后检验是被动的，一旦发现问题损失也是较大的。必须实行把关与积极预防相结合，以预防为主的原则，全员参与，全厂动员。每个人都做到：不接受不良品、不制造不良品、不传递不良品。

2）产品应检验合格后方能下转和出厂，明确标识检验状态和检验结果，出厂的产品应附有制造厂的产品质量检验合格证。

3）做好检验记录。无论是工序检验还是成品检验，均应对检验产品、检验项目、检验结果如实记录，以便核对追溯和进行质量分析。

4）对检验数据有疑问时，可对原试样进行重新检验，如重新取样，应按有关产品技术标准规定进行。

5）检验数字取值应根据标准规定进行取舍，数字位数取得多，使后续的计算等工作复杂；取得位数少，数字无效。比如导体直流电阻测量，GB/T 3956《电缆的导体》显示的导体直流电阻均为三位有效数字，这就要求我们在测量时，读取四位有效数字，计算完成后修约到三位有效数字，再与标准规定值进行比对。一般的数字修约按照四舍五入的方法进行。

数字修约很关键，运用不当会出现错误的判断结果。如标准规定 $25mm^2$ 铜导体的 20℃ 直流电阻 $R_{20} \leqslant 0.727\Omega/km$，测量结果保留四位有效数字，若结果为 $0.7274\Omega/km$，因 $0.7274 > 0.727$，应判为不合格；修约为三位有效数字，结果为 0.727，符合要求，产品是合格的。

第二节　外观与结构尺寸检查

本节主要介绍在生产中应用较多的与自检、互检相关的检验项目与方法，专检的检验项目、设备与操作方法将另行介绍。

一、外观检查

俗话讲"货卖一张皮"，说的是产品外观对用户的影响和对产品的重要性。尽管外观质量未必会影响到产品的内在质量，但没有良好的第一印象，用户对产品的内在质量也会产生怀疑，只有做到"内外兼修"，严格控制，才能生产出自己放心、用户满意的产品。

外观质量检查没有严格量化的指标，多靠目力和经验，对同一件产品，不同的人员检验可能会得出不同的结论，因此要求我们必须认真掌握标准要求、材料性能、技术指标、产品作用等，以做出准确判断。电力电缆制造过程中不同工序的要求如下：

1. 拉线工序

铜和铝单线表面应圆整光洁，应无三角口、毛刺、裂纹、扭结、折叠、夹杂物、斑疤、麻坑、机械损伤和腐蚀斑点等缺陷。铜线的氧化程度一般金黄色为正常，淡红色为轻微氧化，表面呈深红色、蓝色、黑色时为严重氧化，严重氧化的产品应判为废品。用于钢芯铝绞线的铝单丝不允许有擦伤，用于电缆缆芯的铝、铜单线不允许有油污。

2. 绞线工序

导线应绞合紧密、节距均匀、导体表面光洁，不得有松股和单线的扭结，无油污、划伤、毛刺、锐边、跳出及凸起或断裂的单线。

铝绞线和钢芯铝绞线要严格观察绞线表面质量，不能有擦伤，铝单丝焊接处应圆整、平滑，处理到基本看不出明显焊点。钢芯不允许接头。

3. 绝缘和护套工序

绝缘和护套表面要求表面光滑圆整、光泽均匀、不偏芯、无机械损伤、压扁；表面和断面没有正常目力见到的杂物、气泡、气孔和显著颗粒；不应有粗细不均和竹节形，绝缘与导电线芯、绝缘与绝缘、绝缘与护套之间不得有粘连。对于火花击穿的修补点处理要光滑平整，应基本看不出修补点。

4. 成缆工序

成缆绞合紧密、节距均匀、线芯无松紧不匀现象。绝缘线芯的色号排列正确。包带绕包平整紧实，无折皱、鼓包、漏包、划伤等现象。

5. 编织、铠装工序

编织层应编织均匀，不能有显著的漏线、跳线及稀编现象。编织铜丝色泽均匀，无氧化现象。

钢带铠装层要求：钢带绕包平整、紧实、外径均匀，钢带接头平整、牢固，边缘无毛刺、尖角翘起或洞眼，不能有漏包、钢带生锈、发黑现象。

铠装钢丝分布要均匀、排列紧密整齐，不得有松股、跳出、凸起现象。

二、尺寸测量

1. 外径测量

电线电缆的外径测量方法有直接测量法、纸带法、绕管法、刻度放大镜法四种。

（1）直接测量法

测量时，千分尺（或游标卡尺）与产品轴线垂直，在同一横截面相互垂直方向各测量一次，取两次测量的算术平均值作为此处的外径 $d = (d_1 + d_2)/2$。

椭圆度测量：将千分尺（或游标卡尺）沿同一横截面圆周反复转动 180° 以上，从中找到外径的最大值和最小值（两者差值又称 f 值），以百分比表示的 f 值与平均外径（或采用标称外径）的比值即为椭圆度。如控制电缆、聚氯乙烯绝缘布电线规定椭圆度不大于 15%，即

$$\frac{2(d_{max} - d_{min})}{d_{max} + d_{min}} \times 100\% \leqslant 15\% \tag{5-1}$$

（2）纸带法

将一条窄纸带斜绕在被测电缆圆周表面，使纸带两边缘紧密对接，不得留有间隙或重叠，用铅笔在被测断面与纸带对接的交点处画一条线；将纸带取下拉直，在纸带两边缘上被划线处连一条直线，用直尺量出（A 和 B）两点间的距离，即可得到被测断面的周长 $l(mm)$，如图 5-1 所示；按式（5-2）计算被测电缆直径。此法计算值为平均外径，适用于外径在 15mm 以上的产品。

图 5-1 纸带法测量外径

$$\overline{D} = \frac{l}{\pi} - 2\delta \tag{5-2}$$

式中　$\overline{D}$——产品的平均直径（mm）；

　　　δ——纸带厚度（mm）。

（3）绕管法

取直径 D_0 为 10 ± 0.02mm 的圆钢棒，将被测电线一圈紧接一圈地绕在圆棒上，共绕 20 圈。如图 5-2 所示。

用游标卡尺沿圆棒轴向测量绕 20 圈的累积长度 L（mm）；用千分尺测量绕后的圆棒外径 D_1；根据计算公式 $d_1 = L/20$ 和 $d_2 = (D_1 - D_0)/2$，两次计算电线直径。电线直径取两次测量的平均值，即 $d = (d_1 + d_2)/2$。

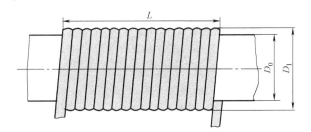

图 5-2 绕管法测量外径

绕管法适用于受压力易变形且直径在 2.0mm 及以下的软线。

（4）显微镜直读法

将被测产品的横截面横放在读数显微镜的底部，调节放大镜使横截面的轮廓全部清晰且在刻度线之内，从刻度上直接读出产品外径两端点的 a 和 b 值，根据公式 $d = b - a$ 计算被测体的

外径。刻度放大镜法适用于被测体易变形且外径较小的产品，精度较高，可达 0.01mm。

2. 厚度测量

进行厚度测量时，经常会用到以下几个与厚度相关的概念：

标称厚度：标准规定的厚度值。

平均厚度：按一定要求对绝缘或护套等的厚度进行多点测量，求得算术平均值。要求在测量平均厚度时，测量点中必须包含有最薄点。

最薄点：被测厚度中，数值最小的点。

对电线电缆护套或绝缘厚度的测量方法一般有外径测量法和直接测量法两种。

（1）外径测量法

按外径测量方法测出护套（或绝缘）的外径 D，将护套（或绝缘）剥去，按外径测量方法测出内芯（或导体）的直径 d，然后按公式 $\bar{\delta}=\dfrac{D-d}{2}$ 计算其厚度，该法测出的是其平均厚度。此方法适用于工序产品的自检，如挤出过程中护套（或绝缘）厚度的测量。

（2）直接测量法

在试样任一处垂直轴向切取一个很薄的平滑断面做为被测试片，平放到投影仪或读数显微镜下。通过肉眼观察，找出厚度最薄的点，以其为起点，在试片上基本均匀地测量 6 点，这 6 点都要在导体单丝（或绝缘线芯）凸起所形成的顶部（若凸起少于 6 处，测量点亦可相应减少），取几个厚度值的算术平均值，即为该被测护套（或绝缘）的平均厚度 δ（mm），厚度最小的点即为最薄点。如图 5-3 所示。

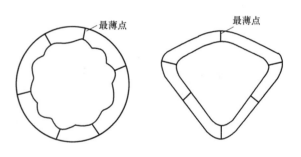

图 5-3　厚度测量

工序检验时，常采用千分尺或游标卡尺对切取的试片进行大致测量。

（3）技术要求

对多数电缆产品而言，护套（或绝缘）厚度都有平均厚度和最薄点的最低控制要求，平均厚度和最薄点必须全部达标才是合格产品。而 110kV 及以上的高压、超高压电缆对绝缘厚度要求更高，除以上两者外，还有偏心度要求。也有部分产品的护套厚度对平均厚度不做要求，只需最薄点合格即可。电力电缆和控制电缆的要求见表 5-1。

表 5-1　电力电缆、控制电缆的护套和绝缘厚度要求

电缆结构	项目	35kV 及以下电力电缆（≥）	控制电缆（≥）	
绝缘/mm	平均厚度	δ	δ	
	最薄点	$0.9\delta-0.1$	$0.9\delta-0.1$	
护套/mm	平均厚度	—	非铠装：δ	铠装：—
	最薄点	挤包在光滑圆柱体上：$0.85\delta-0.1$	非铠装：$0.85\delta-0.1$	
		挤包在非光滑圆柱体，如金属屏蔽、铠装、同心导体上：$0.80\delta-0.2$	铠装：$0.80\delta-0.2$	

注：δ 绝缘或护套的标称厚度，单位为 mm。

3. 偏心度的测定

一般电缆不考核偏心度，但高压、超高压交联电力电缆有要求。偏心度越小，电缆绝缘中电场分布越均匀，越有利于提高电缆的使用寿命，而且生产过程中材料消耗越少。偏心度按式（5-3）计算：

$$P = \frac{\delta_{max} - \delta_{min}}{\delta_{max}} \tag{5-3}$$

式中　δ_{max}——绝缘线芯同一截面积上的最大绝缘厚度（mm）；

　　　δ_{min}——绝缘线芯同一截面积上的最小绝缘厚度（mm）。

110kV 交联电力电缆规定 $P \leqslant 0.12$；220kV 和 500kV 交联电力电缆规定 $P \leqslant 0.08$。

三、节距测量

节距测量方法有直接法、纸带法、移线法和平均法四种。

1. 直接法测节距

先将被测线芯拉直呈水平放置，然后直接测出同一根线芯形成一个完整螺旋的轴向距离 h，即为一个节距。注意：测量起点与终点的连线要与电缆的轴线平行。此法一般用作大节距产品的测量，如成缆节距、带状材料绕包节距。采用直尺、钢卷尺或游标卡尺直接测量即可。

2. 纸带法测节距

用大于节距长度的纸带绷紧在水平放置的平直绞线（或成缆线芯）上，用铅笔沿轴线方向画一印痕，在其中一个印痕的中点标记，作为起始点，从与它相邻的一个印痕开始数，数过最外层单线根数个印痕，最后一个印痕的中点标记作为结束点。测出纸上两个标记的距离即为节距。此方法主要用于导电线芯和小规格成缆线芯的节距测量。如图 5-4 所示。

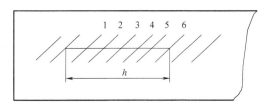

图 5-4　纸带法测量绞合节距

3. 移线法测节距

将被测线芯绞层抽去一根单线，移去的长度不小于一个节距的长度，用钢板尺（或游标卡尺）直接测量移去单线后所留相邻两间隙距离即为节距。此方法主要适用于外层根数较多或较软的线芯如大截面积导电线芯及多芯的电话电缆等。

4. 平均法测节距

用钢圈尺沿制品平行轴线测量 n 个节距的长度 l，n 一般取大于 3，然后计算 n 个节距的平均值：$h = l/n$，此法适用于绞合节距较小的电线电缆及束绞节距等。

实际测量中，无论采用哪种方法，一般都是测量多个节距，再计算平均值作为实测节距。

四、截面积的测定

测量工具：千分尺、游标卡尺、天平。

1. 圆形实心导体和圆形非紧压导体

对于单根实心导体，直接用千分尺测出导线直径 D，按圆面积公式求得即为导体截面积。

对于由 Z 根直径为 d（mm）的单线绞合而成的圆形非紧压导体，其截面积 A（mm^2）可用公式 $A=\dfrac{\pi}{4}d^2Zk_\mathrm{m}$ 计算，式中 k_m 为平均绞入系数。

2. 称重法

对于非圆形截面积和紧压导体，因截面积不能直接测出，常采用称重法来测算截面积。用游标卡尺测量导体的长度，用天平称量该导体的重量，根据下式计算截面积：

$$A=\dfrac{G}{\rho L}\times 1000 \tag{5-4}$$

式中　A——导体截面积（mm^2）；

　　　L——试样的长度（mm）；

　　　G——试样的重量（g）；

　　　ρ——试样的材料密度（g/cm^3）。

五、包带重叠率的测量

沿电缆轴线方向用游标卡尺测出包带的绕包节距 h、搭盖（或间隙）部分 g，或者沿与包带垂直方向测出包带的宽度 b、搭盖（或间隙）部分宽度 e，则重叠率 p 按式（5-5）计算，重叠绕包取"$+$"，间隙绕包取"$-$"。如图 5-5 所示。

$$p=\pm\dfrac{g}{h}\times 100\%=\pm\dfrac{e}{b}\times 100\% \quad (5\text{-}5)$$

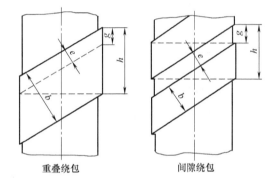

重叠绕包　　　　　间隙绕包

图 5-5　包带绕包测量示意图

六、结构检查

电缆的结构检查是指对电缆各组成部分的结构进行检查，包括对结构组成、结构排列、结构尺寸、制造工艺参数等进行检查。结构检查不是孤立进行的，往往和外观检查、尺寸检查同时进行。结构检查是从外向里，逐层解剖检查。

1. 端面检查

电缆端面检查主要是观察电缆的完整性、导体的结构、绝缘和护套断面有无目力可见的气孔和砂眼等，然后测量其外径。

2. 护层检查

外护层检查：用料是否符合要求，测量其厚度及外径，护层的外观是否符合要求。

铠装层检查：钢带的层数、厚度、宽度、绕包间隙、重叠率，钢丝的根数、直径和绕包节距等。

内垫层检查：挤包内垫层的厚度，绕包内垫层的层数、厚度。

3. 缆芯结构检查

检查缆芯包带的种类、厚度、宽度、层数以及绕包间隙、重叠率等是否符合标准和工艺要求。

缆芯结构排列检查：缆芯结构排列和各层绞向以及绞缆节距应符合标准和工艺要求，尤其是标志线序的号码和色谱。另外，还要检查其绞向、节距、绞合外径等，对橡皮绝缘电缆还要检查是否有三粘现象。

4. 绝缘线芯检查

绝缘外径、绝缘厚度按本节介绍的方法检查。

导电线芯检查：导体外径、单丝的直径、绞向、绞合节距、表面状况等的检查。

第三节　工序检验

从一定的意义上来说，工序检验的主体应该是担负制造任务的操作者，每一粒料，每一寸电缆都要经过他们的手，在他们目光的注视下转向下一工序，流入每一个用户手中。因此，他们是产品的最早见证者，是最熟悉产品的人。以操作者为主体在产品生产过程中的检验就是"自检"和"互检"。自检是操作人员对本工序产品的检验，通过严格自检，将合格产品交给下道工序。互检是对本工序所用原材料和上道工序流转过来在制品的检验，通过互检，发现上道工序的漏检、错检，并及时采取补救措施。

专检以巡检或抽检的形式由专职检验人员实施，从广度来说没有自检和互检的覆盖面大，但专检贵在"专"，"深度"是专检之长。通过专业的检测设备对产品进行深入检测，能及时发现表观检验所不能及的问题，并通过对数据的统计分析，找出问题症结所在，提出质量改进措施，进而实施质量控制措施，促使电缆质量再提高。

自检、互检、专检合称"三检"，自检、互检贵在"广"，专检贵在"深"，相互间起到互为补充、互为支持的作用。工序不同，加工产品不一样，检验项目和质量要求也有很大差别，根据电线电缆的制造过程，将各工序的主要检验项目列举在表 5-2 中。

表 5-2　电线电缆制造各工序"三检"的主要检验项目

序号	工序名称	互检项目	自检项目	专检项目
1	拉线退火	铜铝杆（或铜铝丝）的结构尺寸；外观质量：无夹杂、无严重三角口、裂纹、油污、水分和严重氧化变色；成盘线材无压线	单线直径、长度,退火的程度、外观(表观光洁、无三角口、裂纹、夹杂、油污和严重的氧化变色),退火质量符合要求,退火均匀,排线整齐,导体不超盘，无压线,装盘长度符合计划要求	单丝表观质量、外径、长度 装盘长度和装盘质量 单丝直流电阻、抗拉强度、伸长率
2	绞线束线	单线直径,单线表观:光洁、无三角口、裂纹、夹杂、油污和严重的氧化变色 退火质量符合要求 单线排线整齐,导体不超盘,无压线,装盘长度符合要求	绞线节距(节径比)、绞向、外径、扇形(瓦形)高和宽。 导体的外观质量:表面要光洁,色泽均匀、无明显三角口、裂纹、毛刺、刃边、梅花边、油污、氧化等。 不能有跳丝、乱丝、缺股、断丝现象 盘具选用合适:不产生弯曲半径过小、装盘长度过大现象,无交叉压线 计米长度准确	半成品与生产计划相符 单线的材质、规格 绞线节距、绞向、直径、长度、表面质量 扇形(瓦形)高和宽 盘具选用及装盘质量 导体直流电阻

（续）

序号	工序名称	互检项目	自检项目	专检项目
3	挤塑	线芯及材料 绝缘:导体结构尺寸及外观质量,绝缘料的质量、型号规格、色泽 护套:挤出前半成品质量(圆整度、外径、外观质量)。护套料的型号、规格 半成品:规格型号符合计划要求,表面质量良好	厚度:绝缘和护套的平均厚度、最薄点,挤包内衬层厚度,无明显偏心 外观质量:色泽均匀,表面无油污、水分、破洞、焦烧和塑化不良的疙瘩。断面无目力可见的气孔、砂眼、夹杂、凹凸槽。绝缘换色时,不能有换色不清 火花检验:导体、铠装层要接地,电压要符合规定;击穿修补后表面应圆整、不超粗,修补痕迹不明显,修补后需重新进行火花试验 收排线:盘具的选择要合适,不产生弯曲半径过小、装盘长度过大现象。排线整齐,无交叉压线等不良现象 印字质量:印字内容符合要求,字迹清晰、完整、耐擦,间距符合要求 计米长度准确	半成品与生产计划相符 绝缘料或护套料的选用 平均厚度及最薄点应符合要求,无明显偏心外观良好,火花机工作正常,接地、电压均符合要求。盘具选择合适,排线整齐 印字内容正确,字迹清晰、完整、耐擦,间距符合要求
4	交联连硫	导体的结构尺寸(外径、节距),外观质量(表面光滑无毛刺、无松股、缺股、断线) 正确选用内屏、外屏、绝缘料的材质或型号,确定包装完好	厚度:绝缘的平均厚度及最薄点、偏心度;内外屏蔽层的标称值及最薄点 外观质量:表面不能有焦烧和塑化不良的疙瘩、凹坑、破裂等;线芯外径均匀,无明显竹节。橡皮无过硫、欠硫现象 盘具的选择:不产生弯曲半径过小、装盘长度过大现象。盘具内侧不能有可能划伤线芯的毛刺、凸起等不平整,排线整齐,无交叉压线等不良现象 计米长度准确	半成品与生产计划相符 绝缘料、屏蔽料的型号、规格 绝缘的平均厚度及最薄点、偏心度;内外屏蔽层的标称值及最薄点 绝缘线芯外观质量 盘具选择合适,排线整齐 绝缘的热延伸测试
5	成缆	绝缘线芯的规格、结构尺寸(平均厚度和最薄点厚度),外观质量:色泽均匀,不能有换色不清;无油污、水分、损伤、疙瘩,绝缘断面无目力可见的气孔、砂眼、夹杂 绕包、填充用的材料种类、规格及质量	线芯色序的排列正确,压模大小合适,成缆的节距、方向、外径 填充饱满、圆整,外径均匀,包带绕包紧密、无漏包。若为铠装电缆,绕包内衬层的层数和包带厚度 盘具的选择:收线后线芯不产生明显扭曲现象,装盘长度合适,排线整齐,无交叉压线等不良现象 计米长度准确	半成品与生产计划相符 线芯色序的排列正确,成缆的节距(节径比)、方向、外径 填充饱满、圆整,外径均匀,包带绕包紧密、无漏包 盘具选择合适 线芯间绝缘电阻,小规格线芯要测导体导通

（续）

序号	工序名称	互检项目	自检项目	专检项目
6	装铠	铠装半成品的结构尺寸：挤包内衬层的厚度、绕包内衬层的包带厚度、层数 铠装用金属带、金属丝的规格；整个长度上的表面质量：无漏镀、生锈，钢带卷边等现象	钢带搭盖率、金属丝的节距、间距符合要求。钢带、钢丝焊点处理符合要求 铠装后的外观质量：无漏包、鼓包，无钢丝跳浜 盘具的选择：收线后线芯不产生明显扭曲现象，装盘长度合适，排线整齐，无交叉压线等不良现象 计米长度准确	半成品与生产计划相符 钢带规格、搭盖率，钢丝规格、节距、间距 盘具选择合适 内衬层的绝缘电阻，小规格线芯要测导体导通
7	编织	编织半成品结构尺寸、外观质量，编织用金属丝（纤维丝）的直径、根数、外观质量	编织用的股数及每股的根数、编织节距、编织密度 编织表面质量：均匀、平整、无明显油污、机械损伤，无多余线头等 计米长度准确	半成品与生产计划相符 编织的材料和锭数、股数及每股的根数、编织节距、编织密度。编织表面质量 金属编织层与线芯间的绝缘电阻
8	绕包	被绕包线芯的规格型号、结构尺寸，外观质量 绕包用材料的材质、型号、规格	绕包方式（搭盖、间隙）、层数、搭盖率，绕包的紧密度 收线盘选择合适，绕包后表面不得有划伤、擦破现象。计米长度准确	半成品与生产计划相符 绕包用材料的材质、型号、规格。绕包方式、层数、搭盖率，绕包的紧密度

第四节　成 品 检 验

一、检验项目

电线电缆成品检验是电线电缆出厂前的最后检验，是质量控制的最后一关。按照检验的抽样频率来划分，又分为例行试验（R）、抽样试验（S）和型式试验（T），其中型式试验项目最多，是电线电缆的全性能检验，包括机械物理性能、电性能、结构尺寸、耐老化性能以及各种特殊性能的检验。抽样试验项目较少，一般是按照生产批量或时间来制定抽样规则。只有例行试验是对所有出厂电缆都要进行的检验项目，所选项目少而精。产品功用不同，检验项目也有很大区别，6~35kV交联聚乙烯绝缘电力电缆的成品检验项目见表5-3。

表5-3　6~35kV交联聚乙烯绝缘电力电缆成品检验项目

序号	试验项目	试验类型	试验方法
1	结构尺寸检查		
1.1	导体结构	T,S	目力
1.2	绝缘厚度	T,S	GB/T 2951.11—2008
1.3	非金属护套厚度	T,S	GB/T 2951.11—2008
1.4	金属护套厚度	T,S	GB/T 2951.11—2008
1.5	铠装	T,S	正常目力和千分尺
1.6	外径	T,S	GB/T 2951.11—2008

（续）

序号	试验项目	试验类型	试验方法
2	绝缘非电性能试验		
2.1	绝缘热延伸试验	T, S	GB/T 2951.21—2008
2.2	老化前后绝缘的机械性能试验	T	GB/T 2951.11—2008 和 GB/T 2951.12—2008
2.3	绝缘的高温压力试验	T	GB/T 2951.31—2008
2.4	绝缘吸水试验	T	GB/T 2951.13—2008
2.5	绝缘收缩试验	T	GB/T 2951.13—2008
2.6	绝缘屏蔽的可剥离性试验[①]	T	GB/T 12706.2—2008
3	护套非电性能试验		
3.1	弹性体护套热延伸试验	T, S	GB/T 2951.21—2008
3.2	ST$_2$型 PVC 护套失重试验	T	GB/T 2951.32—2008
3.3	非金属护套的高温压力试验	T	GB/T 2951.31—2008
3.4	PVC 护套的低温性能试验	T	GB/T2951.14—2008
3.5	PVC 护套的抗开裂试验	T	GB/T 2951.31—2008
3.6	弹性体护套浸油试验	T	GB/T 2951.21—2008
3.7	黑色 PE 护套碳黑含量测定	T	GB/T 2951.41—2008
3.8	PE 外护套收缩试验	T	GB/T 2951.13—2008
4	电气性能试验		
4.1	导体电阻	T, R	GB/T 3048.4—2007
4.2	局部放电试验	T, R	GB/T 3048.12—2007
4.3	电压试验	T, R	GB/T 3048.8—2007
4.4	4h 电压试验	T, S	GB/T 3048.8—2007
4.5	弯曲试验及随后的局部放电试验	T	GB/T 12706.2.3—2008 和 GB/T 3048.12—2007
4.6	tanδ 试验	T	GB/T 12706.2.3—2008 和 GB/T 3048.11—2007
4.7	加热循环及随后的局部放电试验	T	GB/T 12706.2.3—2008 和 GB/T 3048.12—2007
4.8	冲击电压及随后的工频电压试验	T	GB/T 3048.13—2007 和 GB/T 3048.8—2007
4.9	半导电屏蔽电阻率	T	GB/T 12706.2.3—2008
5	电缆试验		
5.1	单根电缆的不延燃试验[②]	T	GB/T 18380.12—2008
5.2	透水试验[②]	T	GB/T 12706.2.3—2008
6	外观		
6.1	产品标志	T, R	正常目力检查
6.2	表观	T, R	正常目力检查

① 当制造方采用半导电绝缘屏蔽为可剥离型时，应进行本试验。

② 仅在有特别要求时才进行。

二、例行试验

电缆种类不同、额定电压不一样，其例行试验项目也会不同，例如：控制电缆的例行试验项目包括耐电压试验和电缆长度测量两项；同为电力电缆，0.6/1kV 电缆的例行试验项目包括导体直流电阻和耐电压试验两项，而电压更高一些的 6~35kV 电力电缆的例行试验就增加了局部放电测量而成为三项。下面对例行试验项目作简要介绍。

1. 导体直流电阻测定试验

电缆的导电性能主要取决于导体的直流电阻。工作状态的电缆发热绝大部分为导体发热，其发热功率为 $P = I^2 R$，其中 R 即为导体的直流电阻。简单地说，导体电阻是导体中电流流动时受到阻碍大小的量度，电阻越小，电流越容易流通。同一导体，流过直流电流和交流电流时测得的电阻值不一样，交流电阻值要高于直流电阻值。

（1）直流电阻测量

因为导体直流电阻很小，必须采用特殊的测量仪器，常用单臂电桥（惠斯登电桥）、双臂电桥（开尔文电桥）或数字微欧计。双臂电桥测量范围为 $2 \times 10^{-5} \sim 99.9\Omega$，单臂电桥测量范围为 $1 \sim 100\Omega$ 及以上。

导体直流电阻大小，与导体采用材料有关，与导体长度成正比，与截面积成反比，见式（2-1）。导体材料的电阻率 ρ 取决于材料性质，如 20℃时，$\rho_{铜} = 0.017241\Omega \cdot mm^2/m$，$\rho_{铝} = 0.028264\Omega \cdot mm^2/m$。其单位为 $\Omega \cdot mm^2/m$，常用单位还有 $\Omega \cdot m$，$1\Omega \cdot m = 10^6 \Omega \cdot mm^2/m$。

除此之外，影响导体直流电阻的因素还很多，对于金属导体，温度越高，直流电阻越大；导体中杂质和合金元素含量越高，直流电阻越大；加工硬化也会使电阻增大，所以拉制后的单线都要经过退火，使之恢复软态电阻值。

因温度会影响直流电阻，在不同温度下测得的电阻值都必须换算为 20℃的电阻值。

$$R_{20} = \frac{R_x}{1 + \alpha_{20}(T - 20)} \times \frac{1000}{L} \tag{5-6}$$

式中　　R_{20}——换算为 20℃时单位长度导体直流电阻值（Ω/km）；

R_x——环境温度 T ℃时测得试样的直流电阻值（Ω）；

α_{20}——20℃时导体直流电阻温度系数（$1/℃$）。软铜线：$\alpha_{20} = 0.00383$，硬铝线：$\alpha_{20} = 0.00403$。

L——电极间导体长度（m）；

T——导体温度，在导体温度与环境温度一致时，以环境温度代替（℃）。

（2）导体的几何截面积和电气有效截面积

需要注意的是导体标称截面积是用于确定导体尺寸的数值，但并不受直接几何测量的影响，每个标称截面积应符合最大电阻值的要求。当直流电阻满足要求时，导体和其实际截面积不一定与标称截面积相符合。

标称截面积值是国家和国际规范、型号缩写、表和相同额定值所给定的。给定的导线截面积不是几何的，而是电气有效截面积，它通过直流电阻测试而求得。例如：两段 $4.0mm^2$ 实心铜导体，测得导体直径和 20℃时直流电阻分别为 $\Phi_1 = 2.28mm$，$R_1 = 4.63\Omega/km$，$\Phi_2 = 2.22mm$，$R_2 = 4.60\Omega/km$。计算几何截面积：$A_1 = 4.1mm^2 > 4.0mm^2$，$A_2 = 3.9mm^2 < 4.0mm^2$；从标准 GB/T 3956 查得允许最大直流电阻值为 $R_{20} = 4.61\Omega/km$。因此，上面两段导体中第 2 段是合格的，第 1 段虽然几何截面积大但直流电阻超标，不合格。

2. 电压试验

所有绝缘材料只能在一定的电场强度下保持其绝缘特性，当电场强度超过一定值时，绝缘材料便会瞬间失去绝缘特性，发生绝缘击穿。为检验电缆绝缘耐受电压的能力，保证产品能安全运行，一般都要进行耐电压试验（电压试验）。所谓耐电压试验就是在一定条件下对产品施加规定的试验电压，试验电压一般高于电缆的额定电压，经历规定的时间，试样不发生击穿，即认为试样合格；若击穿则判为不合格的一种试验。

试验时电压应施加在导体和分相金属屏蔽之间。若无分相屏蔽，电压施加应为被试相导体对其他导体与绕包金属层的并联体。金属屏蔽所施加电压的大小和时间长短，依产品不同而有不同。几种常见电缆的例行耐电压试验要求见表 5-4。

因耐电压试验是高压试验，所以应特别注意试验安全问题，试验进出口门应有联锁装置，试验区与外界隔离必须采用金属接地围栏，工作时必须有警示灯和高压危险警告牌等警示措施。

表 5-4　电缆的例行耐电压试验要求

电缆类型	电力电缆			控制电缆
额定工作电压(U_0/U)/kV	0.6/1、1.8/3	3.6/6~18/30	21/35、26/35	0.45/0.75
耐电压试验电压/kV	$2.5U_0+2$	$3.5U_0$	$3.5U_0$ 或 $2.5U_0$	3
耐电压时间/min	5		5 或 30	5

3. 局部放电试验

在电缆的绝缘中，不同部位的电场强度往往是不相等的，当其中局部区域的电场强度达到该区域介质的击穿场强时，该区域就会出现放电，如图 5-6 中的 c 区所示，但这种放电并没有使导体和金属屏蔽间击穿，也就是说电缆绝缘层仍然保持绝缘性能，这种现象就是局部放电。

局部放电是一种放电现象，同时伴有发热、发光、噪声和新产物生成等现象，虽然开始时单次局部放电的放电能量很小，但长时间、多重影响综合作用在一个很小的区域，对周围绝缘造成损伤，使缺陷点逐渐扩大，向两电极

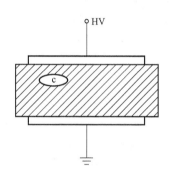

图 5-6　局部放电的模型

发展，最终使两电极导通、短路、绝缘失效。局部放电都发生在绝缘表面和绝缘中的缺陷；如气泡、杂质、裂纹，内外屏蔽凸起、断裂等处。

局部放电在交流电压绝对值增大的过程中发生的频率最高，因此电场频率越高、电压越高，局部放电危害越大，直流电压下工作的电器（如直流电缆）一般不用考虑局部放电的危害，电压作用时间延长，因缺陷点扩大，放电会变的剧烈。

如图 5-7 所示，当电缆中某点发生局部放电时，就会产生一个脉冲信号，此信号在绝缘中以约 170m/μs 的速度向电缆两端传播，此信号到达电缆两端后会发生反射。用局放测试仪在电缆的一端测得这个脉冲信号，显示放电强弱，这个值用放电时产生电荷量来描述，单位为 pC（$1pC=10^{-12}C$）。随后反射信号也会到达测试仪，在显示器上显示，根据直达信号和反射信号的时间间隔和信号传输速度，对局部放电点进行定位。

图 5-7　局部放电信号在电缆中的传播

局放信号很微弱，约在十几到几十 pC，若按测到的电压来显示，约在 μV 级。空间电磁场的干扰、线路中任何放电干扰都可能会超过这个弱信号，因此抗干扰是局放测试中的一个极为关键的问题。为此，通过全屏蔽室、双屏蔽隔离变压器、滤波器等设备和技术，通过屏蔽、滤波等技术隔离、削弱干扰信号，保证测试的准确性。

　　对 XLPE 绝缘电力电缆，要求 3.6/6kV 及以上电缆要进行局部放电测试，26/35kV 及以下电缆例行试验要求在规定试验灵敏度条件下，试验电压为 $1.73U_0$，局部放电应不超过 10pC。

　　局部放电试验也是高压试验，工作时应采取与耐电压试验类似的安全措施。

三、绝缘电阻的测量

　　绝缘电阻测量虽然不属于例行试验的检验项目，但实际生产中常用于绝缘层、护套层的检测，应用很普遍。

　　绝缘电阻是反映电线电缆产品绝缘特性的重要指标，它与所用材料、包覆质量、测量温度等因素直接相关，可以说绝缘电阻大小与产品承受击穿的能力直接相关。另外，绝缘材料在长期工作状态下的逐步老化、劣化等也会反映在绝缘电阻变化上。

　　实验室测量常采用高阻计法、电流比较法，在生产和施工现场更多采用的是携带和使用都非常方便的兆欧表（绝缘电阻表）。

　　兆欧表（绝缘电阻表）的工作原理如图 5-8 所示，其有三个接线端，工作时，测量端 L 接电缆导体；高压端 E 接绝缘外的金属层，如金属屏蔽、金属护套、铠装层等；接地端 G 接接地环（接地环是为提高测量准确性，在测量时在绝缘前端用软金属丝或软金属带包绕的金属环）。

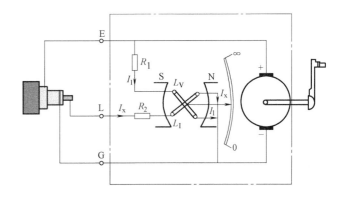

图 5-8　兆欧表（绝缘电阻表）的工作原理示意图

　　兆欧表（绝缘电阻表）的电源是一个手摇直流发电机，摇动手柄，发电机产生直流电压，加载在绝缘内外。流过绝缘层的泄漏电流 I_x，流过 R_2 通过兆欧表（绝缘电阻表）内部的线圈 L_I。兆欧表（绝缘电阻表）的电压也加在 R_1 上，产生电流 I_1，流过线圈 L_V。线圈 L_I 和 L_V 放在由永久磁铁形成的均匀磁场中，电流不同产生大小不一的电磁力，该电磁力驱动指针偏转，所以指针的偏转角度就反映了二电流的大小关系，因 $I_1/I_x = (R_x+R_2)/R_1$，偏转角也就指示了绝缘电阻值 R_x 的大小。

　　应该在大约 1min 后，待指针稳定后读数。在绝缘上加上直流电压的瞬间，绝缘中有三种电流流过，即电容电流、吸收电流和泄漏电流，前两种电流是对绝缘所在的几何电容充电和绝缘介质极化而引起，会在几十秒内完成，该两电流逐渐衰减为零；泄漏电流由绝缘内部载流子移动导电而形成，是真实反映绝缘电阻的电流，这个电流不会随时间而变化，最后的稳定电流就是泄漏电流。因电流由大到小变化，所以反映绝缘电阻大小的表头指示值会从小到大变化，最后的稳定值才是实际的绝缘电阻值。

　　应注意，因为检测过程是对电缆充电的过程，所以在检测完成后要充分放电。

　　电缆越长，产生的泄漏电流越大，测得的绝缘电阻会越小。绝缘电阻与电缆长度成反比关系，即电缆越长，绝缘电阻越小。

四、火花试验

火花试验是用于挤塑、挤橡工序的一种在线耐电压试验手段，用于绝缘和挤包在金属护套、铠装层上的外护套检验。通过火花试验能及时发现并消除橡、塑包覆层的薄弱结构，如漏包、针孔、气泡、气隙、杂质等缺陷，最大限度地减少缺陷和废品。

按照施加电压类型，火花试验分为工频和直流火花试验两种。火花试验机的结构组成如图 5-9 所示。其内部有三组珠链电极，电极采用柔软的金属珠链或环链制成。入口和出口处的两组电极为接地的保护电极，防止高压下发生试样绝缘表面闪络。高压试验电极由中间一组珠链和底部的铁板组成，铁板电极制成"V"或"U"形，被试线芯从珠链下、铁板上通过，形成 360°包围，最大限度地减少电极不能作用到的部位。

试验在挤制绝缘或护套的过程中进行，挤制绝缘时的导体、挤制护套时的金属护套或铠装层应可靠地接地（直流火花试验时接电源负极）。这样试验高压加在绝缘或护套上。被试品通过火花试验机时，绝缘或护套连续受到高压作用，一旦有缺陷出现，就会发生击穿导致电极间短路，此时火花机报警，操作人员查找击穿点，进行标记、修补，并根据击穿点状况，采取相应预防措施。火花机一般安装在冷却水槽和收线装置之间，被试品进入电极之前，应除去表面的水分，防止发生闪络。一般的接地方式为在放线装置上将导体或金属护套或铠装层与放线盘上的钢铁部分可靠连接，因放线盘与放线装置有可靠的连接，而放线装置是接地的，这样来实现接地极极的接地。

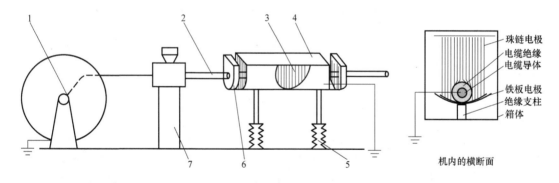

图 5-9　火花试验机结构示意图
1—导体　2—绝缘线芯　3—珠链电极　4—试验电极箱　5—绝缘子　6—保护电极　7—挤塑机

该试验是高压试验，因此要求安全防护必须可靠：①火花试验机的壳体必须可靠接地。②火花机的箱盖处应有保护装置，保证开启试验电极箱时自动断开高压电源。③操作人员应穿绝缘鞋，并在试验箱处应铺绝缘垫板，保证操作人员对地绝缘。

火花试验是根据试验绝缘或护套的厚度不同来设置试验电压，采用直流试验时的电压值为交流值的 1.5 倍。绝缘和护套的试验电压见表 5-5、表 5-6。

表 5-5　绝缘线芯火花试验电压推荐值

绝缘标称厚度 δ/mm	试验电压/kV	
	工频火花试验	直流火花试验
$\delta \leqslant 0.25$	3	5
$0.25 < \delta \leqslant 0.5$	4	6

（续）

绝缘标称厚度 δ/mm	试验电压/kV	
	工频火花试验	直流火花试验
$0.5 < \delta \leqslant 1.0$	6	9
$1.0 < \delta \leqslant 1.5$	10	15
$1.5 < \delta \leqslant 2.0$	15	23
$2.0 < \delta \leqslant 2.5$	20	30
$2.5 < \delta$	25	38

表 5-6　护套火花试验电压推荐值

试验类型	试验电压/kV	最高试验电压/kV
直流	9δ	25
工频	6δ	15

注：δ 为护套标称厚度，单位为 mm。

火花试验机的不足之处：

1）被试电缆承受电压时间较短，如电极链条的长度、密度不合理，有可能让弱点漏过，首尾端的几米打不到电压，不太严重的缺陷不能发现。

2）电缆张力大时，电缆底部接触不到铁板电极时，下面部分会漏检。

3）对绝缘和护套间无金属层的电缆，因缺少接地电极，无法进行护套的火花检验。

第六章 电缆结构的计算

电线电缆的制造成本主要包括材料成本、劳动力成本、能耗成本、设备厂房折旧费用、管理费用、销售成本及资金成本等，多数产品的材料成本会占到总成本的一半左右，高的甚至会达到 80% 以上。所以说电线电缆制造是典型的"料重工轻"行业，特别是电力电缆的制造，材料费用在成本中占到举足轻重的地位。虽然材料费是刚性不可压缩成本，但通过合理设计、严格管理，做到降低损耗，物尽其用，对企业管理而言还是很有意义的。电线电缆的结构尺寸和重量不仅与成本核算相关，而且还是企业考核、配货运输以及安装敷设等许多环节都要用到的基本参数。

电线电缆的结构计算，包括各组成部分的尺寸和重量计算，重量计算的基本公式为

$$G = \frac{A \times 10^{-4} \times L \times 10 \times \rho}{L \times 10^{-3}} = A\rho \tag{6-1}$$

式中　　　G——待核算的电缆某组成部分单位长度重量（kg/km）；

　　　　　A——该组成部分某种材料的实际截面积（mm^2）；

　　　　　L——电缆的长度（m）；

　　　　　ρ——该组成部分所用材料的密度（g/cm^3）；

10、10^{-3}、10^{-4}——单位变换的进制系数。

式（6-1）在随后导体、绝缘、护层等材料用量计算中均适用。

第一节　导 体 用 量

按照结构，导体分为第 1、第 2、第 5 和第 6 种导体，序号越大，导体柔软性越好。第 1 种导体采用单根实芯结构；第 2 种采用较少根数单线绞合结构，又有非紧压和紧压之分，电力电缆中常用的异形紧压、圆形紧压导体即属此类；第 5 和第 6 种采用多根数、细单线绞合结构，不采用紧压形式。

一、实心圆导体

1. 单一材料

直径为 d 的单一材料圆单线截面积 A 和单位重量计算分别见式（6-2）和式（6-3）。

$$A = \frac{\pi}{4}d^2 \tag{6-2}$$

$$G = \rho A = \frac{\pi}{4}d^2\rho \tag{6-3}$$

式中　d——圆单线直径（mm）；

　　　A——圆单线截面积（mm^2）；

G——圆单线单位长度重量（kg/km）；

ρ——材料密度（g/cm³）。

2. 有镀层

有镀层圆单线，因镀层较薄，不易测量。在要求不高时，其截面积 A 可按照单一材料计算，将镀层外径 d_2 代入式（6-3）计算即可。

若要精确计算，需测出镀层厚度 δ，分别算出导体和镀层金属截面积 A_1 和 A_2，再分别计算两种金属重量，有镀层圆单线尺寸如图6-1所示。

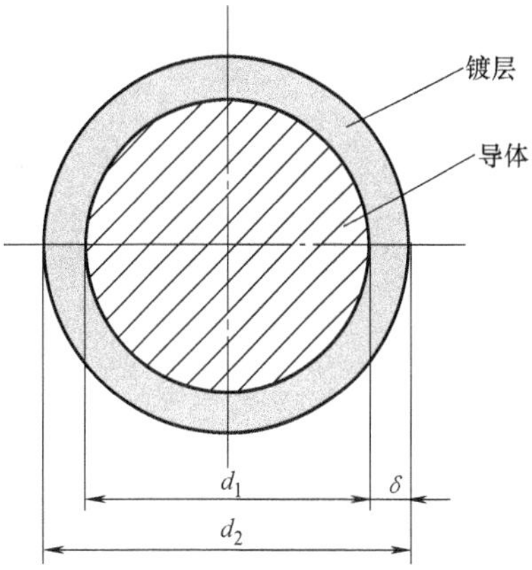

$$A_1 = \frac{\pi}{4} d_1^2 \tag{6-4}$$

$$A_2 = \frac{\pi}{4} d_2^2 - \frac{\pi}{4} d_1^2 = \frac{\pi}{4} \left[(d_1 + 2\delta)^2 - d_1^2 \right]$$

$$= \pi\delta(d_1 + \delta) = \pi\delta(d_2 - \delta) \tag{6-5}$$

图6-1　有镀层圆单线截面、尺寸

式中　d_1——导体层直径（mm）；

d_2——镀层外径（mm）；

δ——镀层厚度（mm），镀锡层的厚度为 $(0.32 \sim 14.92) \times 10^{-6}$ mm，镀银及镀镍约为 1.6×10^{-8} mm。

式（6-5）和式（6-1）都是材料重量计算中最基本的公式，式（6-5）在环形结构材料，如绝缘、护套、金属护套等的面积计算中均会用到。

导体金属和镀层金属密度分别为 ρ_1、ρ_2（g/cm³），单位长度重量 G_1、G_2（kg/km）分别为

$$G_1 = \rho_1 A_1 \tag{6-6}$$

$$G_2 = \rho_2 A_2 \tag{6-7}$$

常用金属材料密度及单一材料实心圆单线重量见表6-1。

表 6-1　常用金属材料密度及圆单线重量

材料种类	铝及铝合金	铜	铁	锡	银	镍	铅
密度/(g/cm³)	2.7	8.89	7.87	7.30	10.9	8.9	11.3
单一材料时重量	$2.121d^2$	$6.982d^2$	$6.126\,d^2$	—	—	—	—

二、绞线

1. 相关工艺参数

（1）基圆、节圆、绞线外径和单线展开长度

1）基圆 D_0、节圆 D' 和绞线外径 D：绞合前线芯的轮廓圆为该层单线绞合的基圆；以绞线中心为圆心，以同一绞层绞线圆心连线为圆周组成的圆为节圆；绞线外接圆的直径即绞线外径。采用直径为 d 的单线绞合时，三者之间关系如图6-2所示：

$$D' = D_0 + d \tag{6-8}$$

$$D = D' + d = D_0 + 2d \tag{6-9}$$

2）单线展开长度 l：一个节距长度上单线的实际长度称为单线展开长度。

如图 6-3 所示的直角三角形可得出绞合角、节距和单线展开长度之间关系：

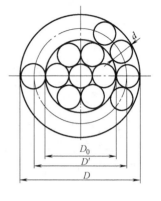

$$l^2 = h^2 + (\pi D')^2 \qquad (6\text{-}10)$$

$$h = l\sin\alpha \qquad (6\text{-}11)$$

$$\tan\alpha = \frac{h}{\pi D'} \qquad (6\text{-}12)$$

（2）节径比、绞入系数和绞入率

1）节径比 m：绞线节距长度 h 与该层绞线外径 D 的比值称为节径比。

$$m = \frac{h}{D} \qquad (6\text{-}13)$$

图 6-2　绞线直径

上面介绍的节径比又称为实际节距比，而把绞线节距和节圆直径的比值称理论节径比，以 m' 表示。

$$m' = \frac{h}{D'} = m\frac{D}{D'} = m\frac{D}{D-d} \qquad (6\text{-}14)$$

2）绞入系数 k：在绞线的一个节距长度上，单线展开长度 l 与绞线节距 h 之比，称绞入系数，用 k 表示。

$$k = \frac{l}{h} = \frac{1}{\sin\alpha} \qquad (6\text{-}15)$$

在产品标准中都会规定绞制产品的节径比，利用下面的关系可以很方便地由节径比计算产品的绞入系数。

$$k = \frac{l}{h} = \sqrt{\frac{(\pi D')^2 + (m'D')^2}{(m'D')^2}} = \sqrt{\frac{\pi^2}{m'^2} + 1} \approx 1 + \frac{1}{2}\left(\frac{\pi}{m'}\right)^2 \qquad (6\text{-}16)$$

平均绞入系数 k_m：多层绞线各层绞入系数不同，其平均值 k_m 为

$$k_m = \frac{k_{总}}{Z} = \frac{Z_0 k_0 + Z_1 k_1 + Z_2 k_2 + \cdots + Z_n k_n}{Z_0 + Z_1 + Z_2 + \cdots + Z_n} \qquad (6\text{-}17)$$

式中　　　　　　$k_{总}$——绞线的总绞入系数；

Z——绞线中单线总根数；

Z_0、Z_1、Z_2、$\cdots$、Z_n——中心层、第 1、2、$\cdots$、n 层的单线根数；

k_0、k_1、k_2、$\cdots$、k_n——中心层、第 1、2、$\cdots$、n 层的绞入系数。

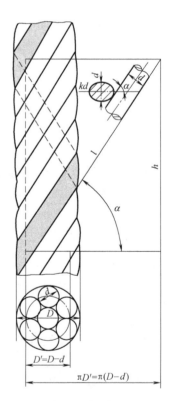

图 6-3　绞线工艺参数计算图

3）绞入率 λ：在绞线的一个节距长度上，单线展开长度 l 与节距 h 的差与节距 h 相比，以百分数表示的值称绞入率。

$$\lambda = \frac{l-h}{h} \times 100\% = (k-1) \times 100\% \tag{6-18}$$

2. 截面积及重量

（1）正规绞线

绞线截面积计算时，必须考虑绞合后在绞线横截面积上单线截面积已不是标准的圆形，而是变形为椭圆，如图6-4所示。变形后，单线在绞线横截面积上的面积 d' 为原横截面积 d 的 k 倍，即 $d' = ka$，k 为单线所在绞层的绞入系数。为简化多绞层绞线截面积计算，采用平均绞入系数计算总面积 A。

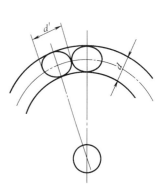

$$A = \frac{\pi}{4} d^2 k_m Z = \frac{\pi}{4} d^2 k_{总} \tag{6-19}$$

$$G = \rho A = \frac{\pi}{4} d^2 k_m Z \rho = \frac{\pi}{4} d^2 k_{总} \rho \tag{6-20}$$

图 6-4　绞线横截面上单线的变形

式中　　k_m ——绞线中各单线的平均绞入系数；

$\qquad k_{总}$ ——绞线的总绞入系数；

$\qquad Z$ ——绞线中单线总根数。

若为组合绞线，应分别计算不同材料的面积与重量，如钢芯铝绞线要将钢芯和铝线按各自的单线直径、根数、绞入系数和密度，分别计算钢线部分和铝线部分重量。

（2）圆形紧压线芯

圆形紧压线芯主要用于中高压电力电缆的导电线芯，低压电力电缆的中性线芯、保护线芯，架空绝缘电缆用导电线芯等。

圆形线芯经紧压后，单线变形，减小了单线之间的间隙，填充系数提高到了 0.89 ~ 0.92，减小了导线外径，可以节约绝缘、填充、护层等材料，降低生产成本，另外导线表面圆整度提高，还使表面电场变得更加均匀。

紧压方式分为两种：一是将整个圆形绞线一次紧压成型；另一种是每绞合一层紧压一次，称分层紧压。两者相比一次紧压绞线的紧密程度较差，相比于紧压前外径减小约 5% ~ 8%。分层紧压绞线较紧密，外径减小较多：120mm² 及以下绞线可减小 10% 左右，150 ~ 240mm² 绞线可减小 9.5% 左右，300mm² 以上绞线可减小 9% 左右。

紧压绞线截面积 A（mm²）和线芯单位长度重量 G（kg/km）可用称重法求得，亦可采用计算法算式如下：

$$A = \frac{\pi}{4} d^2 k_m Z \frac{1}{\mu} \tag{6-21}$$

$$G = \rho A = \frac{\pi}{4} d^2 k_m Z \frac{1}{\mu} \rho = \frac{\pi}{4} d^2 k_{总} \frac{1}{\mu} \tag{6-22}$$

式中　　k_m ——绞线的平均绞入系数；

$\qquad k_{总}$ ——绞线的总绞入系数；

$\qquad d$ ——单线直径（mm）；

$\qquad Z$ ——绞线中单线总根数；

μ——紧压时绞线的延伸系数，经验值为：截面积为 $25 \sim 70\text{mm}^2$，取 1.05；$95 \sim 120\text{mm}^2$，取 1.035；大于 $150\ \text{mm}^2$，取 1.04。

（3）扇形和半圆形紧压线芯

把绞合后的绞线通过紧压轮紧压成半圆形、扇形紧压线芯，紧压后减小了单线之间的空隙，提高了绞线的填充系数。这样的导电线芯挤包绝缘经成缆绞合成圆形，绝缘线芯间的间隙比圆形线芯大大减少，减少了填充材料的用量，并且成缆线芯的外径减小，使得包带材料、护层材料的用量都得到有效节约，降低了电缆成本，减小了电缆外径。但应注意，与相同填充系数的圆形紧压线芯相比，扇形紧压线芯的绝缘材料用量要多些。

采用一次紧压的线芯不如分层紧压线芯紧密，填充系数要小一些，见表 6-2。

表 6-2 半圆形和扇形紧压线芯的填充系数

标称截面积/mm²	50~95	120~185	240
一次紧压	0.83~0.90	0.83~0.90	0.83~0.90
分层紧压	0.92	0.90	0.89

如图 6-5 所示的紧压线芯结构图，主要尺寸为

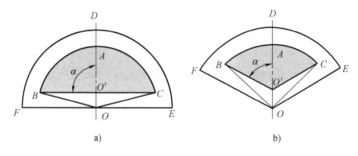

图 6-5 紧压线芯主要尺寸

a）半圆形 b）扇形

线芯半径 R：$R = OA = OB = OC$

线芯高度 h：$h = O'A$

绝缘厚度 δ：$\delta = AD$

线芯的中心角 2α：$\alpha = \angle A\,O'B = \angle A\,O'C$。对半圆形线芯，$\alpha = 90°$；三芯电缆用扇形线芯，$\alpha = 60°$；3+1 芯电缆用扇形主线芯，$\alpha = 50°$；四等芯电缆用扇形线芯，$\alpha = 45°$。

绝缘后线芯高度 h'：$h' = OD = OA' + k\delta$。k 为绝缘线芯上绝缘在扇形中心线方向的厚度变形系数，对半圆形线芯，$k = 2$；三芯电缆用扇形线芯，$k = 2.155$；3+1 芯电缆用扇形主线芯，$k = 2.31$；四等芯电缆用扇形线芯，$k = 2.414$。

1）半圆形线芯（$2\alpha = 180°$）

① 截面积 A_{180}（mm^2）

$$A_{180} = \frac{\pi}{2}R^2 - 2\delta R + \frac{\delta^3}{3R}$$

② 半径 R（mm）

$$R = 0.64(\delta + \sqrt{1.57A_{180} + 0.84\delta^2})$$

③ 周长 l （mm）

$$l = 2R\left[2.5708 - \frac{\delta}{R} - \frac{1}{2}\left(\frac{\delta}{R}\right)^2 - \frac{1}{6}\left(\frac{\delta}{R}\right)^3\right]$$

④ 高度 h （mm）

$$h = R - \delta = 0.64\sqrt{1.57A_{180} + 0.84\delta^2} - 0.36\delta$$

2）三芯电缆用扇形线芯 （$2\alpha = 120°$）

① 截面积 A_{120} （mm^2）

$$A_{120} = \frac{\pi}{3}R^2 - 2\delta R + \frac{\delta^2}{\sqrt{3}} + \frac{\delta^3}{3R}$$

② 半径 R （mm）

$$R = 0.955(\delta + \sqrt{1.05A_{120} + 0.36\delta^2})$$

③ 周长 l （mm）

$$l = \frac{2A_{120}}{R} - 2\left(1 - \frac{\delta}{R}\right)\left(\frac{\delta}{\sqrt{3}} - R + \frac{\delta^2}{2R}\right)$$

④ 高度 h （mm）

$$h = R - \frac{2}{\sqrt{3}}\delta = 0.955\sqrt{1.05A_{120} + 0.36\delta^2} - 0.2\delta$$

3）3+1 芯电缆用扇形主线芯 （$2\alpha = 100°$）

① 截面积 A_{100} （mm^2）

$$A_{100} = \frac{5}{18}\pi R^2 - 2\delta R + 0.84\delta^2 + \frac{\delta^3}{3R}$$

② 半径 R （mm）

$$R = 1.15(\delta + \sqrt{0.87A_{100} + 0.25\delta^2})$$

③ 周长 l （mm）

$$l = \frac{2A_{100}}{R} + 2R + \left[0.32 - 2.68\frac{\delta}{R} - \left(\frac{\delta}{R}\right)^2\right]\delta$$

④ 高度 h （mm）

$$h = 1.15\sqrt{0.87A_{100} + 0.25\delta^2} - 0.16\delta$$

4）四等芯电缆用扇形线芯 （$2\alpha = 90°$）

① 截面积 A_{90} （mm^2）

$$A_{90} = \frac{\pi}{4}R^2 - 2\delta R - \delta^2 + \frac{\delta^3}{3R}$$

② 半径 R（mm）

$$R = 1.273\delta + \sqrt{1.275A_{100} + 0.296\delta^2}$$

③ 周长 l（mm）

$$l = 2.827\frac{A_{90}}{R} - 0.457\pi R + 2.827\left(0.707 + \frac{\delta}{R}\right)\left[\delta + R + \left(\frac{\delta}{R}\right)^2\right]$$

④ 高度 h（mm）

$$h = R - \sqrt{2}\delta$$

5）相当圆线直径 D_{d}（mm）

在半圆形、扇形线芯结构计算中，有时为计算方便，会用到相当圆线直径，该尺寸是半圆形、扇形周长除以 π 折算出的虚拟圆的直径。

$$D_{\mathrm{d}} = \frac{l}{\pi} \tag{6-23}$$

第二节　绝缘材料用量

一、实心导体的绝缘层

这是最简单的一种绝缘层，主要用于控制电缆、布电线、小规格电力电缆等，如图 6-6 所示。

绝缘层直径 D（mm）、绝缘层面积 A（mm^2）、绝缘层重量 G（kg/km）分别为

$$D = d + 2\delta \tag{6-24}$$
$$A = \pi(d+\delta)\delta \tag{6-25}$$
$$G = A\rho = \pi(d+\delta)\delta\rho \tag{6-26}$$

式中　　d——实心导体直径（mm）；

δ——绝缘层厚度（mm）；

ρ——绝缘材料的密度（$\mathrm{g/cm}^3$）。

常用塑料、橡胶材料密度见表 6-3。

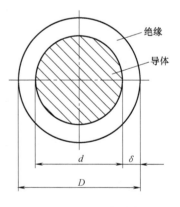

图 6-6　实心导体绝缘层

表 6-3　常用塑料、橡胶材料的密度 　　　　　　（单位：$\mathrm{g/cm}^3$）

材料	密度	材料	密度	材料	密度
聚氯乙烯绝缘	1.35~1.40	交联半导电料	0.95~1.20	乙丙导电橡皮	1.156
聚氯乙烯护套	1.32~1.38	聚丙烯	0.915	护套橡皮	1.23~1.47
低密度聚乙烯	0.91~0.93	聚全氟丙烯	2.12~2.17	绝缘橡皮	1.42~1.54
高密度聚乙烯	0.941~0.962	聚四氟乙烯	2.12~2.20	硅橡胶	1.231
泡沫聚乙烯	0.47	乙丙绝缘橡皮	1.28~1.32	氯化聚乙烯	1.08~1.17

二、圆形绞合线芯的绝缘层

由于绞线表层各单线间存在间隙，绝缘材料包覆时会嵌入其中，因此在计算绝缘层的截

面积积时必须考虑绝缘在绞线表面的嵌隙面积 A_c，绝缘的截面积可用下式计算：

$$A = \pi(D+\delta)\delta + A_c \tag{6-27}$$

嵌隙面积与导体结构、挤出模具、导体表面有否包带等因素直接相关如图 6-7 所示，正规绞合导体最外层的间隙面积可按式 6-28 计算。

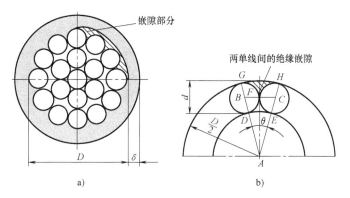

图 6-7 正规绞合导体绝缘层

$$A_c = \frac{d^2}{8}\left[\frac{2\pi D^2}{d^2} - \left(\frac{D}{d}-1\right)^2 Z_n \sin\frac{2\pi}{Z_n} - (Z_n+2)\pi k_n\right] \tag{6-28}$$

式中 Z_n——最外层绞线的根数；

k_n——最外层绞线的绞入系数。

不同结构正规绞合导线间隙面积见表 6-4。

表 6-4 不同结构正规绞合导线间隙面积

中心层根数	单线总根数/绞线层数	间隙面积 A_c/mm^2	中心层根数	单线总根数/绞线层数	间隙面积 A_c/mm^2
1	1	0	3	48/3	$3.499d^2$
	7/1	$1.263d^2$		75/4	$4.300d^2$
	19/2	$2.022d^2$		108/5	$4.942d^2$
	37/3	$2.768d^2$	4	4	$1.222d^2$
	61/4	$3.507d^2$		14/1	$1.928d^2$
	91/5	$4.223d^2$		30/2	$2.660d^2$
2	2	$1.551d^2$		52/3	$3.306d^2$
	10/1	$2.276d^2$		80/4	$3.881d^2$
	24/2	$3.004d^2$		114/5	$4.726d^2$
	44/3	$3.774d^2$	5	5	$1.259d^2$
	70/4	$4.550d^2$		16/1	$1.969d^2$
	102/5	$5.338d^2$		33/2	$3.075d^2$
3	3	$1.248d^2$		56/3	$3.301d^2$
	12/1	$1.946d^2$		85/4	$4.278d^2$
	27/2	$2.674d^2$		120/5	$5.530d^2$

注：d 为单线直径，单位为 mm。

以上的嵌隙面积是按照间隙被全部填充计算的，采用挤压式模具时可按此方法计算。当使用挤管式、半挤管式模具生产时，间隙不能被全部填充，对此类导体嵌隙面积应再乘以一个小于1的系数。

三、半圆形和扇形紧压线芯

计算半圆形和扇形紧压线芯绝缘层时，先计算导体的周长 l，并将周长 l 换算为相当圆线直径 D_d，然后按圆形实心导体绝缘层计算公式（6-26）求其截面积和重量。因导体表面较平整，加之采用挤管式模具生产，故嵌隙面积可忽略不计。绝缘线芯的扇形高 h' 和周长 l' 见表 6-5。

表 6-5　半圆形和扇形紧压导体绝缘线芯的扇形高 h' 和周长 l'

线芯类型	绝缘后扇形高 h'/mm	绝缘后线芯周长 l'/mm
半圆形线芯（180°）	$h' = h + 2\delta$	$l' = 5.14h'$
三芯电缆用扇形（120°）	$h' = h + 2.154\delta$	$l' = 4.094h'$
3+1 芯电缆用扇形（120°）	$h' = h + 2.31\delta$	$l' = 3.745h'$

注：h 为导体的扇形高，δ 为绝缘厚度。

四、圆形紧压导体

圆形紧压导体绝缘（或导体屏蔽）层截面积计算亦可采用式（6-27），但 A_c 的计算有所不同。经紧压后绞线表层间隙减小，采用挤管式模具生产绝缘时，嵌隙面积可忽略。若采用挤压式模具生产绝缘，嵌隙面积不可忽略。特别是挤包导体屏蔽层，因半导电屏蔽层厚度一般在 $0.7 \sim 1.5mm$，嵌隙部分占到半导电料的相当比例。导体紧压后导体表层间隙变的不规则、不一致，嵌隙面积 A_c 难以准确计算，可用下式大致估算。

$$A_c = \left(\frac{\pi}{4}D^2 - A_j \right) \frac{n_b}{2N} \tag{6-29}$$

$$或 \ A_c = \frac{\pi}{8} \times \frac{n_b}{N} D^2 (1 - \eta) \tag{6-30}$$

式中　D——圆形紧压导体直径（mm）；

　　　A_j——圆形紧压导体的实际截面积积，见式（6-21）（mm²）；

　　　N——包括表层在内的单线间的间隙个数；

　　　n_b——表层单线间的间隙个数；

　　　η——圆形紧压导体的填充系数。

按照产品标准的绝缘层的技术要求，无论是最薄点还是平均厚度均不应小于标称值，这就决定了绝缘材料用量必然要大于以上的计算值。还要考虑起、停车消耗，每段电缆前后两端的富余量，因此在实际生产中，绝缘材料的实际消耗值要在计算值基础上乘以 1.10 左右的系数。

第三节　成缆外径、填充及包带

线芯成缆涉及成缆、填充和包带的尺寸、用量计算，而且相同型号规格采用不同形状线芯时，以上计算值都会不同。

一、圆形线芯成缆

圆形线芯成缆分为线芯直径完全相同的对称成缆，还有不等直径圆形线芯的不对称成缆。填充时，中心层为一芯时，只需对外层的外边缘间隙进行填充；中心层为二芯时，除对外层的外边缘间隙进行填充外，应视情况决定是否对中心层的外缘进行填充；中心层为三芯及以上时，除对外层的外边缘间隙进行填充外，还需对中心层的内间隙进行填充，以保证密实并起到支撑作用。

1. 对称成缆

（1）成缆外径

对称成缆的外径计算与正规绞线外径计算方法相同：

$$D = kd \tag{6-31}$$

$$或\ D = D_0 + 2nd \tag{6-32}$$

式中　　D——成缆线芯直径（mm）；

　　　　k——成缆外径系数，取值见表 6-6；

　　　　d——绝缘线芯直径（mm）；

　　　　D_0——中心层直径（mm）；

　　　　n——中心层以外，绝缘线芯的绞合层数。

（2）填充面积

1）中心填充面积 A_{c0}（mm^2）：中心填充形状可参看图 6-8 所示，填充面积可按下式计算：

$$A_{c0} = \frac{\pi}{4} d^2 \left(\frac{Z_0}{\pi \tan \alpha} - \frac{Z_0}{2} + 1 \right) \tag{6-33}$$

式中　　α——每根绝缘线芯所占圆心角的一半，$\alpha = 180°/Z_0$；

　　　　Z_0——中心层绝缘线芯根数；

　　　　d——绝缘线芯直径（mm）。

2）最外层外缘填充面积 A_{cn}（mm^2）：对称成缆的结构与正规绞合绞线相同，成缆的最外层填充面积 A_{cn} 也和正规绞线挤包绝缘时的嵌隙面积 A_c 计算相同，最外层填充面积参看图 6-7 所示，采用式（6-29）计算。

根据以上计算，对称成缆外径系数、中心层和最外层填充面积计算值见表 6-6。

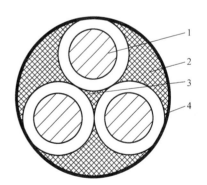

图 6-8　成缆线芯结构
1—绝缘线芯　2—侧边填充
3—中心填充　4—包带

2. 不对称成缆

具有不等直径结构形式的圆线芯电缆多为带中性线芯或地线芯的橡套软电缆、低压电力电缆等。有二大一小、三大一小、四大一小或三大二小等不同芯数的电缆。其成缆直径及空隙面积均和 b（b＝小线芯直径/大线芯直径）值有密切关系，且计算比较复杂。通常采用图解法计算比较方便，几个参数之间关系如下：

$$D = ad_1 \tag{6-34}$$

表 6-6 对称成缆外径系数、中心层、最外层填充面积计算值

芯数	线芯排列	k值	填充面积/mm²		芯数	线芯排列	k值	填充面积/mm²	
			中心	外层外缘				中心	外层外缘
2	2	2	0	$1.57d^2$	20	1+6+13	5.154	0	$1.94d^2$
3	3	2.154	$0.04d^2$	$1.25d^2$	21	1+7+13	5.3	0	$2.26d^2$
4	4	2.414	$0.22d^2$	$1.22d^2$	22	1+8+13	5.7	0	$4.44d^2$
5	5	2.7	$0.54d^2$	$1.26d^2$	23	2+8+13	6	0	$3.60d^2$
6	6	2.8	$1.03d^2$	$1.33d^2$	24	2+8+14	6	0	$2.98d^2$
7	1+6	3	0	$1.33d^2$	25	3+8+14	6.154	$0.04d^2$	$3.29d^2$
8	1+7	3.3	0	$1.39d^2$	26	3+9+14	6.154	$0.04d^2$	$3.29d^2$
9	1+8	3.4	0	$1.68d^2$	27	3+9+15	6.154	$0.04d^2$	$2.80d^2$
10	2+8	4	0	$2.28d^2$	28	4+9+15	6.414	$0.22d^2$	$3.28d^2$
11	3+8	4.154	$0.04d^2$	$2.59d^2$	29	4+9+16	6.414	$0.22d^2$	$2.81d^2$
12	3+9	4.154	$0.04d^2$	$2.04d^2$	30	4+10+16	6.414	$0.22d^2$	$2.81d^2$
13	4+9	4.414	$0.22d^2$	$2.55d^2$	31	5+10+16	6.7	$0.54d^2$	$3.32d^2$
14	4+10	4.414	$0.22d^2$	$2.02d^2$	32	5+11+16	6.7	$0.54d^2$	$3.32d^2$
15	5+10	4.7	$0.54d^2$	$2.56d^2$	33	5+11+17	6.7	$0.54d^2$	$2.86d^2$
16	5+11	4.7	$0.54d^2$	$2.07d^2$	34	6+11+17	7.0	$1.03d^2$	$3.40d^2$
17	0+6+11	5	$1.03d^2$	$2.64d^2$	35	6+12+17	7.0	$1.03d^2$	$3.40d^2$
18	0+6+12	5	$1.03d^2$	$2.14d^2$	36	6+12+18	7.0	$1.03d^2$	$2.93d^2$
19	1+6+12	5	0	$2.14d^2$	37	1+6+12+18	7.0	0	$2.93d^2$

$$b = d_2/d_1 \qquad (6\text{-}35)$$

$$A_c = \frac{\pi}{4} C d_1^2 \qquad (6\text{-}36)$$

式中　　D——成缆线芯直径（mm）；

　　　　d_1——大线芯直径（mm）；

　　　　d_2——小线芯直径（mm）；

　　　　a——成缆外径系数，为 b 的函数，$a = f(b)$ 的关系如图 6-10 所示。

　　　　A_c——中心或侧边填充面积，中心填充面积为 A_{c0}，二大线芯外缘填充面积为 A_{c1}，大、小线芯外缘填充面积为 A_{c2}，二小线芯外缘空隙系数为 A_{c3}，如图 6-9 所示，单位为 mm²；

　　　　C——空隙系数，为 b 的函数，$C = f(b)$ 的关系如图 6-10 所示。中心空隙系数为 C_0，二大线芯外缘空隙系数为 C_1，大、小线芯外缘空隙系数为 C_2，二小线芯外缘空隙系数为 C_3。

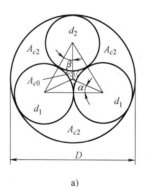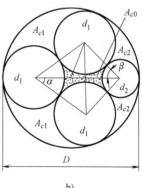

图 6-9　不对称成缆线芯结构示意图

a) 二大一小　b) 三大一小

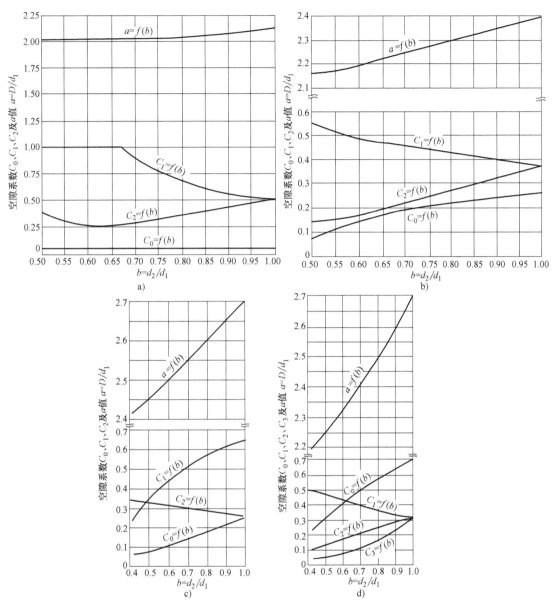

图6-10　不对称成缆线芯 b 与空隙系数 C、成缆外径系数 a 的关系图

a）二大一小　b）三大一小　c）四大一小　d）三大二小

二、扇形线芯成缆

采用半圆形和扇形导电线芯的电缆为低压电力电缆，主要类型有二芯（2×180°）、三芯（3×120°）、四等芯（4×90°）和三大一小（3×100°+1×60°）几种结构形式。

其成缆结构如图6-11所示，成缆外径 D 的计算公式见式（6-37）：

$$D = kh \tag{6-37}$$

式中　k——成缆外径系数，两芯 $k=2$；三芯 $k=2.11$；四等芯 $k=2.2$；3+1 芯 $k=2.31$；

h——半圆形、扇形绝缘线芯的扇形高，3+1 结构为主线芯扇形高，单位为 mm。

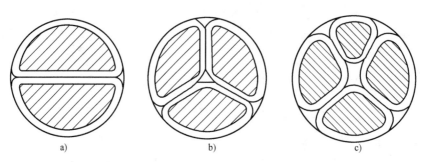

图 6-11 扇形、半圆形线芯成缆结构示意图

a）二等芯 b）三等芯 c）三大一小

因扇形绝缘线芯成缆后基本合成圆的形状，填充面积较圆形线芯大大减小，只需对扇形角所形成的中心和边缘的空隙进行填充即可，半圆形线芯只需填充边缘，如图 6-12 所示为扇形绝缘线芯的填充面积计算示意图，扇形绝缘线芯中心填充面积 A_{c0}（mm^2）的计算公式为

$$A_{c0} = (r_1+\delta)^2 \tan(90°-\alpha) - \frac{\pi (r_1+\delta)^2}{180°}(90°-\alpha) \tag{6-38}$$

一个扇形（或半圆形）绝缘线芯两侧外缘填充面积 A_c（mm^2）的计算公式为

$$A_c = \frac{\pi (R+\delta)^2}{180°}(\alpha-\beta) - \frac{\pi (r_2+\delta)^2}{180°}(90°+\alpha-\beta) - \frac{(r_2+\delta)^2}{\tan(\alpha-\beta)} \tag{6-39}$$

式中 R——绝缘线芯大圆弧边的半径（mm）；

r_1——绝缘线芯底角的圆角半径（mm）；

r_2——绝缘线芯边角的圆角半径（mm）；

δ——绝缘厚度（mm）；

α——绝缘线芯圆心角的一半，二芯 $\alpha = 90°$，三芯 $\alpha = 60°$，四等芯 $\alpha = 45°$，三大一小中主线芯 $\alpha = 50°$、中性线芯 $\alpha = 30°$；

β——以 R 为半径的线芯圆弧部分夹角的一半，$\beta = \arcsin \dfrac{0.5b-r_2}{R-r_2}$；

b——扇形宽（mm）。

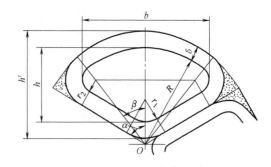

图 6-12 扇形绝缘线芯填充面积计算示意图

三、填充重量

异形线芯和小规格圆形线芯填充面积小，多采用几根 PP 绳填入间隙。大的间隙会采用并股的 PP 绳或成型塑胶条，类似这样的填充物重量计算如下：

1）填充物根数

中心填充根数 Z_{S0}： $$Z_{S0} = \frac{A_{c0}}{a} \tag{6-40}$$

外缘填充根数 Z_{Sn}：
$$Z_{Sn} = \frac{A_{cn}}{a} \tag{6-41}$$

式中　a——单根填充物截面积积（mm^2）；

A_{c0}——中心填充面积（mm^2）；

A_{cn}——外缘填充面积（mm^2）。

2）填充物重量 G_S（kg/km）

a. 已知填充物体密度 ρ（g/cm^3）
$$G_S = Z_{S0} G k_0 + Z_{Sn} G k_n \tag{6-42}$$

式中　G——单根 PP 绳的重量（kg/km），$G = a\rho$；

k_0——中心层填充物的绞入系数，对于正规绞合 $k_0 = 1$；

k_n——最外层填充物的绞入系数。对于正规绞合，k_n 与最外层线芯绞入系数相等。

b. 已知填充物线密度 ρ_l（kg/km）
$$G_S = Z_{S0} \rho_l k_0 + Z_{Sn} \rho_l k_n \tag{6-43}$$

四、包带

成缆后要将成缆线芯用扎紧包带，低压电缆铠装电缆在成缆线芯外绕包多层包带，还起到垫层的作用。常采用的包带绕包形式有重叠（搭盖）式和间隙式。将包带沿轴向剪开后的展开形式如图 6-13 所示。

无论间隙绕包还是重叠绕包，不同位置包覆层数会有差异，绕包外径也会不同。绕包层的平均外径 D'（mm）计算如下：

重叠绕包：

1 层包带时：
$$D' = D_0 + 3t$$

2 层包带时：
$$D' = D_0 + 6t$$

3 层包带时：
$$D' = D_0 + 8t$$

2 层间隙绕包时：
$$D' = D_0 + 3t$$

式中　D_0——绕包前线芯外径（mm）；

t——包带厚度（mm）。

适用的包带宽度 b（mm）：
$$b = \pi(D_0 + t) \frac{1}{1 \pm k} \sin\alpha \tag{6-44}$$

包带层的截面积 A（mm^2）：
$$A = \pi(D_0 + nt) nt \frac{1}{1 \pm k} \tag{6-45}$$

包带层的重量 G（kg/km）：
$$G = \pi(D_0 + nt) nt \frac{\rho}{1 \pm k} \tag{6-46}$$

式中　k——相邻包带重叠或间隙的宽度 e 与带宽 b 的比值，重叠绕包取"＋"，间隙绕包取"－"；

n——包带绕包层数；

α——包带绕包角；

ρ——包带材料密度（g/mm^3）。

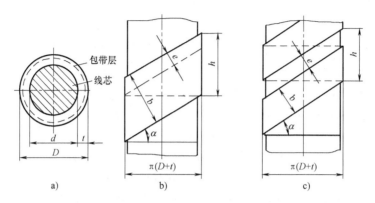

图 6-13　绕包包带截面及沿周向展开图
a）截面　b）重叠绕包　c）间隙绕包

若已知包带的面密度，包带层的重量还可按式 6-47 计算：

$$G = n\pi\left(D_0 + nt\right)\frac{\lambda}{1 \pm k} \tag{6-47}$$

式中　λ——包带材料的面密度（kg/m^2）。不同包带材料的面密度见表 6-7。

以上包带重量的计算方法也适用于铠装钢带、屏蔽铜带、耐火带、玻纤带等带状材料的绕包。

表 6-7　包带材料的面密度

包带名称	厚度/mm	面密度/（kg/m^2）	包带名称	厚度/mm	面密度/（kg/m^2）
聚乙烯带	0.20	0.184	玻璃布带	0.10	0.11
聚氯乙烯带	0.20	0.310		0.12	0.137
	0.23	0.323		0.14	0.150
聚四氟乙烯膜	0.025	0.05		0.18	0.151~0.19
聚酯薄膜	0.05	0.07	—	—	—

五、成缆线芯重量

成缆线芯重量包括各绝缘线芯的重量、填充材料重量和包带重量，绝缘线芯和填充材料重量计算时，应考虑成缆的绞入系数。

第四节　护层结构

本节介绍电缆屏蔽和护层部分的结构计算。电缆的这部分结构较复杂，对中低压电缆主要有内衬层、装铠（钢带、钢丝）和外护套组合的形式，编织加外护套形式，成缆线芯直接挤包外护套形式等。

采用挤包内衬层，按实心导体绝缘的计算方法计算外径和重量即可。采用绕包内衬层时，按包带绕包计算。下面主要介绍装铠和挤包护套、编织和挤包护套两种形式的结构计算。

一、编织和挤包护套

当电缆的屏蔽层采用金属编织时，在挤包塑料（或橡皮）外护套时就会有护套材料嵌入编织层的空隙内，如图 6-14 所示。

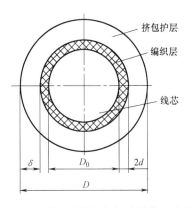

图 6-14　编织层外挤包护套结构示意图

1. 金属编织层

1) 编织层外径 D（mm）

$$D = D_0 + 4d \qquad (6-48)$$

式中　D_0——编织前电缆直径（mm）；

　　　d——金属丝直径（mm）。

2) 金属丝根数

每个锭子金属丝根数 Z_d 为

$$Z_d = \frac{\pi(D_0 + 2d)p\sin\alpha}{ad} \qquad (6-49)$$

式中　α——编织角；

　　　a——编织总锭数的一半；

　　　p——每组金属丝的单向覆盖率（%）。根据编织覆盖率（又称编织密度）P，由表 6-8 可查出 p 值。

编织层金属丝总根数 Z 为

$$Z = 2aZ_d \qquad (6-50)$$

表 6-8　编织覆盖率 P 与单向覆盖率 p 的关系　　　　　（单位：%）

P	p	P	p	P	p	P	p
99	90.00	91	70.00	83	58.77	75	50.00
98	86.86	90	68.73	82	57.57	74	49.01
97	82.68	89	66.83	81	56.41	73	48.04
96	80.00	88	65.36	80	55.28	72	47.08
95	77.64	87	63.94	79	54.17	71	46.15
94	75.50	86	62.58	78	53.10	70	45.23
93	73.54	85	61.27	77	52.04	69	44.32
92	71.71	84	60.00	76	51.01	68	43.43

3) 编织层重量 G_b（kg/km）

$$G_b = \frac{\pi}{2}\frac{aZ_d}{\sin\alpha}d^2 k\rho_b \quad \text{或} \quad G_b = \frac{\pi^2}{2}d(D_0 + 2d)pk\rho_b \qquad (6-51)$$

式中　k——编织的交叉系数，$k = 1.02$；

　　　ρ_b——金属丝的材料密度（g/cm³）。

2. 外护套

1) 护套外径 D（mm）

$$D = D_0 + 4d + 2\delta \qquad (6-52)$$

式中　δ——护套厚度（mm）。

2) 护套重量 G_t（kg/km）

编织层外挤包护套，会有部分材料嵌入编织层内，因此护套重量 G 应为光滑护套圆管

的重量 G_1（kg/km）与嵌入编织层空隙的材料重量 G_2（kg/km）之和。

$$G_t = G_1 + G_2 \tag{6-53}$$

$$G_1 = \pi(D_0 + 4d + \delta)\delta\rho_t \tag{6-54}$$

$$G_2 = \pi(D_0 + 2d)2d(1-P)\rho_t \tag{6-55}$$

式中　ρ_t——护套材料密度（g/cm^3）。

二、铠装层和挤包护套

1. 钢带铠装与挤包护套

1）钢带结构

采用厚度为 t(mm) 双钢带间隙绕包的装铠层，结构计算如下：

铠装层直径 D_k(mm)

$$D_k = D_0 + 4t \tag{6-56}$$

式中　D_0——内衬层直径（mm）。

铠装层重量 G 可用式 3-27 计算。

2）护套结构

护套外径 D_t（mm）：

$$D_t = D_k + 2\delta \tag{6-57}$$

采用挤管式模具生产的护套重量 G_t（kg/km）：

$$G_t = \pi(D_{k+}\delta)\delta\rho \tag{6-58}$$

式中　D_k——铠装层直径（mm）；

　　　ρ——护套材料密度（g/cm^3）；

　　　δ——护套厚度（mm）。

2. 钢丝铠装与挤包护套

1）钢丝结构

采用直径为 d（mm）的钢丝铠装层，结构计算如下：

铠装层直径 D_k（mm）：

$$D_k = D_0 + 2d \tag{6-59}$$

铠装钢丝根数 Z：

$$Z = \frac{\pi(D_0 + d)}{kd} \tag{6-60}$$

钢丝重量 G_k（kg/km）：

$$G_k = \frac{\pi}{4}d^2 kZ\rho \tag{6-61}$$

式中　D_0——内衬层直径（mm）；

　　　ρ——钢丝密度（g/cm^3）；

　　　k——钢丝的绞入系数。

2）护套结构

护套外径 D_t（mm）

$$D_t = D_k + 2\delta \tag{6-62}$$

式中　D_k——铠装层直径（mm）；

δ——护套厚度（mm）。

护套重量：因护套会嵌入钢丝间隙，护套重量 G 应为光滑护套圆管的重量 G_1（kg/km）与嵌入铠装层空隙的材料重量 G_2（kg/km）之和。可按非紧压圆形导体绝缘材料重量的计算方法计算。

三、对消耗系数的讨论

实际生产中，材料的实际消耗量都会大于上述按标称值计算出来的理论值，主要有以下几方面原因：

1）为保证交货长度，实际生产长度要大于交货长度。

2）生产中每段电缆前后两端都有一定长度的废品。

3）每个机台起停车的材料消耗，该部分消耗除与操作技术、产品型号规格有关外，主要取决于工艺特点，如过氧化物交联生产每次起车 200m 左右的起车线是不可少的，停车线也要有 50m 左右；导体绞制起车时亦需要几米到十几米的牵引线；而钢带装铠就不用考虑起停车问题。

4）技术要求的标称值多数都是最低要求，为保证产品合格，实际指标必须大于等于标称值，如绝缘厚度、钢带厚度等。

5）故障、废品消耗。

基于以上原因，对材料消耗在理论值基础上都要再乘以一个消耗系数，一般绝缘料系数最大，在 1.10 左右；其次是绞合导体，在 1.05 左右；护套材料、铠装材料消耗较少，1.03 基本能满足要求。

第七章 电缆的选型

选择电缆是电力输配电线路和工矿企业、社会生活供、用电系统设计的重要组成部分。在选择电缆的型号规格时，不仅要保证系统的运行安全，还要充分利用电缆的负荷能力，以期具有最佳的经济效益。电缆的选择就是确定电缆型号、耐电压等级、芯数和截面积的过程，这些受到电缆的使用环境、敷设方式、功率负荷、供电距离、机械载荷及经济因素等条件的影响。以上使用环境、敷设方式、功率负荷等条件都通过电缆的载流量反映出来，因此载流量就成为电缆选型中首要考虑的因素。

第一节 电力电缆的载流量

电缆载流量是指电缆承载电流的能力，载流量不仅受电缆本体材料、结构的影响，而且敷设方式、路径、周围环境等因素都会影响到电缆载流能力，因此在讨论电缆载流量时必须将电缆及其敷设运行方式作为一个整体进行研究。

一、电缆最高允许工作温度

电缆在运行中，导体、绝缘、铠装层、外护层等结构都会产生能量损耗，使电缆发热，导致电缆温度升高；这些热量向周围媒质散发，热量的散失又会使电缆温度降低。当散热条件差，发热量高于散热量时，电缆本体温度会持续升高，电缆的运行温度超过某一定值时，将导致绝缘水平严重下降，甚至导致电缆绝缘击穿。所以电缆的运行温度限定在这一特定值以下，这个特定值称为电缆的长期允许工作温度。发热量等于散热量时电缆会维持恒定的温度，若此时导体温度等于电缆的长期允许工作温度，导体中流过的电流达到最大允许值，这个最大允许电流值即为电缆的长期允许载流量，简称电缆的载流量。因此，载流量就是在最高热稳定状态下，电缆长期运行时允许的最大传输电流。

电缆的最高允许工作温度主要取决于绝缘材料的热老化性能，工作温度高，将加速绝缘材料老化，缩短电缆的使用寿命。因此，绝缘材料老化性能的优劣决定了电缆的最高允许工作温度，不同绝缘材料电缆的长期最高允许工作温度和最低允许温度见表7-1。

表 7-1 不同绝缘材料电缆的长期最高允许工作温度和最低允许温度

电缆型式		允许最高工作温度/℃			允许最低温度/℃
		长期	短时过载（最长 2h）	短路（最长持续 5s）	
聚氯乙烯绝缘	导体截面积≤300mm²	70	110	160	−20
	导体截面积>300mm²			140	
低密度聚乙烯绝缘	导体截面积≤300mm²	70	100	150	−70
	导体截面积>300mm²			130	
交联聚乙烯绝缘		90	130	250	−70
天然橡胶绝缘		65	120	150	−50
乙丙橡胶绝缘		90	130	250	−50
聚四氟乙烯绝缘		250	300	310	−80

（续）

电缆型式	允许最高工作温度/℃			允许最低温度/℃
	长期	短时过载（最长 2h）	短路（最长持续 5s）	
聚全氟乙丙烯绝缘	200	250	280	-80
硅橡胶绝缘	150	250	350	-80

电缆运行时各部分温度是不同的，因导体发热量最大，散热条件最差，因此导体温度最高，绝缘、护层温度依次降低，最高允许工作温度指电缆导体的温度。工作时导体温度很难测到，可以通过电缆表面温度的测量来估计导体温度，处于最高热稳定状态时，电缆表面的大致温度见表 7-2。

表 7-2　最高热稳定状态时电缆表面的大致温度

额定电压/kV	≤3	6	10	20~35
电缆表面温度/℃	60~65	45~50	40~45	50

二、载流量的计算

电缆载流量计算有两个假设条件，一是假定电缆导体中通过的电流是连续的恒定负荷（100%负荷率）；二是假定在一定的敷设环境和运行条件下，电缆处于热稳定状态，即当导体温度达到最高允许运行温度时，电缆所发出的热量全部能够通过周围媒质散发，处于热平衡状态，电缆温度不再升高，也不再降低。

在热稳定状态下，电缆产生的热量（包括导体电流损耗、绝缘层介质损耗、金属护层损耗和护层介质损耗）向外散发，就像电流的流动，称为热流。电缆的绝缘层、内衬层、外护层等各部分和敷射场地电缆周围媒质（如土壤、空气、水等）对热流的流动产生阻碍作用，与电流流动时的电阻相似，称为热阻。金属铠装层、金属护套、金属屏蔽层热阻很小，可忽略不计。

与电流和电场相似，在导体与电缆本体和周围媒质之间形成热流场，可画成如图 7-1 所示的等值热路图。图中 W_c 为电缆导体的损耗功率，$W_c = I^2 R$；W_d 为每相的介质损耗功率，$W_d = \omega C U_0^2 \tan\delta$。

根据热流场和等值热路，由热流场富氏定律，可导出热流与温升、热阻的关系，即热流与温升成正比，与热阻成反比，各段的温升等于流过该段的热流乘以该段热阻。于是得出热路方程为

$$\Delta\theta = \theta_c - \theta_0 = n(W_c + 0.5W_d)T_1 + n(W_c + W_d + \lambda_1 W_c)T_2 + n(W_c + W_d + \lambda_1 W_c + \lambda_2 W_c)(T_3 + T_4)$$

(7-1)

将 $W_c = I^2 R$ 代入式（7-1），得出电缆载流量计算公式：

$$I = \sqrt{\frac{(\theta_c - \theta_0) - n W_d(0.5T_1 + T_2 + T_3 + T_4)}{nR[T_1 + (1+\lambda_1)T_2 + (1+\lambda_1+\lambda_2)(T_3+T_4)]}}$$

(7-2)

式中
　　　　I——电缆载流量（A）；

　　　　θ_c——电缆热稳定状态时的导体温度，若 θ_c 为电缆长期最高允许工作温度，则 I 为电缆恒定负荷连续额定载流量（℃）；

　　　　θ_0——周围媒质温度（℃）；

　　　　$\Delta\theta$——高于环境温度的导体温升（℃）；

W_d——每相绝缘单位长度介质损耗（W/m），$W_d = \omega C U_0^2 \tan\delta$；

ω——电场的角频率，$\omega = 2\pi f$；

f——电场频率，工频 $f = 50\text{Hz}$；

C——每相单位长度电容（F/m）；

U_0——电缆导体对地电压即相电压（V）；

$\tan\delta$——绝缘材料的介质损耗角正切，无量纲；

R——温度为 θ_c 时，单位长度导体的交流电阻（Ω/m）；

T_1、T_2、T_3、T_4——绝缘层、内衬层、外护层、周围媒质单位长度热阻（m·K/W）；

λ_1、λ_2——金属护套、铠装层损耗相对于所有导体总损耗的比例系数；

n——电缆中载有负荷（等截面积并载有相同负荷）的芯数，如低压四芯电缆 $n = 3$。

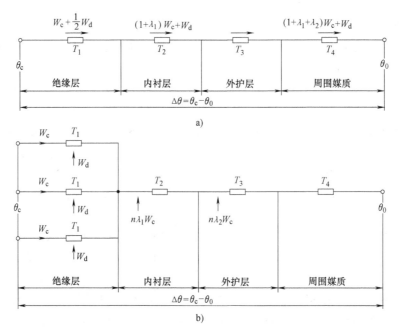

图 7-1　电缆全部等值热路图

a）单芯电缆等值热路　b）三芯电缆等值热路

三、电缆的短时过载运行

电缆过载是指线路出现故障，导体中通过电流过大而致导体温度超过长期允许工作温度，并在较高温度下运行一定的时间。

过载不是以电缆导通电流的大小为指标，而是以导体温度为考核指标。只要导体温度不超过电缆长期允许工作温度，电流再大也不算过载。如果导体温度超过了长期允许工作温度，即使电流再小也是过载。短时过载既有时间限制又有导体温度限制（一般要求过载时间不超过 2h，不同绝缘材料的过载温度见表 7-1），产生的温升电缆能短时承受。

一定的过载量电缆是可以承受的，几种电缆的参考过载系数见表 7-3。但应注意过载会加速绝缘老化，降低电缆使用寿命，甚至引发事故。因此，在选用电缆时，必须准确估算电缆载流量并留有充分余地，正确选择电缆形式和规格。

表 7-3 电缆短时过载载流量的参考过载系数

电缆类型	空气敷设(25℃)	土壤直埋(15℃)
交联聚乙烯绝缘	1.20	1.17
聚氯乙烯绝缘	1.10	1.10
乙丙橡胶绝缘	1.25	1.20

四、电缆的短路电流

电缆短路是指绝缘击穿，出现导体与导体或导体对地（金属屏蔽、金属护套、金属铠装等）导通的现象。短路与短时过载不同，短时过载时电流虽然较常态增大，但还在电缆可短时承受范围，短路则不然，受控短路一般只有零点几秒电路就被切断，不存在"短路运行"，若短路失控，导体会无限升温，直至电缆报废。短路是输电系统的严重故障，在三相系统的短路故障中，单相对地短路约占 86%，两相短路约占 10%，三相短路很少。

出现短路故障时，故障电流通过金属屏蔽层或金属护套接地，不同的输电系统采用不同的接地方式，对电缆的屏蔽结构和截面积也有不同要求。A 类输电系统，接地方式采用中性点直接接地或小电阻接地，短路电流很大，短路时间很短（一般不超过 1s），屏蔽多采用铜丝疏绕或金属套；B 类和 C 类系统采用消弧圈接地，短路时间较长，由短路变为短时过载的带故障运行，金属屏蔽多采用铜带屏蔽。

短路时，巨大的短路电流流过导体和金属屏蔽，使导体和屏蔽的温度迅速上升，进而威胁绝缘和护套。为使短路不至于对电缆造成更大的损害，必须严格控制短路电流的大小及短路时间。电缆导体和金属屏蔽允许短路电流参考值见表 7-4。

表 7-4 电缆导体和金属屏蔽允许短路电流参考值 　　　　　　（单位：A）

导体规格/mm²	导体				金属屏蔽	
	90℃		70℃		60℃	
	铜	铝	铜	铝	铝套	铜丝
25	3580	2420	2870	1900	—	2255
35	5150	3370	4028	2660	—	2255
50	7310	4790	5750	3800	—	2255
70	10200	6680	8050	5320	—	2255
95	13800	9030	10930	7200	—	3524
120	17400	11400	13810	9100	—	3524
150	21700	14200	17260	11400	—	3524
185	26700	17500	21290	14000	39200	4930
240	34600	22600	27600	18200	41900	4930
300	43100	28200	34500	22800	42600	4930
400	57400	37600	41160	27200	43400	4930
500	71700	47000	51500	34000	44600	4930
630	88800	58000	65500	42800	46100	4930

注：1. 短路持续时间按 1s 计算。

2. 铜丝疏绕截面积取值：导体 70mm² 及以下，取 16mm²；95~150mm² 取 25mm²；185mm² 及以上取 35mm²。

3. 计算屏蔽短路电流的允许短路最高温度取 200℃。

五、根据输电容量（或功率）计算传输电流

已知线路的传输容量或传输功率，可计算线路的传输电流 I_c，进而根据 I_c 大小初步选择电缆截面积，要求传输电流 I_c 应不大于电缆载流量 I，即 $I_c \leqslant I$。不同电缆的载流量参见附录 A。

输电容量一般指传输的视在功率 S，输电功率一般指传输的有功功率 P。

对于单相交流电路

$$S_1 = UI_c \tag{7-3}$$

$$P_1 = UI_c \cos\varphi \tag{7-4}$$

对于三相交流电路

$$S_3 = \sqrt{3}\,UI_c \approx 1.732UI_c \tag{7-5}$$

$$P_3 = \sqrt{3}\,UI_c \cos\varphi \approx 1.732UI_c \cos\varphi \tag{7-6}$$

对于单相和三相线路，线电流可以分别按式（7-7）、式（7-8）计算：

$$I_c = \frac{S_1}{U} = \frac{P_1}{U\cos\varphi} \tag{7-7}$$

$$I_c = \frac{S_3}{\sqrt{3}\,U} = \frac{P_3}{\sqrt{3}\,U\cos\varphi} \tag{7-8}$$

式中　U——线路的线电压（kV）；

I_c——线路的传输电流（A）；

S_1、S_3——分别为单相电路和三相电路的输电容量，即视在功率（kVA）；

P_1、P_3——分别为单相电路和三相电路的输电功率，即有功功率（kW）；

$\cos\varphi$——功率因数，$\cos\varphi \approx 0.6 \sim 0.9$。

例 7-1　某公司主变压器容量 S 为 20000kVA，以 35kV 直埋三芯电缆供电，若仅根据载流量选择，应选用多大截面积的交联聚乙烯绝缘电缆？

解：该电缆线路应通过的电流值为

$$I_c = \frac{S_3}{\sqrt{3}\,U} = \frac{20000}{\sqrt{3}\times 35}\mathrm{A} = 330\mathrm{A}$$

一般干燥土壤地埋敷设，地温 25℃，查附录表 A-16 可得，YJV22　26/35　$3\times 150\mathrm{mm}^2$ 载流量为 335A＞330A；YJLV22　26/35　$3\times 240\mathrm{mm}^2$ 载流量为 345A＞330A。

若仅考虑载流量，可在这两种电缆中选择，实际中还要考虑诸多影响载流量和经济性的因素，因此实际选择的电缆截面积要比这个大。

居民家庭负荷分为两种，一种是电阻性负荷，如白炽灯、电阻丝式电炉等；更多的是电感性负荷，如荧光灯、冰箱、电脑、空调等。对于电阻性负荷：$P = UI$；对于感性负荷：$P = UI\cos\varphi$，不同感性负荷功率因数不同，比如荧光灯的功率因数 $\cos\varphi = 0.5$。统一计算家庭用电器时，无论电阻性还是电感性负荷，可以统一取 $\cos\varphi = 0.8$。

例 7-2　一个家庭所有电器总功率为 9000W，仅考虑载流量的影响，空气中敷设时，应选择多大截面积的入户线？

解：进入该家庭的最大电流为

$$I_1 = \frac{P}{U\cos\varphi} = \frac{9000}{220\times 0.8}\mathrm{A} = 51\mathrm{A}$$

一般情况下，家里的电器不可能同时使用，所以考虑一个公用系数 k，一般 k 取 0.5。所以，入户线的实际负荷为 $P' = kP = 0.5P$，上面的计算应该改写成：

$$I_1 = \frac{P'}{U\cos\varphi} = \frac{9000\times 0.5}{220\times 0.8}\mathrm{A} = 26\mathrm{A}$$

查附录 A 表 A-1，可选择 BV $4\mathrm{mm}^2$。考虑到安全和为今后生活条件改善、家用电器增加留有条件，通常会选择更大规格的入户线，如 BV $6\mathrm{mm}^2$、$10\mathrm{mm}^2$ 甚至更大规格。

第二节　影响载流量的因素分析

由载流量的计算公式可以看出，影响电缆载流量的因素很多。电缆稳态工作时处于热平衡状态，只要是影响到电缆及周围媒质热平衡过程建立的因素都会影响到载流量。简言之，电缆工作时产生热量和阻碍热量散发的因素都会减小电缆载流量，凡是提高散热效率的因素都增大电缆的载流量。这些因素都取决于电缆本体结构、材料以及电缆的敷设状态和周围媒质。

电缆本体影响载流量的主要有两个因素，一是导体的材质和截面积，实质就是导体电阻；二是绝缘的材质，实质就是由绝缘材质所决定的电缆长期允许工作温度。

敷设状态对载流量产生影响的根本因素有二个，一是感应电流增加了电缆的损耗并增加了电缆的发热量；二是关系到电缆的散热好坏。

一、导体方面

导体方面影响载流量的因素主要是导体电阻，由导体损耗功率公式 $W_c = I^2 R$，导体电阻 R 增大，导体发热 W_c 成正比增加，使载流量减小。导体最高工作温度下交流电阻为

$$R = R'(1 + Y_s + Y_p) \tag{7-9}$$

式中　R——最高长期工作温度下，导体的交流电阻（Ω/m）；

R'——最高长期工作温度下，导体的直流电阻（Ω/m）；

Y_s——集肤效应因数；

Y_p——邻近效应因数。

1. 导体直流电阻的影响

工作温度 θ 下导体单位长度直流电阻计算公式 $R_a = \dfrac{\rho_{20}}{A}[1 + \alpha(\theta - 20)]$ 中，ρ_{20} 为导体在 20℃ 时的电阻率，α 为 20℃ 时导体的电阻温度系数。

（1）材料

导体材料的电阻率 ρ 越大，电阻 R 越大，载流量 I 越小，所以采用低电阻率材料是提高电缆传输容量的途径之一。电缆的传输容量与导体电阻率的 1/2 次方成反比，即

$$\frac{I_1}{I_2} \propto \sqrt{\frac{\rho_2}{\rho_1}} \tag{7-10}$$

20℃ 时 $\rho_{铜} = 0.01724\,\Omega \cdot \mathrm{mm}^2/\mathrm{m}$，$\rho_{铝} = 0.02826\,\Omega \cdot \mathrm{mm}^2/\mathrm{m}$，铜芯导体载流量为相同规格铝芯导体的 1.28 倍，即相同规格铜芯导体比铝芯导体载流量高 28%；或铝芯导体载流量为相同规格铜芯导体的 78%。70℃ 和 90℃ 时，此倍率关系亦符合。

（2）截面积

导体截面积 A 越大，电阻 R 越小，载流量 I 越大。相同型号电缆，需承载电流越大，越需选用较大的规格。对正规绞合及紧压导体而言，电缆的传输容量与导体半径的 3/2 次方成正比，与导体截面积的 3/4 次方成正比，即

$$\frac{I_1}{I_2} \propto \sqrt{\frac{r_{c1}^3}{r_{c2}^3}} = \sqrt[4]{\frac{A_{c1}^3}{A_{c2}^3}} \tag{7-11}$$

（3）运行温度

导体温度越高，电阻 R 越大，从而载流量 I 越小。电缆运行时，导体自身发热、环境温

度高都会使电缆温度 θ 升高，导致载流量减小。

2. 集肤效应的影响

导体中通以交流电流时，电流在导体中不再是均匀分布，而是靠近导体表面处电流密度大，越靠近中心处电流密度越小，这种现象称为集肤效应。集肤效应的影响相当于导体截面积减小，因而使导体有效电阻增加，载流量减小。

集肤效应与电场频率有关，频率越高，集肤效应越显著，在很高的频率时，电流几乎仅通过导线的表面，而导线中心没有电流流过。工作于工频的电力电缆，当材料确定时，集肤效应仅与导体的结构尺寸有关，中空导体、分割导体表面积增大，相对于相同规格的普通导体电缆，载流量增大。

3. 邻近效应的影响

相邻两导线中电流方向相反，在导线相邻一侧电流密度增大，而在远离一侧电流密度减小；两导线中电流方向相同，在导线相邻一侧电流密度减小，而在远离一侧电流密度增大的现象称为邻近效应。

由于邻近效应影响，电流在导线中分布不均，使导通电流的有效截面积减小，造成导线的有效电阻增大，载流量减小。两导线间距小、导线直径大、电流频率高、导线的电阻小都会增大邻近效应。

二、绝缘方面

（1）介质损耗

电缆工作时绝缘也会产生损耗而发热，该部分损耗为 $W_d = \omega C U_0^2 \tan\delta$，$W_d$ 与相电压的二次方成正比，与绝缘材料的介质损耗角因数 $\tan\delta$ 成正比。电压越高，介质损耗因数越大，介质损耗对载流量的影响就越大。例如 35kV 及以下电压等级的电力电缆，介质损耗可以忽略不计，但随着工作电压的升高，介质损耗越来越显著，110kV 电缆介质损耗是导体损耗的 11%；220kV 电缆介质损耗是导体损耗的 34%；330kV 电缆介质损耗就达到导体损耗的 105%。因此，对高压、超高压电缆必须严格控制绝缘材料的 $\tan\delta$。聚乙烯和交联聚乙烯的 $\tan\delta$ 小于 0.0005，而聚氯乙烯的 $\tan\delta$ 达 0.04~0.12，介质损耗大是聚氯乙烯只能用于低压电缆的原因之一。

$\omega = 2\pi f$，对于工作于工频的电力电缆而言，由交变电磁场带来的介质损耗很小，而对于传输频率动辄就达兆赫甚至万兆赫的高频数据通信电缆来说，由此带来的损耗就必须加以重视了。电容 C 是与材料和尺寸有关的一个数值，导体直径为 D_c，绝缘直径 D_i 的圆形线芯电容计算式为 $C = \dfrac{2\pi\varepsilon_r}{\ln\dfrac{D_i}{D_c}}$，聚乙烯和交联聚乙烯绝缘的 ε_r 为 2.3，而聚氯乙烯绝缘的 ε_r 达到 7 左右，聚氯乙烯绝缘电缆电容比交联聚乙烯绝缘高几倍，从而介质损耗也大大增加，这也是聚氯乙烯只适用于低压的原因之一。

（2）最高允许工作温度

电缆的最高允许工作温度主要取决于绝缘材料，电缆的允许最高工作温度对载流量的影响很大。XLPE 绝缘比 PE 和 PVC 绝缘电缆的工作温度高 20℃，载流量增大约 15%~20%；乙丙橡胶比天然橡胶绝缘电缆工作温度高 25℃，载流量增大约 25%。这意味着在相同场合使用，若选用高耐温等级绝缘电缆差不多可比低耐温等级电缆小一个规格，效益相当可观。

三、环境温度

电缆长期允许载流量应按敷设处的周围介质温度进行校正，电缆周围环境温度 θ_0 越高，电缆载流量越小。同一条线路，早晨比中午载流量大，冬季比夏季载流量大。沿不同冷却条件的路径敷设电缆，当冷却条件最差段的长度超过 10m 时，应按该段冷却条件来计算电缆载流量。当环境温度由 θ_{01} 变为 θ_{02}，而其他因素不变时，长期允许载流量 I_1 和 I_2 大致符合如下关系：

$$\frac{I_1}{I_2} = \sqrt{\frac{\theta_c - \theta_{01}}{\theta_c - \theta_{02}}} \qquad (7\text{-}12)$$

1）环境温度高，会使电缆导体温度升高，直流电阻增大，导体损耗发热增加，电缆载流量减小。

2）环境温度高，还会使电缆绝缘温度升高，$\tan\delta$ 和 ε_r 都会有不同程度的增加，介质损耗从而增大；同时绝缘电阻下降将导致泄漏电流增大，也会使绝缘损耗增加，以上均导致载流量减小。

3）环境温度高，还导致媒质热阻增大，电缆散热条件变差，从而载流量减小。

设计时均按照最严酷的工作条件计算载流量：

① 在室外，环境温度取当地 10 年或以上的最热月的每日最高温度的月平均值（最热月平均最高气温）。

② 在室内，包括在生产厂房、电缆隧道及电缆沟内，周围空气温度还应计入电缆发热、散热和通风等因素的影响。一般取最热月平均最高气温加 5℃。

③ 当周围介质为土壤时，土壤温度取当地最热月地下 0.8~1m 的土壤平均温度，或近似地取当地最热月平均气温。

计算时，一般空气中敷设时环境温度以 40℃ 为基准，室内以 30℃ 为基准；土壤直埋敷设时以 25℃ 为基准，在不同环境温度下时，利用式（7-12）求得载流量修正系数计算值，并考虑其他因素变化对载流量的影响，对计算值校核后的修正系数见表 7-5。

表 7-5　不同环境温度下载流量的修正系数

敷设环境	空气中			土壤直埋			
环境温度/℃	导体工作温度/℃						
	70	80	90	60	70	80	90
10	1.41	1.32	1.26	1.20	1.15	1.13	1.11
15	1.35	1.27	1.22	1.13	1.11	1.09	1.07
20	1.29	1.22	1.18	1.07	1.05	1.04	1.04
25	1.22	1.17	1.14	1.00	1.00	1.00	1.00
30	1.15	1.11	1.09	0.93	0.94	0.95	0.96
35	1.08	1.06	1.06	0.85	0.88	0.91	0.92
40	1.00	1.00	1.00	0.76	0.82	0.85	0.88
45	0.91	0.93	0.94	0.66	0.80	0.80	0.83
50	0.81	0.86	0.89	0.53	0.72	0.75	0.80

四、金属层损耗

交流电缆工作状态时，金属屏蔽、金属护套和铠装层损耗发热也会对电缆载流能力产生影响。这部分损耗主要包括环流损耗和涡流损耗。在式（7-1）中，这部分损耗以金属套、屏蔽或铠装层损耗与导体功率损耗的比率 λ_1、λ_2 表示，该部分损耗受金属层的材料和电阻值、构成线路的电缆芯数、线芯间距、导体的结构形式、金属层连接形式等因素影响。λ_1 和 λ_2 的计算公式可从《电线电缆手册》《电线电缆载流量》等相关技术手册中查到。

五、媒质热阻

电缆热阻直接影响到电缆的散热，根据产生热阻的部位，将热阻分为电缆本体热阻和外部环境热阻。

电缆本体热阻主要是绝缘热阻 T_1、内衬层热阻 T_2 和外护套热阻 T_3，材料不同、厚度不同、形状不同都会引起热阻的变化，热阻与材料的热阻系数 ρ_T 成正比，与结构的厚度正相关，例如导体直径为 D_c，绝缘厚度为 t 的单芯电缆绝缘热阻为 $T_1 = \dfrac{\rho_{T_1}}{2\pi}\ln\dfrac{(D_c+2t)}{D_c} = \dfrac{\rho_{T_1}}{2\pi}\ln\dfrac{D_i}{D_c}$。导体、金属屏蔽、铠装层都是导热良好的金属，热阻可忽略不计。

环境热阻 T_4 的情况较复杂，如空气的热阻与风向、风速、气温、日照以及电缆的敷设状态有关，土壤热阻与土质、含水量以及埋深等因素有关。这些因素都会影响到热阻系数、散热条件等，如埋地敷设时热阻的计算式为 $T_4 = \dfrac{\rho_{T_4}}{2\pi}\ln\dfrac{4L}{D_e}$，式中 ρ_{T_4} 为媒质热阻系数，L 为电缆中心到地面的距离，D_e 为电缆外径。常用材料的热阻系数见表 7-6。在整个电缆路径上，环境热阻会有很大不同，一般环境热阻的估算应按最恶劣区段的最恶劣条件取值。

表 7-6　常用材料的热阻系数　　　　　　　　　　　　　（单位：K·m/W）

材　料　名　称	热阻系数	材　料　名　称	热阻系数
金属材料 　铜 　铝 　铁 　铅	0.0027 0.0048 0.020 0.029	敷设区域材料 　水泥管 　纤维管 　石棉管 　陶土管 　纯净水	1.00 4.80 2.00 1.20 1.68
绝缘材料 　聚乙烯 　交联聚乙烯 　聚氯乙烯 　乙丙橡胶	3.50 3.50 6.00~7.00 5.00	自然土壤（没有发生水分迁移） 　潮湿土壤 　一般土壤 　比较干燥土壤	0.6~0.9 0.9~1.2 1.2~1.5
护层材料 　聚乙烯 　聚氯乙烯 　氯丁橡胶	3.50 6.00~7.00 5.50	干燥土壤（含水率几乎为零） 　一般土壤 　沙质土壤 　黏性土壤	2.0 2.5 3.0

六、敷设状态

1. 电缆的敷设方式

（1）地下直埋

将电缆直接埋入地下，使电缆与周围的土壤直接接触，热量通过周围土壤传导散发。该状态的载流量与土壤类型、潮湿程度直接相关。降低土壤热阻系数可以大大提高电缆载流量，具有很大经济意义。

土壤热阻系数不仅与土地的组成成分有关，而且与它的物理状态有关，例如松散、多孔、干燥的土壤热阻系数就高，而电缆与土地紧密接触、土壤潮湿热阻系数就低。许多电缆故障是由于电缆发热使土地水分向低温区扩散，致使电缆周围土地热阻系数增高，电能过热所造成。水分扩散速度与土地的温度和温度梯度有关，温度越高，梯度越大，水分扩散速度越大。经验表明，当土地温度低于50℃时，水分扩散速度极慢，土地热阻变化不显著，但电缆发热使土地温度高于50℃时，会使土地热阻系数大大提高。不同状态土壤热阻系数见表7-6，不同热阻系数土壤对载流量的影响校正见表7-7。

表 7-7　不同类型土壤热阻系数的载流量校正系数

土壤热阻系数/(K·m/W)		1.00	1.20	1.50	2.00	2.50	3.00
载流量校正系数	电缆穿管埋地	1.18	1.15	1.10	1.05	1.00	0.96
	电缆直接埋地	1.30	1.23	1.16	1.06	1.00	0.93

现在多采用"更换回填土"技术来提高电缆载流量。它是将电缆放入电缆沟后，回填以热阻系数低且稳定的材料。例如混拌水泥砂、混拌石子砂、混拌沥青砂等。

（2）水中敷设

对于敷设在水中（海底、过江、过河）的电缆，由于水的对流和热容大，其周围媒质热阻可取为零。但应注意，由于电缆本身重力，同时在敷设电缆时为保持电缆位置，免受水流移动、船锚损伤，电缆实际是敷设在水底泥土中，此时应计算媒质热阻。

（3）空气中敷设

电缆敷设在空气中，从电缆表面散发热量至周围空气中，主要不是传导作用，而是辐射作用。辐射作用散热不仅与媒质有关，而且与电缆表面温度和表面状况有关，如黑色散热比较容易，而白色表面散热则较困难。在通风良好的场合，还要考虑空气对流作用所带走的热流。

1）隧道或电缆沟内架设：电缆周围是潮湿和半流动的空气，热量通过周围空气对流和辐射散发，其散热效果是四种敷设方式中最好的。

2）穿管敷设：将电缆穿入塑料管、水泥管、陶瓷管、钢管等，此时周围媒质热阻为电缆表面至管道内壁热阻、管道热阻（金属管热阻可忽略）和管道外部热阻，此时电缆周围是管壁和完全静止的空气，散热效果最差。

3）敷设在空气流通但有日照的室外空间，这种方法空气流通，散热条件好，但日照增加了电缆的温升，还会加速护套的老化。

一般说来，敷设在空气中的电缆比敷设在土地中电缆的周围媒质热阻大，传输能力约比土地中敷设的低20%~30%。但当电缆直径较大，敷设在土地中深度超过1m时，则电缆散热能力有时反而较低。

2. 电缆的排列方式

多根电缆并行敷设时，彼此之间的生热影响会使电缆的载流量下降。并列的电缆根数越多、距离越近，载流量下降就越多，表7-8、表7-9所列参数分别为直埋和空气中多根并列敷设电缆载流量校正系数。

表 7-8 多根并列直埋敷设电力电缆载流量校正系数

间距/mm ＼ 并列根数	1	2	3	4	5	6	7	8	9	10
100	1.00	0.90	0.85	0.80	0.78	0.75	0.73	0.72	0.71	0.70
200	1.00	0.92	0.88	0.84	0.82	0.81	0.80	0.79	0.79	0.78
300	1.00	0.93	0.90	0.87	0.86	0.85	0.84	0.84	—	—

表 7-9 空气中多根并列敷设电力电缆载流量校正系数

间距/mm ＼ 并列根数	2	3	4	6	4	6
	一层				二层	
$S = D$	0.90	0.85	0.82	0.80	0.80	0.75
$S = 2D$	1.00	0.98	0.95	0.90	0.90	0.90
$S = 3D$	1.00	1.00	0.98	0.96	1.00	0.96

注：S 为电缆中心距，D 为电缆外径，当并列敷设电缆外径不同时，D 取平均值。

第三节 电缆型号规格的选择

输送电能有采用架空导线和电线电缆两种线路。架空线路具有造价低、施工容易和便于检修等优点，但也存在占用空间大、受气候和周围环境条件影响大、安全性低等缺点，架空线路一般用于室外输配电线路，采用裸导线或架空绝缘电缆。一般 35kV 及以上的输配电线路多选用裸导线，如钢芯铝绞线等；10kV 及以下中低压配电线路，在城镇、施工现场、空气污秽、化工及沿海等线路走廊狭窄、人口密集、安全要求较高、裸导线易腐蚀等地区宜采用架空绝缘电缆，城镇外宜选用铝绞线、钢芯铝绞线类裸导线。

电缆线路一般埋于土壤或敷设于室内、沟道、隧道中，具有占用地面和空间少，受气候和周围环境条件影响小，供电可靠，安全性高，市容整齐美观，维护费用低等优势。相比于架空线路，其线路造价高，施工难度大的不足，一般用于城市供电、工矿企业内部供电、发电厂的引出线、过江河湖海的水下线路等处。

电缆选择一般是按照系统电压等级、电缆导体材料、电缆芯数、绝缘性能、特殊性能要求、电缆敷设方式、长期工作允许电流、经济电流密度及敷设环境条件因素等进行选型，按照短路动热稳定性、电压损失、机械强度等进行选型校验而最终确定电缆的类别、型号、额定电压、芯数和截面积等。达到保证供配电线路安全、可靠、优质、经济运行的目的。

一、电缆型号的选择

电缆型号应根据线路的环境条件、敷设方式和特殊要求等进行选择。

1. 导电线芯选择

电缆一般采用铜或铝作为导电线芯。相比于铜芯电缆，在传输功率相同时，铝芯电缆具有价格低、重量轻的优点，因此铝芯电缆应成为一般使用条件下的优选。作为导电线芯，铝也存在以下难以避免的缺点：

1）机械强度低。

2）在非干燥空气条件下耐腐蚀性差。

3）表面的氧化铝膜导电性差，接头的接触电阻增大，易导致接头发热。

4）电化学腐蚀的产生，使得铜铝连接处铝被腐蚀，在一定时间后会导致接触不良而发热、打火，严重时甚至会断电。

下列场合宜选用铜芯电缆：

1）需要确保长期运行中连接可靠的回路，如重要电源、重要的操作回路及二次回路、电机的励磁、移动设备的线路及剧烈振动场合的线路。

2）重要的公共建筑，如地铁、车站、剧场、高层建筑、计算机房等。

3）爆炸危险环境、火灾危险环境等特殊要求的场合，如加油站、矿井下等。

4）有一定腐蚀性的场合，如化工厂、矿产勘探等。

5）像炼钢高炉、飞机发动机旁这样的高温环境使用的电缆，有时裸铜导电线芯会发生氧化腐蚀，这时就要采用以镀锡、镀银甚至镀镍层作为保护的铜线作为导电线芯。

6）应急系统，包括消防设施的线路。

根据使用特性考虑对电缆柔软性的要求，一般固定敷设电缆宜选用第 1 类或第 2 类导电线芯，如果电缆需要经常移动或要求柔软，则宜选用第 5 类或第 6 类导电线芯。

另外，选用铜还是铝导电线芯关系到建设资金投入的关键，选用铝芯电缆比铜芯电缆要便宜得多。从截面积来看，输送同样大的电流，铝导电线芯应比铜导电线芯截面积大两档，即使如此，铝导电线芯重量还不到铜导电线芯的一半，这就是电缆行业常说的一吨铝相当于两吨铜这句话的由来。但也要看到铝导电线芯的缺陷，重要工程、小截面积线缆、经常移动使用电缆、不方便采用铜铝过渡接头时还是以选择铜导电线芯电缆为宜。

2．绝缘的选择

（1）橡皮绝缘电缆

橡皮最突出的优点是具有高弹性，从而使橡皮电缆具有其他电缆无法比拟的柔软、弯曲性好的特点，为保证电缆的柔软性，橡皮绝缘电缆导电线芯一般为第 5 或第 6 类软导体，护套多采用橡皮护套，若有金属屏蔽结构会采用编织形式。使得该类电缆具有较好的综合性能，特别适用于移动式电气设备使用，在船舶、矿井、机车车辆等特殊工作条件下亦有广泛应用。

橡胶的种类多，具有不同的结构与性能，如要求耐油性好的电缆会选用丁腈橡胶作为护套；而氯化聚乙烯、氯磺化聚乙烯护套具有良好的阻燃性；硅橡胶绝缘护套具有很宽的耐高、低温性能，其良好的柔软性使该类电缆成为弯曲性能最好的电缆。

（2）聚氯乙烯绝缘电缆

因电性能不佳，聚氯乙烯绝缘用于 3.6/6kV 及以下电力电缆，在实际中以 0.6/1kV 应用最广，高于 0.6/1kV 鲜有使用。该类电缆的主要优点是制造工艺简便，没有敷设高差限制，重量轻，弯曲性能较好，不延燃，价格便宜。在线路高差较大或敷设在桥架、槽盒内以及在含有酸、碱等化学性腐蚀土质中直埋等固定敷设时，可选用该类电缆。

由于聚氯乙烯在燃烧时产生有毒烟气，形成的 HCl 酸雾会腐蚀设备，故对于需满足在一旦着火时有低烟、低毒要求的场合，如客运设施、商业区、高层建筑和特殊重要公共设施等人流较密集场所，对防腐蚀要求高的重要厂房、机房等处，不宜采用聚氯乙烯绝缘或护套电缆。

对聚氯乙烯通过不同配方改性，还有可使用于-15℃以下环境的耐寒型聚氯乙烯，长期工作温度达90℃、105℃的耐热聚氯乙烯，以及耐油聚氯乙烯、阻燃聚氯乙烯等。

（3）交联聚乙烯绝缘电缆

交联聚乙烯具有优异的电性能，是理想的绝缘材料，交联聚乙烯绝缘电缆的适用电压从几伏以至高压、超高压等级。交联聚乙烯绝缘电缆除具有结构简单，制造方便，外径小，重量轻，敷设方便，不受高差限制等塑料绝缘电缆的共同特点外，相比于聚氯乙烯绝缘电缆，其长期工作温度提高了20℃，载流量亦增大15%~20%。

交联聚乙烯不含卤素，燃烧不会形成酸雾等有毒有害气体，通过合理的结构设计，交联聚乙烯可用作阻燃或耐火型低烟无卤电缆的绝缘。

3. 护层结构选择

电缆的护层对内部的绝缘和导电线芯电缆起着机械保护、防止化学腐蚀、防潮防水、耐火阻燃以及电磁屏蔽等作用。要适应不同的条件要求和使用环境，电缆护层就要有不同的结构和组合，因此护层结构也是电缆中变化最多的结构。不同护层结构电缆的适用场合见表7-10，适用的敷设方式见表7-11。

表 7-10　不同护层结构电缆的适用场合

结构特点	适 用 场 合	结构特点	适 用 场 合
无铠装无金属护套	室内、隧道、管道中，不承受机械外力，承受较小压力的地下直埋	阻燃结构	对电缆有阻燃性能要求的场所
双钢带铠装金属护套	地下直埋，能承受一定的机械外力，不能承受大的拉力	耐火结构	火灾发生时需持续在一定时间内供电的场所
细钢丝铠装	室内、隧道、竖井中，能承受外力和一定的拉力	无卤低烟结构	封闭而又人员密集，难以快速疏散的场所
粗钢丝铠装	激流河道、海底敷设，能承受外力和较大拉力	阻水结构	潮湿，易使电缆进水的场所

表 7-11　不同护层结构电缆的适用敷设方式

外护套	铠装层	敷设方式								环境条件		
		室内	电缆沟	电缆桥架	隧道	管道	竖井	埋地	水下	火灾危险	移动使用	一般腐蚀
一般橡套	无	√	√	√	√	√	×	×	×	×	√	√
阻燃橡套	无	√	√	√	√	√	×	×	×	√	√	√
PVC护套	无	√	√	√	√	√	×	√	×	√	×	√
	钢带	√	√	√	√	√	×	√	×	√	×	√
	钢丝	√	√	√	√	√	√	√	×	√	×	√
PE护套	无	√	√	√	√	√	×	√	√	×	×	√
	钢带	√	√	√	√	√	×	√	√	×	×	√
	钢丝	√	√	√	√	√	×	√	√	×	×	√
PVC+铝护套	无	√	√	√	√	√	×	√	×	√	×	√
PE+铝护套	无	√	√	√	√	√	×	√	√	×	×	√

某些工作环境对电缆的结构特别是护层结构及材料的选择也提出了特殊要求，特殊性能电缆的选择应避免盲目追求高指标、高性能。科学确定电缆是否有阻燃、耐火、低烟无卤、防水、耐油、防白蚁和防鼠咬等要求。

对特别重要的建筑或特殊环境使用的电缆，如大型公共建筑（如商场、写字楼、图书馆、体育馆等）、核电站和大型电厂的控制室、高层建筑和矿井等处，应选用阻燃电缆，对消防系统、逃生系统等火灾时需延时供电的线路或场所应选用耐火电缆。人员集中，烟气难以疏散的场所，如地铁等处宜选用低烟无卤阻燃或耐火电缆。最高等级的阻燃、耐火要求可选择矿物绝缘电缆。

电缆敷设环境中有油污或酸碱时，应选用耐油或耐酸碱的电缆。对一般少量接触油类，采用 PVC 或氯丁橡胶（CR）护套即可，经常接触油类，宜采用丁腈橡胶（NBR）或 NBR-PVC 复合物较好，对经常浸在油中的电缆，宜采用氯化聚醚或氟橡胶做护套。

用于一般潮湿场所，可采用聚乙烯护套，对容易导致电缆进水的环境则宜对电缆进行阻水结构设计，如导体、填充采用阻水绳或纱，护层结构采用铝塑复合护套甚至采用金属护套等。

二、电缆规格的选择

根据系统的额定电压、接地方式、传输容量、机械强度，并考虑经济因素确定电缆的额定电压和导体截面积。

1. 额定工作电压的选择

正确选择电缆的额定工作电压值是确保长期安全运行的关键之一，与电灯、电脑等电器的工作电压必须等于额定电压不同，电缆的额定工作电压既不是其最高工作电压，也不是最低工作电压。工作过程中系统的冲击过电压可能会高出额定电压几十倍，故障时亦允许系统电压短时高于额定值。比如民用电力系统额定电压为 220/380V，而所用电缆的额定电压多为 0.6/1kV、450/750V 或 300/500V。电缆的选择原则为必须保证电缆的额定电压 U_0/U 不低于系统的传输电压，电缆的最高工作电压不超过其额定电压的 15%。

国家标准规定输电系统分为 A、B、C 三类。A 类输电系统出现接地故障时，在 1min 内排除。其接地方式有两种：一是中性点直接接地，当系统出现接地故障时，最多 5s 内排除，一般高压及超高压输电系统均属此类。二是中性点通过小电阻接地，当系统出现接地故障时，最多 1min 内排除。一般中高压输电系统采用双回路供电时属此类。

B 类输电系统又叫单相接地故障短时运行系统。其接地方式为中性点通过消弧线圈接地，系统采用单回路供电。当出现单相接地故障时，一般在 1h 内排除，但最长不超过 8h，每年故障运行累计时间不超过 125h。

A 类、B 类以外的输电系统属于 C 类，即系统出现接地故障时可长时间处于故障状态。

电缆的绝缘水平取决于电缆的电压等级和输电系统的类别。在同一电压等级中，A 类、B 类输电系统的电缆绝缘处于同一水平，$U_0 = U/\sqrt{3}$。而 C 类输电系统的电缆绝缘则应提高一个档次，即适用电缆的 U_0 应高一个系数。不同输电系统适用电缆的额定电压 U_0/U（U_m）见表 7-12。

用于 B 类输电系统的电缆，虽允许短时过载运行，但由于过载运行会引起导体过高的温升，从而加速绝缘老化，会影响电缆的寿命，对于那些预期会有短时过载运行的系统，宁可按 C 类选用电缆，会更安全可靠，更经济适用些。

输电系统的类别在于中性点的接地方式。对于那些中性点直接接地或经过小电阻接地的输电系统来说，由于其不会有过载运行的情况，就无须选用如 6/6、8.7/10 以及 26/35 之类的电缆了。

表 7-12　输电系统及适用电缆的额定电压　　　　　　　　　　（单位：kV）

额定电压		输电系统的类型及适用电缆的额定电压 U_0/U		
U	U_m	A	B	C
1	1.2	—	0.6/1	0.6/1
3	3.5	—	1.8/3	3/3
6	6.9	—	3.6/6	6/6
10	11.5	6/10	6/10	8.7/10
15	17.5	8.7/15	8.7/15	12/15
20	23.0	12/20	12/20	18/20
35	40.5	21/35	21/35	26/35
50	72.5	50/66	—	—
110	126	64/110	—	—
220	252	127/220	—	—
330	363	190/330	—	—
500	550	290/500	—	—

2. 芯数选择

1）220/380V 低压配电系统广泛采用中性点直接接地的运行方式，而且引出有中性线（N 线）、保护线（PE 线）或保护中性线（PEN 线）。N 线一是用来接额定电压为系统相电压的单相用电设备；二是用来传导三相系统中的不平衡电流和单相电流；三是减小负荷中性点的电位偏移。PE 线是用来保障人身安全，防止发生触电事故用的接地线：系统中正常情况下不带电压，但故障情况下可能带电压的易被触及的导电部分如电机的外壳、控制柜的柜体等，通过保护线接地，可在设备发生接地故障时减少触电危险。PEN 线兼有中性线和保护线的功能，PEN 线统称为"零线"，俗称"地线"。

① 三相四线制低压配电系统若第四芯为 PEN 线时，应采用四芯电缆，不得采用三芯电缆加单芯电缆组合成一回路的方式。

② 当 PE 线作为专用而与带电导体 N 线分开时，则应用五芯电缆。若无五芯电缆时可用四芯电缆加单芯电缆捆扎组合的方式，PE 线也可利用电缆的金属护套、屏蔽层、铠装等金属层。

③ 分支单相回路不带 PE 线时应采用二芯电缆，带 PE 线时应采用三芯电缆，如果是三相三线制系统，则采用四芯电缆，第四芯为 PE 线。

2）3~35kV 及以上交流系统应采用三芯电缆，电缆应有满足短路热稳定性要求的分相或统包的金属护套或屏蔽层或铠装等金属层。

3）在水下或重要的长线路中，为避免或减少中间接头，或单芯电缆比多芯电缆有更好的综合技术经济性时，可选用单芯电缆。

应注意用于交流系统的单芯电缆不得采用钢丝和钢带铠装，应该采用非磁性材料铠装电缆。有一些单芯电缆铠装采用所谓减少磁损耗结构，即单芯电缆的钢丝铠装结构采用与钢丝直径相同的 4 根铜丝将钢丝均匀隔开，起到所谓"隔磁"作用。但经过实际应用和实验验证，发现采用铜丝隔开镀锌钢丝铠装结构的电缆要比采用非磁性不锈钢丝铠装电缆的载流量小 30%～40%，说明"隔磁"结构是不起作用的。单芯电缆钢丝铠装损耗的原因主要是磁滞和涡流损耗，两者都与磁场强度有关，而磁场强度又与线芯电流有关。钢丝是磁性材料，铜丝是非磁性材料，导体中有交变电流通过时，插入的铜丝会引起磁力线畸变，但不能中断。在钢丝中由于磁滞现象使铁磁体反复磁化而产生热量；另外，在交变磁场中钢丝也产生感应电流，感应电流在钢丝内自己闭合形成涡流，由于电阻很小，涡流强度会很大，使钢丝生热。这些热量损耗都是由导体中流过的交变电流供给的，损耗造成电缆载流量减小。因此单芯交流电缆必须装铠时，可以选用非磁性的不锈钢、黄铜、铝合金等材质的带材或丝材。

4）110kV 及以上电压等级电缆，外径尺寸大，为减少接头，一般选用单芯结构。

综上所述，在 220/380V 交流装置中，三相四线制采用四芯或五芯电缆，由三相四线路中引出的两相线路采用三芯或四芯电缆，单相供电线路采用二芯或三芯电缆；在 35kV 及以下三相三线制交流装置中，采用三芯电缆；在 110kV 及以上的交流装置中采用单芯电缆；在直流装置中，采用单芯或二芯电缆。

3. 截面积的选择

电缆截面积的选择应满足发热条件、电压损失、机械强度、热稳定性和经济运行等要求，以达到运行过程中安全、低耗的目的。实际工程中，上述各点在不同线路选择中侧重不同，要根据具体线路的条件和特征，以某些条件作为选择电缆截面积的主要条件，而同时对其他条件进行校验。

根据设计经验，一般 10kV 及以下高压线路及 1kV 以下低压动力线路，通常是先按发热条件来选择导线或电缆截面积，再校验电压损耗和机械强度。低压照明线路，因它对电压水平要求较高，故通常是先按允许电压损耗进行选择，再校验发热条件和机械强度。对长距离大电流线路和 35kV 及以上线路，先按经济电流密度确定截面积，再校验发热条件、允许电压损失和热稳定性校验。

（1）按发热条件选择截面积

为保证电缆的实际工作温度不超过允许值，电缆的实际工作电流不应大于按发热条件的允许长期工作电流（以下简称载流量）。电缆通过不同散热条件地段，其对应的缆芯工作温度会有差异，除重要回路或水下电缆外，一般可按 5m 长最恶劣散热条件地段来选择截面积。

敷设在空气中和土壤中的电缆允许载流量按下式计算。

$$KI \geqslant I_g \tag{7-13}$$

式中　I——电缆在标准敷设条件下的额定载流量（A）；

　　I_g——计算工作电流，即电缆载流量（A）；

　　K——不同敷设条件下的综合校正系数，空气中：$K = K_1 K_2$，土壤直埋：$K = K_1 K_3 K_4$；

　　K_1——温度校正系数，见表 7-5；

　　K_2——空气中并列敷设校正系数，见表 7-9；

　　K_3——土壤热阻系数不同时的校正系数，见表 7-7；

　　K_4——土壤直埋并列敷设校正系数，见表 7-8。

（2）按经济电流密度选择

电缆在敷设、使用直至寿命终结的全过程，其成本包括电缆线路的初始投资成本 CI 和经济寿命期间的维护和电能损耗成本 CJ，从经济学角度考虑，电缆及运行期间的总成本 $CT = CI + CJ$ 最低才是最佳选择。根据载流量等条件确定的导体截面积实际上是最小允许导体截面积，此时初始投资最小，但没有考虑因电缆导体电阻大，损耗 $W_c = I^2R$ 所导致电缆在经济寿命期间电能损耗成本的总量。增大导体截面积，导体电阻 R 减小而使损耗 W_c 减小，初始增加的投资，可以从长期运行期间所减少的电能损耗和维护费中得到补偿，从而使总供电成本降到最小。

如图 7-2 所示是线路年运行费用 C 与导线截面积 A 的关系曲线。其中曲线 1 为线路的年折旧费（线路投资除以折旧年限）和线路的年维修管理费之和与导线截面积的关系曲线；曲线 2 为线路的年电能损耗费与导线截面积的关系曲线；曲线 3 为曲线 1 与曲线 2 的叠加，表示线路的年运行费用与导线截面积的关系曲线。由曲线 3 可以看出，对应于年运行费用最小值 C_a 的 a 点附近曲线 3 比较平坦，相对应的导线截面积 A_a 是最小截面积，但不一定很经济合理，如果将导线截面积选为 A_b，年运行费用 C_b 增加不多，而电缆造价却显著减少。导线截面积选为 A_b 比选为 A_a 更为经济合理。这种从全面经济效益考虑，使线路的年运行费用接近于最小，又适当考虑节约初始投资，就是导体截面积经济最佳化，符合该观点的电缆导体截面积称作"经济导体截面积"。此时导体中的电流密度即为经济电流密度。

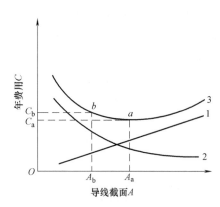

图 7-2　线路的年运行费用与
导线截面的关系曲线

35kV 及以上线路及 35kV 以下但电流很大的线路，或线路最大负荷利用小时大于 5000h 且线路长度超过 20m 时，导线截面积宜按经济电流密度选择，以使线路的年费用支出最小。

$$A = \frac{I_g}{j} \tag{7-14}$$

式中　A——导线截面积（mm^2）；

j——经济电流密度，见表 7-13（A/mm^2）。

表 7-13　经济电流密度　　　　　　　　　　　　（单位：A/mm^2）

导 体 材 料		年最大负荷利用小时数（h/y）		
		3000 及以下	3000～5000	5000 以上
架空线路	铝芯、钢芯铝绞线	1.65	1.15	0.90
	铜线	3.00	2.25	1.75
电缆线路	铝芯电缆	1.90	1.75	1.54
	铜芯电缆	2.50	2.25	2.00

注：该数据源于 20 世纪 50 年代前苏联采用的数据，供参考。

采用经济导体截面积，电缆运行温度远低于电缆允许最高运行温度，这个运行温度 θ 可按下式确定：

$$\theta = \frac{1}{3}(\theta_c - \theta_0) + \theta_0 \tag{7-15}$$

式中　θ——按经济电流密度选择截面积的电缆导体运行温度（℃）；

　　　　θ_c——电缆的允许长期运行工作温度（℃）；

　　　　θ_0——平均环境温度（℃）。

例如交联聚乙烯绝缘电缆 $\theta_c = 90℃$，取环境温度 $\theta_0 = 40℃$，则运行温度 θ 应为（90-40）℃/3+40℃ = 57℃。满足此运行温度的电缆截面积即符合经济最佳化原则。这样不仅做到经济最佳化，而且可以延长电缆线路的使用寿命，提高供电的安全性。根据计算，一般经济导体截面积应比按载流量所确定的截面积放大两个档次，如例 7-1 按载流量应选择 YJV22-21/35 3×150 或 YJLV22-21/35 3×240 电缆，实际应选择 YJV22-21/35 3×240 或 YJLV22-21/35 3×400 电缆为宜。

（3）按电压损失校验

电缆具有一定的电阻和电感，当负荷电流在电缆中通过时，必然会产生一定的电压降，使终端电压与始端电压在数值上不相等，两者的差值称为线路的电压损失。电压损失不应超过正常运行时允许的电压损失。一般规定，在低压交流输配电系统中，线路末端允许电压降不大于传输电压的 5%，在低压直流输配电系统中，线路末端允许电压降为不大于 8%。按电压损失校验截面积，计算公式为

① 三相交流

$$\Delta U\% = \frac{1.73}{U} I_g l (R\cos\varphi + X\sin\varphi) \times 100\% \tag{7-16}$$

② 单相交流

$$\Delta U\% = \frac{2.0}{U} I_g l (R\cos\varphi + X\sin\varphi) \times 100\% \tag{7-17}$$

③ 直流线路

$$\Delta U\% = \frac{2.0}{U} I_g l R \times 100\% \tag{7-18}$$

式中　$\Delta U\%$——电缆线路电压损失率；

　　　　U——线路的工作电压，三相为线电压，单项为相电压（V）；

　　　　I_g——线路的电流（A）；

　　　　l——线路长度（km）；

　　　　R——导电线芯直流电阻（Ω/km）；

　　　　X——电缆的电抗（Ω/km）；

　　　　$\cos\varphi$——功率因数。

从上面公式可以看出，电压降与通电电流、线路长度和导体电阻成正比关系。对于特定的线路，其工作电流及线路长度都是固定的，那么可供改变的就是导体的电阻，即导体的截面积。为防止电压降超出限定范围，就必须根据电压降的限值选择电缆的截面积，而不能仅着眼于载流量。

（4）热稳定性校核

当电缆发生短路时，电缆线芯中将流过很大的短路电流。由于短路时间很短，电缆热效应而产生的热量来不及向外散发，全部转化为线芯的温升。电缆耐受短路电流热效应而不致损坏的能力称为电缆的热稳定性。不同绝缘电缆的短路（最长持续时间为 5s）允许最高温度见表 7-1，为保证电缆在短路时线芯温度不超过规定值，必须用短路电流和短路时间对电缆进行热稳定性校核，检查电缆截面积是否满足要求。

① 工作于 0.6/1kV 及以下的电缆，当采用自动开关或熔断器作为线路的短路保护时，满足以下条件电缆均可满足短路热稳定性的要求，不必进行热稳定性核算。

a. 中性线（N 线）截面积要求

三相四线制系统中的中性线，要通过系统中的不平衡电流即零序电流，因此中性线的允许载流量，不应小于三相系统的最大不平衡电流，同时应考虑系统中谐波电流的影响。一般三相四线制线路的中性线截面积 A_0 应不小于相线截面积 A_φ 的 50%。

由三相四线线路中引出的两相三线线路和单相线路，由于其中性线电流与相线电流相等，因此其中性线截面积 A_0 应与相线截面积 A_φ 相等。

对于三次谐波电流突出的三相四线制线路（比如以气体放电灯为主要负荷的照明供电线路），由于各相的三次谐波电流都要通过中性线，使得中性线电流可能接近甚至超过相线电流，因此中性线截面积 A_0 应不小于相线截面积。

b. 保护线（PE 线）截面积要求

保护线要考虑三相系统发生单相短路故障时单相短路电流通过的短路热稳定性。根据短路热稳定性的要求保护线的截面积 A_{PE}，应按下列规定选择：

a）当 $A_\varphi \leqslant 16\text{mm}^2$ 时，$A_{PE} \geqslant A_\varphi$；

b）当 $16\text{mm}^2 \leqslant A_\varphi \leqslant 35\text{mm}^2$ 时，$A_{PE} \geqslant 16\text{mm}^2$；

c）当 $A_\varphi \geqslant 35\text{mm}^2$ 时，$A_{PE} \geqslant 0.5A_\varphi$。

c. 保护中性线（PEN 线）截面积要求

保护中性线兼有保护线和中性线的双重功能，因此其截面积选择应同时满足上述保护线和中性线的要求，取其中最大值。

② 3.6/6kV 及以上电压等级电缆必须按热稳定要求进行校核，其 PE 或 PEN 线的最小截面积应满足式（7-19）要求。

$$A_p \geqslant \frac{I_\infty}{C}\sqrt{t} \qquad (7\text{-}19)$$

式中　A_p——短路热稳定性要求的接地线最小截面积（mm^2）；

　　　I_∞——稳态短路电流（A）；

　　　t——短路电流的作用时间（s）（适用于 $t \leqslant 5\text{s}$）；

　　　C——热稳定系数，见表 7-14。

按式（7-19）所求得的截面积积 A_p 必须小于所选电缆接地线的截面积。

表 7-14　热稳定系数 C 值表

长期允许工作温度/℃		短路允许温度/℃						
		230	220	160	150	140	130	120
90	铜	129.0	125.3	95.8	89.3	62.2	74.5	64.5
	铝	83.6	81.2	62.0	57.9	53.2	48.2	41.7

（续）

长期允许工作温度/℃		短路允许温度/℃						
		230	220	160	150	140	130	120
80	铜	134.6	131.2	103.2	97.1	90.6	83.4	75.2
	铝	87.2	85.0	66.9	62.9	58.7	54.0	48.7
70	铜	140.0	136.5	110.0	104.6	98.8	92.0	84.5
	铝	90.7	88.5	71.5	67.8	64.0	59.6	54.7
65	铜	142.4	139.2	113.8	108.2	102.5	96.2	89.1
	铝	92.3	90.3	73.7	70.1	66.5	62.3	57.1

为使系统在发生单相接地或不同地点两相接地时，故障电流流过金属屏蔽层而不致将其烧损，交联聚乙烯电缆金属屏蔽层截面积选择最小截面积宜满足表 7-15 要求。

表 7-15　交联聚乙烯电缆金属屏蔽层最小截面积推荐值

系统额定电压 U/kV	6~10	35	63	110	220	330	500
金属屏蔽层最小截面积/mm²	25	35	50	75	95	120	150

对于 110kV 及以上单芯交联聚乙烯电缆，为减少流经金属屏蔽层的接地故障电流，可加设接地回流线，该回流线截面积应通过热稳定计算确定。

（5）按机械强度校验

敷设、工作时电缆要承受一定的机械外力，还应根据电缆的结构、敷设方式等考虑线芯的强度，以避免断线等故障发生。

三、多根电缆并联使用的问题

大电流传输，采用多根电缆并联使用的情况很多，此时应提醒用户要定期进行负荷测量，了解每根电缆的负荷分配情况，正确掌握电缆运行情况。

多根电缆并列运行会出现负荷分配严重不均现象，甚至其中某电缆负荷会接近零，而其他电缆负荷超载。造成这种情况的原因是多根电缆并联，每根电缆的负荷电流与该电缆的阻抗成反比，而阻抗决定于该电缆的电阻和电抗，并列每根电缆的总电阻包括电缆导体直流电阻和导体与终端连接的接触电阻，接触电阻不同是造成电阻差异的主要原因；电缆布置时，电缆每根之间、每相之间距离不同，造成电感的差异，电感的差异产生电抗差异，导致阻抗的差异，阻抗差异导致电流差异。这种情况造成的安全事故很多，应予以充分重视。

必须采用每相多根电缆并联时，宜选用相同型号、规格的电缆，施工时采取必要措施，使同相每芯的阻抗尽量接近。减小因阻抗相差过大造成不同芯中电流严重不均而产生线路过载。在使用过程中，因热胀冷缩、持续的外力作用等因素会造成接头、线鼻子松动，接触电阻发生变化，必须定期监测各电缆的负荷电流是否均衡。

第八章　电缆盘的选择和使用

第一节　电缆盘具的类型

电线电缆半成品的周转和成品交付都会用到线盘，按照制造材料不同，可将线盘分为全钢盘、钢木复合盘、全木盘、塑料盘等；按照盘径尺寸（单位为mm）对线盘进行分类；若按用途不同，可将线盘分为机用盘和交货盘。

常用线盘如图8-1所示。线盘的侧板直径决定了线盘的径向尺寸，侧板与筒体围成环形空间的容积决定了线盘的装线容量，因此侧板直径、筒体直径和宽度是线盘的主要规格参数。侧板直径相同的电缆盘有可能筒体直径不同或宽度不同，以满足不同长度、不同直径电缆的装盘需要。轴孔用于放置收放装置的支撑轴或顶针，选择线盘时一定注意轴孔直径与设备的匹配。线盘的携行销（或携行孔）主要用于绊住（或插入）收或放线装置的拨杆，完成收线时传递驱动力、放线时施加张力任务。为方便固定线芯，在筒体或侧板应开有穿线孔。线盘筒体上应有引出电线电缆内端头的长圆形孔眼，侧板上应有固定电缆外端头的安装孔眼。大于ϕ1600mm线盘还要在侧板开方形孔眼，如图8-1d所示。做为内穿线孔，孔眼周圈要用角钢加固。

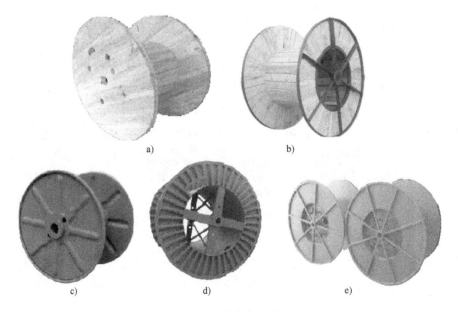

图8-1　线盘外形图

a）全木线盘　b）型钢复合盘　c）钢板冲压卷边盘　d）瓦楞盘　e）钢板焊接盘（大规格）

一、机用盘

机用盘是电线电缆制造过程用于装载和包装在制品的周转用盘具，要在工序间循环流转使用，因此对形状和位置公差、机械强度、光洁程度等方面要求都高于同类型的成品线盘，用于高速生产的机用盘，尤其要注意动平衡度的检验。

1. 结构及型号规格

按照轴孔直径将机用盘分为普通机用线盘和大孔径机用线盘，还可以按材料和加工方式、按轴孔形状来分类，按以上分类方式及不同型号、类别的表示代号见表 8-1。线盘规格用"侧板直径（d_1）×内筒直径（d_2）×外宽（l_1）"表示，常用线盘规格见表 8-2。按照这种表示方式，无凸肩锥孔钢板冲压卷边，d_1、d_2、l_1 分别等于 630mm、250mm、475mm 的加强型机用线盘就表示为 PNS/C3　630×250×475。

表 8-1　机用线盘的分类及代号

类别和型式	轴孔型式	材料和加工方式		轴孔直径 /mm	侧板直径 /mm	最大负荷 /（N/dm³）
普通机用盘 PNS	有凸肩锥孔型/A 有凸肩柱孔型/B 无凸肩锥孔型/C 无凸肩柱孔型/D	钢板焊接结构/1		28~80	100~800	70
		钢板冲压卷边	一般型/2	36~80	315~1250	40
			加强型/3			70
		瓦楞形/4		80~200	1000~4500	40
		塑料/5		28~80	100~1000	40
大孔径机用盘 PND		钢板焊接结构/1		50~125	100~630	70
		钢板冲压卷边	一般型/2	125~250	315~1250	40
			加强型/3	125	315~630	70
		注塑/6		—	—	—
		铸铝合金/7		—	—	—

表 8-2　机用线盘规格表

侧板直径 d_1 /mm	筒体直径 d_2 /mm	外宽[①] l_1 /mm	内宽 l_2 /mm	轴孔直径 d_4 /mm	携行孔与轴孔中心距 e/mm	容积[②] V /dm³
100	40	80	63	28	40	0.42
200	100	125	100	36	71	2.35
250	125	150	125			4.6
400	160	300	250	56	112	26.3
	200	236	200			18.8
500	200	375	315		140	51.9
	250	300	250			36.8
630	250	475	400			105.1
	315	375	315			72.5
800	400	600	500	80	160	188.5
1000	500	750	630			371.1
1250	630	950	800			732.4
1600	800	1180	1000		300	1508
2000	1120	1500	1250	100		2695.5

（续）

侧板直径 d_1 /mm	筒体直径 d_2 /mm	外宽[1] l_1 /mm	内宽 l_2 /mm	轴孔直径 d_4 /mm	携行孔与轴孔中心距 e/mm	容积[2] V /dm³
2500	1500	1900	1600	125		5026.5
2800	1800	2120	1800	140	300	6503.1
3150	1900	2300	2000	160		9915.6
3550	2120	2650	2240			14264.5
4000	2360	2650	2240	180	600	18350.1
4500	3000	3000	2500	200		22089.3

① l_1 是允许的盘具最大宽度尺寸，所有露出侧板的螺栓、螺母、电缆头防护罩均不得超过此尺寸。

② V 是线盘容积，$V = \dfrac{\pi}{4} l_2 (d_1^2 - d_2^2)$。

2. 技术要求

（1）钢板焊接机用线盘

钢板焊接机用线盘侧板和筒体均用钢板直接成型，采用焊接方式将侧板、轴套和筒体连接为整体线盘，所用钢板为碳素结构钢或低合金结构钢板，筒体采用无缝钢管。如图 8-2a 和图 8-2b 所示即为钢板焊接盘。钢板未经强化处理，不适用于有较高强度要求的大规格线盘，焊接盘侧板直径为 100～800mm，应满足为 70N/dm³ 的最大装载负荷要求，由表 8-2 查出 φ800mm 线盘容积为 188.5dm³，该线盘的最大装载量应不超过：70×188.5（N）= 13195（N）= 1.3（t）。

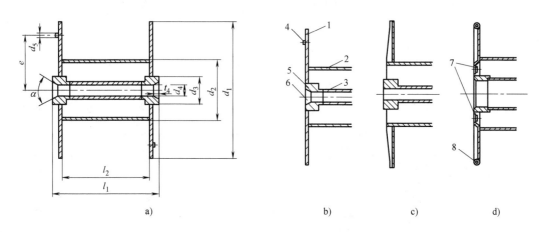

图 8-2　机用线盘结构及轴孔形状

a）有凸肩锥孔型　b）无凸肩锥孔型　c）有凸肩柱孔型　d）无凸肩柱孔型（大孔径）

d_1—侧板直径　d_2—筒体直径　d_3—凸肩直径　d_4—轴孔直径　d_5—携行孔或销直径

l_1—外宽　l_2—内宽　e—轴孔与携行孔中心距　t_4—锥孔深度　α—轴孔锥角

1—侧板　2、3—筒体　4—携行销　5—轴套　6—轴孔　7—携行孔　8—卷边

该类线盘一般用于小直径在制品如裸单线、小规格绝缘线芯的周转，能满足线材在退火炉中的使用要求。

（2）钢板冲压卷边机用线盘

钢板冲压卷边机用线盘如图 8-1c 和图 8-2d 所示。其材质为 2～4mm 的碳素结构钢或低合金结构钢板，在裁切的侧板坯料上沿径向冲压出 8 或 10 或 12 条断面为弧形或方形的加强筋，再沿圆周将盘边卷绕出小圆筒制成侧板，然后与轴套、筒体焊接为整体线盘。轮边经卷边处理，变为圆弧形，不易划伤线芯，而且提高了侧板强度，冲压加强筋目的在于提高侧板的刚度和强度。这样就可用薄钢板生产出具有较大刚度和强度的线盘，减轻了重量，降低了造价。因此，该类线盘应用较多。线盘的规格范围为 $\phi315\sim\phi1250mm$，尤其在 $\phi1000mm$ 以下应用最多。

按照强度这类线盘分为一般型和加强型，加强型线盘的侧板采用经冲压的双层钢板复合，因此具有更高的刚度和强度。一般型线盘的最大装载负荷为 $40N/dm^3$，加强型达到 $70N/dm^3$。

（3）瓦楞形机用线盘

瓦楞形线盘是指侧板制成断面如瓦楞形式的盘具，如图 8-1d 和图 8-2c 所示。其采用碳素结构钢或低合金结构钢板加工而成。线盘外圈用一定厚度的扁钢或角钢弯成圆形。筒体用 $3\sim6mm$ 钢板滚圆而成，大规格线盘筒体用一字或十字支撑架加强。侧板轮辐采用 $1.5\sim3mm$ 钢板冷冲压成如图 8-3 所示形状瓦楞形状。为保证线盘的强度和刚度，冲压出的瓦楞应均匀，并具有一定密度，不同规格线盘侧板的瓦楞数量见表 8-3。

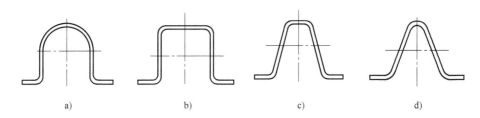

图 8-3　瓦楞形线盘轮辐瓦楞的形状

a）圆弦顶形　b）方平顶形　c）梯形　d）三角形

该类线盘制造工艺相对复杂，价格高，但结构合理，使用寿命最长，有报道称 30 年前的瓦楞线盘还在使用。瓦楞盘不仅用作机用盘，还大量用于制造交货盘，强度高、刚性好的特点使其特别适合制作大直径线盘，其规格范围为 $\phi1000\sim\phi4500mm$。一般规定瓦楞形线盘最大装载负荷为 $40N/dm^3$。机用盘多用于中等以上规格绞合导体、绝缘线芯的周转及成缆、装铠、挤塑等工序周转。

表 8-3　瓦楞盘轮辐上瓦楞数量

侧板直径/mm	1000~1250	1400~1600	1800~2000	2240	2500~2800	3150~4000
瓦楞数量/个	24	30	36	44	60	72

（4）塑料机用线盘

塑料机用线盘采用工程塑料加工成侧板和筒体，在侧板上镶入铁质轴套，侧板和筒体之间采用金属螺栓连接，其最大装载负荷亦达到 $40N/dm^3$，但常用的是小规格线盘，侧板直径范围在 $\phi100\sim\phi1000mm$，用于小线径在制品的周转。

二、交货盘

交货盘是用于裸电线和各种绝缘电线电缆（不包括绕组线）交货用的装载和包装盘具。

1. 结构及型号规格

交货盘与机用盘结构一样，如图 8-2 所示。虽然在使用中交货盘也会循环利用，但由于回收、运输等方面的原因，循环使用次数较少，而且回收后要经过整修才能投入下次使用，因此在坚固程度、表面质量、防腐处理等方面不像机用盘那样精细。

按线盘材料和加工方式，在标准 JB/T 8137—2013《电线电缆交货盘》中，将交货盘分为全木结构交货盘（结构代号 1）、全钢瓦楞结构交货盘（结构代号 2）、型钢复合结构交货盘（结构代号 3）三种。实际中，还常用到采用角钢加强的钢板焊接交货盘。交货盘型号以 PL 表示，规格也用"侧板直径（d_1）×简体直径（d_2）×外宽（l_1）"表示，常用规格见表 8-4。

线盘采用型号、规格的代号来表示。例如全钢瓦楞结构交货盘，$d_1 = 1250\text{mm}$，$d_2 = 710\text{mm}$，$l_1 = 800\text{mm}$，标记为 PL/2 1250×710×800；型钢复合结构交货盘，$d_1 = 2500\text{mm}$，$d_2 = 1600\text{mm}$，$l_1 = 1400\text{mm}$，标记为 PL/3 2500×1600×1400。

表 8-4　交货盘规格表

侧板直径 d_1/mm	简体直径 d_2/mm	外宽①l_1/mm	内宽 l_2/mm	容积②V/dm³	侧板直径 d_1/mm	简体直径 d_2/mm	外宽①l_1/mm	内宽 l_2/mm	容积②V/dm³
500	250	375	250	36.8	1800	1250	1400	1120	1475.6
560	280	425	280	51.7	1800	1120	1400	1120	1746.6
630	315	475	315	73.6	1800	1000	1400	1120	1970.4
710	400	560	400	108.1	2000	1400	1400	1120	1794.5
800	400	600	450	170.0	2000	1250	1400	1120	2144.1
900	500	600	450	197.9	2000	1120	1400	1120	2415.2
900	450	600	450	214.7	2000	1000	1400	1120	2638.9
1000	560	710	560	302.0	2240	1800	1400	1120	1563.7
1000	500	710	560	330.0	2240	1600	1400	1120	2161.8
1120	630	800	630	424.0	2240	1400	1400	1120	2689.6
1120	560	800	630	466.0	2240	1250	1400	1120	3039.3
1250	710	800	630	523.7	2500	1800	1400	1120	2647.7
1250	630	800	630	591.6	2500	1600	1400	1120	3245.9
1400	900	950	750	677.4	2500	1250	1400	1120	4123.4
1400	710	950	750	857.6	2800	1800	1700	1400	5058.0
1600	1000	1120	900	1102.7	3150	2000	2240	1800	8372.8
1600	900	1120	900	1237.0	4000	2000	2500	2000	18849.6

① l_1 是允许的盘具最大宽度尺寸，所有露出侧板的螺栓、螺母、电缆头防护罩觉不得超过此尺寸。
② V 是线盘容积，计算方法同机用盘。

2. 技术要求

（1）全木结构交货盘

全木交货盘如图 8-1a 所示。简体采用 30mm 厚木板制成，每侧侧板用两层厚 30 ~ 50mm 木板组成，两层木板相互垂直放置，铁钉由侧板内向外钉牢，钉头埋入木板应大于 2mm，钉尖露出侧板外至少 10mm，横敲钉尖埋入侧板内。在侧板内侧按简体内圆钉上弓形板，形成圆形，用于支撑简体的径板。径板条钉到弓形板上形成简体，再用螺栓将两侧板拉紧，保证侧板与筒体的紧密连接。

筒体木板条外表面应刨光呈拱形，拼接后筒体呈圆柱形，板条间高低差、接缝间隙要小。侧板内侧用板条应刨光，任何板条凸出侧板平面不能高于3mm。筒体或侧板上应有引出电缆内端头的孔眼，侧板上应有固定电缆外端头的安装孔眼。外侧、侧板内侧等与电缆接触处的钉头应埋入木板内，防止刮伤电缆。板条结合处平滑，无大的起伏，避免电缆压伤变形。侧板中央板条宽度应大于轴孔直径，保证能在中间位置开轴孔，大规格线盘应在该位置嵌入铁质轴孔。

若木板含水量高，干燥收缩会导致盘体松散、歪斜，因此要对木板进行干燥处理，一般要求木板含水量不高于20%的。

全木结构交货盘制造工艺简单，造价较低，但因强度低（最大承载负荷为$28N/dm^3$）和我国木材匮乏等原因，虽然标准中其规格范围为$\phi500 \sim \phi2500mm$，但在实际中主要使用小规格线盘，大规格全木盘鲜有使用。另外，全木盘在出口产品上使用较多。木盘在使用过程中因木板变形等原因，容易损坏，给回收再利用造成较大困难。

（2）型钢复合结构交货盘

由钢材和木板复合而成的型钢复合盘又称钢木盘，其外形图如图8-1b所示，结构图如图8-4所示。钢木盘以碳素结构钢或低合金结构钢材质的型钢制成外轮圈，以等边角钢制成内轮圈，以等边角钢制成辐条，内、外轮圈与辐条通过焊接形成两侧板框，两侧板框通过螺栓连接组合加工成盘架。木板填充于盘架内，用于侧板的木板为扇形，称为扇形板；用于支撑内筒的称为径板条。扇形板和径板条两端均锯成单侧楔形，扇形板一端嵌入型钢槽内形成盘具的侧板，另一端与径板条垂直对接。径板条两端搭在内圈上形成筒体，在拉紧螺栓的作用下将两侧板与筒体相互拉紧，使侧板和筒体木板顶紧。电缆盘宽度大于500mm时，为防止装线后筒体变形，应在筒体内圆周衬入加强圈起到支撑作用。

要求交货盘外表平整、无毛刺、裂纹、扭折等缺陷；侧板内表面和筒体外表面光滑平整，焊缝要修平、磨光、锐角棱边必须倒钝；金属表面应涂防锈漆。

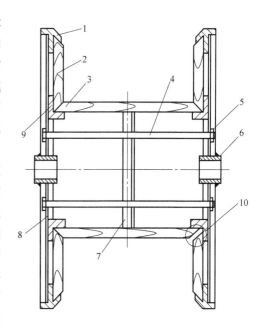

图8-4 钢木盘结构示意图

1—外轮圈 2—扇形板 3—径板条 4—拉紧螺栓
5—螺母 6—轴套 7—加强圈 8—辐条
9—内圈 10—木板收缩后松动处

钢木盘以钢材形成框架，以木材填充，相比于全木盘强度和可靠性得到提高，其应用范围有所扩大（规格范围：$\phi900 \sim \phi4000mm$，最大承载负荷为$28N/dm^3$）。采用了大量木板，线盘重量不是很大，造价适中，是应用很广的一种交货盘。其存在的主要问题是线盘在存放、使用、运输过程中，由于木材逐渐干燥等原因引起木板收缩、变形，形成如图8-4所示的松动，甚至木板掉落，导致线盘歪斜，严重时甚至会压坏电缆。因此放置一段时间的线盘在使用或运输之前，一定要再次紧固拉紧螺栓。基于同样的原因，从施工工地回收的钢木盘木板掉落很严重，在重复使用中要补充大量的木板。

除采用木板复合外，也出现了用密度板、竹木复合板、塑料板材、再生塑料或其他材料制成大块扇形板代替窄条木扇形板的复合盘，这种板材面积较大，方便用螺丝等方法与框架固定，减少了循环使用中板材的消耗量，符合绿色环保的时代趋势。

（3）全钢瓦楞结构交货盘

瓦楞交货盘结构形式与机用盘相同，常用规格范围为侧板直径为 $\phi1000 \sim \phi4000mm$，最大承载负荷为 $40N/dm^3$。要求交货盘外表平整、无毛刺、裂纹、扭折等缺陷；侧板内表面和筒体外表面必须光滑平整，焊缝要修平、磨光、锐角棱边必须倒钝；表面涂防锈漆起到防腐蚀作用。

虽然该种线盘价格较高，但其在使用过程不容易损坏，一般回收后重新进行除锈、防锈处理即可再次使用，不像钢木盘还需补充木板进行大工作量整修，重复使用成本低。在具备循环回收使用的条件下，瓦楞盘是很有经济意义的。但制造工艺较复杂，应用不是很普遍。

（4）钢板焊接交货盘

钢板焊接盘是实际生产中应用很广的一类交货盘，如图 8-1e 所示。其与钢木盘十分相似，只是以钢板代替了木板，因可以采用焊接成型而不用嵌入木板，盘的外圈不用型钢而采用角钢制成。侧板框架由角钢焊接而成，将裁切的扇形钢板焊上框架即成为侧板，筒体由钢板滚圆而成，筒体和侧板由拉紧螺栓连接并在接缝处进行焊接。

这种线盘强度低于瓦楞盘，与钢木盘相近，制造工艺比瓦楞盘、钢木盘都要简单。价格低于瓦楞盘，高于钢木盘。避免了钢木盘掉木板的问题，便于循环使用，实际生产中在大中规格线盘中应用较多。

第二节　电缆装盘长度的计算

电线电缆产品生产长度大、单位重量重、运输距离远的特点决定了绝大多数成品电缆都采用成盘包装的方式交付用户，根据电缆长度合理选择盘具，降低包装、运输费用是生产企业的重要工作。

一、标准中的装盘长度计算公式

电线电缆装盘后的模型示意图如图 8-5 所示，据此可以推导电缆装盘长度的计算公式。

在 JB/T 8137—2013《电线电缆交货盘》中介绍了电缆装盘长度的计算公式，电缆盘的侧板直径、筒体直径和内宽分别为 d_1、d_2 和 l_2。电缆卷绕在筒体上，每一层可卷绕圈数为 l_2/D，在实际操作中，每圈间不会接触十分紧密而留有一定的间隙，取间隙系数为 0.95，则每层卷绕圈数 n 的计算式为

$$n = \frac{0.95l_2}{D} \tag{8-1}$$

筒体上可卷绕电缆的层数 p 为

$$p = \frac{\left(\dfrac{d_1}{2} - \dfrac{d_2}{2}\right) - t}{D} = \frac{d_1 - d_2 - 2t}{2D} \tag{8-2}$$

式（8-1）和式（8-2）中 n 和 p 只取整数。

t 为装盘余量。为避免周转过程中碰伤电缆，电缆装盘不能太满，必须在电缆顶层距盘边外缘保留一定距离，这个距离称装盘余量。

平均每圈电缆长度 L' 为

$$L' = \pi(d_2 + pD) \tag{8-3}$$

电缆装盘长度为

$$L = pnL' = \pi pn(d_2 + pD)(\text{mm}) = \pi pn(d_2 + pD) \times 10^{-3}(\text{m}) \tag{8-4}$$

二、装盘长度的修正

该公式是如图 8-5 所示的排列模型推导而出，该模型认为卷绕时电缆是整齐地卷绕在内层电缆的正上方。实际中电缆收绕到线盘上后，外层会卷绕到内层两圈中间的凹处，形成如图 8-6 所示模型。图 8-5 模型电缆间间隙大于图 8-6 模型，按式（8-4）计算长度选择的盘具余量较大，造成一定浪费。

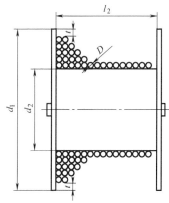

图 8-5 电缆在线盘上理论排列模型图

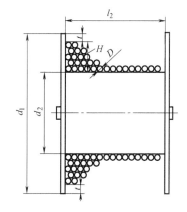

图 8-6 电缆在线盘上实际排列模型图

以图 8-6 模型为基础，并经实际验证，对式（8-4）进行了修订，使计算值更接近实际装线长度。

每层的卷绕圈数还按式（8-1）计算。

电缆的卷绕层数计算，卷绕第一层电缆后，装盘高度 $H'_1 = D$。卷绕第二层时，第二层填进内层两圈间的凹陷处，如图 8-7 所示可计算增加高度 h 和装盘后高度 H'_2 分别为

$$h = D\sin60° = 0.866D$$

$$H'_2 = H'_1 + h = 1.866D$$

从第二层开始，每增加一层，电缆装盘高度增加 $0.866D$。当电缆装盘层数为 p 层时，装盘高度 H' 为

$$H' = D + 0.866D(p-1)$$

但电缆在盘具上相邻层的倾斜方向相反，电缆未完全沿内层相邻两圈间的凹陷排线，部分地方形成交叉，如图 8-8 所示。

通过以上计算和数据统计，取装盘每增加一层，装盘高度增加 $0.9D$，实际装盘高度 H 为

$$H = D + 0.9D(p-1) \tag{8-5}$$

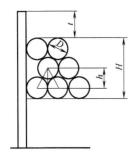

图 8-7　相邻层间关系图

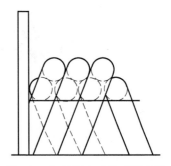

图 8-8　相邻层交叉排列示意图

如图 8-6 所示可以得出

$$d_1 = d_2 + 2H + 2t = d_2 + 2t + 2D + 1.8D(p-1)$$

$$p = \frac{d_1 - d_2 - 2t - 0.2D}{1.8D} \qquad (8\text{-}6)$$

紧靠筒体的第 1 层电缆每圈长度 L_1 为

$$L_1 = \pi(d_2 + D) \qquad (8\text{-}7)$$

收绕在最外的第 p 层电缆每圈长度 L_p 为

$$L_p = \pi(d_2 + 2H - D) = \pi[d_2 + 2D + 1.8D(p-1) - D] = \pi(d_2 - 0.8D + 1.8pD) \qquad (8\text{-}8)$$

电缆装盘长度 L 为

$$
\begin{aligned}
L &= \frac{L_1 + L_p}{2} \times pn \times 10^{-3} \\
&= \frac{\pi(d_2 + D) + \pi(d_2 - 0.8D + 1.8pD)}{2} \times np \times 10^{-3} \qquad (8\text{-}9) \\
&= \pi np[d_2 + 0.1D(1 + 9p)] \times 10^{-3}
\end{aligned}
$$

式中　L——电缆装盘长度（m）；

　　10^{-3}——电缆长度单位由 mm 换算为 m 的换算系数。

三、装盘余量

装盘余量为预设经验值，通常取值见表 8-5。有时按表中数值取 t 值容易出现装盘余量过大现象，比如 $D = 65$mm 电缆，选用 PL/3 2500×1600×1400 交货盘，$l_2 = 1120$mm，取 $t = 100$mm，计算可得，装线层数 $p = 5$，装盘长度 $L = 477$m，实际装盘余量为 151mm。如果取 $p = 6$，装盘长度 $L = 590$m，实际装盘余量为 92mm。t 略小于经验值也是允许的，本例中电缆长度介于 477m 和 590m 之间选用本交货盘也是适用的，若教条地按理论装盘余量取值，就必须选用小筒体或 $\phi2800$mm 的线盘，会增加生产成本。

表 8-5　电缆交货盘装盘余量　　　　　　　　　　（单位：mm）

侧板直径	500~560	630~800	900~1120	1250~1600	1800~2000	2240	2500~4000
最小装盘余量	25	30	40	50	60	80	100

在计算装盘长度时，同时核算装盘余量，以使线盘得到充分利用。如图 8-6 和图 8-7 所示可以得到装盘余量公式：

$$t=\frac{d_1-d_2-0.2D}{2}-0.9pD \qquad (8-10)$$

第三节　电缆盘选用及包装要求

因为线盘选择不当或线盘质量问题导致电缆交付过程缆盘损坏、电缆损伤的示例不胜枚举，有时甚至标识不清也导致影响交货期、更换电缆、赔偿损失等事故，给生产企业造成莫大损失。可以说电缆生产无小事，看似很小的电缆盘的选择、包装、标识等问题甚至会影响企业的生存，这可以说是细节决定成败的又一有力例证。

一、交货盘的选用

线盘的选择主要是交货盘的选用，这关系到收绕、储存、运输以至放线过程电缆的完好状况，以及制造成本等，交货盘的选用主要从以下几方面考虑。

1. 交货盘的最大承载负荷

线盘承装电缆的最大重量不超过线盘的最大承载负荷，如全木结构盘和钢木复合盘的最大负荷为 $28V$（N），全钢瓦楞盘的最大负荷为 $40V$（N）。如 PL/3 2500×1600×1400 交货盘的容积为 $3245.9dm^3$，承载负荷应不超过 $28×3245.9＝90885$（N）$＝9.3$（t）。若电缆重量超过9t，可选用同规格的全钢瓦楞盘，PL/2 2500×1600×1400 交货盘的最大承载负荷可达到 $40×3245.9＝129836$（N）$＝13.2$（t）。

若电缆过重，可对盘具进行加强处理，如采取筒体内加桁架结构，侧板上增加辐条根数等措施。

2. 电缆的弯曲半径

电缆的允许弯曲半径是确保在弯曲过程中电缆的各组成部分不受损坏，性能不受大的影响的最小卷曲半径。弯曲半径过小不仅会造成卷绕时电缆变形，出现扭弯等现象，导致排列紊乱，还会导致绝缘、护套层内有内应力积聚，使绝缘的击穿场强降低，或导致护套开裂。

电缆允许弯曲半径有两种，第一种是电缆在制造、包装运输过程发生的弯曲，这种弯曲是暂时、可恢复、不带电的，线盘选择即按这种情况考虑。第二种是电缆在安装敷设好以后的弯曲，这种弯曲是永久的，是带电的弯曲，弯曲半径的大小对电缆的使用寿命影响很大，一般后者应比前者大一倍以上。允许弯曲半径主要影响交货盘筒体直径 d_2 的选择，根据电缆敷设安装后的允许最小弯曲半径计算的制造、运输过程的最小弯曲半径对应的筒体直径，供选择电缆盘时参考表 8-6。

表 8-6　电缆制造、运输过程的最小弯曲半径

	塑料绝缘电力电缆			塑料绝缘控制电缆	
芯数	类型	筒体最小直径 d_2		类型	筒体最小直径 d_2
单芯	无铠装	$20D$		无铠装	$6D$
	有铠装	$15D$		有铠装	$12D$
多芯	无铠装	$15D$		—	—
	有铠装	$12D$		—	—
单芯	有金属套	$25D$		—	—
多芯		$20D$		—	—

注：D 为电缆直径。

3. 制造长度

为减少接头，几乎所有用户都对电缆提出定长要求，这对实际生产中盘具的选择就提出了更高要求。此时可根据本章式（8-9）进行计算，指导盘具的选择。计算时应注意以下几点：①电缆直径不能简单地取标称值，往往是实际直径大于标称直径，所以要结合本企业的生产水平合理取值。②排线紧密程度的影响，因设备原因、技术水平影响，有时排线间隙较大，不得不更换大规格盘具。③穿线孔开口不合理时，造成电缆弯曲半径小而扭曲严重，以致影响排线的整齐程度。④技术人员应结合公式计算和经验积累制成装盘长度表，供操作人员参考。

4. 运输方式和路途

公路、铁路、水路、空运等不同运输方式，不同的路途远近，也需选择不同盘具与之适应，主要从以下几方面考虑：①路途颠簸越甚，越需坚固的线盘。如水路运输特别是海运的颠簸程度最甚；同是公路运输，高速公路较平稳，而国道、省道以至乡间公路颠簸就甚。②路途远，路况复杂，在途时间长，对线盘的坚固程度要求高，此时瓦楞盘就应是优选。③对最大包装尺寸和重量要求。对大型或特大电缆盘，外形尺寸和重量不应超过有关部门的超重、超限要求，如我国铁路运输宽×高限度为 3400mm×4800mm，重量最好不超过 9t；公路运输要了解沿途桥涵隧道影响；出口远洋运输就要知道集装箱的尺寸界限。

5. 特殊要求

合同规定，特别是一些出口合同往往对包装提出特殊要求，比如合同规定采用全木盘包装，此时按常规选择了强度更大的瓦楞盘、钢木盘也是不可以的。

民族禁忌等，比如在盘具涂装和包装方面，尽量不用或少用禁忌颜色，如英国忌红色、泰国忌黑色，避免返工、退货等问题带来的损失。

二、线盘的检验

与电缆生产一样，电缆盘也要经过多重检验：每一工序都要对在制品进行中间检验，对成品盘要进行成品检验，使用者在使用前也进行检验，以确保只有合格线盘才能投入使用。

无论机用盘还是交货盘，成品检验均包括对线盘的尺寸、形状和位置公差、外观、标志的检验，检验方法、检测类型、检验位置等要求见表 8-7。用于线速度高于 20m/s 情况下的高速盘如 PNS/2、PNS/3、PNS/5、PND/1、PNS/3 等，还必须进行动平衡校正。

表 8-7　线盘的成品检验项目

检验项目	工具	检测类型	检测方法及质量要求	检验位置
尺寸	游标卡尺、卡钳钢卷（直）尺	T(型式试验)，R(例行试验)	JB/T 7600 或 JB/T 8997 或 JB/T 8137	侧板直径、筒体直径、凸肩直径、轴孔直径、外宽、内宽
形状和位置公差①	带指示器的测量架	T,R		侧板外圆、筒体表面、侧板内侧
标志	目力	T,R	目测	侧板外侧
外观	目力	T,R	目测	全线盘

① 全木交货盘不进行此项检测。

线盘尺寸检验多采用量具直接测量方法，只有筒体直径采用间接方式测量。侧板直径、内宽、外宽用钢卷（直）尺测量。轴孔直径用游标卡尺测量。筒体直径通过间接测量得出：

$d_2 \leqslant 300\text{mm}$ 时，用卡钳测量筒体直径，再用钢卷（直）尺量出其数值；$d_2 > 300\text{mm}$ 时，测量侧板与筒体半径的差值（侧板内侧深度）ΔR，由公式 $d_2 = d_1 - 2\Delta R$ 计算得出。

形状和位置公差测量采用如图 8-9 所示装置，将指示器接触侧板外圆或筒体表面或侧板内侧，转动线盘，读出线盘旋转一周指示器的最大值和最小值，两数值之差即为侧板圆或筒体或侧板内侧面圆跳动量，此跳动量应不超过标准规定的公差值。

运输、储存过程线盘还会由于诸如磕碰、木板干燥等因素引起的质量问题，会影响线盘使用，使用前必须对线盘进行检验，该检验以目测为主，结合工具检验进行。检验及要求见表 8-8。

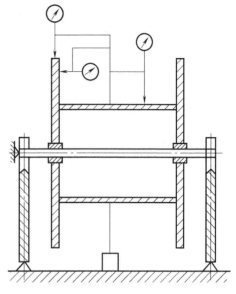

图 8-9　形状和位置公差测量

表 8-8　线盘使用前检验项目及要求

检验部位	检验手段	要　　　求
表面质量	目测	1. 木板:侧板与内筒径板组合严密、牢固 　钢板:侧板与内筒焊接牢固、平滑 2. 拉紧螺栓不松动,两头螺杆至少露出 2 扣螺纹,以防脱扣 3. 两侧板无明显不平行
外轮圈、内轮圈	目测	1. 接口焊接牢固,每个外轮圈只允许有不超过两个焊口 2. 不允许有明显椭圆、扭曲和翘边
轴套	目测、卡尺	1. 不得有椭圆、局部凹凸等缺陷 2. 两轴套中心连线要与侧板垂直
侧板、筒体(木)	目测	1. 无腐朽、虫蛀、湿度过大的木材 2. 相邻木板间隙不应超过 5mm,板条凸出轮廓面不超过 3mm 3. 钉头、钉尖均埋入木板内,且钉尖朝向外侧 4. 侧板和筒体有满足生产所需的穿线孔 5. 侧板和筒体木板应顶紧,不得留间隙
侧板、筒体(铁)	目测	1. 表面光滑,无浮渣、浮锈、氧化皮和焊渣等物,焊缝饱满无毛刺,严密无虚焊、漏焊 2. 筒体圆整,侧板无翘起 3. 侧板和筒体有满足生产所需的穿线孔 4. 锐角棱边必须倒钝
辐条	目测	1. 辐条平直,不允许有扭曲伤痕存在 2. 辐条中间允许有不多于一处焊牢的接头
所有铁件	目测	1. 除筒体内侧外,其余部分均应涂有防锈漆,涂漆表面应光滑 2. 无毛刺,不得有裂纹、扭折等明显弊病

三、包装及储运要求

为保证电缆完好交付给用户，电缆及交货盘在包装及储存、运输过程中应注意以下几方面问题。

1. 电缆内外端头

内端可插入筒体穿线孔或侧板穿线孔，在插入侧板穿线孔时，伸出盘外部分不能太长，并加防护罩保护。外端头应用卡子或金属丝固定在侧板内侧，避免滚动线盘时电缆绕松。两端头应用热缩电缆帽密封，防止进水、吸潮，致电缆受损。

2. 盘装电缆的外包装

卷绕在线盘上的电缆本体也需进行必要的防护，一般运输采用竹笆、芦席、瓦楞塑料板、塑料布沿周向在外包绕严密，外用两道钢带扎紧。防护要求高的包装，在电缆外用塑料布包绕，再用 30~50mm 的厚木板条固定在外轮圈一周，形成护层。以避免冲撞损伤电缆。

3. 标志

交货盘侧板应有厂名、电缆盘旋转方向、盘号和电缆型号、额定电压、规格、长度、净重、毛重、制造年月等标志，标志应清晰、醒目、牢固。应尽量避免手写，采用喷涂字迹。线盘上放置的电缆合格证和说明书应置于较少受雨淋、日晒影响的位置。

4. 盘具的转运

在生产、检验和装车过程中，盘具转运多采用吊装、叉车运输或滚动，在转运过程中应采用正确的搬运方法，避免电缆及盘具受到挤压、摔撞、冲击等破坏力的作用。

1）天车吊运：不能采用如图 8-10a 所示的用钢丝绳挂钩直接钩住侧板或轴套的吊装形式，这种吊装形式盘具侧板会受到挤压力 F_1 作用，F_1 基本在起重量的 0.5~1 倍，严重时会挤坏盘具，损伤电缆。正确的吊装应采用如图 8-10b 所示的专用工装，该方式是在天车吊钩和盘具吊钩之间增加了一个扁担式的工装，从而使吊钩钢丝绳与侧板平行，起吊时侧板完全不会受到挤压。

吊运时，一次只允许起吊一个线盘，不允许一次起吊两个以上线盘，防止挤压和吊装过程偏斜。

2）叉车转运：要求车叉必须长于线盘宽度，工作时必须将线盘完全托起，包覆盘具。

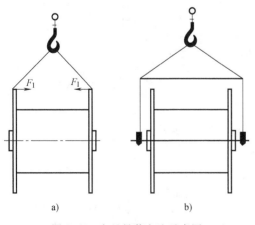

图 8-10　盘具吊装方法示意图

a）错误吊装　b）正确吊装

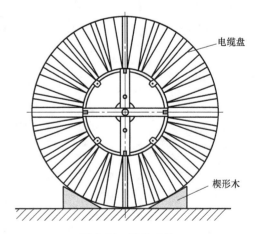

图 8-11　线盘支护

车叉过短，端起线盘时造成线盘倾斜，叉尖会损伤线盘或电缆。

3）滚动线盘：短距离移动线盘可采用滚动形式，滚动时必须确认路面平整，无凸起、砖石等。不能从斜面、台阶上滚下。

5. 盘具的放置

装载后的线盘应保持侧板与地面垂直状态，不允许平放。放置后线盘应采用如图 8-11 的楔形木进行支护。无支护时，电缆盘应"丁"字形摆放，不应顺放。两线盘间保留足够间距，防止相互挤压、碰撞。

6. 电缆的运输

装载电缆的线盘长途运输时，线盘平面应垂直于前进方向，防止开、停车时线盘滚动。线盘间保留足够间距，避免碰撞。除对线盘进行支护外，还要用拉索、铁丝等进行固定。

第九章　电线电缆的认证

"认证"一词的英文原意是出具证明文件，现在加以引申的"认证"的定义是：由可以充分信任的第三方证实某一经鉴定的产品或服务符合特定标准或规范性文件的活动。举例来说，对第一方（供方或卖方）提供的产品或服务，第二方（需方或买方）无法判定其品质是否合格，而由第三方来判定。第三方既要对第一方负责，又要对第二方负责，不偏不倚，出具的证明要能获得双方的信任，这样的活动就叫"认证"。也就是说，第三方的认证活动必须公开、公正、公平，才能有效。这就要求第三方必须有绝对的权力和威信，必须独立于第一方和第二方之外，必须与第一方和第二方没有经济上的利益关系，或者有同等的利害关系，或者有维护双方权益的义务和责任，才能获得双方的充分信任。

现代经济社会，认证的种类很多，不同区域、国家、行业甚至部门等都可能规定一定的准入限制，必须通过相关认证，这样的认证为强制认证，比如我国的工业生产许可证、3C认证，煤炭行业的煤矿安全认证，欧盟的 CE 认证等。一些企业或公司为证明产品的品质或过程的优良，自愿申请第三方认证以期获得某种资质，这样的认证为自愿认证，比如 ISO 9001、ISO 14001、OHSAS 18001、UL、VDE 认证等。

第一节　工业产品生产许可证

20 世纪 80 年代初期，在我国经济体制改革的变化时期，出现了一些紧缺工业产品的生产企业，这些企业不具备基本生产条件，管理混乱，产品质量低劣，不仅浪费了大量资源，而且导致恶性事故屡屡发生。为规范市场，提高产品质量，保障人民的生命财产安全，国务院于 1984 年 4 月颁布了《工业产品生产许可证试行条例》，决定对重要工业产品实施强制性的生产许可证管理。低压电器、电能表等 87 类产品被列入第一批实施生产许可证管理的产品目录。原国家经济委员会于同年又发布了《工业产品生产许可证管理办法》，并成立了全国工业产品生产许可证办公室，设在原国家标准局，承担全国生产许可证管理的日常工作。初步形成了国家统一管理，部门审核发证，地方技术监督局负责监督执法的管理体制。1998年国务院机构改革，赋予国家质量技术监督局管理工业产品生产许可证工作的职能。国家质量技术监督局从 1999 年 1 月 1 日起，将国家经济贸易委员会各委管工业局、劳动部、建设部、原中国兵器工业总公司、原电力部等部门负责的工业产品生产许可证发放工作进行统一管理。2001 年，国家质量监督检验检疫总局（简称国家质监总局）成立，明确该局管理全国工业产品生产许可证工作的职能，2002 年 3 月，国家质监总局发布《工业产品生产许可证管理办法》，工业产品生产许可证管理工作实现了在新时期的规范化管理。

一、实施生产许可证制度的意义

工业产品生产许可证制度是为了保证直接关系公共安全、人体健康、生命财产安全的重要工业产品的质量安全，贯彻国家产业政策，促进社会主义市场经济健康、协调发展，而实施的一项政府行政审批制度。国务院主管部门对涉及人体健康的加工食品、危及人身财产安全的产品、关系金融安全和通信质量的产品、保障劳动安全的产品、影响生产安全和公共安全的产品，以及法律法规要求依照《中华人民共和国工业产品生产许可证管理条例》规定实行生产许可证管理的其他产品的生产企业，进行实地核查和产品检验，确认其具备持续稳定生产合格产品的能力，并颁发生产许可证证书，允许其生产。

取得生产许可证的企业，需要每年度向省级工业产品生产许可证主管部门提交企业自查报告；县级以上地方工业产品生产许可证主管部门组织定期、不定期的监督检查。一方面政府通过对企业生产条件的审查，并对产品质量进行严格检验，保证只有具备产品质量安全必备条件的生产企业才能按规定程序取得生产许可证，方可从事相关产品生产。另一方面通过执法监督对无证生产、销售无证产品以及有证生产不合格产品等违法行为，依法进行予以查处。因此，生产许可证制度是政府依法对产品质量实行强制管理的一项有效措施。

二、生产许可证管理范围

实行生产许可证制度的产品规定在国家质检总局颁布的《工业产品生产许可证实施细则》中，在实施过程中，实施细则将随国家法律法规、产业政策和产品标准的修订而动态调整，企业当及时跟进。目前，实行生产许可证的工业产品包括 6 大类 78 小类，电线电缆属其中的一个小类，在《电线电缆产品生产许可证实施细则（2013）》中，电线电缆产品划分为 6 个产品单元、26 个产品品种，产品单元、品种和执行标准见表 9-1。

表 9-1　生产许可证涵盖的电线电缆产品单元、品种、规格范围和执行标准

序号	产品单元		产品品种	规格范围	执行标准
1	架空绞线	1	铝绞线	$10 \sim 1500 mm^2$	GB/T 1179—2008
			钢芯铝绞线	$10 \sim 1250 mm^2$	
			防腐型钢芯铝绞线	$10 \sim 1250 mm^2$	
		2	铝合金绞线	$8.62 \sim 1250 mm^2$	
			钢芯铝合金绞线	$9.13 \sim 1120 mm^2$	
			铝合金芯铝绞线	$16 \sim 1400 mm^2$	
		3	铝包钢绞线	$4 \sim 200 mm^2$	
			铝包钢芯铝绞线	$16 \sim 1250 mm^2$	
			铝包钢芯铝合金绞线	$16 \sim 1250 mm^2$	
		4	钢绞线	$4 \sim 63 mm^2$	
2	漆包圆绕组线	1	聚酯漆包铜圆线	线径范围：$0.020 \sim 5.000 mm$	GB/T 6109.2 ~ 6109.23—2008
		2	缩醛漆包铜圆线	线径范围：$0.040 \sim 5.000 mm$	
		3	直焊聚氨酯漆包铜圆线	线径范围：$0.018 \sim 2.000 mm$	
		4	聚酯亚胺漆包铜圆线	线径范围：$0.018 \sim 5.000 mm$	
		5	聚酰亚胺漆包铜圆线	线径范围：$0.020 \sim 5.000 mm$	
		6	聚酰胺复合直焊聚氨酯漆包铜圆线	线径范围：$0.050 \sim 2.000 mm$	
		7	180 级聚酰胺复合聚酯或聚酯亚胺漆包铜圆线	线径范围：$0.050 \sim 5.000 mm$	
		8	200 级聚酰胺酰亚胺漆包铜圆线	线径范围：$0.071 \sim 1.600 mm$	

（续）

序号	产品单元		产品品种	规格范围	执行标准
2	漆包圆绕组线	9	自黏性直焊聚氨酯漆包圆线	线径范围：0.020~2.000mm	GB/T 6109.2~6109.23—2008
		10	180 级自黏性聚酯亚胺漆包铜圆线	线径范围：0.020~1.600mm	
		11	200 级自黏性聚酰胺酰亚胺复合聚酯或聚酯亚胺漆包铜圆线	线径范围：0.050~1.600mm	
		12	200 级聚酰胺酰亚胺复合聚酯或聚酯亚胺漆包铜圆线	线径范围：0.050~5.000mm	
		13	200 级聚酯-酰胺-亚胺漆包圆线	线径范围：0.018~5.000mm	
3	塑料绝缘控制电缆	1	聚氯乙烯绝缘控制电缆	电压等级：450/750V 芯数范围：2~61 芯 截面积范围：0.5~10mm²	GB/T 9330.2—2008
		2	交联聚乙烯绝缘控制电缆	电压等级：450/750V 芯数范围：2~61 芯 截面积范围：0.75~10mm²	GB/T 9330.3—2008
4	额定电压 1kV 和 3kV 挤包绝缘电力电缆	1	额定电压 1kV 和 3kV 聚氯乙烯绝缘电力电缆	电压等级：0.6/1kV、1.8/3kV 芯数范围：1~61 芯 截面积范围：1.5~1000mm²	GB/T 12706.1—2008
		2	额定电压 1kV 和 3kV 交联聚乙烯绝缘电力电缆		
		3	额定电压 1kV 和 3kV 乙丙橡胶绝缘电力电缆；额定电压 1kV 和 3kV 硬乙丙橡胶绝缘电力电缆		
5	额定电压 6kV 和 35kV 挤包绝缘电力电缆	1	额定电压 6kV 和 30kV 电力电缆	电压等级：6~30kV 芯数范围：1 芯、3 芯 截面积范围：10~1600mm²	GB/T 12706.2—2008
		2	额定电压 35kV 电力电缆	电压等级：21/35kV、26/35kV 芯数范围：1 芯、3 芯 截面积范围：50~1600mm²	GB/T 12706.3—2008
6	架空绝缘电缆	1	1kV 聚氯乙烯绝缘架空绝缘电缆 1kV 交联聚乙烯绝缘架空绝缘电缆 1kV 聚乙烯绝缘架空绝缘电缆	电压等级：1kV 芯数：1 芯、2 芯、4 芯、(3+K)芯 截面积范围：10~400mm²	GB/T 12527—2008
		2	10kV 架空绝缘电缆	电压等级：10kV 芯数：1 芯、3 芯、(3+K)芯 截面积范围：10~400mm²	GB/T 14049—2008

三、生产许可证的办理程序

1. 管理机构

国务院委托国家质量监督检验检疫总局（简称国家质检总局）负责产品生产许可证的统一管理工作。国家质检总局下设全国工业产品生产许可证办公室（简称全国许可证办公室）负责生产许可证管理的日常工作。全国工业产品生产许可证审查中心（简称全国许可证审查中心）受全国许可证办公室委托承担有关技术性和事务性的工作。

省级质量技术监督局负责本行政区域内电线电缆产品生产许可的受理、审查、批准、发证以及后续监督和管理工作。县级以上质量技术监督部门负责本行政区域内电线电缆产品生产许可证的监督检查工作。

2. 检验机构

生产许可证的检验工作由具有合格资质的指定的检验机构承担，主要为各国家级电线电缆质量监督检验中心和省产品质量监督检验院。不同产品的技术要求和检验项目有很大差别，因此各检验机构的检验产品范围都有不同。

3. 办理程序

办理生产许可证要经过企业申请、技监局受理、实地核查、产品检验、审核发证几个步骤。

（1）申请和受理

由企业向其所在地省级质量技术监督局提出申请，并提交申请材料。申请材料包括许可证申请书、企业营业执照和原证书（换证企业）复印件等。

省级质量技术监督局收到企业申请后，作出是否准予受理的决定，并书面通知企业。

（2）企业实地核查

由产品审查部或省级许可证办公室组织审查组，按照产品实施细则的要求进行企业实地核查，实地核查主要从质量管理职责、生产资源提供、人力资源要求、技术文件管理、过程质量管理、产品质量检验等六个方面进行，具体要求见表9-2。

表 9-2　电线电缆产品生产许可证企业实地核查的核查内容

方面	核查项目	核 查 内 容	核 查 要 点
1. 质量管理职责	1. 组织机构	企业应有负责质量工作的领导，应设置负责质量管理的机构或人员	1. 是否指定领导层中一人负责质量工作 2. 是否设置了质量管理机构或质量管理人员
	2. 管理职责	应规定各有关部门、人员的质量职责、权限和相互关系	1. 是否规定了有关的部门、人员的质量职责 2. 有关部门、人员的权限和相互关系是否明确
	3. 有效实施	在质量管理制度中应有相应的考核办法并实施，记录有关结果	1. 是否有相应的考核办法 2. 是否严格实施考核并记录
2. 生产资源提供	1. 生产设施	*1. 企业必须具备满足生产和检验所需要的工作场所和设施，且维护完好	1. 是否具备满足申请产品生产和检验的设施及场所。有独立的原材料区域，生产与生活区分开，有固定的厂牌 2. 生产和检验设施是否能正常运转 3. 试验室的环境条件是否符合标准要求。有独立的检验区域和适合的面积 4. 申请书填写与实际的工作场地一致
		2. 企业生产设施、设备的危险部位应按有关规定配备安全防护装置	1. 是否制定并执行安全生产制度 2. 危险部位是否有必要的防护措施

（续）

方面	核查项目	核查内容	核查要点
2. 生产资源提供	2. 设备工装	*1. 企业必须具有实施细则规定的必备生产设备和工艺装备,其性能和精度应能满足生产合格产品的要求	1. 是否具有细则中规定的必备生产设备和工艺装备,必要时应核查其购销合同、发票等凭证 2. 设备性能和精度是否满足加工要求 3. 设备和工装是否与生产规模相适应
		2. 企业的生产设备和工艺装备应维护保养完好	检查设备维护和保养计划及实施的记录
	3. 测量设备	*1. 企业必须有实施细则规定的检测设备,其性能和精度应能满足生产合格产品的要求	1. 是否有实施细则中规定的检测设备,必要时应核查其购销合同、发票等凭证 2. 设备性能、准确度能满足生产需要 3. 是否与生产规模相适应
		2. 企业的检测设备应在检定或校准的有效期内使用,并覆盖检验参数	检测设备是否在检定有效期内并有标识,且校准证书覆盖检验参数
3. 人力资源要求	1. 企业领导	企业领导应具有一定的质量管理知识,并具有一定的专业技术知识	1. 企业的质量负责人是否有基本的质量管理常识。(1)了解产品质量法、标准化法、计量法和《生产许可证管理条例》对企业的要求等;(2)了解企业领导在质量管理中的职责与作用 2. 是否有相关的专业技术知识。(1)了解产品标准、主要性能指标等;(2)了解产品生产工艺流程、检验要求 3. 质量负责人应有大专及以上学历或中级及以上职称
	2. 技术人员	企业技术人员应掌握专业技术知识,并具有一定的质量管理知识	1. 是否熟悉自己的岗位职责 2. 是否掌握相关的专业技术知识 3. 是否有一定的质量管理知识 4. 至少有 2 名理工科大专及以上学历或具有中级职称、在本岗位工作 2 年以上,或从事电线电缆技术工作 5 年以上的人员负责技术、工艺等工作
	3. 检验人员	检验人员应熟悉产品检验规定,具有与工作相适应的质量管理知识和检验技能	1. 是否熟悉自己的岗位职责 2. 是否掌握产品标准和检验要求 3. 是否有一定的质量管理知识 4. 是否能熟练准确地按规定进行检验。现场核查时须考核检验员的操作能力 5. 至少有 2 名高中(或相当)及以上学历,并获得电线电缆检验员培训合格证书的专职检验人员
	4. 生产人员	1. 生产人员应能看懂相关技术文件(工艺文件、操作规程等),并熟练地操作设备	1. 是否熟悉自己的岗位职责 2. 能否看懂相关工艺文件、操作规程等 3. 是否能熟练地进行生产操作
		2. 企业应按规定为员工提供必要的劳动防护	1. 是否提供了必要的劳动防护 2. 员工的生产操作是否符合安全规范
	5. 人员培训	企业应对与产品质量相关的人员进行必要的培训和考核	1. 与产品质量相关的人员是否进行了培训和考核,并保持有关记录 2. 质量负责人和检验人员要经专业培训,挤塑工要经过培训,合格后方可上岗 3. 电工、叉车司机、天车(行车)等特种作业人员必须持证上岗

（续）

方面	核查项目	核 查 内 容	核 查 要 点
4. 技术文件管理	1. 技术标准	1. 企业应具备和贯彻《实施细则》中规定的产品标准和相关标准	1. 是否有《实施细则》中所列的与申证产品有关的标准 2. 是否为现行有效标准并贯彻执行
		2. 如有需要,企业制定的产品标准应不低于相应的国家标准或行业标准要求,并经当地标准化部门备案	1. 企业制定的产品标准是否经当地标准化部门备案 2. 企业标准主要技术和性能指标不低于相应的国家标准或行业标准的要求
	2. 技术文件	1. 技术文件应具有正确性,且签署、更改手续正规完备	1. 技术文件中的技术要求和数据等是否符合有关标准和规定要求 2. 技术文件签署、更改手续是否正规完备
		2. 技术文件应具有完整性,文件必须齐全配套	技术文件是否完整、齐全(包括产品结构表、技术要求和工艺文件的工艺卡、操作规程、检验规程等以及原材料、半成品和成品各检验过程的检验规程或验证标准等)
		3. 技术文件应和实际生产一致,各车间、部门使用的文件必须完全统一	1. 技术文件是否与实际生产和产品一致 2. 各车间、部门使用的文件是否统一
	3. 文件管理	1. 企业应制定技术文件管理制度,文件的发布应经过正式批准,使用部门可随时获得文件的有效版本,文件的修改应符合规定要求	1. 是否制定了技术文件管理制度 2. 发布的文件是否经正式批准 3. 使用部门能否随时获得有效版本文件 4. 文件的修改是否符合规定
		2. 企业应有部门或专(兼)职人员负责技术文件管理	是否有部门或专(兼)职人员负责技术文件管理
5. 过程质量管理	1. 采购控制	1. 企业应制定采购原辅材料及外协加工项目的质量控制制度	1. 是否制定了控制文件 2. 内容是否完整合理
		2. 企业应制定影响产品质量的主要原辅材料的供方及外协单位的评价规定,依据规定进行评价,保存供方及外协单位名单和供货、协作记录	1. 是否制定了评价规定 2. 是否按规定进行了评价 3. 是否全部在合格供方采购 4. 是否保存供方及外协单位名单和供货、协作记录
		3. 企业应根据正式批准的采购文件或委托加工合同进行采购或外协加工	1. 是否有采购或委托加工文件 2. 采购文件是否明确了验收规定 3. 采购文件是否经正式批准 4. 是否按采购文件进行采购
		4. 企业应按规定对采购的原辅材料以及外协件进行质量检验或进行质量验证,检验或验证的记录齐全	1. 是否对采购及外协件的质量检验或验证作出规定 2. 是否按规定进行检验或验证 3. 是否保留检验或验证的记录
	2. 工艺管理	1. 企业应制定工艺管理制度及考核办法,并严格进行管理和考核	1. 是否制定了完善可行的工艺管理制度和考核办法 2. 是否按制度进行管理和考核,并保存记录

（续）

方面	核查项目	核查内容	核查要点
5. 过程质量管理	2. 工艺管理	2. 原辅材料、半成品、成品、工装器具等应按规定放置，并应防止出现损伤或变质	1. 对原辅材料、半成品、成品、工装器具的妥善保存、放置是否作出合理规定 2. 应有适宜的搬运工具、必要的工位器具、贮存场所和防护措施 3. 原辅材料、半成品、成品是否损伤或变质
		3. 企业职工应严格执行工艺管理制度，按操作规程、工艺卡片等工艺文件进行生产操作	是否按操作规程、工艺卡片等工艺文件进行生产操作
	3. 质量控制	1. 企业应明确设置质量关键工序，对生产的关键工序进行质量控制	1. 是否设置了关键工序 2. 是否在有关工艺文件中标明关键工序
		2. 企业应制订关键工序的操作控制程序，并依据程序实施质量控制	1. 是否制订内容完整的关键工序的操作程序 2. 是否按程序实施质量控制
	4. 特殊过程	对产品质量不易或不能经济地进行验证的特殊过程，应事先进行设备认可、工艺参数验证和人员鉴定，并按规定的方法和要求进行操作和实施过程参数监控	1. 对特殊过程是否事先进行了设备认可、工艺参数验证和人员鉴定，并保存记录 2. 是否按规定进行操作和过程参数监控，并保存过程参数监控记录
	5. 产品标识	应规定产品标识方法并进行标识	1. 是否规定产品标识方法（包括类别标识、加工状态标识、检验状态标识和追溯性标识等），能否有效防止产品混淆、区分质量责任和保持可追溯性 2. 重点检查关键工序、特殊过程产品和最终产品的标识
	6. 不合格品	企业应制订不合格品的控制程序，有效防止不合格品出厂	1. 是否制订不合格品的控制程序 2. 生产中发现的不合格品是否得到有效控制 3. 不合格品经返工、返修后是否重新检验
6. 产品质量检验	1. 检验管理	1. 企业应有独立行使权力的质量检验机构或专（兼）职检验人员，并制定质量检验管理制度以及检验、试验、计量设备管理制度	1. 是否有检验机构或专（兼）职检验人员，能否独立行使权力 2. 是否制定了检验管理制度和检测计量设备管理制度
		2. 企业有完整、准确、真实的检验原始记录或检验报告	1. 检查主要原辅材料、半成品、成品是否有检验的原始记录或检验报告 2. 原始记录或检验报告是否完整、准确、真实
	2. 过程检验	企业在生产过程中要按规定开展产品质量检验，做好检验记录	1. 是否对产品质量检验作出规定 2. 是否按规定进行过程检验 3. 是否保存检验记录
	*3. 出厂检验	企业应按实施细则的规定，对产品进行出厂检验和试验，出具产品检验合格证，并按规定进行包装和标识	1. 是否有出厂检验规定、包装和标识规定 2. 是否按实施细则要求进行出厂检验和试验，并保存检验记录 3. 产品包装和标识是否符合规定
	4. 委托检验	当企业不具备漆包线的耐冷冻试验检验条件时，可委托有计量认证资质的检测机构进行检验	1. 核查委托检验机构的资质证明 2. 检验报告是否与所委托的检验机构对应 3. 检验报告应在一年内

（续）

方面	核查项目	核 查 内 容	核 查 要 点
6. 产品质量检验	5. 型式检验	架空绞线的导线拉断力试验、漆包线的温度指数试验属特殊的型式试验。企业可自行出具产品单项试验报告或型式试验报告，企业必须具备检测装置及仪器设备。也可委托具备条件的生产许可证检验机构进行检验	1. 检验依据是否正确 2. 检验结果是否符合标准要求 3. 核查委托检验机构的资质证明 4. 若企业自行提供单项试验报告或型式试验报告，企业须具备完成单项或全部项目检测的设备和能力

表 9-2 中标注 * 的 2.1.1、2.2.1、2.3.1 和 6.3 共 4 款为否决项，否决项目结论分为"符合"和"不符合"；不标 * 的 37 款为非否决项，项目结论分为"符合""轻微缺陷""不符合"。审查员根据核查要点对实地核查的每一项做出相应结论，在实地核查结束时审查组形成核查报告。否决项目全部符合，非否决项目中轻微缺陷不超过 8 款，且无不符合项，核查结论为合格，由县级以上质量技术监督部门督促企业在规定时间内完成轻微缺陷整改。核查结论为不合格，审查工作终止，不予行政许可。若仅为某产品单元实地核查结论不合格，判为该产品单元审查不合格，该产品单元审查终止。

在实地核查中，审查员对项目的核查结论是依企业的实际状况而给出。工作场所、生产设施、检测装置等硬件部分，按照实施细则要求进行逐项检查，如申请"控制电缆"产品单元必须具备表 9-3 的生产和检测设备并符合相关要求。对支撑企业运行过程的"软件"主要是文件检查：管理架构的规章制度、技术和检验标准和规范等的完整性、衔接性、严密性、可追溯性等；对制度实施、设备运行、生产状况等运行过程主要检查原始记录；对人员素质主要检查资质证件。

（3）产品抽样与检验

企业实地核查合格的，审查组按实施细则规定的抽样规则在生产厂的仓贮或生产场所挂有合格标识的产品中抽取样品，并进行封存。一次抽取两组样品，一组用于检验，一组留存。抽样原则为抽取的样品应能代表申请生产许可证的产品范围，技术含量高、材料复杂的可以覆盖技术含量低、材料简单的等，每个产品品种均应抽样。如控制电缆产品单元包含聚氯乙烯绝缘控制电缆、交联聚乙烯绝缘控制电缆两个产品品种，样品应抽取申请范围中结构比较复杂的产品：铠装结构可覆盖非铠装结构，屏蔽结构可以覆盖非屏蔽结构，铠装结构与屏蔽结构不能相互替代；阻燃型产品可以覆盖非阻燃型产品，高等级阻燃可覆盖低等级阻燃型产品，无卤低烟阻燃型产品可以覆盖阻燃型产品；至少有一组样的芯数为申请的最多芯数，截面积任意。塑料绝缘控制电缆产品检验项目和质量特性分类见表 9-4。

企业可在国家质检总局公布的生产许可证检验机构名单中自主选择检验机构，并负责将样品送达检验机构。检验机构按照产品实施细则规定的要求和期限完成检验工作。

在实施细则中，按检验项目的质量特性划分为 A、B、C 三类，A 类为对产品的使用影响最大的项目，B 类次之，C 类影响最小。当一组样中无 A 类和 B 类不合格项，C 类不合格项数量不大于 1 时，抽样检验总体通过。否则，抽样检验总体不通过。产品检验不合格的判为企业审查不合格，不予行政许可。若部分产品品种不合格的判为该产品单元不合格，该产品单元不予行政许可。

表 9-3　生产塑料绝缘控制电缆必备的生产设备、工艺装备和检验设备①

生产设备和工艺装备名称	塑料绝缘控制电缆生产必备检验设备							
	原辅材料进货检验			过程检验、关键工序检验			出厂检验	
	材料名称	检验项目	设备名称	检验项目	设备名称	检验类别	检验项目	设备名称
拉丝机 退火设备 束线机和绞线机 塑料挤出机 交联设备 成缆机 装铠机 焊接机 屏蔽层生产设备 印字设备 成缆机导线模具 机用线盘 交货用线盘	铜线坯和铜线	电阻率	导体电阻率测量系统	导体直流电阻	导体电阻测试仪	过程检验	导体结构尺寸	目测
	导体	直流电阻	导体电阻测试仪	绝缘火花试验	火花试验机	关键工序检验	绝缘、护套、内衬层厚度	投影仪②
	导体	导体结构尺寸	外径千分尺	绝缘厚度	投影仪②		成缆节径比	直尺、游标卡尺
	PVC绝缘料	抗张强度和断裂伸长率	非金属拉力试验机	非金属护套厚度	投影仪②		屏蔽尺寸	千分尺、游标卡尺
	PVC绝缘料	70℃绝缘电阻	高阻计、恒温水浴箱	绝缘热延伸试验	热延伸试验装置		铠装层尺寸	千分尺、游标卡尺
	XLPE绝缘料	抗张强度和断裂伸长率	非金属拉力试验机	线芯排列	目测	过程检验	外径∫值	千分尺、投影仪②
	XLPE绝缘料	90℃绝缘电阻	高阻计、恒温水浴箱	节距和绞向	直尺、目测		导体直流电阻	导体电阻测试仪
	PVC护套料	抗张强度和断裂伸长率	非金属拉力试验机	屏蔽层检查	千分尺、目测		绝缘线芯、成品电压试验	交流电压试验仪
	—	—	—	编织密度	直尺、千分尺		绝缘热延伸试验	热延伸试验装置
	—	—	—	内衬层检查	投影仪②		印刷标志	直尺
	—	—	—	铠装层检查	千分尺、直尺		表观	目测
	—	—	—	外径∫值	千分尺、卡尺、投影仪②、测量带		长度	计米器

① 表中所列为控制电缆制造所需全部主要设备和工装，实际中根据企业的制造流程不同设备配置不同，比如企业直接外购合格圆铜单线，则拉丝机、退火设备可不配备；企业申报产品中不包含交联聚乙烯绝缘控制电缆，则交联生产设备、热延伸试验装置均可不配备。

② 投影仪或读数显微镜均可。

表 9-4　塑料绝缘控制电缆产品检验项目和质量特性分类

分类	检验项目名称	
A	1. 绝缘最薄处厚度 2. 导体电阻 3. 电压试验 4. 成品电缆单根燃烧性能	5. 成品电缆成束燃烧性能 6. 成品电缆无卤性能 7. 成品电缆低烟性能
B	1. 绝缘电阻 2. 绝缘老化后抗张强度 3. 绝缘老化后断裂伸长率 4. 绝缘抗张强度和断裂伸长率变化率 5. 绝缘失重	6. 绝缘热冲击 7. 绝缘高温压力 8. 绝缘低温弯曲 9. 绝缘低温拉伸 10. 绝缘低温冲击

（续）

分类	检验项目名称	
B	11. 绝缘非污染试验	17. 护套热冲击
	12. 绝缘热延伸	18. 护套高温压力
	13. 护套老化后抗张强度	19. 护套低温弯曲
	14. 护套老化后断裂伸长率	20. 护套低温冲击
	15. 护套抗张强度和断裂伸长率变化率	21. 护套低温拉伸
	16. 护套失重	22. 护套非污染试验
C	1. 导体单线根数或导体单线直径	10. 内衬层厚度
	2. 绝缘平均厚度	11. 电缆最大外径
	3. 护套厚度（平均厚度、最薄处厚度）	12. f 值
	4. 铜带、铝/塑复合带厚度	13. 印刷标志检查
	5. 铜带、铝/塑复合带屏蔽重叠	14. 绝缘老化前抗张强度
	6. 引流线	15. 绝缘老化前断裂伸长率
	7. 编织屏蔽密度	16. 护套老化前抗张强度
	8. 成缆方向和节距	17. 护套老化前断裂伸长率
	9. 铠装金属丝、带（直径、厚度、宽度）	

（4）审定与发证

省级质量技术监督局对提交的申请材料、现场核查文书、抽样单、产品检验报告等材料进行审查，作出是否准予许可的决定。符合发证条件的，由省级质量技术监督局向企业颁发生产许可证；不符合发证条件的，书面通知企业。

生产许可证证书分为正本和副本，具有同等法律效力。生产许可证证书载明企业名称、住所、生产地址、产品名称、证书编号、发证日期、有效期。其中，生产许可证副本中载明产品明细，包括产品单元、产品品种、规格范围及产品型号所表达的内容。

生产许可证有效期为 5 年。有效期届满，企业继续生产的，应当在生产许可证有效期届满 6 个月前向所在地省级质量技术监督局提出生产许可证延续申请。

4. 标志

取得生产许可证的企业，应当在产品或者包装、说明书上标注生产许可证标志和编号。工业产品生产许可证标志由"企业产品生产许可"汉语拼音"Qiyechanpin Shengchanxuke"的缩写"QS"和"生产许可"中文字样组成，如图 9-1 所示。生产许可证编号为：（X）XK06-001-×××××。其中，括号内的（X）代表本省简称，XK 代表"许可"，前两位（06）代表行业编号，中间三位（001）代表产品编号，后五位（×××××）代表企业生产许可证编号。

四、发证后的监督管理

对获证企业的监督管理工作主要采取监督抽查、日常监督检查、企业年度自查等措施和方式、日常执法监督和生产许可证年度监督审查等方式。对无证生产、销售无证产品以及有证生产不合格产品的违法行为，将依据有关规定进行处罚。

图 9-1　工业产品生产许可证标志

县级以上质量技术监督部门负责对获证企业的监督检查，通过监督抽查、日常监督检查，对企业获得生产许可证后的生产情况和产品质量状况进行监督，从源头上把好重要产品的产品质量。

第二节　国家强制性产品认证

2001 年 11 月，中国加入世界贸易组织（WTO），为兑现入世承诺，中国政府于 2001 年 12 月 3 日对外发布了强制性产品认证制度。该认证是中国政府按照世贸组织有关协议和国际通行规则，为保护广大消费者人身和动植物生命安全，保护环境、保护国家安全，依照法律法规实施的一种产品合格评定制度。

一、强制认证的意义

国家质检总局和国家认证认可监督管理委员会（CNCA，简称国家认监委）于 2001 年 12 月共同对外发布了《强制性产品认证管理规定》，以强制性产品认证制度替代原来的进口商品安全质量许可制度（CCIB 认证）和电工产品安全认证制度（CCEE，也称为长城认证）。此即为"中国强制认证"，英文名称为 China Compulsory Certification，缩写为"CCC"，故又简称"3C"认证。

国家强制性产品认证制度的主要特点是，国家公布统一的目录，确定统一适用的国家标准、技术规则和实施程序，制定统一的标志标识，规定统一的收费标准。凡列入强制性产品认证目录内的产品，必须经国家指定的认证机构认证合格，取得相关证书并加施认证标志后，方能出厂、进口、销售和在经营服务场所使用。通过"四个统一"一揽子解决方案，旨在彻底解决长期以来中国产品认证制度中出现的政出多门、重复评审、重复收费以及认证行为与执法行为不分的问题，并建立与国际规则相一致的技术法规、标准和合格评定程序，促进贸易便利化和自由化。

二、认证范围和标志

"3C"认证从 2002 年 8 月 1 日全面实施，第一批列入强制性认证目录的产品包括电线电缆、开关、低压电器、电动工具、家用电器、音视频设备、信息设备、电信终端、机动车辆、医疗器械、安全防范设备等共 19 大类 132 种产品。在历年执行过程中，又陆续增加了油漆、陶瓷、汽车产品、玩具等产品。认证目录由国家质检总局、国家认监委会同国务院有关部门制定和调整，由国家质检总局、国家认监委联合发布，并会同有关方面共同实施。

在《强制性产品认证实施规则　电线电缆产品》（2014 版）中，规定强制认证的电线电缆产品包括额定电压 450/750V 及以下橡皮绝缘电线电缆、额定电压 450/750V 及以下聚氯乙烯绝缘电线电缆、交流额定电压 3kV 及以下铁路机车车辆用电线电缆 3 个种类，并将这 3 类产品划分为 11 个认证单元，各认证单元的具体产品型号见表 9-5。认证范围的产品种类、认证单元会随着国家相关法律法规、产品标准和产业政策的变化而调整，企业认证都要依照最新政策执行。

"3C"认证标志由基本图案和右侧的认证种类标注组成。基本图案为椭圆圈中的"CCC"，认证种类标注由代表该产品认证种类的英文单词的缩写字母组成。"3C"认证共分为四类，分别为①CCC+S 安全认证标志；②CCC+EMC 电磁兼容类认证标志；③CCC+S&E 安全与电磁兼容认证标志；④CCC+F 消防认证标志。电线电缆产品认证属安全认证，采用"CCC+S"标志，如图 9-2 所示。

表 9-5　电线电缆 3C 强制认证产品单元划分及执行标准

产品种类	认证单元	产品型号		执行标准
额定电压 450/750V 及以下聚氯乙烯绝缘电线电缆	1. 聚氯乙烯绝缘无护套电线电缆	60227 IEC 01(BV)　　60227 IEC 05(BV)　　60227 IEC 07(BV-90)	60227 IEC 02(RV)　　60227 IEC 06(RV)　　60227 IEC 08(RV-90)	GB/T 5023.3
		BV　　BLV　　BVR		JB/T 8734.2
	2. 聚氯乙烯绝缘聚氯乙烯护套电缆	60227 IEC 10(BVV)		GB/T 5023.4
		BVV　　BLVV　　BVVB　　BLVV		JB/T 8734.2
	3. 聚氯乙烯绝缘软电缆电线	60227 IEC 41(RTPVR)　　60227 IEC 52(RVV)　　60227 IEC 56(RVV-90)	60227 IEC 43(SVR)　　60227 IEC 53(RVV)　　60227 IEC 57(RVV-90)	GB/T 5023.5
		RVB　　RVS　　RVV		JB/T 8734.3
	4. 聚氯乙烯绝缘聚氯乙烯护套电梯和/或挠性连接用电缆	60227 IEC 71e(TVV)	60227 IEC 71f(TVVB)	GB/T 5023.6
		TVVB		JB/T 8734.6
	5. 聚氯乙烯绝缘聚氯乙烯护套耐油软电缆	60227 IEC 74(RVVYP)	60227 IEC 75(RVVY)	GB/T 5023.7
	6. 聚氯乙烯绝缘安装用电线和/或屏蔽电线	AV　　AVR　　AVRB　　AVRS　　AVVR　　AV-90　　AVR-90		JB/T 8734.4
		AVP　　RVP　　RVVP　　RVVP1　　AVP-90　　RVP-90		JB/T 8734.5
额定电压 450/750V 及以下橡皮绝缘电线电缆	1. 耐热橡皮绝缘电缆	60245 IEC 03(YG)		GB/T 5013.3
		60245 IEC 04(YYY)　　60245 IEC 06(YYY)	60245 IEC 05(YRYY)　　60245 IEC 07(YRYY)	GB/T 5013.7
	2. 橡皮绝缘电梯电缆和(或)电焊机电缆	60245 IEC 70(YTB)　　60245 IEC 75(YTF)	60245 IEC 74(YT)	GB/T 5013.5
		60245 IEC 81(YH)	60245 IEC 82(YHF)	GB/T 5013.6
	3. 橡皮绝缘编织软电线	60245 IEC 89(RQB)		GB/T 5013.8
		RE　　RES　　REH		JB/T 8735.3
	4. 通用橡套软电缆电线	60245 IEC 53(YZ)　　60245 IEC 66(YCW)　　60245 IEC 58f(YSFB)	60245 IEC 57(YZW)　　60245 IEC 58(YSF)	GB/T 5013.4
		YQ　　YQW　　YZ　　YZW　　YZB　　YZBW　　YC　　YCW		JB/T 8735.2
交流额定电压 3kV 及以下铁路机车车辆用电线电缆	轨道交通车辆用电线电缆	DCEH　　WDZ-DCYJ　　WDZ-DCYJB		GB/T 12528

　　认证标志的使用应遵照《强制性产品认证标志管理办法》执行。通过认证后，可制成图标贴在产品上或将图案印刷、模压在认证产品上。CCC 标志由国家认监委统一印制和管理，每个型号都有一个独特的序号，序号不重复，它注明每个随机码所对应的厂家及产品，

根据随机码，即可识别产品来源，起到防伪、追溯作用。提醒注意的一点是 3C 标志并不是质量标志，而只是一种最基础的安全认证。

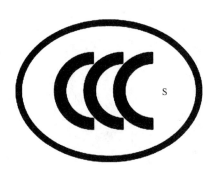

图 9-2　中国强制认证标志
之安全认证标志

三、申请步骤

1. 管理机构

国家质检总局主管全国强制性产品认证工作，国家认监委负责全国强制性产品认证工作的组织实施、监督管理和综合协调。地方各级质量技术监督部门和各地出入境检验检疫机构按照各自职责，依法负责所辖区域内强制性产品认证活动的监督管理和执法查处工作。

认证的具体工作由中国质量认证中心（CQC）承担。CQC 是由国家质检总局设立，委托国家认监委管理的国家级认证机构，2007 年重组改革后，现隶属中国检验认证集团。CQC 是中国开展质量认证工作最早、最大和最权威的认证机构，业务范围主要包括 "3C" 认证（国家强制性产品认证）、CQC 标志认证（自愿性产品认证）、管理体系认证（ISO 9001 质量管理体系、ISO 14001 环境管理体系、OHSAS 18001 职业健康安全管理体系、QS 9000 质量体系、TL 9000 和 HACCP 认证等）、节能节水和环保产品认证以及认证培训等，CQC 的资质得到国内和国际的广泛认可，如图 9-3 所示为 CQC 的认证标志。

2. 认证程序

依据产品的性能，CQC 对涉及公共安全、人体健康和环境等方面可能产生的危害程度、产品的生命周期、生产、进口产品的风险状况等综合因素，按照科学、便利等原则，对 "3C" 认证确定了多种产品认证模式，电线电缆产品强制性认证适用 "型式试验+获证后监督" 模式。产品认证分为产品认证申请、产品型式试验、工厂质量保证能力检查、认证结果评定及批准认证证书、产品认证标志的购买及使用、获证后的监督 6 个阶段。

图 9-3　中国质量认证中心
的认证标志

（1）产品认证申请

"3C" 认证由电缆企业提出申请，按认证单元进行申请，申请可在网上或以书面向 CQC 产品处提出，并按要求提供有关资料。申请认证的基本条件是：有营业执照；公司生产的产品在 3C 认证强制产品列表内；公司要有自己的厂房；公司要有一定的资金实力；公司有相关的文件、生产环境、库房管理等，重要的是文件。

CQC 对申请资料评审合格后，将向申证企业发出收费和送样通知。申证企业按要求将样品送交经国家认监委指定的检测机构。检测机构与 CQC 相互确认后，CQC 向申请人发出正式受理通知，向检测机构发出检测任务书，样品测试正式开始。

（2）产品型式试验

接到样品后检测机构将按申证产品所依据的标准及技术要求进行型式试验。样品测试过程中，对于出现的不符合项，通知申请人依照样品测试整改通知进行整改。型式试验合格后，检测机构出具型式试验报告，并将试验报告等资料传送至申请人和 CQC。

检测机构应当确保检测结论的真实、准确，并对检测全过程作出完整记录，归档留存，保证检测过程和结果的记录具有可追溯性，配合认证机构对获证产品进行有效的跟踪检查。

（3）工厂质量保证能力检查

对初次申请认证的企业，CQC 在收到型式试验合格报告后，将向申证企业发出工厂检查通知，工厂检查的产品范围为认证产品，场所包括与产品认证质量相关的场所、部门、活动和过程。认证检查员根据《强制性产品认证实施规则 工厂质量保证能力要求》的要求，对申证企业的质量保证能力、生产产品与型式试验样品的一致性等情况进行现场检查，并抽取一定的样品对检测结果的一致性进行核查，"3C"认证工厂检查与生产许可证实地核查类似，但侧重方面稍有不同，工厂检查内容主要有：

1）程序文件：工厂应建立至少包括以下程序或规定的文件，且内容应与企业质量管理和产品质量控制相适应：①认证标志的保管使用控制程序；②产品变更控制程序；③文件和数据控制程序；④质量记录控制程序；⑤供货商选择评定和日常管理程序；⑥关键材料的检验或验证程序；⑦关键材料的定期确认检验程序；⑧生产设备维护保养制度；⑨例行检验和抽样检验程序；⑩不合格品控制程序；⑪内部质量审核程序；⑫与质量活动有关的各类人员的职责和相互关系等。

产品设计标准或规范应不低于该产品的认证依据标准要求，应有必要的工艺文件、作业指导书、检验标准、仪器设备操作规程、管理制度等，并确保文件的持续有效性。

2）生产过程控制：应确定符合规定要求、影响认证产品质量的关键工序，关键工序操作人员应具备相应的能力，关键工序的控制应确保认证产品与标准的符合性、产品一致性，应制定相应的作业指导书，使生产过程受控。

应对生产过程的主要工艺参数、质量指标进行检查、监视、测量，以确保产品与标准的符合性及产品一致性。

应建立并保持生产设备的维护保养制度，以确保设备能力持续满足生产要求。

至少应保存包括以下质量记录：①对供货商进行选择、评定和日常管理的记录；②关键材料的进货检验/验证记录及供货商提供的合格证明；③产品例行检验和抽样检验记录；④检验和试验设备定期进行校准或检定的记录；⑤例行检验和抽样检验设备运行检查的记录；⑥不合格品的处置记录；⑦内部审核的记录；⑧顾客投诉及采取纠正措施的记录；⑨标志使用执行情况记录等。应确保记录的清晰、完整、可追溯，以作为产品符合规定要求、证实确实进行了全部的生产检查和生产试验的证据。

记录的保存期限应不小于两次检查之间的时间间隔，即至少 24 个月，以确保本次检查完之后产生的所有记录，在下次检查时都能查到。

3）检验试验仪器设备：基本要求：工厂应配备足够的检验试验仪器设备，确保在采购、生产制造、最终检验试验等环节中使用的仪器设备能力满足认证产品批量生产时的检验试验要求。检验试验人员应能正确使用仪器设备，掌握检验试验要求并有效实施。

校准、检定：检验试验仪器设备应按规定的周期进行校准或检定，仪器设备的校准或检定状态应能被使用及管理人员方便识别。工厂应保存仪器设备的校准或检定记录。对于委托外部机构进行的校准或检定活动，工厂应确保外部机构的能力满足校准或检定要求，并保存相关能力评价结果。

功能检查：必要时，工厂应按规定要求对例行检验设备实施功能检查。当发现功能检结果不能满足要求时，应能追溯至已检测过的产品；必要时，应对这些产品重新检测。工厂应规定操作人员在发现仪器设备功能失效时需采取的措施，并保存功能检查结果及仪器设备功能失效时所采取措施的记录。

指定试验：为评价认证产品的一致性、产品与标准的符合性，检查组在生产企业现场抽取认证产品并根据认证依据标准选定项目，由生产企业人员所进行的试验。

4）不合格品控制：对于采购、生产制造、检验等环节中发现的不合格品，工厂应采取标识、隔离、处置等措施，避免不合格品的非预期使用或交付。返工或返修后的产品应重新检验。

对于国家和省监督抽查、产品召回、顾客投诉及抱怨等来自外部的认证产品不合格信息，工厂应分析不合格产生的原因，并采取适当的纠正措施。工厂应保存认证产品的不合格信息、原因分析、处置及纠正措施等记录。

5）内部质量审核：建立文件化的内部质量审核程序，确保工厂质量保证能力的持续符合性、产品一致性以及产品与标准的符合性。对审核中发现的问题，工厂应采取适当的纠正措施、预防措施，并保存内部质量审核结果。

6）产品防护与交付：在采购、生产制造、检验等环节所进行的产品防护，如标识、搬运、包装、贮存、保护等应符合规定要求。必要时，工厂应按规定要求对产品的交付过程进行控制。

7）工厂检查结论判定：工厂检查结论通常分为工厂检查通过、书面验证通过、现场验证通过和工厂检查不通过四种。

"书面验证通过"指存在不符合项，工厂在规定的期限内采取纠正措施，报认证机构书面验证有效后，工厂检查通过；"现场验证通过"指存在不符合项，工厂在规定的期限内采取纠正措施，认证机构现场验证有效后，工厂检查通过。

工厂检查不符合项分为一般不符合项和严重不符合项两类。一般不符合项指可能对产品认证质量产生轻微影响的不符合项；严重不符合项指认证产品在生产制造或检验过程中产生严重的质量问题，以及产品结构、关键件等与认证批准结果不一致且较为严重的不符合项。

工厂检查无不符合项者为工厂检查通过。

工厂检查只有一般不符合项时，属书面验证通过。

现场验证通过是指虽存在不符合项，但没有对产品一致性或产品与标准的符合性产生严重影响的情况。

工厂检查不通过是存在构成系统不符合的较多一般不符合项或个别严重不符合项，且直接危及产品一致性或产品与标准符合性时的情况，例如：指定试验结果不合格；认证产品存在缺陷，可能导致质量安全事故的；认证证书暂停期间，工厂未采取整改措施或者整改后仍不合格的；非法使用 CCC 标志或证书等。

对于工厂检查结论判定为"书面验证通过"或"现场验证通过"的，认证机构应将验证结果及时告知生产企业。

当经认证机构评定后的工厂检查结论发生变化时，认证机构应及时告知生产企业。

（4）认证结果评定及批准认证证书

CQC 合格评定人员接到产品型式试验报告和工厂审查报告后，对认证结果的评定要求做出评定。评定合格后，主任签发证书签发认证证书，申请人领取证书。对不符合认证要求的，应当书面通知申证企业。

认证证书内容应当包括：认证委托人名称、地址；产品生产者（制造商）名称、地址；被委托生产企业名称、地址（需要时）；产品名称和产品系列、规格、型号；认证依据；认证模式；发证日期和有效期限；发证机构；证书编号等。

（5）产品认证标志的购买及使用

获得"3C"认证证书的企业，应到认证标志发放管理中心办理"3C"标志使用许可，并应按照国家认监委的《强制性认证标志管理办法》使用。

（6）获证后的监督

CQC 对获证企业的监督每年不少于一次，监督的形式包括：

1）事先通知监督检查，即按照实施规则规定的监督周期进行的获证后监督检查。

2）飞行检查，即在不预先通知企业的情况下，检查组按有关规定自行直接到达生产现场，对获证企业实施工厂监督检查和/或监督抽样的活动。

3）特殊监督检查，即在不预先通知企业的情况下，按认证实施规则的规定，对生产厂增加频次的监督检查和/或监督抽样。特殊监督检查不能代替正常的监督检查。

地方质检局依法按照各自职责，对所辖区域内强制性产品认证活动实施监督检查，对违法行为进行查处。

认证证书有效期为 5 年。认证证书有效期届满，需要延续使用的，应当在认证证书有效期届满前 90 天内申请办理。

第三节　管理体系认证

一个结构完善的质量管理体系，可以使组织的运行产生更大的效益及更高的效率，为企业和企业的产品或服务提供更可靠的保障。由不同的国家政府、国际组织和工业协会研究表明，企业的生存、发展和不断进步以及致胜于激烈的市场竞争都要依靠管理体系的有效实施。

随着商品经济的不断扩大和日益国际化，为提高产品信誉，减少重复检验，削弱和消除贸易技术壁垒，维护生产者、经销者、用户和消费者各方权益，国际上了开展了以生产者和消费者之外的第三方为主的管理体系认证。由国家或政府认可的机构作为第三方——认证方，以管理体系标准为依据进行认证，用于证实被认证企业具有提供满足顾客要求和适用法规要求的产品的能力，表明企业能持续稳定地向顾客提供预期和满意的合格产品。这个认证方不受产销双方经济利益支配，以绝对的权力和威信保证公开、公正、公平及相互间的充分信任。现在，ISO 9001、ISO 14001 和 OHSAS 18001 认证已经为提供产品和服务的各行各业广泛接纳和认可，随着市场经济进一步发展，它们将会在经济活动中占据更重要的地位。

一、ISO 9001 质量管理体系认证

ISO 9001 质量管理体系实际是由多个 ISO 900×组成的系列标准，故又称为"ISO 9000 族标准"。该系列标准以 ISO 9001 标准为中心，所以该体系又称为"ISO 9001 质量管理体系"，认证被称为"ISO 9001 质量管理体系认证"。

1. 发展历程

ISO 9000 是由西方的品质保证活动发展起来的。"二战"期间，美国国防部千方百计扩大武器生产量，同时又要保证质量。而当时的企业大多数是凭借经验管理、指挥生产，技术全在脑袋里面，而每个人所管理的人数很有限，产量低、质量不稳定，与战争要求相距很远。于是，国防部组织技术人员编写技术标准文件，对来自相关工厂的员工进行训练，使其在很短的时间内掌握关键技术，从而将"专用技术"迅速"复制"到其他机械工厂，奇迹般地解决了战争难题。战后，美国国防部将"工艺文件化"经验进行总结、丰富，编制更周详的标准在全国工厂推广应用，并取得了满意效果。后来，美国军工企业的这个经验很快被其他工业发达国家军工部门所采用，并逐步推广到民用工业，在西方各国蓬勃发展起来。

随着品质保证活动的迅速发展，各国的认证机构在进行产品品质认证的时候，逐渐增加了对企业的品质保证体系进行审核的内容，进一步推动了品质保证活动的发展。到 20 世纪 70 年代后期，英国标准协会（BSI）首先开展了单独的品质保证体系的认证业务，使品质保证活动由第二方（用户）审核发展到第三方认证，更加推动了品质保证活动的迅速发展。

通过三年的实践，BSI 认为，这种品质保证体系的认证适应面广、灵活性大，有向国际社会推广的价值。于是，在 1979 年向 ISO 提交了建议，ISO 当年即决定在其认证委员会的"品质保证工作组"的基础上成立"品质保证委员会"。1980 年，ISO 成立了"品质保证技术委员会"（即 TC176）着手这一工作。1987 年，ISO 9000 系列标准《质量管理和质量保证系列国际标准》问世，1994 年 ISO 修改发布 ISO 9000：1994 系列标准。世界各大企业如德国西门子公司、日本松下公司、美国杜邦公司等纷纷通过了认证，并要求他们的分供方通过 ISO 9001 认证。1996 年，中国政府部门如电子工业部、石油部、建设部等逐步将通过 ISO 9001 认证作为政府采购的条件之一，从而推动了中国 ISO 9001 认证事业迅速发展。

以后，ISO 又在 2000、2005、2008、2011、2015 年继续对标准进行了修改完善，使之更适应新时期各行业质量管理的需求。

中国于 1988 年等效采用 ISO 9000 标准，1992 年将等效采用改为等同采用，形成 GB/T19000 系列标准。现行版本为 GB/T 19000—2015/ISO 9000：2015《质量管理体系 基础和术语》、GB/T 19001—2008/ISO 9001：2005《质量管理体系 要求》、GB/T 19004—2011/ISO 9004：2011《追求组织的持续成功 质量管理方法》。新版标准更清晰、明确地表达了 ISO 9000 的要求，并增强了与 ISO 14001 的兼容性。

2. 认证的意义

ISO 9001 认证在内部可强化管理，提高人员素质和企业文化；外部提升企业形象和市场份额。

（1）强化品质管理，增强客户信心，提高企业效益

负责 ISO 9000 体系认证的认证机构都是经过国家认可机构认可的权威机构，对企业品质体系的审核是非常严格的。这样，对于企业内部来说，可按照国际标准化的品质体系进行品质管理，达到法治化、科学化的要求，极大地提高工作效率和产品合格率，提高企业的经济效益。对于顾客而言，第三方的权威认证无疑会大大提高顾客对企业的信心和认可度，从而放心地与企业合作，扩大了企业的市场占有率，提高了社会效益。

国际贸易竞争的手段主要是价格竞争和品质竞争，低价销售不仅使利润减少，如果构成倾销，还会受到贸易制裁，所以价格竞争的手段越来越不可取。品质竞争已成为国际贸易竞争的主要手段，实行 ISO 9000 国际标准化的品质管理，可以稳定地提高产品品质，使企业在产品品质竞争中立于不败之地。

（2）规范质量管理，降低质量成本，提高企业利润

ISO 9000 标准的核心是建立文件化质量体系，书面规定了必须的质量要素内容及实施程序，要求管理人员、操作人员和验证人员都必须按文件执行并加以记录，使整个质量过程都处于受控状态。质量成本＝预防成本＋鉴定成本＋失败成本，其比例关系为 1 : 10 : 100。员工教育成本是预防成本，质量检验成本是鉴定成本，不合格品费用是失败成本。以上比例意味着投入 1 元钱做质量的事先预防，将减少 10 元的检验费用，减少 100 元不合格品给企业带来的损失。企业在质量控制上投入最大的预防成本和适当的鉴定成本，建立更稳定的质量保证基础可大大降低甚至杜绝失败成本，创造企业最大利润。

（3）强化内部管理，稳定经营运作，降低人为影响

导入了 ISO 9000，可跳出了"人管人、人看人"的老套路，通过 ISO 9000 种种制度化的程序，将企业的目标、任务、方针、政策、要求等有机地结合在一起，企业领导者的权威不是靠发号施令，而是通过制度化的管理来树立。首先，人人都自觉地受制度约束，由他人管变成自己管，使员工成为企业真正意义上的主人；其次，制度面前人人平等，人人依法自约，自我管理，清除了人为因素，给员工一个平等竞争的环境；再次，由于 ISO 9000 的规范涉及企业的组织结构、程序、过程和资源等方面，使企业管理工作排除了人为因素和传统管理方式的干扰，减少了随意性，增强了科学性，使执行制度严格化、经常化、普及化和持久化，从而也大大降低了人为因素影响对质量造成的波动。

（4）节省客户（第二方）审核的精力和费用

在现代贸易中，客户审核早就成为惯例，但一个企业通常要为许多客户供货，频繁的审核无疑会给企业带来沉重的负担；另一方面审核人员的经验和水平问题会导致客户审核的水平参差不齐。ISO 9001 认证可以排除这些弊端，因为第一方获得了第三方的 ISO 9001 认证证书后，众多第二方就不必要再对第一方进行审核，这样，对交易双方都可以节省很多精力和费用。如果企业在获得了 ISO 9001 认证之后，再申请 UL、VDE 等产品品质认证，还可以免除认证机构对企业的质量管理体系进行重复认证的开支。

（5）获得国际贸易"通行证"，消除国际贸易壁垒

许多国家为了保护自身的利益，设置了种种贸易壁垒，包括关税壁垒和非关税壁垒。其中非关税壁垒主要是技术壁垒，技术壁垒中，又主要是产品品质认证和 ISO 9000 品质体系认证的壁垒。在世贸组织内，各成员国之间相互排除了关税壁垒，只能设置技术壁垒，所以获得认证是消除贸易壁垒的主要途径。

（6）有利于国际的经济合作和技术交流

按照国际经济合作和技术交流的惯例，合作双方必须在产品（包括服务）品质方面有共同的语言、统一的认识和共守的规范，方能进行合作与交流。ISO 9000 质量管理体系认证正好提供了这样的信任，有利于双方迅速达成协议。

3. 认证内容

质量是企业生存的关键，单纯依靠检验只不过是从生产的产品中挑出合格的产品，这不可能是以最佳成本持续稳定地生产合格品。一个企业所建立和实施的质量体系，应能满足规定的质量目标，确保影响产品质量的技术、管理和人的因素处于受控状态，无论是硬件、软件、流程性材料还是服务，所有的控制应针对减少、消除不合格，尤其是预防不合格，使企业运行于最佳状态。这是 ISO 9000 认证的基本指导思想，体现在以下方面：

（1）控制所有过程的质量

ISO 9000 标准是建立在"所有工作都是通过过程来完成的"这样一种认识基础上的。一个企业的质量管理就是通过对组织内各种过程进行管理来实现的，这是 ISO 9000 关于质量管理的理论基础。当企业为了实施质量体系而进行质量体系策划时，首要的是结合本企业的具体情况确定应有哪些过程，然后分析每一个过程需要开展的质量活动，确定应采取的有效的控制措施和方法。

（2）控制过程的出发点是预防不合格

在产品寿命周期的所有阶段，从最初的识别市场需求到最终满足要求的所有过程的控制都体现了预防为主的思想。例如：

1）控制市场调研和营销的质量，在准确地确定市场需求的基础上，开发新产品，防止盲目开发而造成不适合市场需要而滞销，浪费人力、物力。

2）控制设计过程的质量。通过开展设计评审、设计验证、设计确认等活动，确保设计输出满足输入要求，确保产品符合使用者的需求。防止因设计质量问题，造成产品质量先天性的不合格和缺陷，或者给以后的过程造成损失。

3）控制采购的质量。选择合格的供货单位并控制其供货质量，确保生产产品所需的原材料、外购件、协作件等符合规定的质量要求，防止使用不合格外购产品而影响成品质量。

4）控制生产过程的质量。确定并执行适宜的生产方法，使用适宜的设备，保持设备正常工作能力和所需的工作环境，控制影响质量的参数和人员技能，确保制造符合设计规定的质量要求，防止不合格品的生产。

5）控制检验和试验。按质量计划和形成文件的程序进行进货检验、过程检验和成品检验，确保产品质量符合要求，防止不合格的外购产品投入生产，防止将不合格的工序产品转入下道工序，防止将不合格的成品交付给顾客。

6）控制搬运、贮存、包装、防护和交付。在所有这些环节采取有效措施保护产品，防止损坏和变质。

7）控制检验、测量和实验设备的质量，确保使用合格的检测手段进行检验和试验，确保检验和试验结果的有效性，防止因检测手段不合格造成对产品质量不正确的判定。

8）控制文件和资料，确保所有的场所使用的文件和资料都是现行有效的，防止使用过时或作废的文件，造成产品或质量体系要素的不合格。

9）纠正和预防措施。当发生不合格（包括产品的或质量体系的）或顾客投诉时，应即查明原因，针对原因采取纠正措施以防止问题的再发生。还应通过各种质量信息的分析，主动地发现潜在的问题，防止问题的出现，从而改进产品的质量。

10）全员培训，对所有从事对质量有影响的工作人员都进行培训，确保他们能胜任本岗位的工作，防止因知识或技能的不足，造成产品或质量体系的不合格。

（3）质量管理的中心任务是建立并实施文件化的质量体系

实施质量管理必须建立质量体系。ISO 9000 认为，质量体系是有影响的系统，具有很强的操作性和检查性。要求一个组织所建立的质量体系应形成文件并加以保持。典型的质量体系文件构成分为四个层次，即质量手册、程序文件、作业规程和记录。

1）质量手册是按企业规定的质量方针和适用的 ISO 9000 标准描述质量体系的文件。质量手册可以包括质量体系程序，也可以指出质量体系程序在何处进行规定。

2）程序文件是为了控制每个过程质量，对如何进行质量体系的各项质量活动规定有效的措施和方法，是有关职能部门使用的文件。

3）作业规程包括作业指导书、检验规程等，是工作者使用的更加详细的作业文件。

4）记录包括生产记录、检验记录、设备运行状态记录等各种记录和表格，是最基础的文件，也是证明过程持续受控的支撑文件。

对质量体系文件内容的基本要求：该做的要写到，写到的要做到，做的结果要有记录，即"写所需，做所写，记所做"的九字真言。

（4）持续的质量改进

质量改进是一个重要的质量体系要素，当实施质量体系时，组织的管理者应确保其质量体系能够推动和促进持续的质量改进，没有质量改进的质量体系只能维持质量。质量改进包括产品质量改进和工作质量改进，质量改进通过改进过程来实现，争取使顾客满意和实现持续的质量改进应是组织各级管理者追求的永恒目标。

（5）一个有效的质量体系应满足顾客和企业双方的需要和利益

对顾客而言，需要企业能具备交付期望的质量，并能持续保持该质量的能力；对企业而言，在经营上以适宜的成本，达到并保持所期望的质量。即满足顾客的需要和期望，又保护企业的利益。

（6）定期评价质量体系

通过定期评价质量体系以确保各项质量活动的实施及其结果符合计划安排，确保质量体系持续的适宜性和有效性。评价时，必须对每一个被评价的过程提出如下三个基本问题：①过程是否被确定？过程程序是否恰当地形成文件？②过程是否被充分展开并按文件要求贯彻实施？③在提供预期结果方面，过程是否有效？

（7）搞好质量管理关键在领导。

组织的最高管理者在质量管理方面应做好下面五件事：

1）确定质量方针。由负有执行职责的管理者规定质量方针、质量目标和对质量的承诺。

2）确定各岗位的职责和权限。

3）配备财力、物力、人力资源。

4）指定一名管理者代表负责质量体系。

5）负责管理评审。达到确保质量体系持续的适宜性和有效性。

4. 认证流程

与生产许可证和"3C"认证的不同，首先 ISO 9001 认证是非强制的自愿认证；其次 ISO 9001 质量保证体系更注重过程控制，强调通过完善的程序和协调的过程运转保证合格产品的产出。这些不同具体体现在认证内容和流程上。

正式认证程序开始之前，要有咨询机构对申请认证企业进行体系导入，在企业形成完善的质量保证体系，并能够持续、稳定运行后才正式进行认证。

专业的咨询公司及其咨询人员可以为客户提供管理指导和决策辅助。咨询是顾问服务，也是独立服务。咨询公司和咨询人员并不去操纵企业，也不是替代管理者作出决策。他们的工作是依靠自己掌握的专业知识和实践经验，以及解决问题、改善机能、提高效率所需的方法和技巧，以正确的方法、在适当的时间、向合适的人提出合理的建议，即认证辅导。

（1）准备阶段

1）了解企业现状，确认企业管理优势，找出与 ISO 9000 系列国际标准要求之间的差距，向企业提交诊断报告。

2）制订工作计划：指导企业起草认证工作计划，双方确认后，严格按计划执行。然后制订咨询计划和认证计划。

3）组织机构的设置：辅助企业设置专门负责认证工作的组织机构。

4）标准培训：ISO 9000 系列标准的培训。

5）框架设计：为企业做整体管理框架设计，设定质量管理目标。

（2）体系设计阶段

1）组建组织：任命管理者代表、组建 ISO 9000 推行组织，制订质量目标及激励措施。

2）各级人员接受必要的管理意识和品质意识训练，进行文件编写培训。

3）帮助企业确定体系文件的结构，指导企业的文件编写。体系文件应体现以下八项质量管理原则：

① 以顾客为关注焦点：企业依赖于顾客，因此企业应该理解顾客当前的和未来的需求，从而满足顾客要求并超越顾客期望。如图 9-4 所示即反映了顾客关于企业是否满足其要求的信息进行评价和顾客对体系持续改进的重要作用，以及体系在整个运行过程中诸要素之间的过程联系，这也是 ISO 9001 质量管理体系的基础。

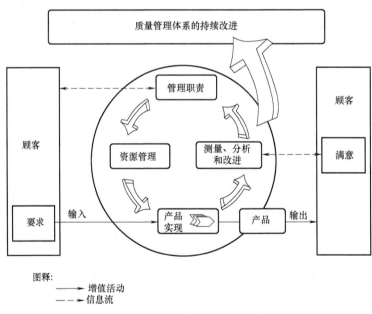

图 9-4　以过程为基础的质量管理体系模式

② 领导作用：领导者将本组织的宗旨、方向和内部环境统一起来，并创造使员工能够充分参与实现组织目标的环境。

③ 全员参与：各级员工是组织的生存和发展之本，只有他们的充分参与，才能使其给组织带来最佳效益。岗位职责包括了全员（从总经理到基层员工）。

④ 过程方法：将相关的资源和活动作为过程进行管理，可以更高效地取得预期结果。

⑤ 管理的系统方法：针对设定的目标，识别、理解并管理一个由相互关联的过程所组成的体系，有助于提高组织的有效性和效率。

⑥ 持续改进：持续改进总体业绩是组织的一个永恒发展的目标。

⑦ 基于事实的决策方法：针对数据和信息的逻辑分析或判断是有效决策的基础，用数据和事实说话。

⑧ 互利的供方关系：通过互利的关系，增强组织及其供方创造价值的能力。

（3）体系运行阶段

1）管理体系的大面积宣传、培训、发布和试运行，该培训是由文件编写人员对使用该文件人员进行的培训。

2）文件审核：经运行检验，对所编写的体系文件进行审核。

3）现场督导：有关专家到现场指导体系运行。

（4）内审阶段

1）内审员培训：内审员全称叫内部质量体系审核员，通常由既精通 ISO 9000 标准又熟悉该企业管理状况的人员担任，一般由各部门人员兼职担任，内审员在一个组织内对质量体系的正常运行和改进起着重要的作用。按照 ISO 9000 标准要求，凡推行 ISO 9000 标准的组织每年至少需进行一次内部质量审核，所以，组织都需要培养一批内审员。

2）第一次内审：以咨询人员为主，企业人员为辅，内审时间一般比认证时间多。

3）第二次内审：根据第一次内审情况及认证所需时间，确定第二次内审时间，由企业人员为主，咨询人员为辅。

4）根据情况确定是否需要增加第三次甚至更多次内审。

（5）体系完善阶段

1）在内审基础上的管理者评审：与企业一起做管理评审，并做一次预审。

2）质量管理体系的完善和改进：根据内审和管理评审反映出的问题，对体系进行进一步的补充和完善。

3）根据体系运行情况，建议企业提出认证申请时间。

（6）体系认证

1）认证申请：申请企业需向认证机构提供独立法律资格的证明材料（营业执照、组织机构代码证）、许可证、资质证书等；生产工艺流程图；申请认证的产品简介；产品标准清单及与产品（或过程）有关的法律、法规等。

2）认证审核：包括认证机构对申证企业的档案审核和现场审核。现场审核是由认证机构派出具有一定资质的审核人员组成的审核小组，到企业实地审核体系文件的符合性、体系运行的正确性、质量改进的持续性等。

3）纠正措施：认证后针对审核中提出的问题与企业一起纠正不符合项和进一步提升质量管理目标。

（7）批准颁证

证书内容包括：认证机构名称、申请认证单位名称及产品审核通过的相关标准、证书的有效期限、证书编号、认证机构公章、认证机构负责人签字等。

ISO 9001 认证证书的有效期为 3 年，但企业必须接受认证机构的监督审核，监督审核频率一般为每 12 个月一次，所以叫年审。有些情况特殊的企业，认证机构要求 6 个月或者 10

个月审核一次。

5. 标志使用

ISO 9001 认证证书或标志有一定的规范，企业在使用时应注意下列事项：

1）认证可以在各种宣传品上，如宣传资料、广告、信笺及名片上使用认证标志和认证证书。

2）认证可以在人才招聘、招生宣传、合作项目洽谈等场合宣传和展示认证证书，或向需方提供证书复印件或照片。

3）认证获证组织不得在产品（包括单个包装箱产品）上使用认证标志作为产品合格的标志。认证在用于运输的大箱子上使用认证标志，必须同时使用文字加以说明。例如："（该产品）是一个质量管理体系通过 GB/19001（ISO 9001）认证的工厂制造的"但不可错误地声称获证企业通过了 ISO 9001 认证。

4）认证广告宣传材料中可以单独使用认证标志，但必须注明认证范围，认证标准号及年号，认证标志如图 9-5 所示。

二、ISO 14001 环境管理体系认证

ISO 14001 环境管理体系认证是指依据以 ISO 14001 为核心的 ISO 14000 系列标准，由认证机构实施的合格评定活动。是自愿采用的标准，是组织的自觉行为。ISO 14000 系列标准适用于任何组织：全球的商业、工业、政府、非赢利性组织和其他用户。实施的目的是规范企业和社会团体等所有组织的环境行为，以达到节省资源、减少环境污染、改善环境质量、促进经济健康发展、环境持续改善的目的，与 ISO 9000 系列标准一样，其对消除非关税贸易壁垒即"绿色壁垒"，促进世界贸易具有重大作用，同时有助于树立组织良好的社会形象。

图 9-5　ISO 9001 的认证标志

1. 发展历程

20 世纪 80 年代，欧美一些大公司就已开始自发制定公司的环境政策，委托外部的环境咨询公司来调查他们的环境绩效，并对外公布调查结果，以此证明他们优良的环境管理和引以为自豪的环境绩效。他们的做法赢得了广泛认可，公司也相应地获得经济与环境效益。为了推行这种做法，到 1990 年末，欧洲制定了两个有关计划：第一个计划为 BS 7750，由英国标准所制定；第二个计划是欧盟的环境管理系统，称为生态管理和审核法案（EMAS）。这两个标准在欧洲得到较好的推广和实施。这种由第三方证明企业环境绩效的实践活动奠定了 ISO 14000 系列标准产生的基础。

ISO 借鉴了 ISO 9000 标准成功的经验，于 1993 年 6 月成立了 ISO/TC207 国际环境管理技术委员会，正式开展序号为 14000 的环境管理系列标准的制定工作。并与 1996 年首次发布 ISO 14000 环境管理体系标准。从加强环境管理入手，建立污染预防的新观念，通过企业的"自我决策、自我控制、自我管理"方式，把环境管理融于企业全面管理之中。我国已等同采用 ISO 14000 系列标准，转化为 GB/T 24000 系列国家标准。

ISO 14000 标准是在 ISO 9000 标准成功的基础上诞生的，两者具有很好的兼容性，使企业在采用 ISO 14000 系列标准时，能与原有的管理体系有效协调。

2. 文件内容

ISO 14000 系列标准体现了国际环境保护领域由"末端控制"到"污染预防"的发展趋势，"预防为主"是贯穿 ISO 14000 系列标准的主导思想，其包括环境管理体系、环境审核、环境标志、生命周期分析等国际环境管理领域内的许多焦点问题。该系列标准是管理标准而不是环境标准，旨在指导各类组织采取正确的环境行为，因此不包括制定污染物试验方法标准、污染物及污水极限值标准及产品等。ISO 14000 系列标准是通过一套环境管理的框架文件来加强组织的环境意识、管理能力和保障措施，从而达到改善环境质量的目的。该系列标准是一种完整的、操作性很强的体系标准，包括为制定、实施、实现、评审和保持环境方针所需的组织结构、策划活动、职责、惯例、程序过程和资源。

ISO 14000 系列标准编号为 ISO 14000～14100，统称为 ISO 14000 系列标准。其中 ISO 14001 是环境管理体系标准的核心，它不仅是对环境管理体系的建立和对环境管理体系进行审核或评审的依据，也是制定 ISO 14000 系列其他标准的依据。ISO 14000：2004 共分七个系列，分别为：

SC1 环境管理体系（EMC），标准号：ISO 14001～14009；

SC2 环境审核（EA），标准号：ISO 14010～14019；

SC3 环境标志（EL），标准号：ISO 14020～14029；

SC4 环境行为评价（EPE），标准号：ISO 14030～14039；

SC5 生命周期评估（LCA），标准号：ISO 14040～14049；

SC6 术语和定义（T&D），标准号：ISO 14050～14059；

WG1 产品标准中的环境指标，标准号：ISO 14060；

备用标准号：ISO 14061～14100。

环境管理体系（ISO 14001～ISO 14009）强调对组织的产品、活动、服务中具有或可能具有潜在环境影响的环境因素加以管理，建立严格的操作控制程序，保证企业环境目标的实现。生命周期分析（ISO 14040～ISO 14049）和环境表现（行为）评价（ISO 14030～ISO 14039）则将环境方面的考虑纳入产品的最初设计阶段和企业活动的策划过程，为决策提供支持，预防环境污染的发生。这种预防措施更彻底有效、更能对产品发挥影响力，从而带动相关产品和行业的改进、提高。

ISO 14000 作为一个多标准组合系统，按标准性质可分为三类：1）基础标准——术语标准。2）执行标准——环境管理体系、规范、原则、应用指南。3）支持技术类标准（工具），包括：①环境审核；②环境标志；③环境行为评价；④生命周期评估。

如按标准的功能，ISO 14000 可以分为两类：1）评价组织：①环境管理体系；②环境行为评价；③环境审核。2）评价产品：①生命周期评估；②环境标志；③产品标准中的环境指标。

按照功能组成，ISO 14000 系列标准分为 5 个一级要素和 17 个二级要素。

一级要素分别为：①环境方针；②规划；③实施与运行；④检查与纠正措施；⑤管理评审。这五个要素包含了环境管理体系的建立过程和建立后有计划地评审及持续改进的循环，以保证组织内部环境管理体系的不断完善和提高。

17 个二级要素分别为：环境方针；环境因素；法律与其他要求；目标和指标；环境管理方案；机构和职责；培训、意识与能力；信息交流；环境管理体系文件；文件管理；运行控制；应急准备和响应；监测；不符合、纠正与预防措施；记录；环境管理体系审核；管理评审。

全面的环境要素，保证了环境因素识别的充分性。许多公司在识别、评价环境因素时能够比较全面地考虑污染物排放，而在考虑源头避免或减少污染物产生方面相对薄弱。要从投入和产出两方面去考虑环境因素。为此，在设计程序、识别和评价环境因素时，应考虑产品及其包装设计、工艺设计、原材料选用、能源资源消耗、运输仓储、有毒有害化学品使用、固体及液体废弃物管理、生产过程污染物产生排放、产品使用、服务及废弃等环节中可能产生有害或有益环境影响的因素。充分领会产品生命周期分析法的思想以及工艺过程分析法的思路，对全面识别环境因素是极有帮助的。

3. 认证流程

与 ISO 9001 认证流程相似，ISO 14001 管理体系认证亦是先由咨询机构对申请认证企业进行体系导入，然后才正式进行认证。申请认证的组织，除具备与 ISO 9001 认证要求相同的基本条件之外，还突出了环保条件要求：环保部门的守法证明；污染物排放应符合国家或地方标准；合格的环境监测报告等。

（1）认证咨询

由专业的咨询公司辅助申证企业建立符合 ISO 14001 标准要求的管理机构和文件化的环境管理体系、文件，并进行宣贯、运行。在申请认证之前应完成内部审核和管理评审，并保证环境管理体系的有效、充分运行三个月以上，完成体系的导入。

（2）提出申请

企业填写书面的认证申请表，连同认证要求的相关材料报给认证机构。认证机构对文件初审合格后，申证组织与机构签订合同、缴纳费用，准备现场检查。

（3）现场审核

认证机构组成审核小组，对申证组织进行现场审核。现场审核按环境标志产品保障措施指南的要求和相对应的环境标志产品认证技术要求进行。对需要进行检验的产品，由检查组负责对申请认证的产品进行抽样并封样，送指定的检验机构检验。

（4）不符合纠正与跟踪验正

针对审核中提出的问题与企业一起纠正不符合项并进行跟踪验证，必要时进行再次现场审核。

（5）核准发证

审核组根据企业申请材料、现场检查情况、产品环境行为检验报告撰写环境标志产品综合评价报告，提交技术委员会审查。经认证中心主任批准后，向认证合格企业颁发环境标志认证证书，认证标志如图9-6所示。

（6）获证后的监督

年度监督审核每年一次。认证中心根据证书发放时间，制订年检计划，提前向企业下发年检通知，到企业进行现场审核工作。

认证有效期 3 年，到期的企业应重新申请，认证程序同初次认证。

图 9-6　ISO 14001 的认证标志

三、OHSAS 18001 职业健康安全管理体系认证

OHSAS 的全称为 Occupational Health and Safety Assessment Series，OHSAS 18001 职业健康安全管理体系是一项管理体系标准，目的是通过管理减少及防止因意外而导致生命、财产、时间的损失，以及对环境的破坏。是继 ISO 9000、ISO 14000 之后又一个风靡全球的管理体系认证制度。与两者相似，OHSAS 18000 也是系列标准，包括 OHSAS 18001《职业健康安全管理体系——规范》和 OHSAS18002《职业健康安全管理体系——OHSAS 18001 实施指南》，其中的 OHSAS 18001 标准是认证性标准，它是组织建立职业健康安全认证的基础，也是企业进行内审和认证机构实施认证审核的主要依据。

职业健康安全认证是由英国标准协会、挪威船级社（DNV）等 13 个组织于 1999 年联合推出的，OHSAS 18000 标准起到了准国际标准的作用。我国已于 2000 年 11 月 12 日将其转化为国标：GB/T 28001—2001 idt OHSAS 18001：1999《职业健康安全认证》，同年 12 月 20 日国家经贸委也推出了《职业安全健康管理体系审核规范》，并在我国开展起职业健康安全认证体系。

OHSAS 18000 标准和 ISO 9000 标准以及 ISO 14000 标准有着很相似的管理模式，但又有着本质的差别，OHSAS 18001 作为处理职业健康安全问题的工具，关注的是危害危险，审核中以危害危险为主线，故在建立和开展 OHSAS 18000 工作时要围绕危害危险进行。ISO 9000 关注的是产品的生产过程控制并以其为审核主线，ISO 14000 关注的是环境因素和资源的利用及节约并作为审核的主线。

1. 认证意义

随着我国经济的高速发展，我国安全生产形势日趋严峻，各类伤亡事故的总量较大，一直居高不下，特大、重大事故频繁发生，职业病患者也逐步增多，职业健康安全现状不容乐观。职业健康安全工作滞后，作为技术壁垒的存在，必将影响到中国的竞争力，甚至可能影响中国的经济管理体系运行。因此，我国加快了职业安全健康立法步伐，对企业安全生产的要求越来越严，力求通过工作环境的改善，员工安全与健康意识的提高，风险的降低及其持续改进、不断完善，进一步提升我国的整体竞争实力。实施 OHSAS 18000 认证对我国有极为现实的积极意义。

1）可以提高企业的安全管理和综合管理水平，促进企业管理的规范化、标准化和现代化，避免职业安全卫生问题所造成的直接和间接损失。

2）可以促进企业的安全管理与国际接轨，消除贸易壁垒，是第三张国际通行证。

3）能减少因工伤事故和职业病所造成的经济损失和因此所产生的负面影响，提高企业的经济效益，提高职工的安全素质，使员工在生产、经营活动中自觉防范安全健康风险。

4）通过提高安全生产水平改善政府-企业-员工之间的关系，提高企业的吸引力和员工的归属感。

2. 职业风险

在人们的工作活动或工作环境中，总是存在这样那样潜在的危险源，可能会损坏财物、危害环境、影响人体健康，甚至造成伤害事故。这些危险源有化学的、物理的、生物的、人体工效和其他种类的。人们将某一或某些危险引发事故的可能性和其可能造成的后果称之为风险。风险可用发生几率、危害范围、损失大小等指标来评定。现代职业安全卫生管理的对象就是职业安全卫生风险。风险引发事故造成的损失是各种各样的，一般分为以下几方面：

1）职工本人及其他人的生命伤害。

2）职工本人及其他人的健康伤害（包括心理伤害）。

3）资料、设备设施的损坏、损失（包括一定时期内或长时间无法正常工作的损失）。

4）处理事故的费用（包括停工停产、事故调查及其他间接费用）。

5）企业、职工经济负担的增加。

6）职工本人及其他人的家庭、朋友、社会的精神、心理、经济伤害和损失。

7）政府、行业、社会舆论的批评和指责。

8）法律追究和新闻曝光引起的企业形象伤害。

9）投资方或金融部门的信心丧失。

10）企业信誉的伤害、损失，商业机会的损失。

11）产品的市场竞争力下降。

12）职工本人和其他人的埋怨、牢骚、批评等。

职业安全卫生事故损失包括直接损失和间接损失，损失的耗费远远超过医疗护理和疾病赔偿的费用，也就是说间接损失一般远远大于直接损失。

风险引发事故造成损失的因素有两类：个人因素和工作（或系统）因素。

个人因素包括：

1）体能/生理结构能力不足，例如身高、体重、伸展不足，对物质敏感或有过敏症等。

2）思维/心理能力不足，例如理解能力不足，判断不良，方向感不良等。

3）生理压力，例如感官过度负荷而疲劳，接触极端的温度，氧气不足等。

4）思维或心理压力，例如感情过度负荷，要求极端集中力/注意力等。

5）缺乏知识，例如训练不足，误解指示等。

6）缺乏技能，例如实习不足。

7）不正确的驱动力，例如不适当的同事竞争等。

工作（或系统）因素包括：

1）指导/监督不足，例如委派责任不清楚或冲突，权利下放不足，政策、程序、作业方式或指引给予不足等。

2）工程设计不足，例如人的因素/人类工效学考虑不足，运行准备不足等。

3）采购不足，例如贮存材料或运输材料不正确，危险性项目识别不足等。

4）维修不足，例如不足的润滑油和检修，不足的检验器材等。

5）工具和设备不足，例如工作标准不足，设备非正常损耗，滥用或误用等。

由此可见，对损失的控制不仅仅限于个人安全控制的范围。

管理学家发现，一家公司的问题，约15%是可以由职员控制的，约85%或以上是由管理层控制的。损失并不是商业运作上不可避免的成本，而是可以通过管理来预防和消除的。

3. 主要内容

OHSAS 18001 标准由范围、规范性引用文件、术语和定义、职业健康安全管理体系要素等 4 部分构成。第 4 个要素是标准的主要内容，规定了职业健康安全管理体系的要求。标准结构与 ISO 14001 完全相同，亦由五个一级要素组成，下分 17 个二级要素，体现了 PDCA 循环和管理模式。

PDCA 是 OHSAS 18001 的运行基础，同时也是 ISO 9000、ISO 14000 管理体系的运行基

础，实际上 PDCA 循环圈是所有现代管理体制的根本运行方式：

（1）P-计划　①确定组织的方针、目标；②配备必要资源；③建立组织机构、规定相应职责、权限和相互关系；④识别管理体系运行的相关活动或过程，并规定活动或过程的实施程序和作业方法等。

（2）D-行动　按照计划所规定的程序（如组织机构程序和作业方法等）加以实施。实施过程与计划的符合性及实施的结果决定了组织能否达到预期目标，所以保证所有活动在受控状态下进行是实施的关键。

（3）C-检查　为了确保计划的有效实施，需要对计划实施效果进行检查衡量，并采取措施、修正、消除可能产生的行为偏差。

（4）A-改进　管理过程不是一个封闭的系统，因而需要随管理活动的深入，针对实践中发现的缺陷、不足变化的内外部条件，不断对管理活动进行调整、完善，进入模型下一个动态循环，不断上升的螺旋。

4. 认证流程

OHSAS 18001 为组织提供一套控制风险的管理方法：通过专业性的调查评估和相关法规要求的符合性鉴定，找出存在于企业的产品、服务、活动、工作环境中的危险源，针对不可容许的危险源和风险制定适宜的控制计划，执行控制计划，定期检查评估职业健康安全规定与计划，建立包含组织结构、职责、培训、信息沟通、应急准备与响应等要素的管理体系，持续改进职业健康安全绩效。与两个 ISO 认证相似，OHSAS 18001 认证过程也分为认证咨询和正式认证两个阶段。认证咨询将体系导入组织，认证机构审核通过后，获得证书。

（1）认证咨询

独立的咨询公司对企业进行初始的安全评审，进行职业健康安全体系设计、提供培训，辅导文件编制，进行体系和文件的宣贯及试运行，完成内审和管理评审，并指导选择认证机构，提出认证申请。

职业安全健康管理体系的策划与设计中应特别注意应急预案与响应：

标准要求组织应制定并保持处理意外事故和紧急情况的程序。程序的制定应考虑在异常、事故发生和紧急情况下的事件，尤其是火灾、爆炸、毒物泄漏重大事故。组织对可能的重大事故必须按有关规定制定场内应急计划并协助制定场外应急计划。

组织对每一个重大危险设施都应有一个现场应急计划。应急计划的内容包括：①可能的事故性质、后果；②与外部机构的联系（消防、医院等）；③报警、联络步骤；④应急指挥者、参与者的责任、义务；⑤应急指挥中心地点、组织机构；⑥应急措施等。

（2）体系认证

第三方认证前准备：在按 OHSAS 18001 标准要求建立文件化的职业健康安全管理体系并运行 3 个月以上，通过内审和管理评审，达到遵守适用的安全法规，事故率低于同行业平均水平后可申请接受国家认可委授权的第三方认证机构审核。

1）认证申请：申请 OHSAS 认证需要准备的资料除申请 ISO 9000 认证所需资质以外，还需具备：有效版本的管理体系文件；组织的安全生产许可证明；重大危险源清单；职业健康安全目标、指标和管理方案；守法证明等资料。

2）认证审核：包括认证机构对申证企业的档案审核和现场审核。

3）纠正措施：针对审核中提出的问题与企业一起纠正不符合项和进一步提升体系运行

质量。

（3）批准颁证

审核通过后，审核组长将审核报告提交认证中心技术委员会评定，评定通过，经中心主任批准后正式颁发证书。认证有效期3年，到期的企业应重新申请。

（4）获证后的监督

获证后的年度监督审核每年一次。

ISO 9001、ISO 14001 和 OHSAS 18001 三个管理体系认证一脉相承，对组织的许多要求是通用的，三套标准可以结合在一起使用。许多企业或公司都通过了 ISO 9001 认证，这些企业或公司可以把在通过 ISO 9001 体系认证时所获得的经验运用到其他两个认证中去。越来越多的认证机构将三体系一次认证完成，节约了企业的精力和财力。

附　　录

附录 A　电线电缆的允许载流量

表 A-1　固定敷设用聚氯乙烯绝缘无护套电缆载流量

（导体允许长期最高工作温度为 70℃）

敷设环境	型　号	60227IEC01（BV）　60227IEC05（BV） 60227IEC02（RV）　60227IEC06（RV）			
	额定电压	450/750V			
	排列方式		$l_s=D$ ①	$l_s=D$ ①	$l_s=2D$ ①
	导体截面积 /mm²	载流量② /A			
空气中,环境温度为40℃	0.5	7	9	7	11
	0.75	9	12	9	14
	1.0	11	14	11	16
	1.5	14	18	14	21
	2.5	19	25	20	29
	4	26	33	27	38
	6	33	42	34	49
	10	48	58	49	68
	16	65	78	67	91
	25	89	105	91	120
	35	110	130	110	150
	50	135	155	140	180
	70	175	200	180	230
	95	220	250	225	290
	120	255	290	265	335
	150	295	335	305	390
	185	345	390	360	450
	240	420	470	435	545
	300	490	540	505	630
	400	575	635	595	735

① D 为电缆外径,以下各表相同。

② 相似型号（如 BV 和 BLV）、同规格铝芯电缆的载流量约为铜芯电缆 0.78 倍。

表 A-2　固定敷设用聚氯乙烯绝缘护套电缆载流量

（导体允许长期最高工作温度为 70℃）

敷设环境	型　号	60227IEC10（BVV）　60227IEC42（RVB） 60227IEC52（RVV）　60227IEC53（RVV）					
	额定电压	300/500V					
	芯　数	单　芯				二芯	三芯
	排列方式	⊙(三角)	⊙⊙ $l_s=D$	⊙⊙⊙ $l_s=D$	⊙ ⊙ ⊙ $l_s=2D$	◎◎	◎◎◎
空气中，环境温度为 40℃	导体截面积/mm²	载流量[①]/A					
	0.5	7	9	7	11	10	8
	0.75	9	12	9	14	12	10
	1.0	11	14	11	16	14	12
	1.5	14	18	14	21	18	15
	2.5	19	25	20	29	25	21
	4	26	33	27	38	33	28
	6	33	42	34	49	42	36
	10	48	58	49	68	65	56
	16	65	78	67	91	87	74
	25	89	105	91	120	110	98
	35	110	130	110	150	140	120

① 相似型号（如 BVV 和 BLVV）、同规格铝芯电缆的载流量约为铜芯电缆 0.78 倍。

表 A-3　橡皮绝缘电缆载流量

（导体允许长期最高工作温度为 60℃）

敷设环境	型　号	60245IEC53（YZ）　　60245IEC57（YZW）　　60245IEC66（YCW） 60245IEC58（YS）　　60245IEC58f（YSB）					
	额定电压	450/750V					
	芯　数	单　芯				二芯	三芯
	排列方式	⊙(三角)	⊙⊙ $l_s=D$	⊙⊙⊙ $l_s=D$	⊙ ⊙ ⊙ $l_s=2D$	◎◎	◎◎◎
空气中，环境温度为 40℃	导体截面积/mm²	载流量/A					
	0.75	7	9	7	11	10	8
	1.0	9	11	9	13	14	12
	1.5	11	14	12	17	18	15
	2.5	16	20	16	23	24	20
	4	21	26	21	30	—	—
	6	27	33	28	39	—	—
	10	38	47	39	54	—	—
	16	52	62	53	72	—	—
	25	71	84	73	97	—	—
	35	88	100	91	120	—	—
	50	105	125	110	145	—	—
	70	135	160	140	185	—	—
	95	175	200	180	230	—	—
	120	200	230	210	270	—	—
	150	235	265	245	310	—	—
	185	275	310	285	360	—	—
	240	335	370	345	430	—	—
	300	385	430	400	500	—	—
	400	455	505	475	585	—	—

表 A-4　0.6/1kV 聚氯乙烯绝缘非铠装电力电缆敷设于空气中载流量

（导体允许长期最高工作温度为 70℃）

敷设环境	型号	VV　VY　VLV　VLY							
	芯数	单芯				二芯①		三芯①	
	排列方式			$l_s=2D$					
	导体截面积/mm²	载流量/A							
		铜芯	铝芯	铜芯	铝芯	铜芯	铝芯	铜芯	铝芯
空气中,环境温度为40℃	2.5	24	19	31	24	25	19	21	17
	4	32	25	41	32	33	26	28	22
	6	40	33	52	43	42	34	36	29
	10	55	42	70	55	58	44	49	38
	16	74	58	97	75	76	59	66	51
	25	95	74	120	96	98	76	84	65
	35	115	90	150	115	120	93	100	80
	50	140	110	180	140	145	115	125	98
	70	180	140	230	180	185	145	160	120
	95	220	170	280	215	230	170	195	150
	120	255	200	325	255	265	205	235	180
	150	295	230	375	290	305	235	260	200
	185	340	265	430	335	350	275	305	235
	240	405	320	515	400	—	—	360	280
	300	470	370	595	465	—	—	410	320
	400	550	435	700	550	—	—	485	380
	500	635	510	810	640	—	—	—	—
	630	735	600	950	760	—	—	—	—

① 电缆分离敷设是指单根电缆孤立敷设或相邻电缆产生的热对该电缆没有热效应。

表 A-5　0.6/1kV 聚氯乙烯绝缘非铠装电力电缆土壤中敷设载流量

（导体允许长期最高工作温度为 70℃）

敷设环境	型号	VV　VY　VLV　VLY							
	土壤热阻系数/(K·m/W)	自然土壤①		电缆周围呈现干燥域②					
		1.0		2.0		2.5		3.0	
	导体截面积/mm²	载流量/A							
		铜芯	铝芯	铜芯	铝芯	铜芯	铝芯	铜芯	铝芯
	排列方式	三根单芯电缆呈三角形相互接触							
土壤中环境温度为25℃	10	81	62	75	58	74	57	73	56
	16	105	82	98	76	96	74	95	73
	25	130	100	120	96	120	94	120	93
	35	160	120	145	115	145	110	140	110
	50	185	145	170	135	170	130	165	130
	70	230	180	210	165	205	160	205	160
	95	275	215	250	195	245	190	240	190
	120	315	245	285	220	280	215	275	215
	150	350	275	320	250	315	245	310	240
	185	395	310	360	280	355	275	345	270
	240	460	360	420	325	410	320	400	315
	300	515	405	470	370	460	360	450	355
	400	585	465	530	420	520	410	510	405
	500	655	530	600	480	585	470	575	460
	630	740	605	670	550	655	535	645	525

（续）

敷设环境	型号	VV	VY	VLV		VLY	
	排列方式	三根单芯电缆平面排列，相邻电缆中心距 $l_s = 2D$					
土壤中环境温度为25℃	10	84	65	79	60	77	60	76	59
	16	110	85	100	79	100	78	99	77
	25	135	105	130	100	125	98	125	97
	35	165	125	155	120	150	115	150	115
	50	195	150	180	140	175	135	175	135
	70	240	185	220	170	215	170	215	165
	95	290	225	265	205	260	200	255	200
	120	325	255	300	235	295	230	290	225
	150	370	285	340	260	330	255	325	255
	185	420	325	385	300	375	290	370	285
	240	485	380	445	345	435	340	430	335
	300	550	430	505	390	490	385	485	380
	400	630	490	575	450	560	440	555	435
	500	715	565	655	515	640	505	630	495
	630	820	655	745	595	725	580	715	570
	排列方式	3~5芯电缆孤立敷设，或相邻电缆产生的热对该电缆没有热效应					
	10	72	55	71	54	70	54	70	54
	16	94	73	91	71	91	70	90	70
	25	120	94	115	90	115	90	115	89
	35	145	110	140	105	135	105	135	105
	50	175	135	165	130	165	125	160	125
	70	210	165	200	155	200	155	195	150
	95	255	200	240	190	240	185	235	185
	120	295	230	280	215	275	215	270	210
	150	330	255	310	240	305	235	300	235
	185	370	290	350	270	345	270	340	265
	240	425	335	405	315	400	310	395	305
	300	480	375	455	355	450	350	445	350
	400	555	435	515	410	510	405	505	400

① 指电缆周围环境的土壤发生水分迁移前的状况。

② 发生水分迁移。当电缆周围土壤呈干燥域时，根据土壤类型不同热阻系数大致为：一般性土壤 2.0、沙（砂）质土壤取 2.5、黏土取 3.0K·m/W。

表 A-6　0.6/1kV 聚氯乙烯绝缘钢带铠装电力电缆土壤中敷设载流量

（导体允许长期最高工作温度为70℃）

型号芯数	VV22　VV23　VLV22　VLV23　3~5芯					
敷设环境	土壤中，环境温度为25℃				空气中，环境温度为40℃	
敷设方式	3~5芯电缆孤立敷设，或相邻电缆产生的热对该电缆没有热效应					
土壤热阻系数/（K·m/W）	自然土壤①	电缆周围呈现干燥域②			—	—
	1.0	2.0	2.5	3.0	—	—

（续）

导体截面积 /mm²	载流量/A									
	铜芯	铝芯	铜芯	铝芯	铜芯	铝芯	铜芯	铝芯	铜芯	铝芯
10	70	54	—	—	—	—	—	—	50	38
16	92	71	—	—	—	—	—	—	66	51
25	115	92	—	—	—	—	—	—	85	66
35	140	110	135	105	135	105	135	105	105	81
50	175	130	165	125	160	125	160	125	125	98
70	205	160	200	155	195	150	195	150	160	120
95	250	195	240	185	240	185	235	180	195	150
120	290	225	275	215	275	210	270	210	235	180
150	325	250	310	240	305	235	305	235	265	205
185	365	285	345	270	345	265	340	265	300	235
240	420	330	400	315	395	310	395	305	355	280
300	475	370	455	355	450	350	445	350	410	320
400	540	430	515	410	510	405	505	400	480	380

①、②与表 A-5①、②相同。

表 A-7　0.6/1kV 交联聚乙烯绝缘非铠装电力电缆敷设于空气中载流量
（导体允许长期最高工作温度为 90℃）

敷设环境	型　　号	YJV　YJLV　YJY　YJLY						
	芯　　数	单芯				2 芯①		3~5 芯①
	排列方式							
	导体截面积 /mm²	载流量/A						
		铜芯	铝芯	铜芯	铝芯	铜芯	铝芯	铜芯	铝芯
空气中环境温度为 40℃	2.5	31	24	41	32	33	25	28	22
	4	41	32	54	42	43	34	37	29
	6	52	42	68	56	55	45	47	39
	10	71	55	93	72	76	58	65	50
	16	92	71	120	93	97	75	84	65
	25	120	94	155	120	130	100	110	87
	35	150	115	195	150	160	120	135	105
	50	180	140	235	180	195	150	170	130
	70	230	180	295	230	245	190	215	165
	95	285	220	370	285	305	235	265	205
	120	335	260	430	330	355	275	310	240
	150	385	300	495	380	405	315	350	270
	185	450	350	570	445	465	365	405	315
	240	535	414	680	530	—	—	480	375
	300	620	485	790	615	—	—	555	435
	400	720	570	920	720	—	—	640	510
	500	835	670	1080	850	—	—	—	—
	630	960	790	1260	1000	—	—	—	—

① 电缆分离敷设是指单根电缆孤立敷设或相邻电缆产生的热对该电缆没有热效应。

表 A-8　0.6/1kV 交联聚乙烯绝缘非铠装电力电缆土壤中敷设载流量

（导体允许长期最高工作温度为 90℃）

敷设环境	型　号	YJV YJLV YJY YJLY							
	土壤热阻系数/(K·m/W)	自然土壤①		电缆周围呈现干燥域②					
		1.0		2.0		2.5		3.0	
	导体截面积/mm²	载流量/A							
		铜芯	铝芯	铜芯	铝芯	铜芯	铝芯	铜芯	铝芯
土壤中环境温度为25℃	排列方式	三根单芯电缆呈三角形相互接触							
	2.5	42	33	39	30	38	29	37	29
	4	55	43	50	39	49	38	48	37
	6	69	56	62	50	60	49	59	48
	10	92	71	82	63	80	61	78	60
	16	115	91	105	81	100	78	99	76
	25	150	115	135	105	130	100	125	98
	35	180	140	160	125	155	120	150	115
	50	215	165	190	145	180	140	175	135
	70	265	205	230	180	225	175	215	170
	95	320	245	275	215	265	205	260	200
	120	360	280	315	245	305	235	295	230
	150	410	315	355	275	340	265	330	255
	185	460	360	400	310	385	300	375	290
	240	535	420	460	360	445	345	430	335
	300	605	475	520	410	500	395	485	380
	400	685	545	590	470	570	450	550	435
	500	775	620	665	535	640	515	620	500
	630	865	705	745	605	715	585	695	565
	排列方式	三根单芯电缆平面排列,相邻电缆中心距 $l_s = 2D$							
	2.5	46	36	41	32	40	31	39	30
	4	59	47	53	41	51	40	50	39
	6	74	60	65	53	63	52	62	50
	10	98	75	86	66	83	64	81	62
	16	125	97	110	85	105	82	100	80
	25	160	125	140	110	125	105	130	100
	35	190	150	165	130	160	125	155	120
	50	230	175	195	155	190	145	185	145
	70	280	215	240	185	235	180	225	175
	95	335	260	290	225	280	215	270	210
	120	385	295	330	255	315	245	310	240
	150	430	335	370	285	355	275	345	270
	185	490	380	420	325	405	315	395	305
	240	570	445	490	380	470	365	455	355
	300	645	505	535	430	530	415	515	400
	400	735	575	630	495	605	475	585	460
	500	840	665	720	565	690	545	670	530
	630	950	760	820	650	785	625	760	605

（续）

敷设环境	型　号	YJV　YJLV　YJY　YJLY							
	排列方式	3~5芯电缆孤立敷设,或相邻电缆产生的热对该电缆没有热效应							
土壤中环境温度为25℃	2.5	39	31	37	29	36	28	35	28
	4	51	40	47	37	46	36	46	36
	6	64	52	59	48	58	47	57	46
	10	86	66	79	60	77	59	75	58
	16	110	85	100	78	98	76	96	74
	25	140	110	130	100	125	97	120	95
	35	170	130	155	120	150	115	145	115
	50	205	160	185	140	175	135	175	135
	70	250	195	225	175	215	170	210	165
	95	300	235	270	210	260	200	255	195
	120	345	265	305	240	295	230	290	225
	150	386	300	350	265	335	260	325	250
	185	435	340	385	300	375	290	365	285
	240	500	395	445	350	435	340	425	330
	300	565	445	505	390	490	385	475	375
	400	640	510	570	455	550	440	540	430

①、②与表A-5①、②相同。

表 A-9　0.6/1~26/35kV 交联聚乙烯绝缘钢带铠装电力电缆空气中敷设载流量
（导体允许长期最高工作温度为90℃）

敷设环境	型号	YJV22	YJLV22	YJY22	YJLY22	YJV23	YJLV23	YJY23	YJLY23
	额定电压/kV	0.6/1				6/6、6/10		8.7/10~26/35	
	芯数	2 芯		3~5 芯		3 芯			
	排列方式	电缆分离敷设,邻近电缆对该电缆没有热效应							
	导体截面积 /mm²	载流量/A							
		铜芯	铝芯	铜芯	铝芯	铜芯	铝芯	铜芯	铝芯
空气中环境温度为40℃	10	75	58	64	50	—	—	—	—
	16	97	75	83	64	—	—	—	—
	25	125	100	110	86	—	—	—	—
	35	155	120	135	105	145	110	150	115
	50	190	145	165	125	170	130	180	140
	70	245	190	210	165	210	165	220	170
	95	300	235	260	200	265	200	265	205
	120	350	270	305	235	300	235	310	240
	150	400	310	345	270	340	265	350	270
	185	460	355	395	310	390	305	400	310
	240	—	—	465	365	455	355	465	360
	300	—	—	535	420	520	410	535	420
	400	—	—	620	495	600	475	615	485

表 A-10　0.6/1kV 交联聚乙烯绝缘钢带铠装电力电缆土壤中敷设载流量
（导体允许长期最高工作温度为 90℃）

型号	YJV22	YJLV22	YJY22	YJLY22	YJV23	YJLV23	YJY23	YJLY23
敷设环境	土壤中，环境温度为 25℃							
土壤热阻系数 /(K·m/W)	自然土壤①		电缆周围呈现干燥域②					
	1.0		2.0		2.5		3.0	
排列方式	每根电缆分离敷设，邻近电缆对该电缆没有热效应							
导体截面积/ mm²	载流量/A							
	铜芯	铝芯	铜芯	铝芯	铜芯	铝芯	铜芯	铝芯
芯数	2 芯							
2.5	45	35	33	26	29	23	26	21
4	59	47	43	34	38	30	34	27
6	74	61	53	43	47	38	42	34
10	100	77	70	54	62	47	55	43
16	135	105	92	71	80	62	72	55
25	165	130	115	90	100	78	91	70
35	200	155	135	105	120	94	105	84
50	240	185	165	125	140	110	125	99
70	295	230	200	155	175	135	155	120
95	355	275	240	185	205	160	185	145
120	405	315	270	210	235	185	210	165
150	455	355	305	235	265	205	235	185
185	515	400	345	270	300	235	265	210
芯数	3~5 芯							
2.5	35	30	25	20	25	20	20	15
4	50	40	35	25	30	25	25	20
6	60	50	45	35	35	30	35	25
10	85	65	55	45	50	40	45	35
16	110	85	75	60	65	50	60	45
25	140	110	95	75	85	65	75	55
35	170	130	115	90	100	75	90	70
50	200	155	135	105	115	90	105	80
70	245	190	165	125	145	110	125	100
95	300	230	195	155	170	130	150	120
120	335	260	225	175	195	150	175	135
150	380	295	250	195	220	170	195	150
185	430	335	285	220	250	190	220	170
240	500	390	335	260	290	225	255	200
300	565	440	375	290	325	255	290	225
400	650	505	430	335	375	290	335	260

①、②与表 A-5①、②相同。

表 A-11　6/10~8.7/15kV 交联聚乙烯绝缘非铠装电力电缆敷设于空气中载流量

（导体允许长期最高工作温度为 90℃）

敷设环境	型号	YJV YJLY YJY YJLY									
	芯数	单芯								3 芯①	
	排列方式				$l_s=2D$						
	金属屏蔽互联接地	一端		二端		一端		二端			
	导体截面积 /mm²	载流量/A									
		铜芯	铝芯	铜芯	铝芯	铜芯	铝芯	铜芯	铝芯	铜芯	铝芯
空气中环境温度为 40℃	25	140	110	140	110	170	130	170	130	120	95
	35	170	135	170	135	205	160	205	160	145	115
	50	205	160	205	160	245	190	245	190	175	135
	70	260	200	255	200	310	240	305	240	220	170
	95	315	245	315	245	380	295	370	290	265	205
	120	365	285	365	280	435	340	430	335	305	235
	150	415	320	410	320	495	385	485	385	350	270
	185	475	370	470	370	570	440	550	430	395	310
	240	565	440	560	435	680	530	645	510	470	370
	300	645	505	640	500	780	605	730	580	535	420
	400	750	590	740	585	910	715	840	675	610	485
	500	865	690	850	680	1060	835	940	770	—	—
	630	990	800	960	785	1230	930	1050	875	—	—
	800	1140	940	1110	920	1440	1160	1170	1000	—	—

①与表 A-7①相同。

表 A-12　6/10~8.7/15kV 交联聚乙烯绝缘非铠装电力电缆土壤中敷设载流量

（导体允许长期最高工作温度为 90℃）

敷设环境	型号	YJV YJLY YJY YJLY							
	土壤热阻系数 /(K·m/W)	自然土壤①		电缆周围呈现干燥域②					
		1.0		2.0		2.5		3.0	
		金属屏蔽互联,一端接地							
	导体截面积 /mm²	载流量/A							
		铜芯	铝芯	铜芯	铝芯	铜芯	铝芯	铜芯	铝芯
土壤中环境温度为 25℃	排列方式	三根单芯电缆呈三角形相互接触							
	25	190	145	180	140	175	135	175	135
	35	225	175	215	165	210	165	210	160
	50	270	210	255	200	250	195	250	190
	70	335	260	315	245	305	240	305	235
	95	405	315	375	290	370	285	365	280
	120	460	360	430	330	420	325	410	320

（续）

敷设环境	型号	YJV YJLY YJY YJLY							
	排列方式	三根单芯电缆呈三角形相互接触 ⬤⬤⬤							
	150	520	405	480	370	470	365	460	360
	185	585	455	540	420	530	410	520	405
	240	690	535	630	490	615	480	605	470
	300	775	605	710	555	695	545	680	530
	400	890	705	810	640	790	620	775	610
	500	1010	805	910	730	890	710	870	695
	630	1130	920	1020	830	1000	805	980	790
	800	1270	1050	1140	940	1110	910	1090	895
	排列方式	三根单芯电缆平面排列,相邻电缆中心距 $l_s=2D$							
土壤中环境温度为25℃	25	160	125	145	110	140	110	140	105
	35	195	150	175	135	170	130	165	125
	50	230	175	205	160	200	155	195	150
	70	280	215	250	195	240	185	235	180
	95	335	260	300	230	290	225	280	220
	120	385	295	340	260	325	255	320	245
	150	430	335	380	295	365	285	355	275
	185	485	380	430	330	415	320	405	315
	240	565	440	495	385	480	370	465	365
	300	640	500	560	435	540	420	525	410
	400	735	575	640	500	615	485	600	470
	500	840	660	730	575	705	555	685	540
	630	950	755	830	660	800	635	775	615
	800	1080	870	940	755	900	725	880	705
	排列方式	3 芯电缆,单根分离敷设,邻近电缆对该电缆没有热效应							
	25	135	105	130	100	125	100	125	100
	35	165	125	155	120	150	115	150	115
	50	190	150	180	140	180	140	175	135
	70	240	185	225	175	220	170	215	170
	95	285	220	265	205	260	205	255	200
	120	320	250	300	235	295	230	290	225
	150	365	280	340	265	330	260	325	255
	185	410	320	380	295	370	290	365	285
	240	480	375	440	345	430	340	425	335
	300	540	425	495	390	485	380	475	375
	400	610	485	560	445	545	435	535	425

①、②与表 A-5①、②相同。

表 A-13　6/10~8.7/15kV 交联聚乙烯绝缘钢带铠装电力电缆土壤中敷设载流量

（导体允许长期最高工作温度为 90℃）

型号	YJV22　YJLV22　YJY22　YJLY22　YJV23　YJLV23　YJY23　YJLY23							
敷设环境	土壤中，环境温度/25℃							
土壤热阻系数 /（K·m/W）	自然土壤①		电缆周围呈现干燥域②					
	1.0		2.0		2.5		3.0	
排列方式	每根电缆分离敷设，邻近电缆对该电缆没有热效应							
芯数	3 芯							
导体截面积 /mm²	载流量/A							
	铜芯	铝芯	铜芯	铝芯	铜芯	铝芯	铜芯	铝芯
25	135	105	130	100	125	100	125	100
35	165	125	155	120	150	115	150	115
50	190	150	180	140	180	140	175	135
70	240	185	225	175	220	170	215	170
95	285	220	265	205	260	205	255	200
120	320	250	300	235	295	230	290	225
150	365	280	340	265	330	260	325	255
185	410	320	380	295	370	290	365	285
240	480	375	440	345	430	340	425	335
300	540	425	495	390	485	380	475	375
400	610	485	560	445	545	435	535	425

①、②与表 A-5①、②相同。

表 A-14　18/30~26/35kV 交联聚乙烯绝缘非铠装电力电缆敷设于空气中载流量

（导体允许长期最高工作温度为 90℃）

敷设环境	型号	YJV　YJLY　YJY　YJLY									
	芯数	单芯								三芯①	
	排列方式			l_s　$l_s=2D$							
	金属屏蔽互联接地	一端		二端		一端		二端			
	导体截面积 /mm²	载流量/A									
		铜芯	铝芯	铜芯	铝芯	铜芯	铝芯	铜芯	铝芯	铜芯	铝芯
空气中环境温度为 40℃	25	150	115	150	115	170	130	170	130	125	98
	35	180	140	180	140	205	160	205	160	150	115
	50	215	170	215	170	250	190	245	190	180	140
	70	270	210	270	210	305	240	305	235	220	170
	95	330	255	325	255	375	290	370	290	265	205
	120	380	295	375	295	435	335	425	330	305	235
	150	430	330	425	330	490	380	475	375	345	270
	185	490	300	485	380	565	435	540	425	390	305
	240	575	450	570	445	665	520	630	500	455	355
	300	660	515	650	510	760	590	710	570	525	410
	400	765	600	755	595	890	695	810	655	600	470
	500	875	695	860	685	1030	810	910	750	—	—
	630	1010	810	980	800	1200	950	1020	855	—	—
	800	1150	940	1120	920	1380	1110	1130	960	—	—

①与表 A-7①相同。

表 A-15　18/30~26/35kV 交联聚乙烯绝缘非铠装电力电缆土壤中或土壤管道中敷设载流量

（导体允许长期最高工作温度为 90℃）

敷设环境	型号	YJV　YJLY　YJY　YJLY							
	土壤热阻系数 /(K·m/W)	自然土壤①		电缆周围呈现干燥域②					
		1.0		2.0		2.5		3.0	
		金属屏蔽互联，一端接地							
	导体截面积 /mm²	载流量/A							
		铜芯	铝芯	铜芯	铝芯	铜芯	铝芯	铜芯	铝芯
	排列方式	三根单芯电缆呈三角形相互接触							
土壤中环境温度为25℃	25	185	140	180	140	180	140	180	140
	35	220	170	215	165	215	165	210	165
	50	260	200	255	195	250	195	250	195
	70	320	250	310	240	310	240	305	235
	95	390	300	375	290	370	285	365	285
	120	445	345	425	330	420	325	415	325
	150	500	395	475	370	470	365	465	360
	185	570	440	540	420	530	415	525	410
	240	665	515	625	490	615	480	610	475
	300	750	585	705	550	695	540	685	535
	400	865	680	810	635	790	625	780	615
	500	980	775	910	725	895	710	880	700
	630	1110	895	1030	830	1010	810	990	800
	800	1250	1020	1150	940	1130	920	1110	900
	排列方式	三根单芯电缆平面排列，相邻电缆中心距 $l_s = 2D$							
	25	160	125	150	115	145	110	140	110
	35	190	150	175	135	170	135	170	130
	50	225	175	210	160	205	155	200	155
	70	275	215	255	195	245	190	240	190
	95	335	260	305	235	295	230	290	225
	120	380	295	345	260	335	260	325	255
	150	425	330	385	300	375	290	365	285
	185	485	375	435	340	425	330	415	320
	240	565	435	505	390	490	380	480	370
	300	635	495	570	445	550	430	540	420
	400	730	570	650	510	630	495	615	480
	500	830	655	740	580	715	560	695	550
	630	950	755	840	665	810	645	790	630
	800	1080	865	950	760	920	735	895	720

（续）

敷设环境	型号	YJV　YJLY　YJY　YJLY							
	排列方式	三芯电缆,单根分离敷设,邻近电缆对该电缆没有热效应							
土壤中 环境温 度为25℃	25	135	105	130	100	130	100	130	100
	35	160	125	155	120	155	120	155	120
	50	190	145	185	140	180	140	180	140
	70	230	180	225	175	220	170	220	170
	95	275	215	265	205	265	205	260	200
	120	315	245	300	235	300	230	295	230
	150	355	275	335	260	330	260	330	255
	185	400	310	380	295	375	290	370	290
	240	460	360	440	345	430	340	425	335
	300	520	410	495	390	485	385	480	375
	400	590	465	560	440	550	435	540	430

①、②与表 A-5①、②相同。

表 A-16　18/30～26/35kV 交联聚乙烯绝缘钢带铠装电力电缆土壤中敷设载流量
（导体允许长期最高工作温度为 90℃）

型号	YJV22　YJLV22　YJY22　YJLY22　YJV23　YJLV23　YJY23　YJLY23							
敷设环境	土壤中,环境温度为 25℃							
土壤热阻系数 /（K·m/W）	自然土壤①		电缆周围呈现干燥域②					
	1.0		2.0		2.5		3.0	
排列方式	每根电缆分离敷设,邻近电缆对该电缆没有热效应							
芯数	三芯							
导体截面积 /mm²	载流量/A							
	铜芯	铝芯	铜芯	铝芯	铜芯	铝芯	铜芯	铝芯
25	135	105	130	100	130	100	130	100
35	160	125	155	120	155	120	155	120
50	190	145	185	140	180	140	180	140
70	230	180	225	175	220	170	220	170
95	275	215	265	205	265	205	260	200
120	315	245	300	235	300	230	295	230
150	355	275	335	260	330	260	330	255
185	400	310	380	295	375	290	370	290
240	460	360	440	345	430	340	425	335
300	520	410	495	390	480	385	480	375
400	590	465	560	440	550	435	540	430

①、②与表 A-5①、②相同。

附录 B　电线电缆选型的常用口诀

电缆的从业者经常会遇到用户请教这样的问题:我有××千瓦的电动机,需要配什么样的连接线?此时如果回去翻书找公式、计算、查对,等找到适用的电缆时往往用户已经被其他厂家拉走了。电缆的选择虽然可以通过各种手册或工具书中介绍的方法进行,但在实际工作中仍有许多不便之处,故多用于工程设计或较大规模用电场合。对于常用产品,人们总结了功率与电流、电线电缆载流量等口诀,使用十分方便。

B-1　根据功率估算负荷电流的口诀

通过用电设备电流的大小与功率、电压、功率因数等有关，可用前述所讲公式计算。由于工厂常用 220/380V 三相四线系统，电压一定，功率因数变化范围较小，因此可以根据功率的大小直接算出电流。

1．计算电流的口诀

根据功率计算电流的口诀如下：

电力加倍，电热加半。

单相千瓦四安半。

单相 380，电流两安半。

2．说明

口诀是以 220/380V 三相四线系统中的三相设备为准，计算每千瓦的电流（单位：A）。对于某些单相或电压不同的单相设备，其每千瓦电流大小，口诀另外作说明。

1）"电力加倍，电热加半"。这两句中，电力专指电动机。在 380V 三相时（功率因数 0.8 左右），电动机每千瓦的电流约为 2A，即将"千瓦数加倍"（×2）就是电流的安培数，这个电流也称电动机的额定电流。

例 B1：5.5kW 电动机按"电力加倍"，算得电流为 11A。

例 B2：40kW 水泵电动机按"电力加倍"，算得电流为 80A。

电热是指用电阻加热的电阻炉等。三相 380V 的电热设备，每千瓦的电流为 1.5A。即将"千瓦数加一半"（×1.5）就是电流的安培数。

例 B3：15kW 电阻炉按"电热加半"，算得电流为 23A。

这句口诀不专指电热，对于照明也适用。虽然照明的灯泡是单相而不是三相，但对照明供电的三相四线干线仍属三相。只要三相大体平衡也可这样计算。此外，以千伏安为单位的电器（如变压器或整流器）和以千乏为单位的移相电容器（提高功率因数用）也都适用。后半句虽然说的是电热，但包括所有以千伏安、千乏为单位的用电设备，以及以千瓦为单位的电热和照明设备。

例 B4：12kW 的三相（平衡时）照明干线按"电热加半"，算得电流为 18A。

例 B5：30kVA 的整流器按"电热加半"，算得 380V 三相交流侧电流为 45A。

例 B6：320kVA 的配电变压器按"电热加半"，算得低压 220/380V 侧电流为 480V。

例 B7：100kvar 的移相电容器（380V 三相）按"电热加半"，算得电流为 150A。

2）"单相千瓦四安半"。在 220/380V 三相四线系统中，单相设备的两条线，一条接相线而另一条接零线的（如照明设备）为单相 220V 用电设备。这种设备的功率因数大多为 1，因此，口诀便直接说明"单相每千瓦电流 4.5 安"。计算时，只需将千瓦数乘 4.5 即为电流的安培数。

同上面一样，它适用于所有以千伏安为单位的单相 220V 用电设备，以及以千瓦为单位的电热及照明设备，而且也适用于 220V 的直流。

例 B8：500VA 的行灯变压器（220V 电源侧），算得电流为 2.3A。

例 B9：1000W 投光灯，算得电流为 4.5 安。

对于电压更低的单相，口诀中没有提到。可以取 220V 为标准，看电压降低为 220V 几分之一，电流就反过来增大几倍。

例B10：36V电压，以220V为标准来说，它降低到1/6，电流就应增大6倍，即每千瓦的电流为6×4.5=27A。如果有36V、60W的行灯5只，每只电流应为0.06×27=1.6A，5只共有8A。

3）在220/380V三相四线系统中，单相设备的两条线都接到相线上的，习惯上称为单相380V用电设备（实际是接在两相上）。这种设备当以千瓦为单位时，功率因数大多为1，口诀也直接说明："单相380，电流两安半"。它也包括以千伏安为单位的380V单相设备。计算时，只需将千瓦或千伏安数乘2.5，就是电流的安培数。

例B11：32kW钼丝电阻炉接单相380V按"电流两安半"，算得电流为32×2.5=80A。

例B12：2kVA的行灯变压器，初级接单相380V，算得电流为2×2.5=5A。

例B13：21kVA的交流电焊变压器，初级接单相380V，算得电流为21×2.5=53A。

估算出负荷的电流后再根据电流选出相应截面积的导线。

B-2　塑料或橡皮绝缘电缆载流量口诀

本口诀是以450/750V及以下铝芯塑料或橡皮绝缘单芯电缆、单根明敷在空气中、环境温度25℃的条件为基准而定的，使用中应明确。

1. 载流量口诀

载流量口诀如下：

<blockquote>
二点五下乘以九，往上减一顺号走。

三十五乘三点五，双双成组减点五。

条件有变加折算，高温九折铜升级。

穿管根数二三四，八七六折满载流。
</blockquote>

2. 口诀的说明

1）在口诀中，载流量不是直接给出，而是总结出不同规格范围电缆的载流量与截面积的倍率关系，该倍数类似于电流密度（单位：A/mm^2）概念。在使用时，通过"截面积×倍数"计算得出载流量数值。由附录A的载流量表可以看出：电流密度随截面积的增大而减小，在口诀中电流倍数亦如此。

按规定，环境温度是指夏天最热月的最高温度，一般取40℃。实际上，电缆工作在这样高温下的时候并不多，处于25℃环境温度条件下的时候更多一些，故而也常将25℃作为基础温度。只对某些温车间或较热地区超过25℃时，考虑打折扣。

2）"二点五下乘以九，往上减一顺号走"说的是$2.5mm^2$及以下的各种截面积铝芯绝缘线，其载流量约为截面积积的9倍。如$2.5mm^2$绝缘线，载流量为2.5×9=22.5（A）。从$2.5mm^2$以上即$4mm^2$开始至$35mm^2$以下，电线的载流量和截面积数的倍数关系是顺着线号往上排，截面积提高一档倍数逐次减1，即4×8、6×7、10×6、16×5、25×4。

"三十五乘三点五，双双成组减点五"。说的是$35mm^2$绝缘线载流量为截面积数的3.5倍，即35×3.5=122.5（A）。从$50mm^2$及以上的导线，其载流量与截面积数之间的倍数关系变为两个线号成一组，倍数依次减0.5。即50、$70mm^2$导线的载流量为截面积数的3倍；95、$120mm^2$导线载流量是其截面积积数的2.5倍，依次类推。按口诀得到不同规格绝缘线的电流倍数和由此计算的载流量见表B-1。

本口诀是以铝芯绝缘线单根、明敷在25℃空气环境条件下为基准制定的，口诀的后面两句是对敷设条件改变时的处理。

表 B-1　载流量口诀对应的绝缘线规格和电流倍数对应关系

截面积/mm²	1.5	2.5	4	6	10	16	25	35	50	70	95	120	150	185
电流倍数	9		8	7	6	5	4	3.5	3		2.5		2	
载流量/A	13.5	22.5	32	42	60	80	100	122.5	150	210	237.5	300	300	370

"条件有变加折算,高温九折铜升级"。若铝芯绝缘线明敷在环境温度高于 25℃ 的区域,载流量按上述口诀计算后再打九折。如 10mm² 铝芯绝缘线工作于高温空气环境条件下时,载流量计算为 10×6×0.9=54(A)。补充说明一下,此处的高温指温度高于 25℃ 较多的环境条件,大约高出 5~8℃,若温度高出更多,如 40℃ 时超出两个 5~8℃,当应打八折,载流量为 10×6×0.8=48(A)。当使用铜芯绝缘线时,它的载流量要比同规格铝线大一些,可按铝线加大一个线号(线号即规格号、截面积),再按口诀的方法计算载流量。如 16mm² 铜线的载流量,可按 25mm² 铝线计算。

"穿管根数二三四,八七六折满载流"。若是穿管敷设(包括槽板等敷设、即电缆外另加有保护层、不明露的),计算后载流量再打折。穿管的根数越多,折扣越大:穿管为 2、3、4 根单芯电缆时,折扣分别为 8、7、6 折。如 2 根 10mm² 铝芯绝缘线同时穿管,每根的载流量计算为 10×6×0.8=48(A);若 4 根穿管,载流量为 10×6×0.6=36(A)。这里的"穿管根数"是指载流线根数,如在单相二线制线路中,零线和相线所通过的负荷电流相同,因此按两根线考虑;单相三线制线路中,保护线通常无电流流过,计算穿管根数时不考虑在内;采用三相四线制、三相五线制,一路线同时穿管时,一般按三根线计算。

本口诀是为便于记忆和日常使用而总结出来的,只是大致的估测,载流量数值存在一定误差,特别是在电流倍数转变的交界处,如由此得出的 120mm²、150mm² 的载流量都是 300A。按口诀计算出 240mm² 的载流量应为 240×1.5=360(A),其至小于 185mm² 的 370A,特提醒注意。若进行工程设计,还需从相关手册或工具书查证准确数据。

这些口诀不是直接给出电缆的载流量数值,而是总结出不同规格范围电缆的载流量与截面积的倍率关系(电流密度),在使用时,通过计算倍率与截面积的乘积而得出载流量数值。

选择电缆截面积时,还要兼顾机械强度、允许电压降(电缆长度)等的影响。

附录 C　英美线材规格

电线电缆产品规格以直径或截面积尺寸表示,是包括我国在内的大多数国家通用的表示方法,与此不同的是美、英等国,将线缆规格以线号表示。线号又称线规(wire gauge),是一种区分导线直径的标准,按 0、1、2、3……数码表示,数码越大,线材越细。在美国执行的是 American Wire Gauge,简写为 AWG,中文意思是"美国线材规格",简称"美国线规",又被称为 Brown & Sharpe 线规。这种标准化线规系统于 1857 年起在美国开始使用,在当时因生产技术粗糙,就规定以拉制次数作为线材粗细的标志,以线坯为 0 号,每拉制一次增加一号,就产生了线号越大,线径越细的线材规格系列,如 0AWG 线材直径为 324.9mil,而 22AWG 线材直径为 22.6mil。

AWG 把导体分为单根导体和多根绞合导体。单根导体根据直径划分规格,绞合导体根据截面积划分规格，见表 C-1。

表 C-1　AWG 线规尺寸表

AWG 线规编号	相当于线规编号的导体尺寸				AWG 线规编号	相当于线规编号的导体尺寸			
	单根导体直径		绞合导体截面积			单根导体直径		绞合导体截面积	
	/mil	/mm	/cmil	/mm^2		/mil	/mm	/cmil	/mm^2
50	0.99	0.0251	0.980	0.000497	23	22.6	0.574	511	0.259
49	1.11	0.0282	1.23	0.000624	22	25.3	0.643	640	0.324
48	1.24	0.0315	1.54	0.000768	21	28.5	0.724	812	0.412
47	1.40	0.0356	1.96	0.000993	20	32.0	0.813	1020	0.519
46	1.57	0.0399	2.46	0.00125	19	35.9	0.912	1290	0.653
45	1.76	0.0447	3.10	0.00157	18	40.3	1.02	1620	0.823
44	2.0	0.051	4.00	0.00203	17	45.3	1.15	2050	1.04
43	2.2	0.056	4.84	0.00245	16	50.8	1.29	2580	1.31
42	2.5	0.064	6.25	0.00317	15	57.1	1.45	3260	1.65
41	2.8	0.071	7.84	0.00397	14	64.1	1.63	4110	2.08
40	3.1	0.079	9.61	0.00487	13	72.0	1.83	5180	2.63
39	3.5	0.089	12.2	0.00621	12	80.8	2.05	6530	3.31
38	4.0	0.102	16.0	0.00811	11	90.7	2.30	8230	4.17
37	4.5	0.114	20.2	0.0103	10	101.9	2.588	10380	5.261
36	5.0	0.127	25.0	0.0127	9	114.4	2.906	13090	6.631
35	5.6	0.142	31.4	0.0159	8	128.5	3.264	16510	8.367
34	6.3	0.160	39.7	0.020	7	144.3	3.665	20820	10.55
33	7.1	0.180	50.4	0.0255	6	162.0	4.115	26240	13.30
32	8.0	0.203	64.0	0.0324	5	181.9	4.620	33090	16.77
31	8.9	0.226	79.2	0.0401	4	204.3	5.189	41740	21.15
30	10.0	0.254	100	0.0507	3	229.4	5.827	52620	26.67
29	11.3	0.287	128	0.0647	2	257.6	6.544	66360	33.62
28	12.6	0.320	159	0.0804	1	289.3	7.348	83690	42.41
27	14.2	0.361	202	0.102	0	324.9	8.252	105600	53.49
26	15.9	0.404	253	0.128	00	364.8	9.226	133100	67.43
25	17.9	0.455	320	0.162	000	409.6	10.40	167800	85.01
24	20.1	0.511	404	0.205	0000	460	11.68	211600	107.22

AWG 线规中长度单位用 mil（密尔），面积单位用 cmil（圆密尔），它们和国际单位（公制单位）的换算关系如下：

1inch（英寸）= 25.4mm = 1000mil；　　1mm = 39.37mil；　　1mil = 25.4×10^{-3}mm

1inch^2 = 10^{6}cmil = 645.16mm^2；　　　　1mm^2 = 39.37^{2}cmil = 1550cmil

与 AWG 类似的还有 SWG（Standard Wire Gauge，简称"英国线规"）和 BWG（Birmingham Wire Gauge，简称"伯明翰线规"），其线号与线径之间关系见表 C-2。

表 C-2　BWG 和 SWG 线规线号与线径对照表

AWG 线规编号	相当于线规编号的线径				AWG 线规编号	相当于线规编号的线径			
	BWG 线规		SWG 线规			BWG 线规		SWG 线规	
	/mil	/mm	/mil	/mm		/mil	/mm	/mil	/mm
50	—	—	1.0	0.0254	21	32	0.813	32	0.813
49	—	—	1.2	0.0305	20	35	0.889	36	0.915
48	—	—	1.6	0.0406	19	42	1.067	40	1.016
47	—	—	2.0	0.0508	18	49	1.245	48	1.219
46	—	—	2.4	0.0610	17	58	1.473	56	1.422
45	—	—	2.8	0.0711	16	65	1.651	64	1.626
44	—	—	3.2	0.0813	15	72	1.829	72	1.829
43	—	—	3.6	0.0914	14	83	2.108	80	2.032
42	—	—	4.0	0.102	13	95	2.413	92	2.337
41	—	—	4.4	0.112	12	109	2.769	104	2.642
40	—	—	4.8	0.132	11	120	3.048	116	2.946
39	—	—	5.2	0.152	10	134	3.404	128	3.251
38	—	—	6.0	0.173	9	148	3.759	144	3.658
37	—	—	6.8	0.173	8	165	4.191	160	4.064
36	4.0	0.102	7.6	0.193	7	180	4.572	176	4.470
35	5.0	0.127	8.4	0.214	6	203	5.516	192	4.877
34	7.0	0.178	9.2	0.224	5	220	5.588	212	5.385
33	8.0	0.203	10.0	0.254	4	238	6.045	232	5.893
32	9.0	0.229	10.8	0.274	3	259	6.579	252	6.401
31	10.0	0.254	11.6	0.295	2	284	7.214	276	7.010
30	12	0.305	13.2	0.335	1	300	7.620	300	7.620
29	13	0.330	13.6	0.345	0	340	8.636	324	8.230
28	14	0.356	14.8	0.376	00	380	9.652	348	8.839
27	16	0.406	16.4	0.417	000	425	10.80	372	9.449
26	18	0.457	18	0.457	0000	454	11.53	400	10.16
25	20	0.508	20	0.508	00000	—	—	432	10.97
24	22	0.559	22	0.559	000000	—	—	464	11.79
23	25	0.635	24	0.610	0000000	—	—	500	12.70
22	28	0.711	28	0.711	—	—	—	—	—

参 考 文 献

[1] 王春江，等. 电线电缆手册：第1册 [M]. 2版. 北京：机械工业出版社，2004.
[2] 印永福，等. 电线电缆手册：第2册 [M]. 2版. 北京：机械工业出版社，2004.
[3] 慕成斌. 中国光纤光缆30年 [M]. 北京：电子工业出版社，2007.
[4] 胡先志. 光纤与光缆技术 [M]. 北京：电子工业出版社，2007.
[5] 宗曦华，张喜泽. 超导材料在电力系统中的应用 [J]. 电线电缆，2006（5）.
[6] 肖飚，朱国祥. 通用串行总线（USB）使用USB3.0电缆的研发 [J]. 电线电缆，2011（2）.
[7] 刘化君. 综合布线系统 [M]. 2版. 北京：机械工业出版社，2008.
[8] 中国电器工业发展史编辑委员会. 中国电器工业发展史 [M]. 北京：机械工业出版社，1990.
[9] 钱汝立. 对电缆行业“基础技术体系”创建的追忆和建议 [J/OL]. 中国电线电缆网. http://www. cwc. net. cn
[10] Thomas Worzyk. 海底电力电缆——设计、安装、修复和环境影响 [M]. 应启良，等译. 北京：机械工业出版社，2011.
[11] 国家安全生产监督管理总局. MT 818—2009 煤矿用电缆 [S]. 北京：中国标准出版社，2009.
[12] 王卫东. 电缆工艺技术原理及应用 [M]. 北京：机械工业出版社，2011.
[13] 郭红霞. 电缆材料——结构·性能·应用 [M]. 北京：机械工业出版社，2012.
[14] 倪艳荣. 通信电缆结构设计 [M]. 北京：机械工业出版社，2012.
[15] 南防修. 紫外光交联电缆工艺装备及其对产品性能的影响 [J]. 电线电缆，2003（2）.
[16] 张云廉. 电线电缆机械设备 [M]. 北京：机械工业出版社，1993.
[17] 冷益新. 电线电缆设备 [M]. 北京：机械工业出版社，1993.
[18] 李铁成，孟逵. 机械工程基础 [M]. 3版. 北京：机械工业出版社，2010.
[19] 马国栋. 电线电缆载流量 [M]. 2版. 北京：中国电力出版社，2013.
[20] 国家发展和改革委员会. JB/T 5824—2008 电线电缆专用设备 [S]. 北京：中国标准出版社，2008.
[21] 夏新民. 电力电缆选型与敷设 [M]. 2版. 北京：化学工业出版社，2012.
[22] 刘子玉. 电气绝缘结构设计原理：上册 [M]. 北京：机械工业出版社，1986.
[23] 马国栋. 单芯钢丝铠装电力电缆铠装结构的探讨 [J]. 电线电缆，2002（1）.
[24] 刘介才. 工厂供电 [M]. 5版. 北京：机械工业出版社，2013.
[25] 于景丰，赵锋. 电力电缆实用技术 [M]. 北京：中国水利水电出版社，2010.
[26] 许华锋，许慕军. 电缆盘具设计与实用技术 [M]. 北京：中国铁道出版社，1998.
[27] 裴清春，甘露，王鹏，等. 电缆装盘长度计算公式修正 [J]. 电线电缆，2013（3）.
[28] 赵梓森. 中国光纤通信发展的回顾 [J]. 电信科学，2016（5）.